高等学校地理信息系列教材

GeoScene地理信息系统分析与应用

主编　晁怡

副主编　郑贵洲　杨乃　周琪　关庆锋

WUHAN UNIVERSITY PRESS

武汉大学出版社

图书在版编目(CIP)数据

GeoScene 地理信息系统分析与应用/晁怡主编;郑贵洲等副主编.—武汉:武汉大学出版社,2024.3
高等学校地理信息系列教材
ISBN 978-7-307-24264-7

Ⅰ.G… Ⅱ.①晁… ②郑… Ⅲ. 地理信息系统—高等学校—教材 Ⅳ.P208.2

中国国家版本馆 CIP 数据核字(2024)第 033420 号

责任编辑:杨晓露　　责任校对:李孟潇　　版式设计:韩闻锦

出版发行:**武汉大学出版社**　(430072　武昌　珞珈山)
(电子邮箱:cbs22@ whu.edu.cn 网址:www.wdp.com.cn)
印刷:武汉科源印刷设计有限公司
开本:787×1092　1/16　印张:24.75　字数:556 千字　插页:1
版次:2024 年 3 月第 1 版　2024 年 3 月第 1 次印刷
ISBN 978-7-307-24264-7　定价:69.00 元

序

恭喜你拿到了手头这本《GeoScene 地理信息系统分析与应用》，开始系统地了解和学习 GeoScene 地理信息系统平台软件。恭喜的理由有二：第一，GeoScene 是一个很好、很强大的 GIS 平台和工具，你终于开始接触并学习它；第二，这本书是非常系统详细地介绍 GeoScene 软件的实操指南类的好书，对你学习并掌握 GeoScene 软件非常有帮助。

先说说 GeoScene 为什么是一个很好很强大的 GIS 平台和工具。首先，GeoScene 是完全对标全球 GIS 软件之执牛耳者 ArcGIS，在获得其完全的知识产权基础上，由国内 GIS 平台头部企业易智瑞信息技术有限公司研发的新一代自主可控国产 GIS 平台软件。过去的三十多年，ArcGIS 在国内各行各业拥有了百万级的使用者和成千上万的用户单位，具有十分广泛而牢固的数据和应用基础。GeoScene 作为与之对标的自主可控 GIS 平台软件，是国内对 ArcGIS 进行替代的甚佳选择。在安全性、先进性、功能性、数据一致性和系统可扩展性等方面皆具保障的前提下，可以对基于 ArcGIS 平台搭建的各类应用系统进行风险最低、成本最小、效率最高的国产化平滑过渡。GeoScene 还针对国内市场需求特点，在空间大数据、地理人工智能等方面开发了越来越多的独具一格的创新功能，逐步显现了站在巨人肩膀上攀越更高峰的独特优势。GIS 专业的师生和相关领域的应用工作者，通过学习和掌握 GeoScene 软件工具的使用，培养和强化运用 GIS 发现问题、认知问题和解决问题的能力，是一个很好的途径。

再说说晁怡老师这本书的特点和好处。GeoScene 是一个完整的 GIS 平台软件体系，GeoScene Pro 是其中基于地理空间云平台的专业级桌面端软件，具有数据编辑与管理、高级空间分析、高级制图可视化、人工智能、影像处理及二三维融合等功能。本书通过大量的具体应用示例，非常系统、全面地给出了通过 GeoScene Pro 这个专业级桌面端软件对地理空间数据进行处理、管理、制图可视化和分析应用的具体方法。书中每阐述一项功能或是讲解一个问题的解决，都配以一个详尽的操作实例，一步一步引领读者动手通过实际的操作，在学习软件工具使用的同时，进一步了解并掌握 GIS 思考和解决问题的独特方式。应该说，这是学习 GIS 软件工具和培养 GIS 空间思维的好办法。更进一步地，如果我们只是简单“照猫画虎”式地操作一遍，被老师在书里一直牵着一步步得到最后的结果，而缺少在此过程中或是回过头来进一步的思考，那我们的收获可能还是十分不够的。好在晁怡老师为我们准备了七八十个思考题，穿插于各个实操案例之中，让我们可以不时地“回望”，想想更多的“为什么”和“又如何”，如同攀爬过一段崎岖的山路后，回过头去看看是怎么走过来的，还有没有更好的选择，等等，这对我们一直踏踏实实地前行无疑是非常有好处的。非常感谢晁怡老师的巧思和付出！

GIS 软件若从实操的角度看，它就是一个工具，为我们发现问题和解决问题服务。我们在学习和工作中，掌握好一些先进而又强大的工具，是理所当然的，更是必须的。GeoScene 是这样的好工具，本书是学习这个工具的好帮手、好指南。

二者在手，接下来，就是我们自己行动起来，花些工夫，学好它，掌握它。祝大家学习愉快，大有收获！

蔡晓兵　易智瑞信息技术有限公司　高级副总裁

前　　言

地理信息系统(Geographic Information System，GIS)起源于数字制图，其核心应用是利用 GIS 软件对包含空间位置的数据进行采集、编辑、管理、分析和可视化。随着地理信息技术的发展和空间数据的丰富，地理信息系统已广泛应用于测绘地理、资源管理、城乡规划、市政工程、灾害监测、国防建设、警务安防、交通指挥、道路导航、医疗卫生、农业生产、环境保护、宏观决策、经济金融等众多领域。

GeoScene 是易智瑞信息技术有限公司在 2020 年推出的新一代国产化 GIS 平台，与海外产品相比，具有满足国内用户功能需求、用户体验、软硬件兼容适配、安全可控等优势。遗憾的是，截至目前还未有相应的实践教材。为了帮助读者更好地理解 GIS 理论和掌握 GeoScene 软件的操作技能，本书作者在多年教学、科研的基础上编写了这本实践教材。

全书共分 12 章，第 1 章简要介绍 GeoScene 的产品特点及安装配置；第 2 章~第 5 章对数据的基础操作与分析进行介绍，包括数据输入、数据处理与编辑、栅格分析、矢量分析；第 6 章和第 7 章对较为复杂的网络分析、表面分析的操作进行介绍；第 8 章和第 9 章对难度较大的深度学习和空间统计分析的操作进行介绍；第 10 章介绍可视化与制图相关的方法与操作；第 11 章在前几章的基础上，以项目应用为例，介绍利用 GeoScene 进行综合应用的思路与操作；第 12 章介绍在 GeoScene 中进行空间分析建模的方法。本书正文中用方括号括起来的部分表示对话框、工具、选项等由软件提供的内容，加粗文字表示用户输入或由用户设置的内容。

在本书的编写过程中，作者结合了多年教学、科研经验和应用案例，注重理论与实践结合、软件与工程结合、教学与科研结合、项目与应用结合、基础与综合结合，将生产与科研成果、工程项目应用案例融入教材编写过程中，力图使本书突出以下特点：

注重基础，循序渐进。在介绍基本操作的基础上，结合实际应用案例介绍 GeoScene 的综合应用。通过综合应用案例的实践，使读者能够融汇贯通，在学习和行业应用中借鉴使用。

结合理论，点拨启发。在本书中，对于一些操作技巧、注意事项和理论原理，以 Tips 的方式进行提示，同时，对于一些有价值的问题，提出思考，希望引发读者的深入思考，将理论应用到实践，使学习更加深入。

联想关联，举一反三。在 GeoScene 中，可以通过不同的操作实现相同的目的。对于这种情况，本书或给出对比操作步骤，或给出在本书中的参考操作位置，以方便读者查阅、对比。

本书从 2021 年 7 月开始着手编写，书中的案例先后用 GeoScene Pro 2. 1 和 GeoScene Pro 3. 1 版本的软件进行了验证。在编写过程中，得到了易智瑞公司教育总监张聆女士、工程师刘勇先生和李莉女士等在软件和技术方面的支持。研究生高丽娜、章玉希、李寒冰和张翼对本书的实践案例进行了验证，绘制了部分插图，对全书进行了校对。在此一并向他们表示衷心的感谢。

本书在编写和出版过程中受到以下项目的资助：中国地质大学（武汉）本科教学改革研究项目（2021G72），中国地质大学（武汉）实验教材项目（SJC-202215），中国地质大学（武汉）本科教学改革研究项目（G13203123073）。

虽然本书在编写过程中尽可能认真细致，也经过了几轮的检校，但百密一疏，再加上作者水平有限，书中难免有不妥之处，盼广大读者批评指正，以便进一步完善本书内容。对本书有任何意见请发至邮箱 cuggis@ 163. com。

编　者

目　录

第 1 章 GeoScene 介绍

1.1 GIS 与 GIS 软件

GIS(Geographic Information System，地理信息系统)指以地理学、测绘学基本理论与方法为基础，在计算机软、硬件的支持下，对空间数据进行采集、处理、存储、管理、分析、建模和显示的相关理论、方法和应用技术，目的在于解决与空间位置相关的规划、决策和管理问题。

从 1972 年世界上第一个 GIS 软件——CGIS 发布至今，涌现了众多优秀的 GIS 软件产品，如 ArcGIS、MapInfo、GeoMedia、AutoCAD Map 等国外知名 GIS 产品，MapGIS、SuperMap、GeoStar、GeoScene 等国产 GIS 软件，这些软件产品在测绘、地理、规划、管理、服务等领域得到了广泛的应用。

作为新一代为 WebGIS 平台打造的国产 GIS 产品，GeoScene 是易智瑞信息技术有限公司在获得 ArcGIS 知识产权与技术基础上，基于原 ArcGIS 平台技术，针对中国市场用户需求研发的新一代国产地理空间信息平台。相比海外软件产品，GeoScene 在满足国内用户需求、用户体验、软硬件兼容适配、安全可控等方面具有优势。GeoScene 于 2020 年首次发布，截至 2024 年 3 月，GeoScene 4.0 是该平台发布的最新版本产品。

1.2 GeoScene 产品组成

GeoScene 以云平台为核心，集成了大数据、云计算、物联网、人工智能等技术，具有基于多云端融合架构的多级分布式数据发布、共享、交换与应用能力；提供上千种空间分析工具和分布式计算框架，内置多种机器学习工具，可进行时空大数据挖掘与科学计算；支持 BIM、实景三维、点云等数据的接入，实现二三维一体化的制图和分析；支持对卫星影像、航空影像和无人机、视频等数据的接入，可对影像进行分类、目标识别。

GeoScene 平台包含了适用云端、客户端及平台扩展开发等的产品，如图 1.2.1 所示。

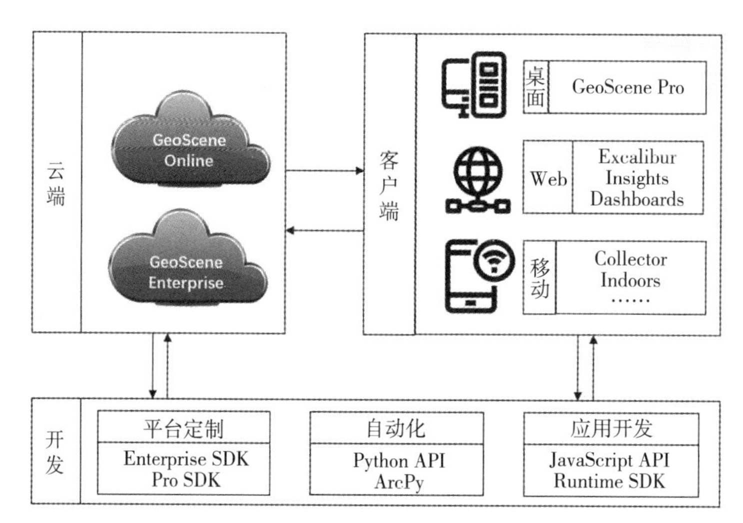

图 1.2.1 GeoScene 产品组成

云端包含 GeoScene Online 和 GeoScene Enterprise。GeoScene Online 是为用户提供的协作式地理信息内容管理与分享的公有云平台，除了可以共享工作内容外，平台还提供天地图、高德地图等互联网底图数据，人口、经济类统计数据，气候、空气质量等数据资源，并具备智能制图、空间分析、协作共享、应用创建等一系列功能。用户可随时随地通过各种终端设备访问、使用平台资源与能力。

GeoScene Enterprise 是服务器产品，可以帮助用户在自有环境中搭建地理空间私有云平台。它提供了一个全功能的制图和分析平台，包含 GIS 服务器及专用基础设施来组织和分享工作成果，使特定用户能够随时、随地，在任意设备上获取地图、地理信息及分析能力。

客户端包含桌面端、Web 端和移动端。GeoScene Pro 是基于地理空间云平台的专业级桌面端软件，具有数据编辑与管理、高级分析、高级制图可视化、人工智能、影像处理及二三维融合等功能。对于个人用户来说，桌面软件体量小，易于使用，同时桌面软件也是 GIS 最为普遍的应用方式。本书案例均为基于 GeoScene Pro 的操作。

Web 端提供 Excalibur、Insights、Dashboards 等应用，组织中的业务人员可以快速上手，实现空间数据挖掘、影像处理与分析等工作。

移动端产品支持用户随时随地通过移动设备使用、创建和分享 GIS 资源和能力。如面向室内外定位导航的 GeoScene Indoors。

GeoScene 具备多种跨平台、跨终端、跨设备的开发产品，有完整的制图可视化、分析和应用构建的能力，包含一系列开发工具，可以实现对应用和平台产品的定制与扩展。如支持应用开发的 GeoScene API for JavaScript、GeoScene Runtime SDKs，支持平台定制的 GeoScene REST API、GeoScene Enterprise SDK、GeoScene Pro SDK，支持自动化的 GeoScene API for Python、ArcPy。

1.3 GeoScene Pro 特点

GeoScene Pro 是一款端云一体化的专业 GIS 桌面产品，不但具备传统桌面 GIS 软件的数据管理与编辑、制图可视化、空间分析等功能，还具备特有的二三维融合、机器学习与深度学习、大数据分析、矢量切片制作与发布、时空立方体、任务工作流等功能。同时，GeoScene Pro 能够与 GeoScene 其它产品，如 Enterprise、Online 等无缝对接，实现与云端资源的高效协同与共享。

GeoScene Pro 为原生 64 位应用程序，不仅在界面上进行了较大的改变，使用当下流行的 Ribbon 风格界面，在性能和功能上也做了较大的提升，能够进行 GPU 加速，支持多线程处理。

■ GIS 能力整合

GeoScene Pro 将地图应用、地图数据管理应用、平面三维和球面三维整合在一个应用程序中，用户不需切换就能应对不同场景的应用需求。

■ 三维能力

数据方面，除了支持基于传统的二维数据生成三维数据，还支持多种通用三维格式的使用，如 .3ds，.wrl，.skp，.flt，.dae，.obj 等。支持点云、倾斜摄影测量等新型三维测绘数据的使用，如 .osgb 数据。全面支持知名 BIM 厂商的相关数据，如 Revit 数据。

支持常规三维应用及交互式三维分析，支持二三维一体化的空间分析，支持基于深度学习的三维目标检测。提供统一的二三维符号库，提供高效、高保真的渲染引擎，能够完成智能三维制图，可与游戏引擎深度融合。

■ 空间分析能力

除传统 GIS 软件的叠加分析、缓冲区分析、网络分析等功能外，GeoScene Pro 还提供了大数据分析工具、地理时空动态模拟工具、时空模式挖掘工具、犯罪分析和安全工具、海事工具、航空工具等交互、分析、模拟、预测工具。

■ GeoAI

提供机器学习及深度学习工具，支持从样本制作、模型训练、推理、后处理的深度学习全流程，提供的 20 多种深度学习模型支持目标检测、视频检测、点云分割、对象分类、实例分割、语义分割、边缘检测、图像翻译、变化检测、图像标注、道路提取等多个业务场景。

■ 影像管理与分析

可完成对影像的实时处理，提供多维、多时相的影像分析。利用传统栅格数据分析、水文分析，以及像素分类、对象分类、目标检测、变化检测等深度学习工具完成对影像的分析。

■ 可视化与制图

除提供更丰富的点状、线状和面状符号外，增加了数据时钟，日历热点图、矩阵热点图、QQ 图等可视化形式；新增了将图层和要素混合表达的方式，如图层混合、要素混合；还能进行渐变尺寸符号的绘制。

1.4　GeoScene Pro 的安装与配置

用户在购买软件或获得试用后，会得到 GeoScene Pro 的安装导引文件，从运行安装导引文件开始进行安装。本节以试用版软件的安装与配置为例进行介绍。

1.4.1　安装

因 GeoScene Pro 为原生 64 位软件，包含了深度学习模块，对操作系统和硬件的要求为：64 位 Windows 操作系统；CPU 至少双核，推荐 4 核，最佳 10 核；内存最低 4GB，推荐 8GB，最佳 16GB 以上；最低 32GB 存储空间；至少 4GB 图形内存；最低 1024×768 屏幕分辨率。

Tips：GeoScene Pro 可以和 ArcGIS Desktop 安装在同一台机器上，但不能和 ArcGIS Pro 安装在同一台机器上。准备安装 GeoScene Pro 前建议先退出杀毒软件，再进行安装。

Step1：双击 GeoScene Pro 安装导引文件 GeoScene_Pro_31. exe，启动 GeoScene Pro 安装包提取程序，将安装文件提取到本地机上，如图 1. 4. 1 所示，用户可单击【浏览】更改放置安装文件的**目标文件夹**，单击【下一步】。

Step2：安装文件提取到本地机后，**勾选**【现在执行程序】，单击【关闭】开始安装 GeoScene Pro 3. 1，如图 1. 4. 2 所示。

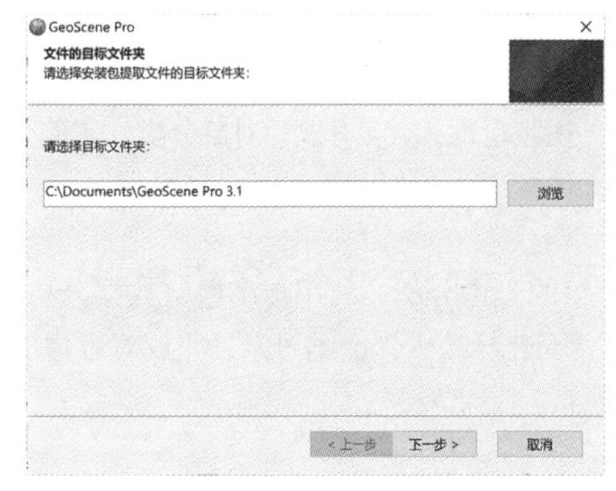

图 1. 4. 1　提取 GeoScene Pro 安装文件

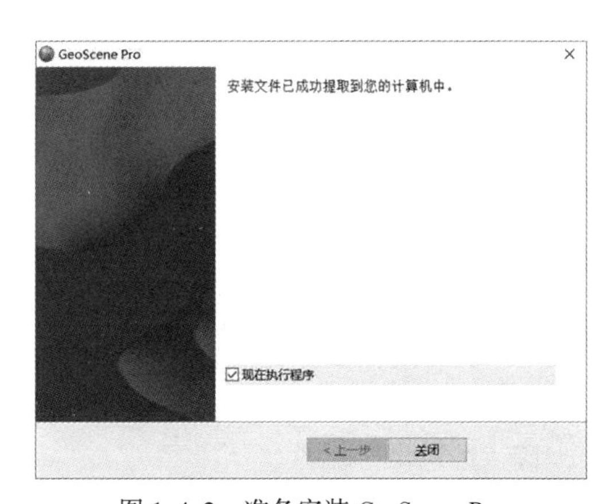

图 1. 4. 2　准备安装 GeoScene Pro

Step3：进入欢迎页面准备安装，阅读完相关提示单击【下一步】，如图 1.4.3 所示。

Step4：阅读完许可协议后，**勾选**【我接受许可协议】，单击【下一步】继续安装，如图 1.4.4 所示。

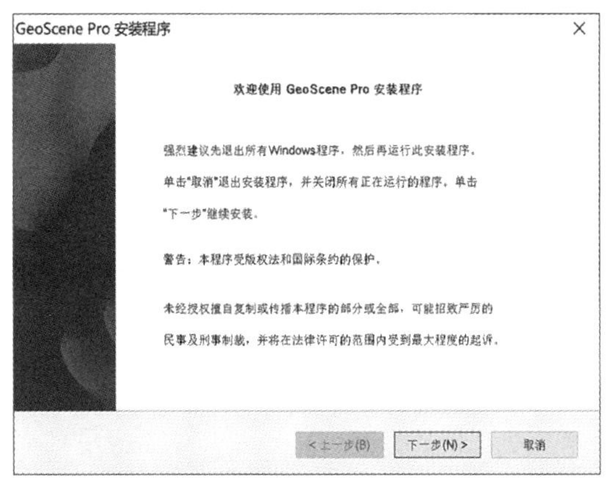

图 1.4.3　GeoScene Pro 安装第一步

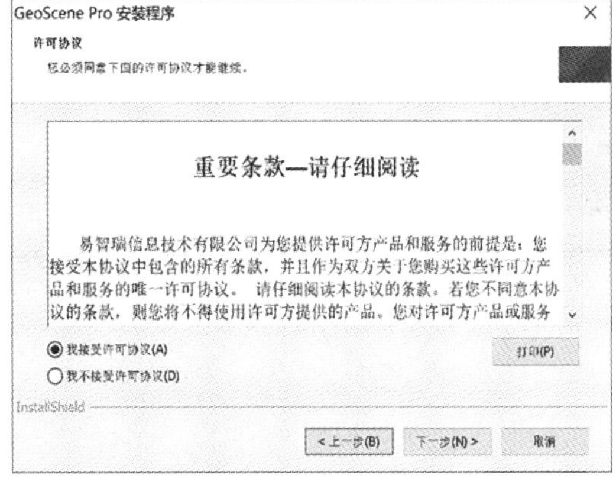

图 1.4.4　GeoScene Pro 安装第二步

Step5：用户可单击【浏览】自行选择 GeoScene Pro 的安装位置，设置好后单击【下一步】继续安装，如图 1.4.5 所示。

Step6：设置完成后，单击【安装】开始进行 GeoScene Pro 的安装，如图 1.4.6 所示。

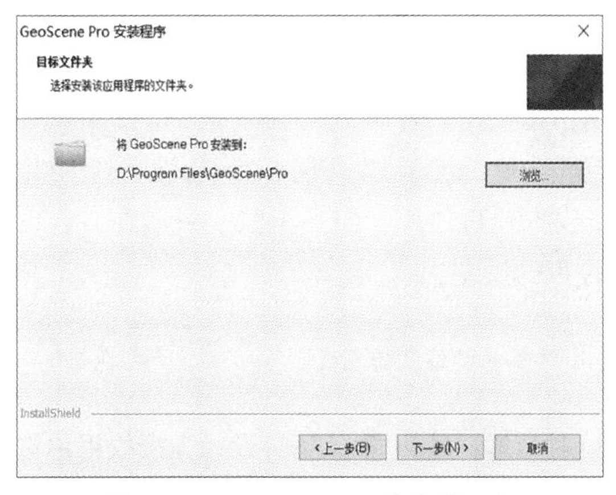

图 1.4.5　GeoScene Pro 安装第三步

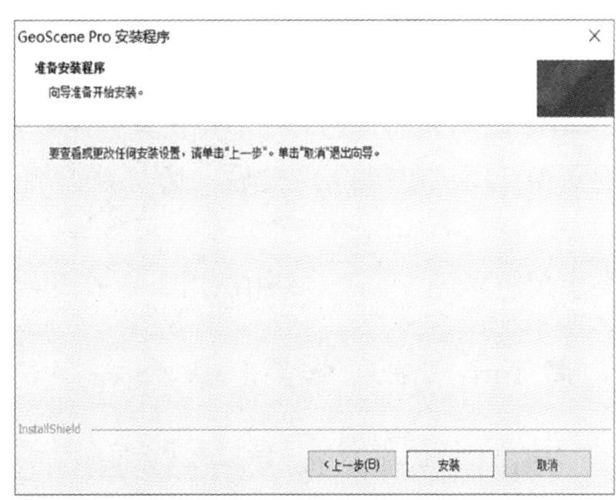

图 1.4.6　GeoScene Pro 安装第四步

Step7：安装完成后，在安装成功提示对话框中**勾选**【启动 GeoScene Pro】，单击【完成】启动 GeoScene Pro，如图 1.4.7 所示。GeoScene Pro 3.1 的启动界面如图 1.4.8 所示。

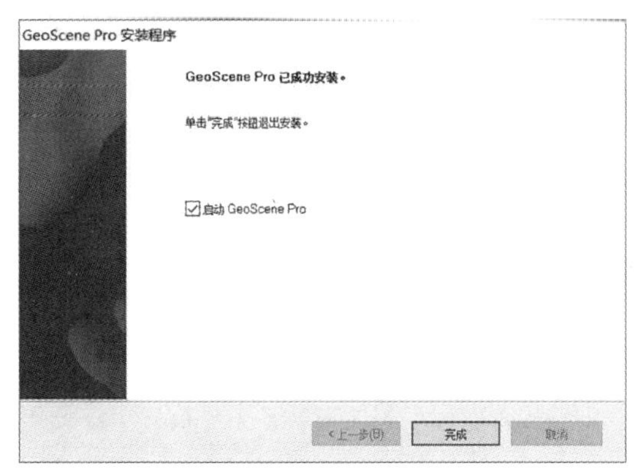

图 1.4.7　GeoScene Pro 安装第五步

图 1.4.8　GeoScene Pro 启动界面

1.4.2　配置许可

由于体系架构不同，GeoScene Pro 和以往的 GIS 桌面产品在使用上有比较大的区别。安装完 GeoScene Pro 软件，初次使用之前需要在服务器上获得许可并配置许可才能使用软件。

GeoScene Pro 有三种许可：单机许可、浮动许可和授权用户许可。**单机许可**授权指定计算机使用软件；**浮动许可**允许多个用户从网络或虚拟机上的任何计算机共享 GeoScene Pro 访问权限，并发访问的用户数量不能超过购买数量上限，当一个用户退出 GeoScene Pro 后，此许可将返回许可池中供其他用户使用；**授权用户许可**是 GeoScene Pro 的默认许可类型，用户在获得授权后，通过账户和密码登录，且最多只能在 3 台设备上使用 GeoScene Pro，当网络条件不好时可将许可离线到本地机使用，但一个账户只能在一台设备上使用离线许可。本书用试用账号示例配置许可的操作。

Tips：*试用用户需要先到 GeoScene 在线试用中心申请试用账号。*

Step1：GeoScene Pro 第一次启动会打开许可对话框，将【许可类型】设置为**授权用户许可**，在许可门户【URL】编辑框中输入 GeoScene 在线试用中心网址(以申请试用账户时易智瑞公司提供的门户网址为准)，如图 1.4.9 所示，单击登录对话框左下方的【配置您的许可选项】，打开【许可】对话框。

Step2：单击【确定】完成配置许可并打开登录对话框。

Step3：在登录对话框中输入申请的试用用户名和密码，单击【登录】登入门户，如图 1.4.10 所示。

图 1.4.9 配置许可

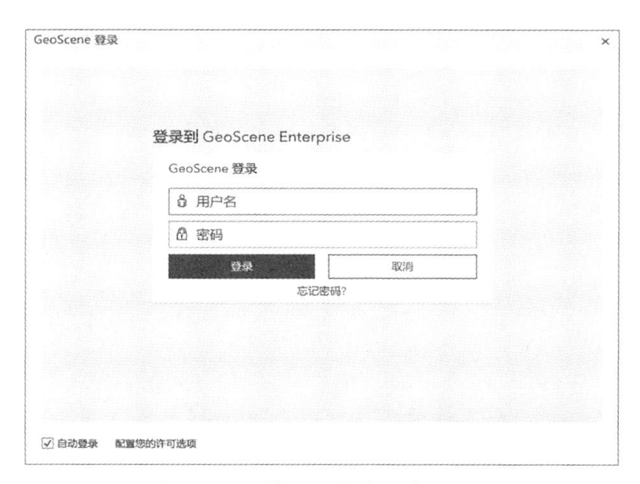

图 1.4.10 输入用户名和密码登录

1.5 开始使用 GeoScene Pro

GeoScene Pro 以工程的形式管理工作，当创建一个工程时，系统为该工程创建了一个文件夹，与该工程有关的地图、场景、布局、数据、表格、工具、符号库等资源都被组织在该文件夹内。这种方式对于项目管理来说便捷性和条理性更强。

1.5.1 创建工程

GeoScene Pro 运行后界面如图 1.5.1 所示，用户可打开已有工程，也可以创建一个新工程。新工程可从地图、目录、全球场景、局部场景、空模板这五种默认模板之一开始创建。其中，地图模板用于构建 2D 地图，目录模板用于管理空间数据，全球场景模板用于创建 3D 全球场景，局部场景模板用于创建 3D 局部场景。创建工程时选择的模板只用于定义工程的开始状态，工程创建后可随时添加其它模板。

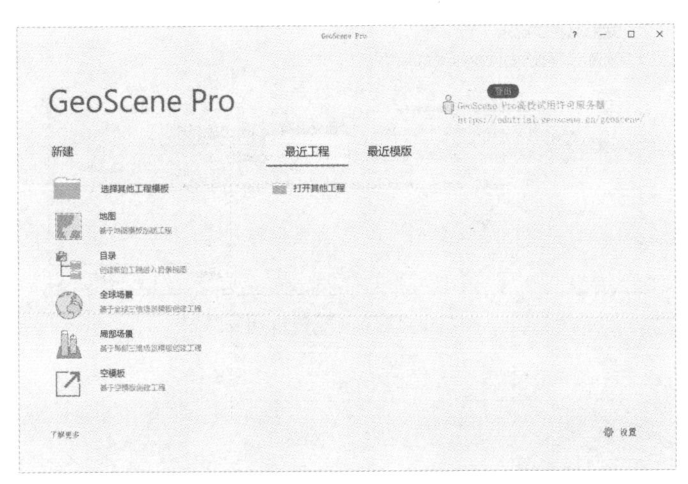

图 1.5.1　GeoScene Pro 运行初始界面

单击界面右上方的【登出】可退出在当前计算机上登录的用户名，该账号使用者可在其它计算机上用该用户名和密码登录 GeoScene Pro。

Tips：对于熟悉 ArcGIS Desktop 的读者来说，地图、目录、局部场景、全球场景这四个模板的功能分别类似 ArcMap、ArcCatalog、ArcScene 和 ArcGlobe。若用户从地图创建了一个工程后，也可以在该工程中添加目录、全球场景和局部场景。

2D 地图是最常用的场景，本节以从地图模板创建工程为例示范操作过程。

Step1：单击图 1.5.1 中的【地图】模板，打开【新建工程】对话框。

Step2：在【新建工程】对话框中，将【名称】命名为 **MyFirstProject**，作为工程名，【位置】设置为 **E:\Practices**，用户也可选择其它位置，如图 1.5.2 所示，单击【确定】，完成新建工程。

Tips：用户可单击【位置】编辑框后的文件夹更改工程存放位置。默认勾选【为此工程创建新文件夹】，则在 E:\Practices 文件夹下新建一个名为 MyFirstProject 的文件夹，用于存放该工程的所有资源；若不勾选，则 MyFirstProject 工程的所有资源将直接存储在 E:\Practices 文件夹下。

工程建好后，E:\Practices 文件夹下将新建一个名为 MyFirstProject 的文件夹，在该文件夹下同时新建了一系列文件夹和文件，包括 ImportLog 导入日志文件夹、Index

索引文件夹和 MyFirstProject.gdb 地理数据库文件夹、MyFirstProject.aprx 工程文件、MyFirstProject.tbx 工具箱文件，如图 1.5.3 所示。

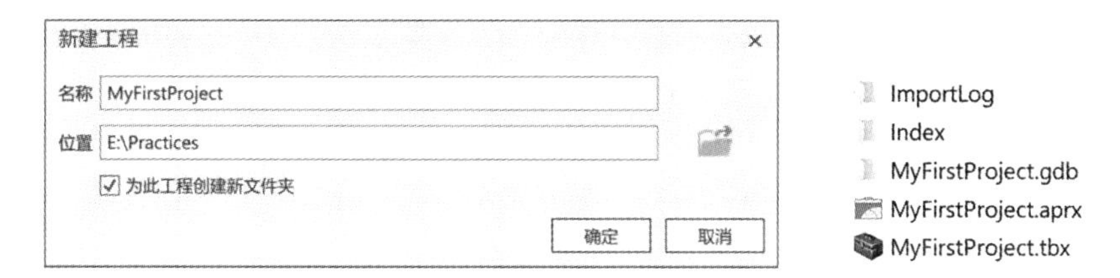

图 1.5.2　新建工程窗口　　　　图 1.5.3　工程中的文件

Step3：以地图模板为入口的工程界面由快速访问工具栏、功能区、内容窗格、视图区和目录窗格组成。如图 1.5.4 所示。

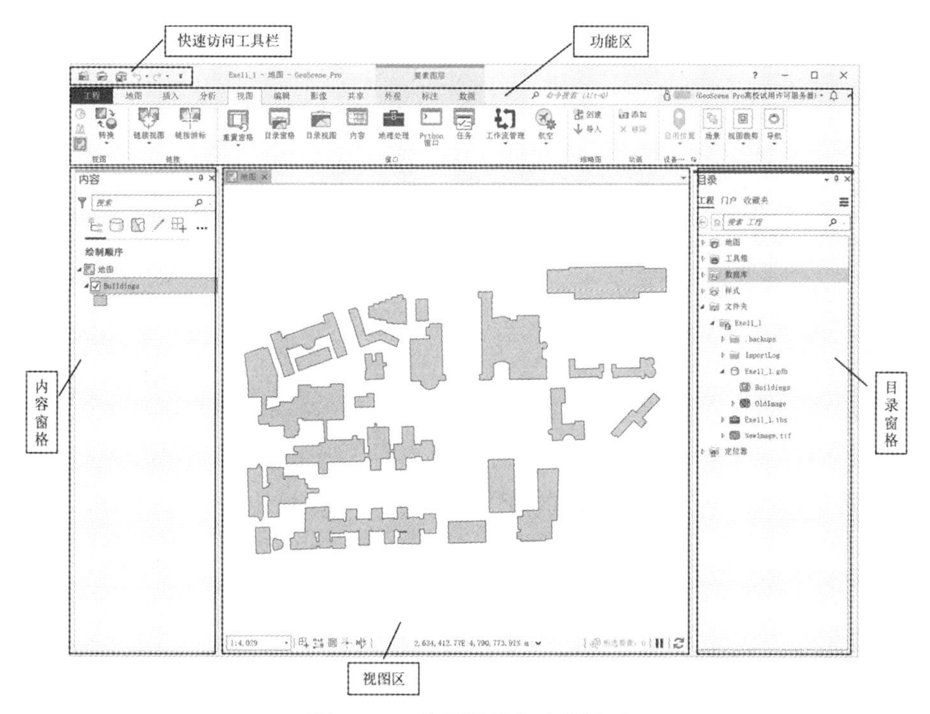

图 1.5.4　地图模板启动后界面

1. 快速访问工具栏

快速访问工具栏放置常用工具。用户可通过单击快速访问工具栏最右侧的下拉按钮或单击鼠标右键来定义放置在快速访问工具栏上的工具。弹出菜单如图 1.5.5 所示。

2. 功能区

GeoScene Pro 是一种基于功能区的应用程序，功能区以选项卡的形式进行组织，一些核心选项卡始终会被包含在功能区中，如地图、插入、分析、视图、影像、共享等选项卡；其它的选项卡将会根据内容窗格中激活的图层类型自动显示相应的功能选项卡，如对于要素类，会显示要素图层选项卡组；对于属性表，会自动显示表选项卡；对于网络数据，会显示网络分析选项卡。功能区选项卡如图 1.5.6 所示，最常用的功能**按钮**显示在选项卡上，功能区上有**核心选项卡**和随数据类型出现的**上下文选项卡**，选项卡下又根据功能分为不同的功能组。

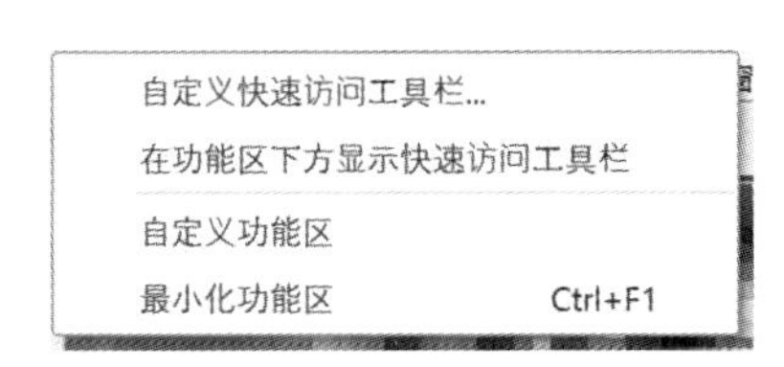

图 1.5.5　定义快速访问工具栏

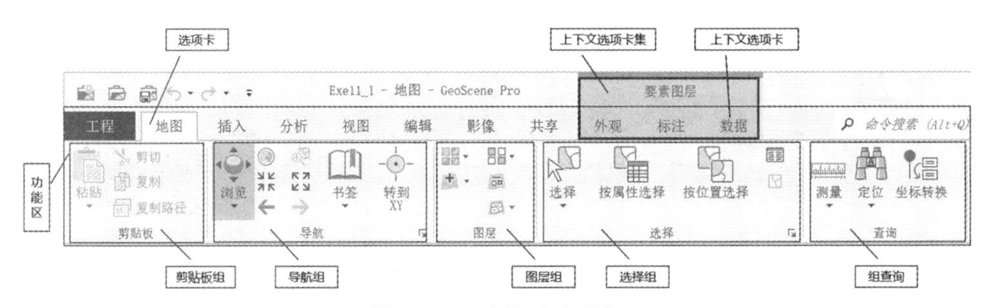

图 1.5.6　功能区选项卡

3. 内容窗格

内容窗格为可停靠窗口，该窗口默认位于界面的左侧，用户可以拖动该窗口放置于任意位置。内容窗格用于列出地图或场景的所有图层并显示图层内容的表示方式，用户可在内容窗格中管理图层、符号系统及图层其它属性的显示。内容窗格可按照绘制顺序、数据源等不同方式显示视图内容，如图 1.5.7 所示。

4. 视图区

视图区是用于处理地图、场景(包括局部场景和全球场景)、表、布局、图表、报表及其它数据表示形式的窗口。一个工程可同时加载多个不同种类的视图选项卡，但只有一个视图区处于活动状态，用户可对处于活动状态的视图进行编辑、分析等处理。

5. 目录窗格

目录窗格同样为可停靠窗口，默认位于界面的右侧。目录窗格中显示工程内容、门户内容和收藏夹内容等选项卡。当以地图模板为入口新建一个工程后，GeoScene Pro 会同时创建这个工程的工具箱、数据库、样式、文件夹和定位器目录，并且将工具箱、地理数据库和文件夹均以工程名默认命名，如图 1.5.8 所示。用户可以在目录窗格中查找本地、网

络或组织门户上的 GIS 内容，创建和导入地图、场景、布局、任务以及其它项目，以及管理工程、地理数据库、工具箱、文件夹或样式中的项目。

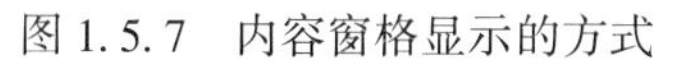

图 1.5.7　内容窗格显示的方式

图 1.5.8　目录窗格

默认情况下，工程存储在用户配置文件目录的 My Documents \ GeoScene \ Projects 文件夹中。用户可以通过单击功能区上的【工程】选项卡中的【选项】菜单，在【选项】窗口中的【当前位置】窗口中更改【主目录文件夹】、【默认地理数据库】或【默认工具箱】位置。如图 1.5.9 所示。

图 1.5.9　更改工程设置窗口

Tips：工程创建完成后将无法更改存储位置，也无法重命名。如果需要更改工程的名称，需通过点击【工程】选项卡上的【另存为】菜单对现有工程文件保存副本，使用新名称将其保存到新的位置。

1.5.2 数据类型

GeoScene Pro 可以使用和集成多种数据类型，主要包括要素类、要素集、栅格和影像、表格数据、CAD 数据、激光雷达等。

1. 要素、要素类、要素集

在 GeoScene Pro 中，最常用的矢量类型数据是要素类，根据所表达对象的不同分为点要素类、线要素类和面要素类。一个要素类由相同类型的多个要素构成，多个要素类构成一个要素集。构成要素类的要素类型必须是相同的，且属性结构相同，构成要素集的要素类可以是不同类型。

一个点、线或面对象就是一个**要素**，例如用一个点要素记录一棵树的编号、位置、属性等信息，用一个线要素记录一条路段的编号、位置、名称、长度等信息。**要素类**是有共同制图表达和属性集的同类要素集合。一个要素类中的要素具有相同的属性字段。例如，用由一系列点要素构成的点要素类表示多棵独立树信息，用由一系列线要素构成的线要素类表示多条道路信息。一个要素类对应一个属性表，在属性表中，一行记录对应一个要素。一个要素类在地图窗口中可视化为一个图层。**要素数据集**是在同一坐标系下的相关要素类或数据集的集合。要素数据集可包含不同类型的要素类，但这些要素类必须有相同的坐标系。例如，要素数据集可包括点、线、面要素类，网络数据集，拓扑、注记要素类，地形数据集等。

Tips：除要素类外，GeoScene Pro 的矢量类型数据还有 Shapefile、网络数据集、TIN 数据、terrain 数据集等。

2. 栅格和影像

影像从本质上讲是栅格类型的数据，因此在 GIS 软件应用中栅格和影像是经常互相指代的术语。GeoScene Pro 中的数字高程模型、地磁数据、遥感影像，以及其它基于格网的数据集都属于栅格类型的数据。

GeoScene Pro 的地理数据库支持以栅格数据集、镶嵌数据集和栅格目录的方式存储栅格和影像。在地理数据库之外还支持包括 dat、img、jpg、tif、ovr、lgg、asc、raw 等几十种格式的栅格文件。

3. 表

表指以行列形式组织在一起的一组数据元素。每一行表示一条记录，每一列表示记录的一个字段，所有的记录都有相同的字段，每个字段可存储一个特定的数据类型，如整型数字、浮点型数字、文本、日期等。

GeoScene Pro 中有两大类表，一类是与地理数据相关联的表，如要素类的属性表；另一类是独立表，如 excel 表格、csv 文件等。

4. CAD 数据

CAD(Computer Aided Design)指计算机辅助设计，CAD 数据指由 CAD 软件生成的数据，通常涉及测绘、建筑、工程等行业。GeoScene Pro 可接受 AutoCAD 和 MicroStation 这两个 CAD 平台的数据。AutoCAD 常用的数据格式为 DWG 和 DXF。DWG 是 AutoCAD 的本地文件格式，DXF 是一种交换格式。MicroStation 的数据格式为 DGN。GeoScene Pro 可将 CAD 文件读取为包含若干要素类的要素数据集，直接添加到地图或场景中显示。

除以上常用数据类型外，GeoScene Pro 还支持注记类、关系类、多点、多面体、3D 对象、拓扑类、尺寸注记类等数据类型。

1.5.3 数据管理

GeoScene Pro 采用弹性体量的地理数据库管理数据，地理数据库是存储在通用文件系统文件夹或多用户数据库管理系统中的各类地理数据的集合。GeoScene Pro 有三种类型的地理数据库：文件地理数据库、移动地理数据库和企业级地理数据库。

文件地理数据库是多种类型 GIS 数据集的集合，表现形式为包含空间数据和非空间数据的文件夹，支持文件地理数据库的数据集有要素类、要素数据集、镶嵌数据集、栅格数据集、表等。默认情况下，每个数据集最大不能超过 1TB，通过关键字配置，可将影像的数据量提高至 4TB 或 256TB。文件地理数据库是个人和小型 GIS 应用最常采用的数据管理方式。

移动地理数据库以 SQLite 为基础构建，将数据库存储在磁盘上的单个文件中，且不能超过 2TB。SQLite 为开源关系型数据库，无需许可，支持跨平台，可移植性较强，可较为高效地完成数据交换，是桌面端和移动端的桥梁。

企业级地理数据库通过商用的关系数据库管理软件存储地理数据，如 Oracle、IBM DB2、Microsoft SQL Server、Postgre SQL、SAP HANA 等。这种管理方式在理论上对数据量是没有上限的，只取决于数据库管理软件的能力。

以创建地理数据库为例示范数据管理。

1. 创建文件地理数据库

可从目录窗格或利用地理处理工具两个途径创建文件地理数据库。

Step1：在目录窗格中右键单击【数据库】，在弹出菜单中单击【新建文件地理数据库】，如图 1.5.10 所示，打开【新建文件地理数据库】对话框。

Tips：也可在目录窗格中右键单击【文件夹】下的项目文件夹，在弹出菜单中单击【新建】—【文件地理数据库】，如图 1.5.11 所示。

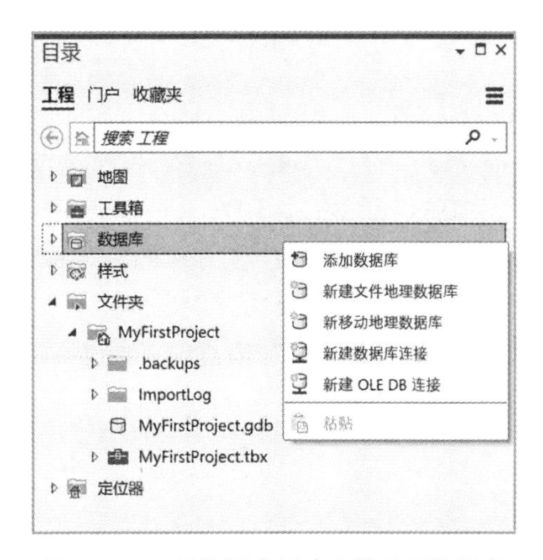

图 1.5.10　从数据库新建文件地理数据库

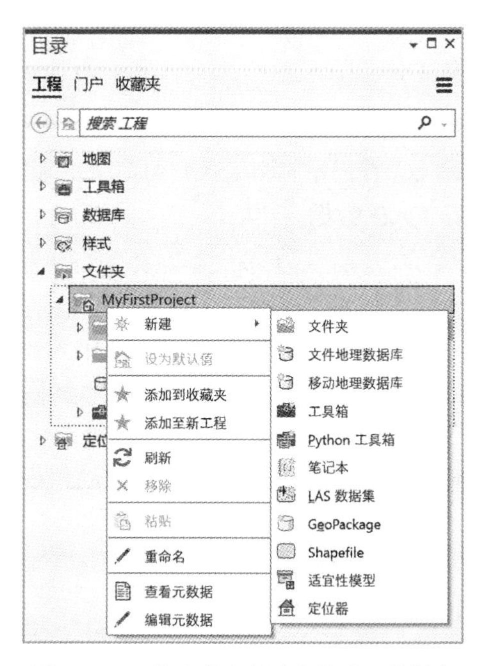

图 1.5.11　从文件夹新建文件地理数据库

Step2：在对话框中将数据库【名称】设置为 **MySecondProject**，单击【保存】后在【数据库】和【文件夹】下能看到新建的名为 **MySecondProject** 的地理数据库，如图 1.5.12 所示。

图 1.5.12　新建的地理数据库

Tips：GeoScene Pro 可以支持 ArcGIS 的文件地理数据库，即 gdb 格式的地理数据库，但不支持 ArcGIS 的个人地理数据库，即 mdb 格式的地理数据库。

通过【地理处理】—【工具箱】—【数据管理工具】—【工作空间】—【创建文件地理数据库】，也可以新建文件地理数据库。数据管理工具箱的工作空间、地理数据库管理、分布式地理数据库工具集提供了更多对数据库的创建、导入、更新和编辑工具。

第 2 章 GIS 数据输入

GIS 数据主要有两种类型：矢量和栅格。矢量数据通常用于表达离散的地理对象，采用点、线、面三种形式表达不同特征的地理对象。如：用点表达独立树、高程点、POI 点，用线表达道路、自来水水管、等高线，用面表达居民区、湖泊、植被覆盖区域等。栅格数据通常用于表达连续分布的地理对象，如气温、空气中 $PM_{2.5}$浓度等。在应用时，矢量和栅格数据是可以相互转换的，例如可以将栅格表达的气温分布用矢量的等温线来表达。GIS 数据可以矢量或栅格的形式输入。

在 GIS 应用中数据主要来源于野外实测、地图数字化、遥感影像或其它格式的数字数据。不同来源的数据可以通过不同方式输入 GIS 中，如通过键盘输入空间实体的坐标和属性，通过扫描仪、数字化仪将纸质地图数字化，通过数据格式转换将其它格式的数据转换为本地 GIS 软件可以接受的格式等。

GIS 数据输入的目的是将不同来源的数据转换为当前 GIS 软件可以接受并使用的数据。GeoScene Pro 能以多种方式进行数据输入，本章以最常用的几种数据输入方式为例介绍操作方法。

2.1 屏幕矢量化

将栅格数据转换为矢量数据的过程称为矢量化。屏幕矢量化是相对于数字化仪矢量化来说的，即利用 GIS 软件将栅格数据转换为矢量的形式。屏幕矢量化的实质是以栅格图为底图，确定目标对象所在位置的像元，然后将该像元转换为矢量坐标的过程。

本节要矢量化的数据为某地区的栅格地图，文件名为 raster. tif，无坐标系信息，如图 2. 1. 1 所示。

2.1.1 矢量化前的准备

1. 地图分层

GIS 软件对数据是分层管理、分层显示的，对图 2. 1. 1 中的地物，根据点、线、面不同类型将其细分为 5 类，如表 2. 1. 1 所示。

图 2.1.1　某地区栅格地图

表 2.1.1　**地图分层信息表**

要素类型	内容	图层名
点要素	兴趣点	POI
线要素	道路	Road
面要素	建筑物	Building
	湖泊	Lake
	绿地	Greenland

2. 新建矢量图层

一般来说，用户计划将数据分为几层，就对应新建几个矢量图层。本节分别以兴趣点、道路和湖泊为例进行点、线、面的矢量化。下面以兴趣点图层为例完成新建点图层的操作。新建线图层和面图层操作类似，区别在于新建图层时选择的图层几何类型不同。

在 GeoScene Pro 中，矢量图层可以是 Shapefile 形式，也可以是要素类形式，Shapefile 直接存储在文件夹下而不是在地理数据库中，因本书数据采用地理数据库的方式进行管理，故以要素类的形式创建和保存矢量图层。

Tips：由于 GeoScene Pro 对 Shapefile 和要素类的操作和分析不完全相同，有些工具不支持 Shapefile 数据，建议尽量用要素类的形式保存矢量数据。

Step1：双击本节文件夹 Exe02_1 中的工程文件 Exe02_1. aprx，打开工程。

Step2：在目录窗格中右键单击地理数据库【Exe02_1. gdb】，在弹出菜单中单击【新建】—【要素类】，打开【创建要素类】窗格，如图2.1.2所示。

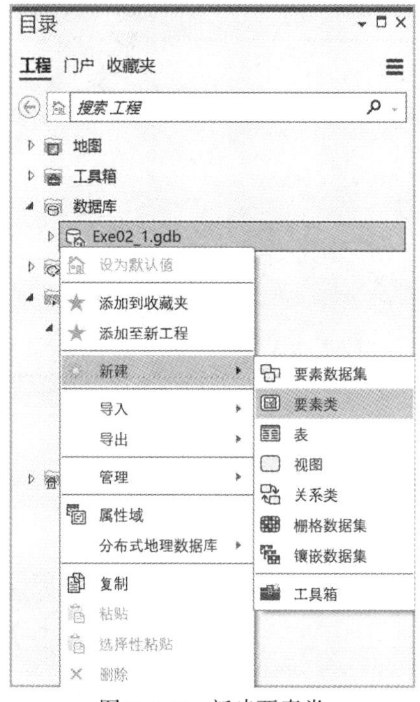

图2.1.2 新建要素类

Tips：打开工程时，如未显示目录窗格，可在功能区上单击【视图】—【目录窗格】。

Step3：在窗格的【定义】页面将【名称】设置为**POI**，【要素类类型】设置为**点**，其它保持默认设置，如图2.1.3所示，单击【下一个】，进入【字段】设置页面。

Step4：在【字段】页面添加属性字段。系统提供了两种方式添加属性字段：一种是在窗格的表格中设置属性字段的名称和类型；另一种是通过单击上方的【导入】从已有要素类或属性表中导入属性字段。此处添加一个名为**名称**的**文本**字段，如图2.1.4所示，单击【下一个】进入【空间参考】设置页面。

Tips：对于要素类来说，OBJECTID和SHAPE是默认字段，不能更改也不能删除。

Step5：在【空间参考】页面中设置要素类的坐标系。因图2.1.1中数据的真实坐标系为CGCS2000 3 Degree GK CM 108E高斯投影坐标，故通过单击【投影坐标系】—【Gauss Kruger】—【CGCS2000】—【CGCS2000 3 Degree GK CM 108E】设置POI要素类的坐标系，如图2.1.5所示，单击【下一个】进入【容差】设置页面。

Tips：在实际应用中，应当根据原始数据的真实坐标系进行新建要素类的坐标系设置。

Step6：容差主要用于自动消除冗余数据。在【容差】设置页面中，一般采用默认值，如图2.1.6所示，单击【下一个】进入【分辨率】设置页面。

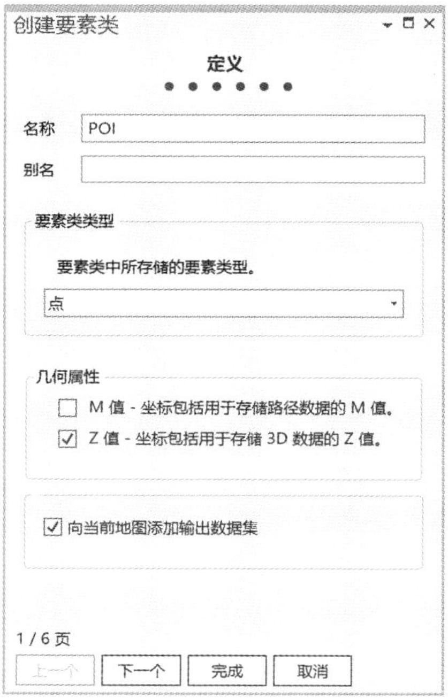

图2.1.3　新建要素-定义设置

图2.1.4　新建要素-字段设置

图2.1.5　新建要素-空间参考设置

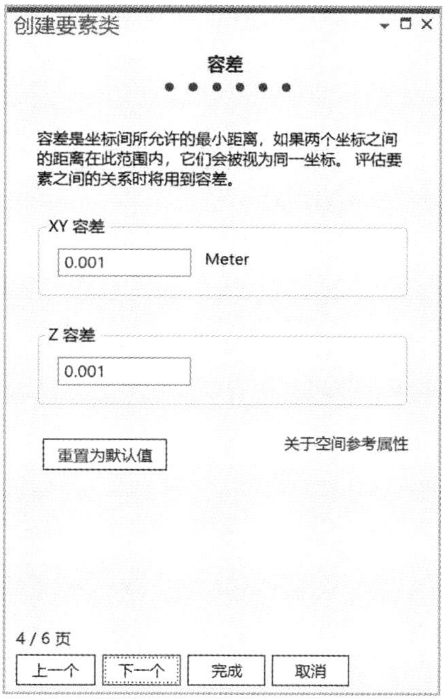

图2.1.6　新建要素-容差设置

Step7：此处分辨率指基础坐标格网的分辨率。要素类中的坐标会被捕捉到基础坐标格网中，一般保持默认设置，如图 2.1.7 所示，单击【下一个】进入【存储配置】设置页面。

Step8：【存储配置】页面保持默认设置，如图 2.1.8 所示，单击【完成】，完成新建 POI 点要素类。

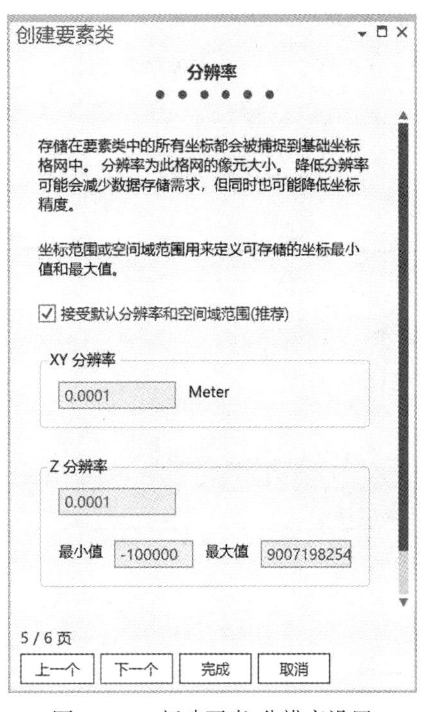

图 2.1.7　新建要素-分辨率设置

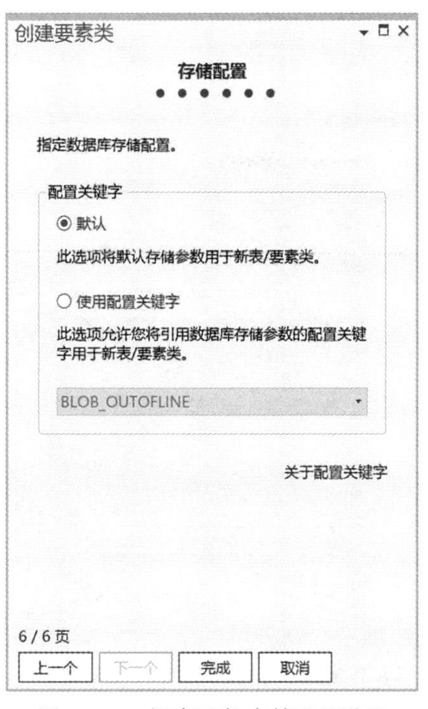

图 2.1.8　新建要素-存储配置设置

Tips：*在新建要素类过程中，可以在任意步骤中单击【完成】，采用缺省值完成要素类的创建。*

用同样的方法新建一个线要素类 Road，一个面要素类 Lake。

2.1.2　地理配准

通常扫描的地图不包含空间参考信息，无法定位到真实位置，因此在将扫描地图矢量化前，要将其放置到正确的空间坐标系中，这项工作通过地理配准来完成。配准后的扫描地图可以和该区域的其它类型地理数据保持正确的相对位置。

GeoScene Pro 提供的地理配准工具集可以对栅格数据集、栅格图层、航空像片、卫星影像和 CAD 数据进行地理配准。

目前 raster. tif 没有空间参考信息，查看其属性可看到空间参考为未知坐标系。进行地理配准前，首先应确定控制点。一般至少选取 4 个分布在地图四角区域的点作为控制点。本例选取了 6 个控制点，其位置和编号如图 2.1.9 所示，控制点在 CGCS2000 3 Degree GK CM 108E 坐标系中的真实坐标见表 2.1.2。

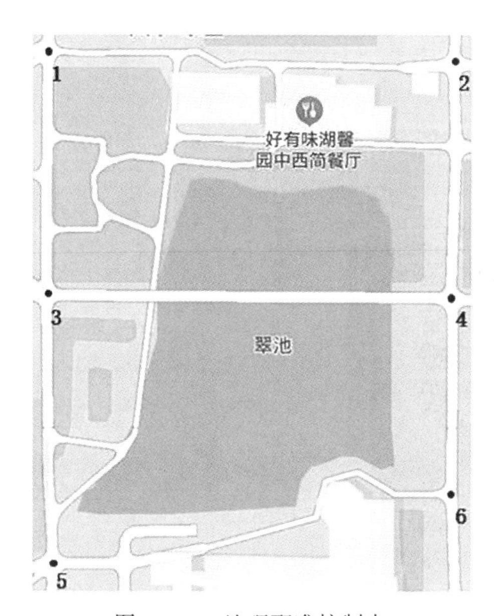

图 2.1.9 地理配准控制点

思 考

2-1：控制点怎样选能尽可能保证点位精度和配准精度？

表 2.1.2 控制点坐标表

ID	*X*	*Y*
1	538244.69	3378008.44
2	538385.61	3378006.43
3	538244.22	3377926.87
4	538384.64	3377926.80
5	538244.66	3377850.46
6	538384.86	3377865.81

Step1：在【内容】窗格中单击【raster.tif】以激活该图层，在功能区单击【地图】选项卡【配准】组中的【地理配准】工具，打开【地理配准】选项卡。

Step2：单击【地理配准】选项卡中【校正】组的【添加控制点】工具，这时鼠标变为十字丝状，参照图 2.1.9 标出的控制点位置，用十字丝的中心对准图中控制点 1 的位置，单击鼠标左键确定控制点 1 的位置，如图 2.1.10(a)所示。然后单击鼠标右键，在弹出的【目标坐标】对话框中按照表 2.1.2 的数据输入控制点 1 的真实坐标，如图 2.1.10(b)所示。

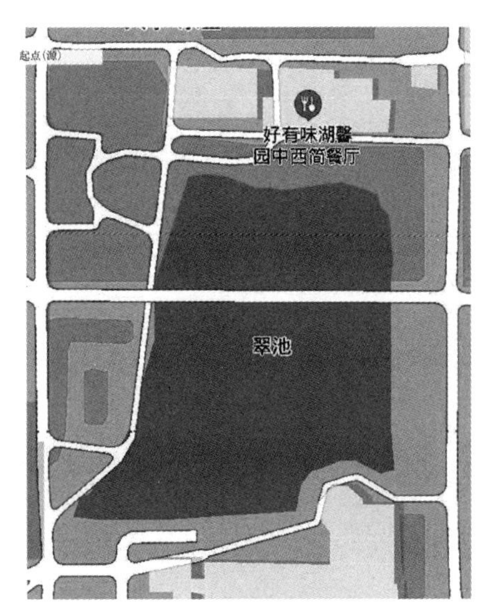

(a)确定控制点位置

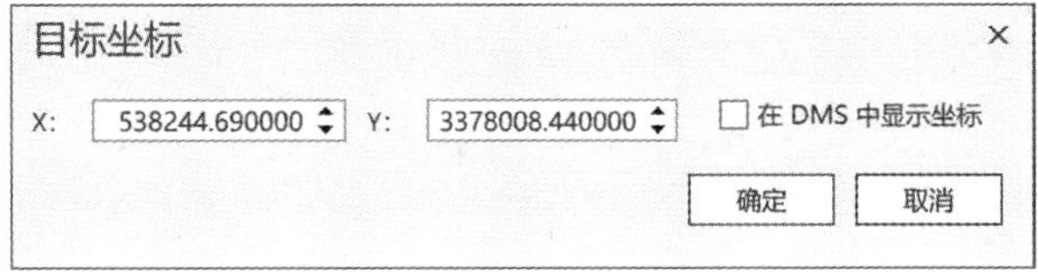

(b)输入控制点真实坐标

图 2.1.10　配准控制点 1

Tips：若无法精确定位图上控制点可将原图尽量放大。

Step3：单击【目标坐标】对话框中的【确定】，完成控制点 1 的坐标输入。

Tips：单击【确定】后，图像可能会消失在视图范围内，可在【内容】窗格右键单击【raster. tif】图层，在弹出菜单中单击【缩放至图层】，将视图显示范围设置为该图层。

思　考

2-2：为什么图像会消失在视图范围内?

Step4：重复 Step2~3，完成其余 5 个控制点坐标的输入，然后单击【地理配准】选项卡【校正】组中的【应用】，完成地理配准。

Step5：在功能区单击【地理配准】选项卡【保存】组中的【保存】，保存配准后的栅格地图。

Step6：单击【地理配准】选项卡【关闭】组中的【关闭地理配准】。

Tips：在配准前，可以通过取消选中【地理配准】选项卡【校正】组中的【自动应用】，使扫描地图保持原位置，当所有控制点坐标都匹配完毕后，再单击【应用】，完成地理配准。

在地理配准过程中，GeoScene Pro 默认采用仿射变换，若遇到存在复杂非线性变形的栅格地图时就需要采用高次变换。可根据实际情况，通过单击【地理配准】选项卡【校正】组中的【变换】下拉列表，选择合适的变换方式。

2.1.3 矢量化点

矢量化栅格地图中的餐厅 POI 点。

Step1：在【内容】窗格单击【POI】图层以激活该图层，在功能区单击【编辑】选项卡【要素】组的【创建】选项，打开【创建要素】窗格。在窗格中单击 POI 图层名下要素模板的【创建点要素】，如图 2.1.11 所示。

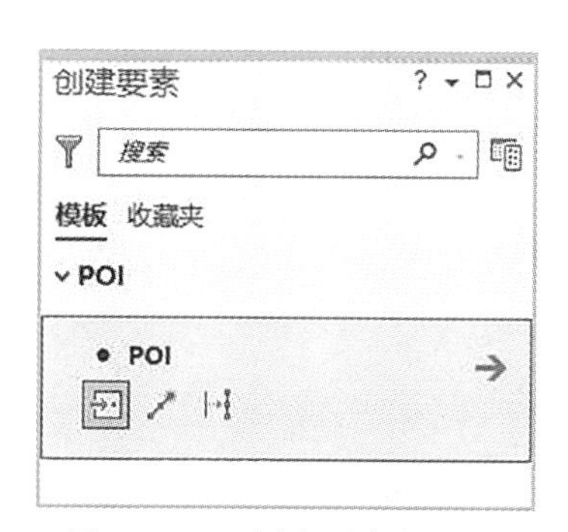

图 2.1.11 创建要素窗格-点

Step2：单击图层上的餐厅位置，完成餐厅 POI 点的矢量化，结果如图 2.1.12 所示。此时的 POI 点要素类只包含一个要素，且名称为空。

2.1.4 矢量化线

矢量化栅格地图中的道路，存储在 Road 要素类中。

Step1：在【内容】窗格单击【Road】图层以激活该图层，在功能区单击【编辑】选项卡【要素】组的【创建】选项，打开【创建要素】窗格。在窗格中单击【线】工具，如图

2. 1. 13 所示。

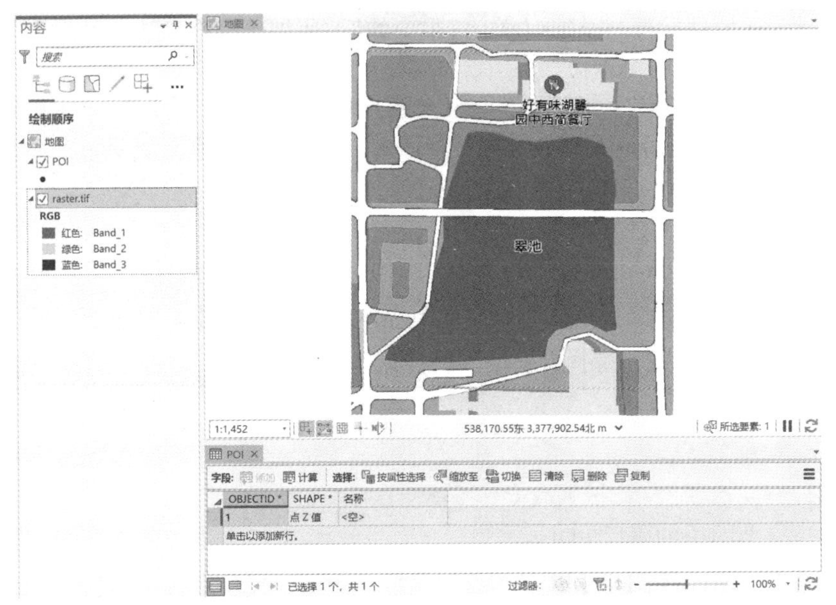

图 2. 1. 12　矢量化后的兴趣点

图 2. 1. 13　创建要素窗格-线

Step2：以道路的一端为起点，在该点上单击鼠标左键，然后沿道路走向在每个拐点处单击鼠标左键取点，如图 2. 1. 14 所示。

Step3：取完道路的最后一个点时，在该点处单击鼠标右键，在弹出菜单中单击【完成】，完成该路段线要素的矢量化，如图 2. 1. 15 所示。

Tips：在矢量化道路的最后一个点处双击鼠标左键也可以完成该路段的矢量化。

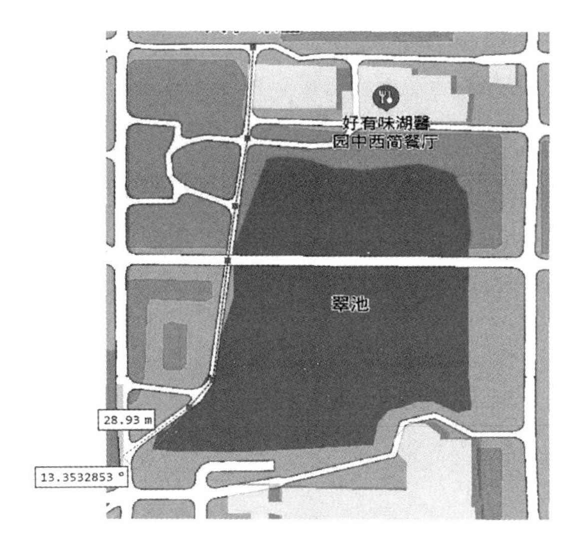

图 2.1.14 数字化道路取点

图 2.1.15 完成数字化道路

思 考

2-3：在弹出菜单中，【完成】和【完成部件】的区别是什么？

重复 Step2 和 Step3，直到完成所有道路路段的矢量化。

2.1.5 矢量化面

矢量化栅格地图中的湖泊，存储在 Lake 要素类中。

Step1：在【内容】窗格单击【Lake】图层以激活该图层，在功能区单击【编辑】选项卡【要素】组的【创建】选项，打开【创建要素】窗格。在窗格中单击面工具，如图 2.1.16 所示。

图 2.1.16 创建要素窗格-面

Step2：在湖泊边界上取任意一点为起点，单击鼠标左键开始矢量化，沿湖泊边界拐点取点，如图 2.1.17 所示。取完所有拐点后，双击鼠标左键或右键，在弹出菜单中单击【完成】以完成湖泊面要素的矢量化。

Tips：若在矢量化过程中，某个点选取不够理想，可将鼠标移至该点上，单击鼠标右键，在弹出菜单中选择【删除折点】将该点删除，然后重新取点，如图 2.1.18 所示。同理，也可利用弹出菜单中的添加折点、移动折点等工具进行修整。

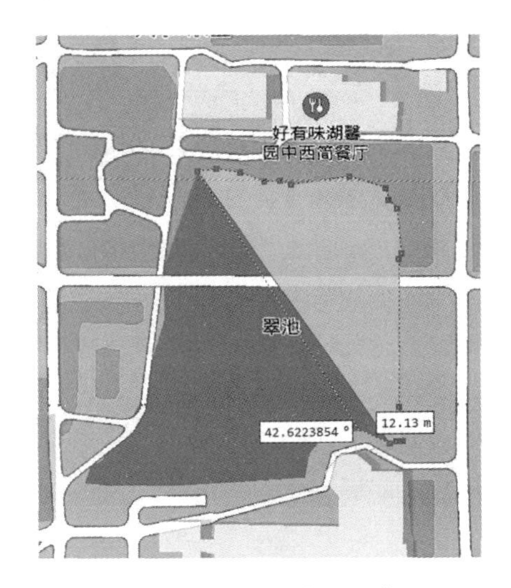

图 2.1.17　矢量化面要素

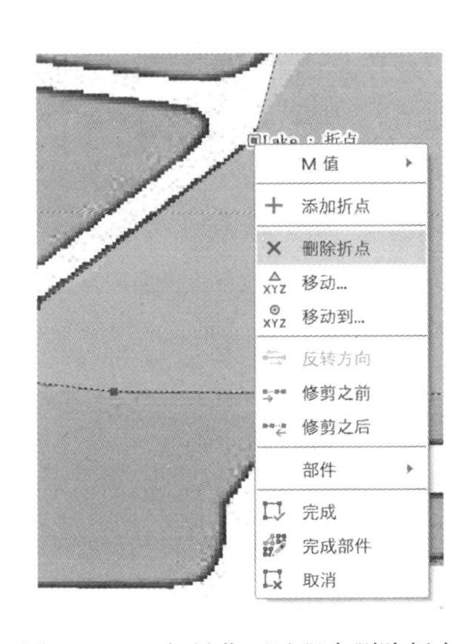

图 2.1.18　矢量化面过程中删除折点

Tips：为了避免在矢量化面时遮挡取点的点位，可在矢量化前将面要素类的显示符号更改为以轮廓显示。

2.2　属性数据输入

属性数据是地理数据非常重要的组成部分，在进行空间分析和制图中，属性数据的丰富度和粒度决定了分析和制图结果的丰富度和多样性。当点、线或面的矢量化完成之后，往往需要为要素添加属性。

在 GeoScene Pro 中，属性数据的输入主要通过编辑属性表或将其它表连接到属性表的方式完成。本节以输入湖泊的名称“翠湖”为例，示意添加字段和属性的操作。

2.2.1　手工键盘输入

1. 为属性表添加字段和属性

Step1：在本节数据文件夹下双击 Exe02_2. aprx 工程文件，打开工程 Exe02_2。

Step2：在【内容】窗格中右键单击【Lake】图层，在弹出菜单中单击【属性表】，打开Lake 图层的属性表，如图 2.2.1 所示。

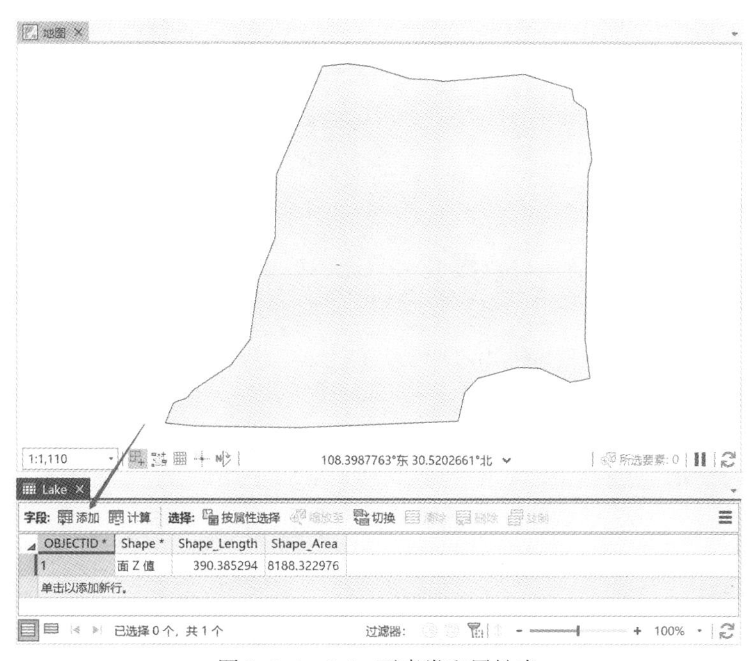

图 2.2.1　Lake 要素类和属性表

Step3：在 Lake 属性表中单击【字段】旁的【添加】打开【字段】编辑窗格，在【字段】编辑窗格的最下一行输入新的【字段名】**Name**，将【数据类型】设置为**文本**，其它保持默认设置，如图 2.2.2 所示。

Lake　*字段：Lake

当前图层　Lake

可见	只读	字段名	别名	数据类型	允许空值	高亮显示	数字格式	属性域	默认	长度
☑	☑	OBJECTID	OBJECTID	对象 ID	☐	☐	数值			
☑	☐	Shape	Shape	几何	☑	☐				
☑	☑	Shape_Length	Shape_Length	双精度	☑	☐	数值			
☑	☑	Shape_Area	Shape_Area	双精度	☑	☐	数值			
☑	☐	Name		文本	☑	☐				255

单击此处添加新字段。

图 2.2.2　为 Lake 属性表添加字段

Tips：GeoScene Pro 的字段名只能包含字母、数字和下划线，不支持空格和除下划线以外的字符，且只能以字母或下划线开头；不能设置为保留关键字，如 date，user，zone 等。

文本类型的字段默认【长度】是 255，即 Name 属性最长不能超过 255 个汉字或字母。若还要添加字段，可单击下方的【单击此处添加新字段】继续操作。

Step4：在功能区单击【字段】选项卡【更改】组中的【保存】工具，保存新建字段，属性表新建了一个名为 **Name** 的字段，但还没有属性值，如图 2.2.3 所示。

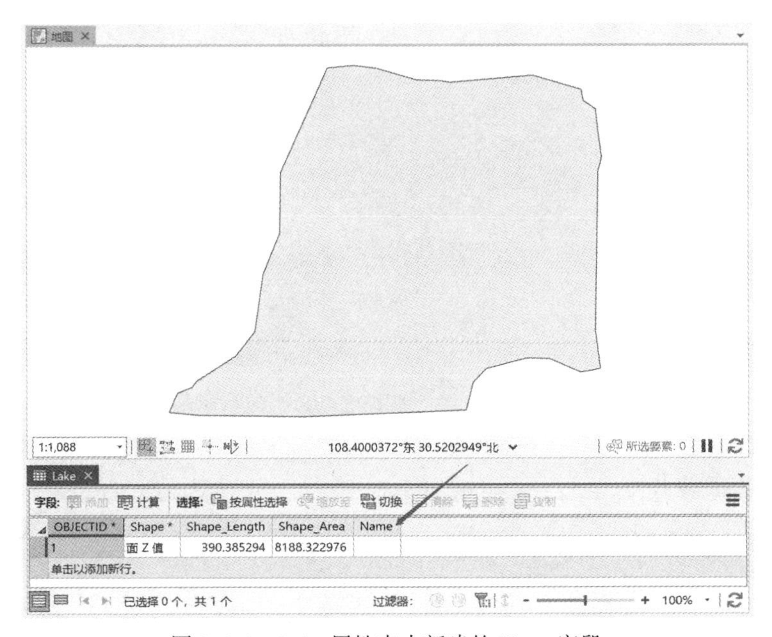

图 2.2.3　Lake 属性表中新建的 Name 字段

Step5：双击要添加 Name 的输入栏，输入**翠湖**，如图 2.2.4 所示。

图 2.2.4　在属性表中添加属性

Step6：在功能区单击【编辑】选项卡的【保存】工具，保存新输入的字段内容。

2. 用地理处理工具添加字段

Step1：在【地理处理】窗格中单击【工具箱】—【数据管理工具】—【字段】—【添加字段】，打开【添加字段】窗格。

Step2：在窗格中将【输入表】设置为 **Lake**，将【字段名称】设置为 **Name**，【字段类型】设置为**文本**，【字段长度】设置为 **255**，其它保持默认设置，如图 2.2.5 所示。

Step3：单击【运行】完成字段添加，添加字段后的 Lake 属性表如图 2.2.6 所示。

Tips：【添加字段】工具提供了更丰富的设置选项。【字段可为空】用于设置字段是否可为空值，需要注意的是，空值和空字段在属性表中是不同的。空值也是一个值，而空字段是什么都没有，比较图 2.2.3 和图 2.2.6 添加的 Name 字段，前者是空字段，后者是空值。当选中【字段必填】意味着新添加的字段具有永久性，不能删除。【字段属性域】与属性域名称结合使用用于约束该字段的允许值。

图 2.2.5 添加字段工具设置图

图 2.2.6 添加空值的属性表

2.2.2 计算属性

虽然可以从键盘输入属性，但通过计算属性可以批量、快速、高效地完成对属性的赋值。

1. 计算几何

这里的几何指要素的几何特征，包括 x、y、z 和 m 坐标，长度或周长，面积，质心坐标，范围，线方位角等。下面以为 Land 面要素类中每个多边形要素添加质心坐标属性为例示范操作。

Step1：在功能区单击【地图】选项卡【导航】组【书签】，单击【计算与连接】书签，将视图定位到 Land 图层范围。

Step2：在【内容】窗格中右键单击【Land】图层，在弹出菜单中单击【属性表】，打开 Land 要素类的属性表。

Step3：为 Land 属性表新建两个字段，分别将【字段名】命名为 **Center_X**、**Center_Y**，【数据类型】为**双精度**，【数字格式】为**数字**，【小数位数】设置为 **3**，其它保持默认设置，如图 2.2.7 所示。

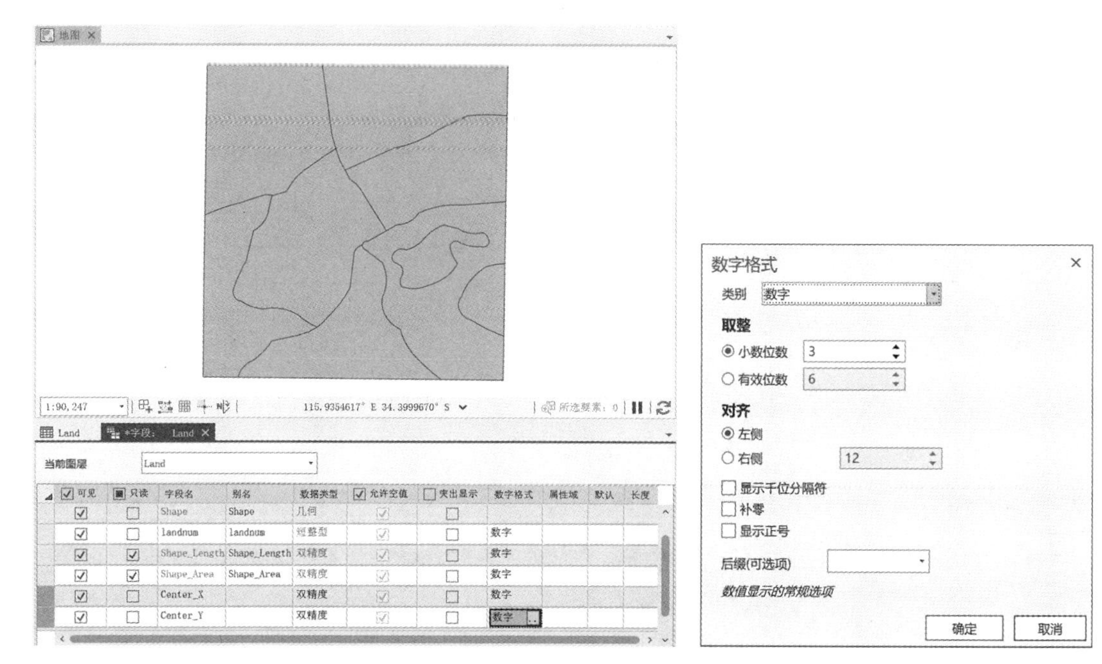

(a)添加新字段　　　　(b)设置数字小数位数

图 2.2.7　为 Land 属性表新建字段

Step4：在 Land 属性表中右键单击【Center_X】字段名或【Center_Y】字段名，在弹出菜单中单击【计算几何】，如图 2.2.8 所示，打开【计算几何】对话框。

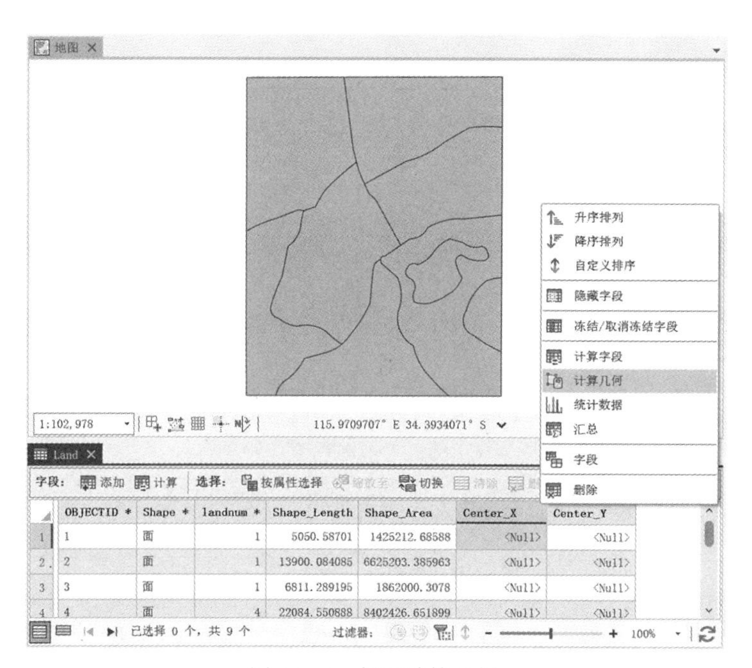

图 2.2.8　打开计算几何

Step5：在对话框中，将【输入要素】设置为 **Land**，【字段】用于确定为哪个字段计算属性。将【字段】**Center_X** 设置为**质心 *x* 坐标**属性，将【字段】**Center_Y** 设置为**质心 *y* 坐标**属性，其它保持默认设置，如图 2.2.9 所示。

图 2.2.9　计算几何设置

Tips：【计算几何】工具除了可以添加质心坐标外，还可以添加面积、周长等共 16 个参数。使用计算几何工具时也可不新建字段，直接在【字段】编辑框中输入新字段名。

Step6：单击【确定】，完成计算几何，完成计算几何后的 Land 属性表，如图 2.2.10 所示。

Tips：计算几何仅仅为 Land 要素类的多边形添加了质心坐标的属性，而不是质心点。

思 考

2-4：若要为 Land 要素类的每个多边形添加质心点应如何操作?

Tips：可得到和本例类似结果的工具还有【数据管理工具】—【要素】—【添加几何属性】和【计算几何属性】，但这几个工具能够添加的参数数量和内容略有不同。

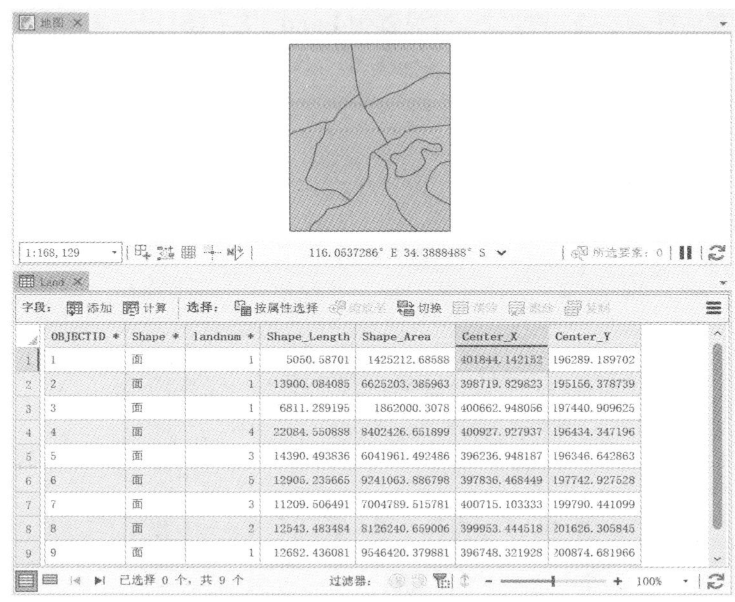

	OBJECTID *	Shape *	landnum *	Shape_Length	Shape_Area	Center_X	Center_Y
1	1	面	1	5050.58701	1425212.68588	401844.142152	196289.189702
2	2	面	1	13900.084085	6625203.385963	398719.829823	195156.378739
3	3	面	1	6811.289195	1862000.3078	400662.948056	197440.909625
4	4	面	4	22084.550888	8402426.651899	400927.927937	196434.347196
5	5	面	3	14390.493836	6041961.492486	396236.948187	196346.642863
6	6	面	5	12905.235665	9241063.886798	397836.468449	197742.927528
7	7	面	3	11209.506491	7004789.515781	400715.103333	199790.441099
8	8	面	2	12543.483484	8126240.659006	399953.444518	201626.305845
9	9	面	1	12682.436081	9546420.379881	396748.321928	200874.681966

图 2.2.10　添加质心点坐标后的 Land 属性表

2. 计算字段

计算几何只能输入特定的几何特征参数，当要输入的值是某个字段的函数时，就需要使用计算字段功能。下面以计算 Land 要素类中每个多边形的景观形状指数为例示范操作过程。

此处景观形状指数(Landscape Shape Index，LSI)用多边形形状与相同面积的圆之间的偏离程度表达，计算公式如下：

$$\mathrm{LSI}=\frac{E}{2\sqrt{\pi A}} \tag{2.2.1}$$

式中，E 为多边形周长；A 为多边形面积；π 为圆周率，此处取 3.14。

Step1：在 Land 属性表中右键单击表头任一字段名，在弹出菜单中单击【计算字段】，打开【计算字段】对话框。

Step2：在对话框中，将【输入表】设置为 **Land**，【字段名称(现有或新建)】输入 **LSI**，在【表达式】中输入 **!Shape_Length! / (2 * math.sqrt(math.pi * !Shape_Area!))**，如图 2.2.11 所示。

Tips：GeoScene Pro 默认使用 Python 3 表达式。在输入时，建议通过双击【字段】列表中的字段名和【助手】列表中的函数名来辅助输入表达式，这样可以避免手工输入可能带来的错误。另外，双击输入一个字段名或函数名之后注意修正表达式中的当前输入位置。

除 Python 表达式外，GeoScene Pro 还支持 Arcade 表达式输入——一种专注于 GeoScene 平台和 ArcGIS 平台数据的检索、分析、逻辑交互的语言。

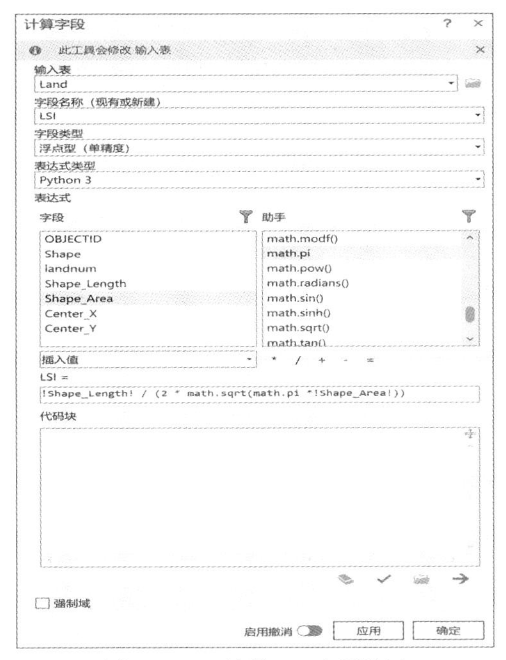

图 2.2.11　计算 LSI 字段设置

Step3：单击【应用】，完成 LSI 字段的计算，计算结果见图 2.2.12。

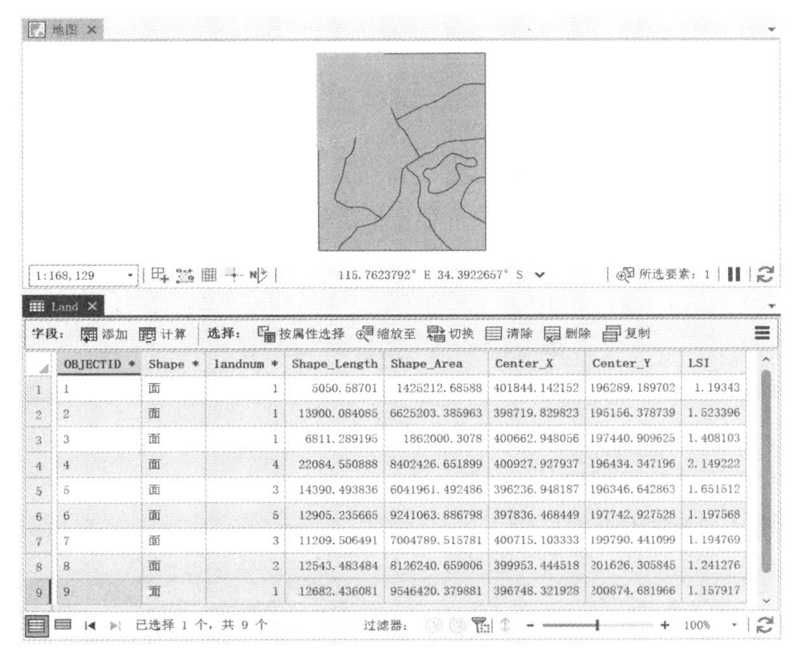

	OBJECTID *	Shape *	landnum *	Shape_Length	Shape_Area	Center_X	Center_Y	LSI
1	1	面	1	5050.58701	1425212.68588	401844.142152	196289.189702	1.19343
2	2	面	1	13900.084085	6625203.385963	398719.829823	195156.378739	1.523396
3	3	面	1	6811.289195	1862000.3078	400662.948056	197440.909625	1.408103
4	4	面	4	22084.550888	8402426.651899	400927.927937	196434.347196	2.149222
5	5	面	3	14390.493836	6041961.492486	396236.948187	196346.642863	1.651512
6	6	面	5	12905.235665	9241063.886798	397836.468449	197742.927528	1.197568
7	7	面	3	11209.506491	7004789.515781	400715.103333	199790.441099	1.194769
8	8	面	2	12543.483484	8126240.659006	399953.444518	201626.305845	1.241276
9	9	面	1	12682.436081	9546420.379881	396748.321928	200874.681966	1.157917

图 2.2.12　计算 LSI 属性值结果

LSI 是一个用于描述形状规则程度的指标，在计算时采用的标准形状为圆，当一个多边形越接近于圆时，LSI 值越接近于 1；LSI 值越大则表示多边形越不规则。在 Land 要素类中，LSI 值最小的多边形边界最为规则，LSI 值最大的多边形是一个带有洞的多边形。

Tips：地理处理【工具箱】—【数据管理工具】—【字段】工具集中提供的【计算字段】工具可计算一个字段的值，【计算字段(多个)】可一次计算多个字段的值。

2.2.3　属性连接

对于已有的统计表单来说，可利用属性连接方法将其与空间数据连接起来。GeoScene Pro 提供了利用**公共字段**将两张表连接起来的功能，参与连接的表可以是要素类的属性表，也可以是 Excel 表单、csv 文件、dbf 文件等独立表。本节以最为常见的属性表和 Excel 表单连接为例。

本例使用 Land 要素类和 LandName 表单数据进行属性连接，两个表的内容如图 2.2.13 所示。现在需要为 Land 要素类中的每个要素添加种植类型和单价，而 LandName 表单中存储了这些内容。

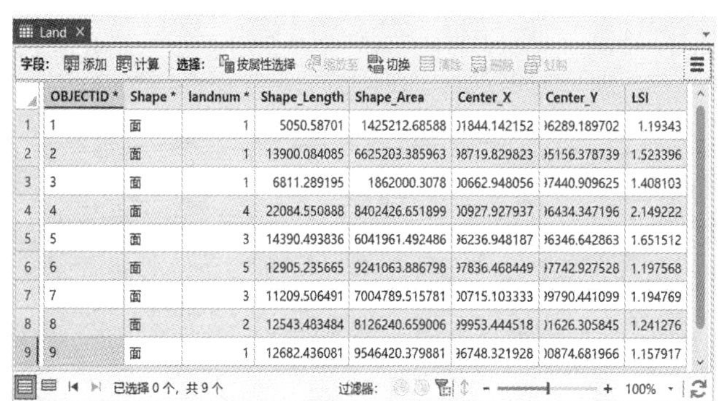
Land ×

字段：添加 计算　选择：按属性选择 缩放至 切换 清除 删除 复制

	OBJECTID *	Shape *	landnum *	Shape_Length	Shape_Area	Center_X	Center_Y	LSI
1	1	面	1	5050.58701	1425212.68588	)1844.142152	)6289.189702	1.19343
2	2	面	1	13900.084085	6625203.385963	)8719.829823	)5156.378739	1.523396
3	3	面	1	6811.289195	1862000.3078	)0662.948056	)7440.909625	1.408103
4	4	面	4	22084.550888	8402426.651899	)0927.927937	)6434.347196	2.149222
5	5	面	3	14390.493836	6041961.492486	)6236.948187	)6346.642863	1.651512
6	6	面	5	12905.235665	9241063.886798	)7836.468449	)7742.927528	1.197568
7	7	面	3	11209.506491	7004789.515781	)0715.103333	)9790.441099	1.194769
8	8	面	2	12543.483484	8126240.659006	)9953.444518	)1626.305845	1.241276
9	9	面	1	12682.436081	9546420.379881	)6748.321928	)0874.681966	1.157917

已选择 0 个，共 9 个　过滤器：　100%

(a) Land 要素类属性表

LandName$ ×

字段：　选择：

ID	Name	Price	Lnum	ObjectID *
0	Oats	25000	1	1
1	Canola	24000	2	2
2	Barley	27000	3	3
3	Lucerne	20000	4	4
4	Wheat	19000	5	5

已选择 0 个，共 5 个　过滤器：

(b) LandName 表单

图 2.2.13　连接前的属性表内容

GeoScene Pro 提供了多个途径完成属性连接。

1. 从内容窗格进行属性连接

Step1：在【内容】窗格中右键单击 Land 要素类，在弹出菜单中单击【连接和关联】—【添加连接】。

Step2：在弹出的【添加连接】对话框中，将【输入表】设置为 **Land**，【输入连接字段】设置为 **landnum**，将【连接表】设置为 **LandName $**，【连接表字段】设置为 **Lnum**，**勾选**【保留所有目标要素】，其它保持默认设置，如图 2.2.14 所示。

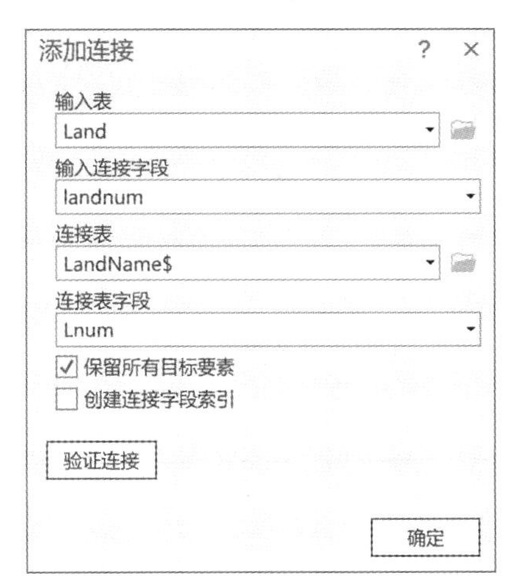

图 2.2.14 添加属性连接设置

Tips：有时在使用【添加连接】工具时，会在连接字段前出现警告标志，这是因为该字段没有建立索引。为字段建立索引是为了在大数据量时提升查询和检索性能，对于少量数据没有索引并不影响属性连接的效率和结果。如用户需要，可使用【数据管理工具】—【索引】—【添加属性索引】工具为属性建立索引。

当勾选【保留所有目标要素】时，即使 Land 要素类中存在不能成功连接到 LandName 表的要素仍然会被保留，不勾选则只保留连接成功的要素。【验证连接】用于事先分析潜在的连接，检查两个表之间是否具有有效的字段名称和对象 ID 字段。

Step3：单击【确定】，完成属性连接。连接后的 Land 要素类属性表如图 2.2.15 所示，可以看到 Land 要素类的每个要素根据关键字匹配添加了 LandName 表中对应的所有字段。

Land

字段：添加 计算 选择：按属性选择 切换

	OBJECTID *	Shape *	landnum *	Shape_Length	Shape_Area	Center_X	Center_Y	LSI	ID	Name	Price	Lnum	ObjectID
1	1	面	1	5050.58701	1425212.68588	401844.142152	6196289.189702	1.19343	0	Oats	25000	1	1
2	2	面	1	13900.084085	6625203.385963	398719.829823	6195156.378739	1.523396	0	Oats	25000	1	1
3	3	面	1	6811.289195	1862000.3078	400662.948056	6197440.909625	1.408103	0	Oats	25000	1	1
4	4	面	4	22084.550888	8402426.651899	400927.927937	6196434.347196	2.149222	3	Lucerne	20000	4	4
5	5	面	3	14390.493836	6041961.492486	396236.948187	6196346.642863	1.651512	2	Barley	27000	3	3
6	6	面	5	12905.235665	9241063.886798	397836.468449	6197742.927528	1.197568	4	Wheat	19000	5	5
7	7	面	3	11209.506491	7004789.515781	400715.103333	6199790.441099	1.194769	2	Barley	27000	3	3
8	8	面	2	12543.483484	8126240.659006	399953.444518	6201626.305845	1.241276	1	Canola	24000	2	2
9	9	面	1	12682.436081	9546420.379881	396748.321928	6200874.681966	1.157917	0	Oats	25000	1	1

单击以添加新行。

已选择 0 个，共 9 个　过滤器：　100%

图 2.2.15 连接属性后的 Land 属性表

Tips：需要注意的是，属性连接不会修改 Land 要素类的属性表，只是建立了一个 Land 属性表和 LandName 表格之间的联系，在可视化层面上为 Land 属性表添加了属性字段和内容。当移除 Land 要素类或关闭工程后这种联系就随之取消，再次打开 Land 要素类时，属性表仍然是原始的 5 个字段。若想要保存连接属性后的 Land 要素类，需要将 Land 要素类导出另存。

思　考

2-5：能否将 LandName 表作为输入表、Land 要素类的属性表作为连接表完成属性连接？这两种操作的结果是否会有不同？若有，会有哪些不同？

2. 利用连接字段工具进行属性连接

Step1：在【地理处理】窗格中单击【工具箱】—【数据管理工具】—【连接和关联】—【连接字段】，打开【连接字段】窗格。

Step2：在窗格中参照图 2. 2. 14 相应的字段设置，【传输字段】为将要连接到输入表中的属性字段，此处设为 **Name** 和 **Price**，如图 2. 2. 16 所示。

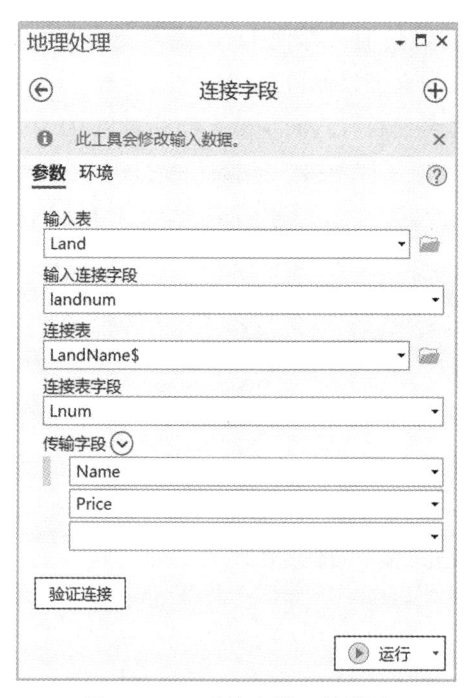

图 2. 2. 16　连接字段工具设置

Tips：连接字段工具会修改输入表，打开此工具时系统会提示。因此使用此工具完成属性连接后不需要导出另存就可以保存连接后的表。

Step3：单击【运行】，完成属性连接。

2.3 创建数据

在实际应用中，野外测量获得的数据或通过网络爬取的数据通常是含有坐标值信息的文本文件、Excel 文件、csv 文件等，如出租车 GPS 数据通常是包含经纬度的文本文件，这些在 GeoScene Pro 中都被称为表格数据。GeoScene Pro 能够将包含坐标信息的表格数据转换为要素类。另外，在一些科学研究中，我们需要创建一些辅助数据进行实验，如随机点、渔网等。本节将介绍如何创建这类数据。

双击数据文件夹 Exe02_3 下的 Exe02_3. aprx 工程文件打开工程。

2.3.1 XY 创建点要素

内容列表中的 coordinates. csv 文件存储了 20 个点，记录了点编号、经度、纬度、方向等信息，如图 2.3.1 所示。

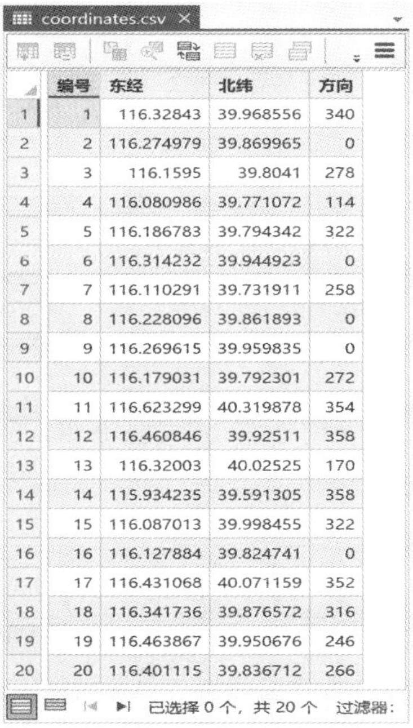

coordinates.csv

	编号	东经	北纬	方向
1	1	116.32843	39.968556	340
2	2	116.274979	39.869965	0
3	3	116.1595	39.8041	278
4	4	116.080986	39.771072	114
5	5	116.186783	39.794342	322
6	6	116.314232	39.944923	0
7	7	116.110291	39.731911	258
8	8	116.228096	39.861893	0
9	9	116.269615	39.959835	0
10	10	116.179031	39.792301	272
11	11	116.623299	40.319878	354
12	12	116.460846	39.92511	358
13	13	116.32003	40.02525	170
14	14	115.934235	39.591305	358
15	15	116.087013	39.998455	322
16	16	116.127884	39.824741	0
17	17	116.431068	40.071159	352
18	18	116.341736	39.876572	316
19	19	116.463867	39.950676	246
20	20	116.401115	39.836712	266

已选择 0 个，共 20 个 过滤器：

图 2.3.1 coordinates. csv 文件内容

在 GeoScene Pro 中可通过三个途径从记录了点坐标的 coordinates 文件创建点要素类。

1. 从内容窗格创建点要素

Step1：在【内容】窗格中右键单击【coordinates. csv】表格，在弹出菜单中单击【显示 XY 数据】，如图 2. 3. 2 所示，打开【显示 XY 数据】对话框。

Step2：在对话框中，将【输入表】设置为 **coordinates. csv**，【输出要素类】命名为 **coordinates_XYTableToPoint**，【X 字段】设置为**东经**，【Y 字段】设置为**北纬**，【坐标系】设置为 **GCS_WGS_**1984，其它保持默认设置，如图 2. 3. 3 所示。

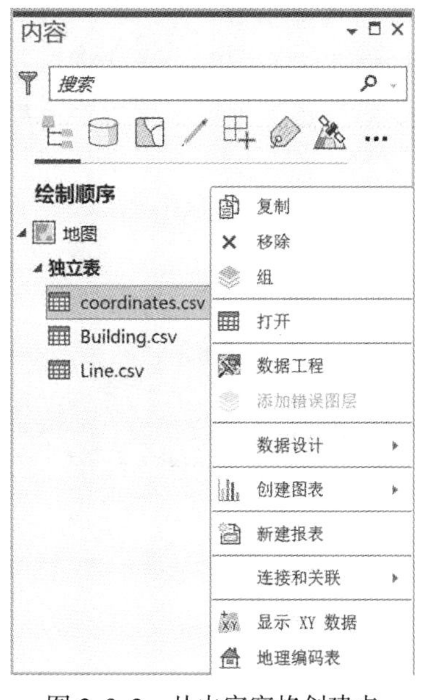

图 2. 3. 2　从内容窗格创建点

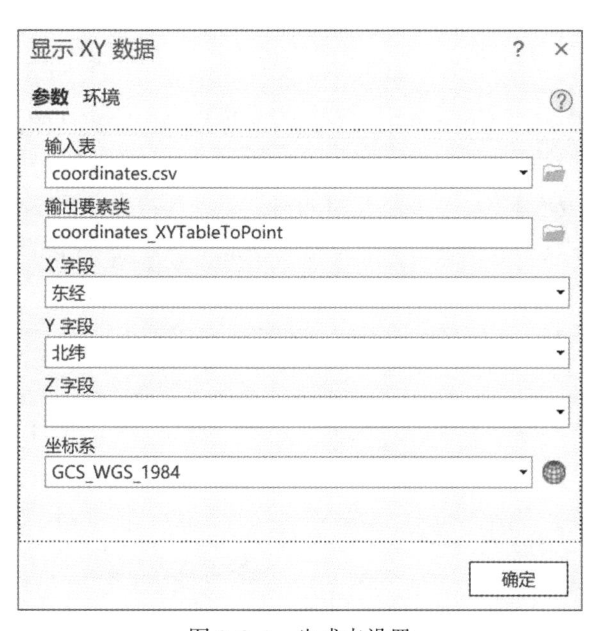

图 2. 3. 3　生成点设置

思　考

2-6：此处为什么不设置【Z 字段】？

Step3：单击【确定】，完成从表创建点要素类 coordinates_XYTableToPoint 并显示在地图窗格中，如图 2. 3. 4 所示。

2. 从目录窗格创建点要素

Step1：在【目录】窗格中右键单击【coordinates. csv】文件名，在弹出菜单中单击【导出】—【表转点要素类】，如图 2. 3. 5 所示，打开【XY 表转点】窗格。

Step2：在窗格中，参考图 2. 3. 3 进行设置，设置后如图 2. 3. 6 所示。

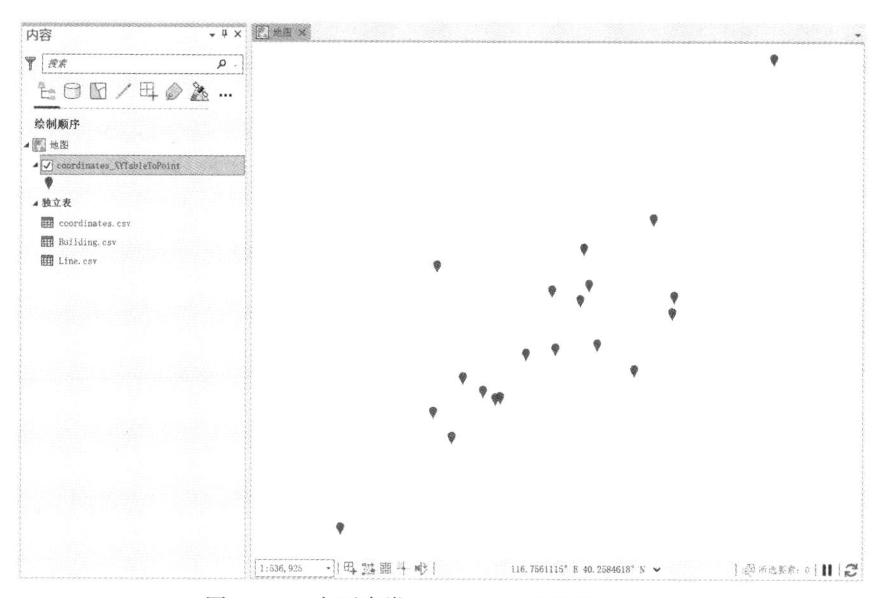

图 2.3.4　点要素类 coordinates_XYTableToPoint

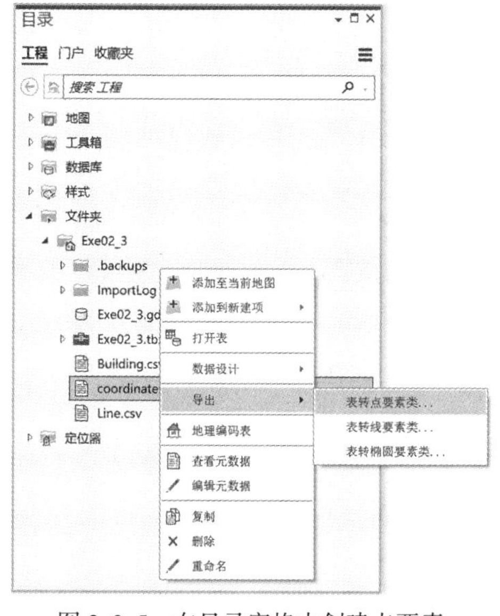

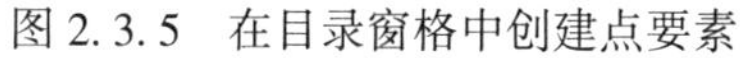

图 2.3.5　在目录窗格中创建点要素

图 2.3.6　XY 表转点设置

Step3：单击【运行】完成创建点要素类，结果与图 2.3.4 相同。

3. 从工具箱创建点要素

Step1：在【地理处理】窗格中单击【工具箱】—【数据管理工具】—【要素】—【XY 表转点】，如图 2.3.7 所示，打开【XY 表转点】窗格。

Step2：【XY 表转点】窗格与图 2.3.6 相同，后续设置和运行结果也相同。

细心的读者一定会发现，其实通过目录窗格和工具箱工具调用的是同一个工具。

2.3.2　XY 创建线要素

GeoScene Pro 可以从文本记录的 *X*、*Y* 坐标值创建两种形式的线要素，一种是只有两个端点的直线段，另一种是有多个中间折点的折线。

1. 创建直线段

Line.csv 文件中记录了 10 条直线段，每条线段记录了起点经纬度和终点经纬度，如图 2.3.8 所示。

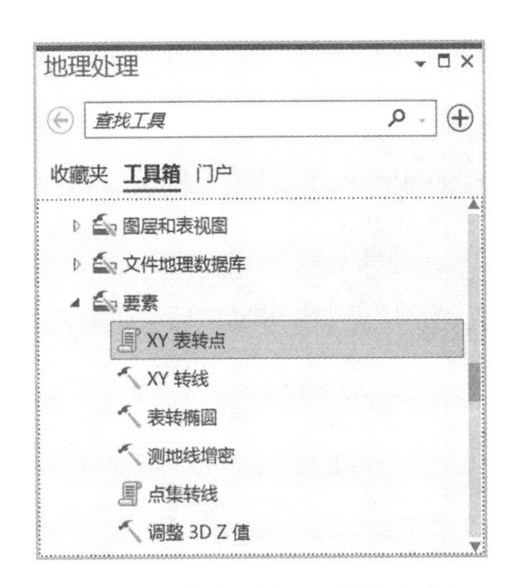

图 2.3.7　从地理处理工具箱生成点

Line.csv

字段：　选择：

	线段编号	起点东经	起点北纬	终点东经	终点北纬
1	1	116.32843	39.968556	116.274979	39.869965
2	2	116.1595	39.8041	116.080986	39.771072
3	3	116.186783	39.794342	116.314232	39.944923
4	4	116.110291	39.731911	116.228096	39.861893
5	5	116.269615	39.959835	116.179031	39.792301
6	6	116.623299	40.319878	116.460846	39.92511
7	7	116.32003	40.02525	115.934235	39.591305
8	8	116.087013	39.998455	116.127884	39.824741
9	9	116.431068	40.071159	116.341736	39.876572
10	10	116.463867	39.950676	116.401115	39.836712

已选择 0 个，共 10 个　过滤器：

图 2.3.8　Line.csv 数据内容

Step1：在【目录】窗格中右键单击【Line.csv】文件，在弹出菜单中单击【导出】—【表转线要素类】，打开【XY 转线】窗格。

Step2：在窗格中，将【输入表】设置为 **Line.csv**，【输出要素类】命名为 **Line_XYToLine**，【起点 X 字段】设置为**起点东经**，【起点 Y 字段】设置为**起点北纬**，【终点 X 字段】设置为**终点东经**，【终点 Y 字段】设置为**终点北纬**，【线类型】设置为**测地线**，【ID】设置为**线段编号**，【空间参考】设置为 **GCS_WGS_1984**，如图 2.3.9 所示。

思　考

2-7：在【XY 转线】窗格中，为什么要将【线类型】设置为测地线？测地线和大圆的区别是什么？恒向线和法向截面又是什么类型的线？使用场景是什么？

Step3：单击【运行】，完成从 XY 表生成直线段，如图 2.3.10 所示。

图 2.3.9　XY 转线设置

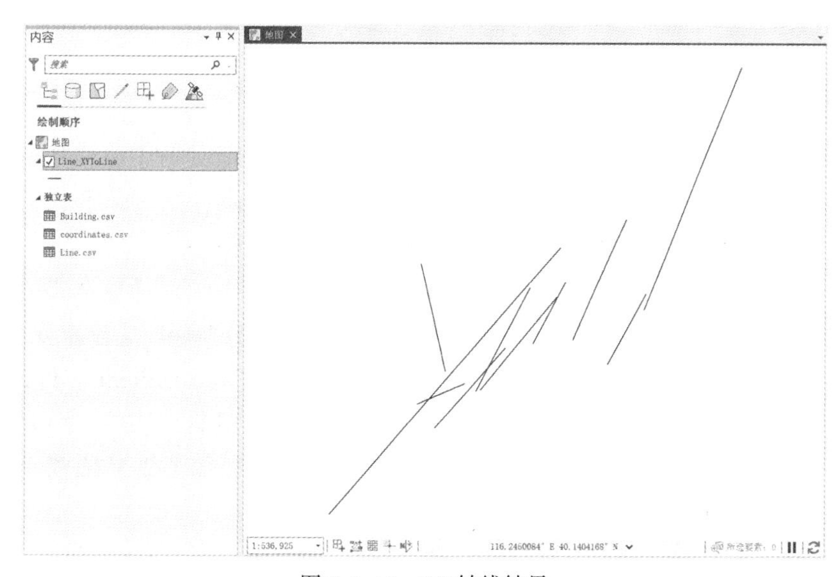

图 2.3.10　XY 转线结果

Tips：*XY转线工具也可以从工具箱中的【数据管理工具】—【要素】—【XY转线】启动。*

2. 创建折线

Building. csv文件记录了14个点的位置，这14个点分别属于3条折线，这3条折线表示三个建筑物的边界线。数据内容如图2. 3. 11所示。

Step1：参照2. 3. 1节的方法，利用【XY表转点】工具将Building. csv文件转成点要素类Building_XYTableToPoint，设置如图2. 3. 12所示。

Building.csv

	OBJECTID	编号	建筑物	东经	北纬
1	1	1	A	115.841963	39.974364
2	2	2	A	115.981451	39.97381
3	3	3	A	115.979236	39.817717
4	4	4	A	115.838641	39.820484
5	5	5	B	116.043999	39.815503
6	6	6	B	116.180719	39.815503
7	7	7	B	116.180719	39.741884
8	8	8	B	116.324635	39.741884
9	9	9	B	116.324635	39.652213
10	10	10	B	116.043999	39.652213
11	11	11	C	116.258766	40.014218
12	13	12	C	116.530546	40.013664
13	14	13	C	116.529439	39.886907
14	15	14	C	116.261533	39.889675

已选择0个，共14个　过滤器：

图2. 3. 11　Building. csv数据内容

图2. 3. 12　Building文件转点设置

Step2：在【地理处理】窗格中单击【工具箱】—【数据管理工具】—【要素】—【点集转线】，打开【点集转线】窗格。

Step3：在窗格中，将【输入要素】设置为**Building_XYTableToPoint**，【输出要素类】命名为**Building_XYTableToPoint_PointsToLine**，【线字段】设置为**建筑物**，【排序字段】设置为**编号**，**勾选**【闭合线】，如图2. 3. 13所示。

图2. 3. 13　点集转线设置

Tips：在【点集转线】工具中，将【线字段】相同的点生成一条折线，【排序字段】用于确定连成折线的点的顺序，【闭合线】用于确定是否将折线的起点与终点连接起来。

Step4：单击【运行】，完成点集转线，结果如图 2.3.14 所示。

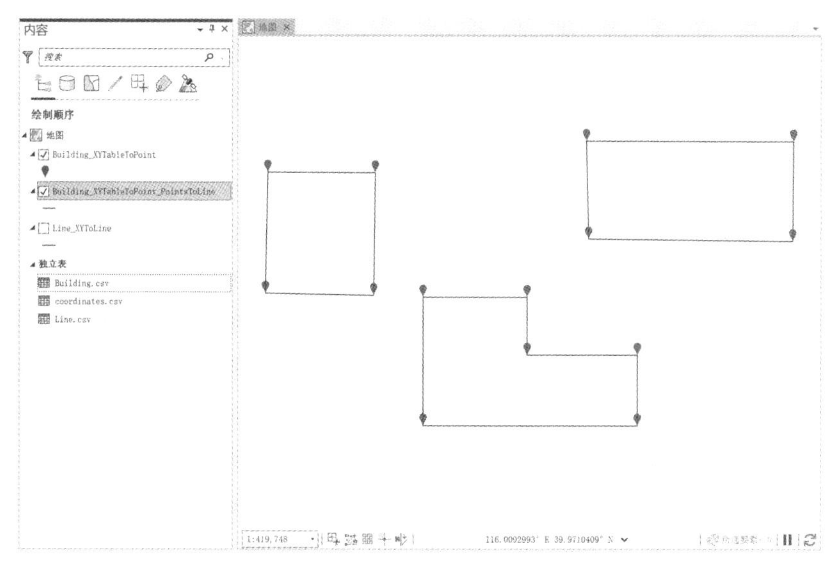

图 2.3.14　从表格生成的闭合折线

思考

2-8：在什么应用场景下不勾选【闭合线】选项？

2.3.3　照片创建点要素

当前，智能手机、高端相机因装有定位模块，在拍照的同时可以采集拍摄位置信息，通常为经纬度。在 GeoScene Pro 中可以利用照片存储的经纬度数据将拍摄位置以点要素的形式显示在地图上，并关联照片。

在 Windows 资源管理器中可查看照片是否包含位置信息。在 Windows 资源管理器中右键单击照片文件，在弹出菜单中单击【属性】，单击【属性】对话框的【详细信息】属性页，下拉至【GPS】组可看到照片文件中记录的经纬度和高度数据，如图 2.3.15 所示。

本节使用的数据为用智能手机在中国地质大学(武汉)未来城校区拍摄的 14 张照片，存储在本节工程文件夹的 Pictures 文件夹内。

Step1：在功能区单击【地图】选项卡【图层】组的【底图】添加工具，显示供选择的互联网底图，单击【天地图矢量】图层加载天地图矢量图层及天地图矢量注记图层。

Tips：加载天地图云端数据时，必须保持电脑连接互联网。加载天地图底图的目的是显示照片拍摄的位置，不添加互联网底图对后续操作没有影响。

Step2：在【地理处理】窗格中单击【工具箱】—【数据管理工具】—【照片】—【地理标记照片转点】，打开【地理标记照片转点】窗格。

Step3：在窗格中，将【输入文件夹】设置为存放照片的文件夹 **Pictures**，【输出要素类】命名为 **Pictures_GeoTaggedPhotosToPoints**，其它保持默认设置，如图 2.3.16 所示。

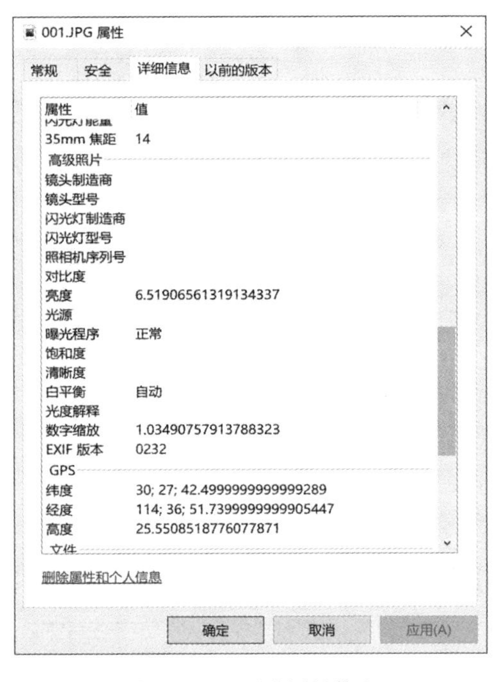

图 2.3.15　照片属性信息

图 2.3.16　地理标记照片转点设置

Step4：单击【运行】，完成地理标记照片转点要素，结果如图 2.3.17 所示。同时生成一个照片拍摄时序图。

单击地图视图中的照片点符号，弹出一个显示该位置照片及相关拍摄信息的窗口，如图 2.3.18 所示。

2.3.4　创建随机点

利用创建随机点工具可在窗口指定范围或在面、线、点要素中随机创建指定数量的点要素。常用于制图中整饰要素的添加，如在绿地区域随机添加独立树，或者在科研过程中确定随机样本的位置。

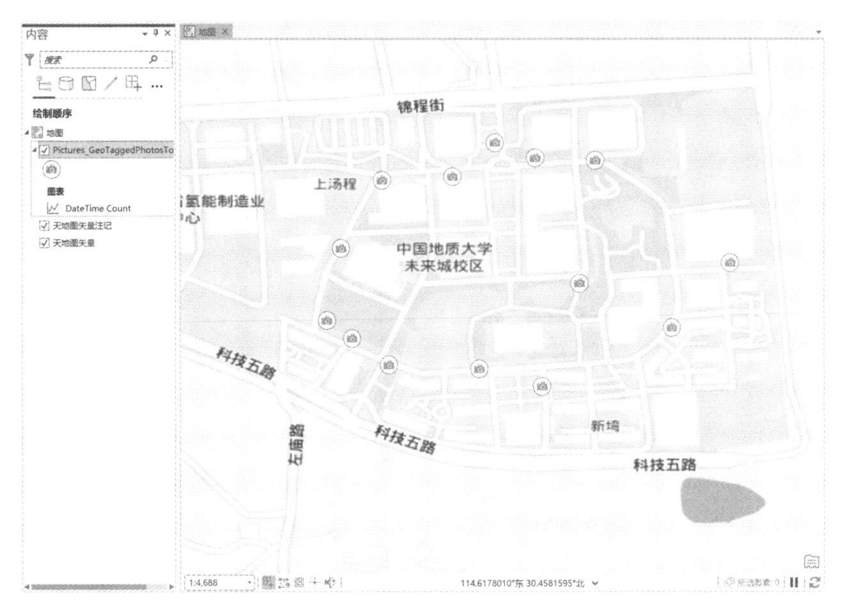

图 2.3.17　地理标记照片生成的点

图 2.3.18　点位照片信息

Step1：在【地理处理】窗格中单击【工具箱】—【数据管理工具】—【采样】—【创建随机点】，打开【创建随机点】窗格。

Step2：在窗格中，将【输出位置】设定为本工程的地理数据库 **Exe02_3. gdb**，【输出点要素类】命名为 **RandomPoints**，【点数】为生成随机点的数量，设置为 **20**，其它保持默认设置，如图 2.3.19 所示。

图 2.3.19　创建随机点设置

Step3：单击【运行】，完成创建随机点，结果如图 2.3.20 所示。

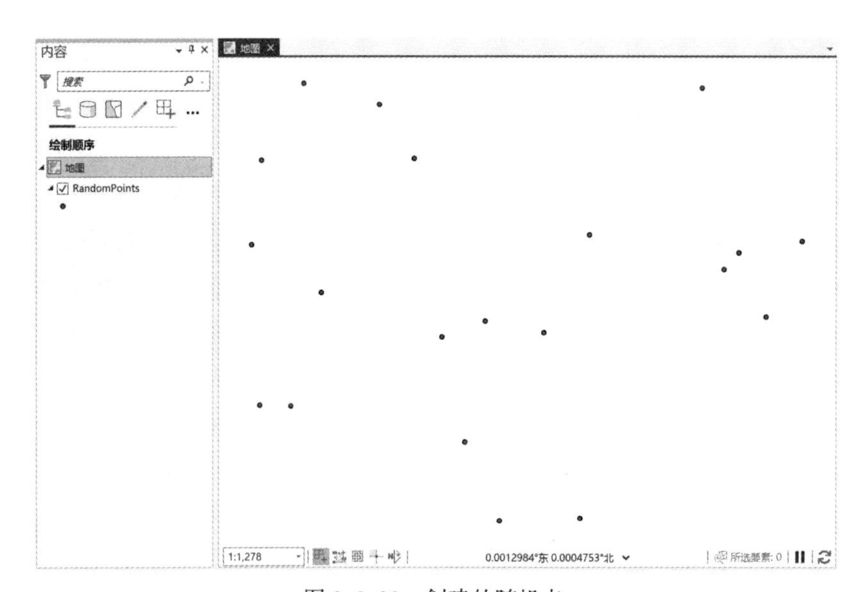

图 2.3.20　创建的随机点

窗格中的【约束要素类】选项用于确定随机点的分布范围，可通过已有的要素类边界确定范围，也可通过单击编辑框右侧的下拉箭头实时创建约束面要素类、线要素类或点要素类。当未指定约束要素类时，将在【约束范围】指定的区域内创建随机点。【最小允许距离】用于设置任意两个随机点之间的最小距离阈值，且仅在约束要素类为面或线时有效。

思 考

2-9：如果需要随机提取遥感影像中的某些像素作为样本，应该怎样操作？如果需要在一条道路上随机取 10 个点应该怎样操作？

2.3.5 创建渔网

利用创建渔网工具可以创建以矩形为基本单位的类似栅格格网的线要素类或面要素类，通常用于和其它的要素类或栅格数据集联合进行空间分析。下面以创建面要素类渔网为例示范操作过程。

Step1：在【地理处理】窗格中单击【工具箱】—【数据管理工具】—【采样】—【创建渔网】，打开【创建渔网】窗格。

Step2：在窗格中将【输出要素类】命名为 **Mesh**，将【模板范围】设定为**当前显示范围**，系统会计算【渔网原点坐标】、【Y 轴坐标】、【渔网的对角】等参数，并将参数填入对话框相应位置，将【像元宽度】和【像元高度】均设置为 **1**，【几何类型】设置为**面**，其它保持默认设置，如图 2.3.21 所示。

图 2.3.21 创建渔网设置

Tips：由于不同操作者的当前地图视图的显示范围不尽相同，【渔网原点坐标】、【Y 轴坐标】、【渔网的对角】等参数可能和图 2.3.21 的值不完全一样。当设定了【像元宽度】和【像元高度】后就不需要设定【行数】和【列数】了。

当【模板范围】采用自定义方式确定时，需要用户输入【渔网原点坐标】、【Y 轴坐标】、【像元宽度】、【像元高度】、【行数】、【列数】、【渔网的对角】等参数。当【模板范围】选择【浏览…】时，可以在指定的要素类范围内生成渔网。当自定义模板范围时，不需要设置【渔网的对角】。【创建标注点】生成一个点要素类用于标识每个网格的几何中心。通过设置【几何类型】可以生成面类型的渔网或线类型的渔网。

Step3：单击【运行】，生成渔网如图 2.3.22 所示。

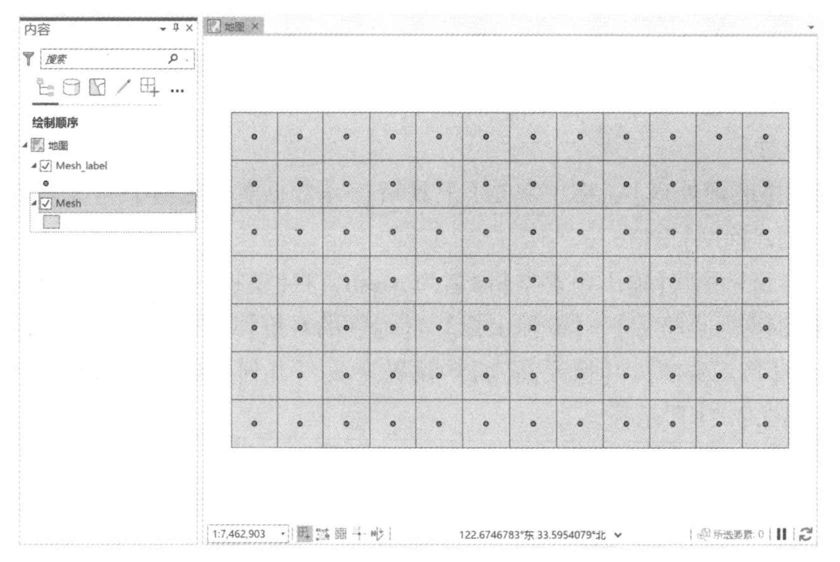

图 2.3.22　面渔网

除了矩形划分外，GeoScene Pro 还提供三角形、六边形、菱形等形状的矢量网格划分，工具为【数据管理工具】—【采样】—【生成细分面】。

思　考

2-10：生成线渔网和生成面渔网可以用在什么场景？什么应用场景不需要同时生成标注点？

2.4 数据转换

地理信息系统的数据来源非常广泛，格式也不同，通常不同的 GIS 软件可处理的数据格式不尽相同，为了更好地共享和使用数据资料，日常工作中常常需要进行 GIS 数据格式的转换。转换包括不同要素类型之间的转换，也包括不同格式数据之间的转换。

2.4.1 不同要素类型之间的转换

不同要素类型之间的转换指点、线、面要素之间的转换，如将采集的道路拐点转换成道路线要素类，采集的建筑物拐点转换成建筑物轮廓线要素类或建筑物面要素类，这两种转换在本书 2.3.1 节和 2.3.2 节中进行了介绍。GeoScene Pro 还提供了众多工具实现线到面的转换、线到点的转换以及面到线的转换等。这些工具都位于【数据管理工具】的【要素】工具箱中，如【面转线】、【要素包络矩形转面】、【要素折点转点】、【要素转点】、【要素转面】、【要素转线】等，功能见表 2.4.1。

表 2.4.1 要素类型转换相关的工具

工具名称	输入要素类型	输出要素类型
面转线	面	线
要素包络矩形转面	线、面	面
要素折点转点	点、线、面	点
要素转点	点、线、面	点
要素转面	线、面	面
要素转线	线、面	线

由于篇幅限制，本书不一一示例，仅以将面要素 Area 转为线要素类为例示范操作，其它工具的使用和操作请读者参考软件帮助文档。

本节使用的数据为 Lake 面要素类、Area 面要素类、Streams 栅格数据集，如图 2.4.1 所示。

在本节文件夹下双击 Exe02_4.aprx 文件，打开工程。

GeoScene Pro 提供了两个将面要素类转为线要素类的工具。

1. 面转线工具

Step1：在【地理处理】窗格中单击【工具箱】—【数据管理工具】—【要素】—【面转线】，打开【面转线】窗格。

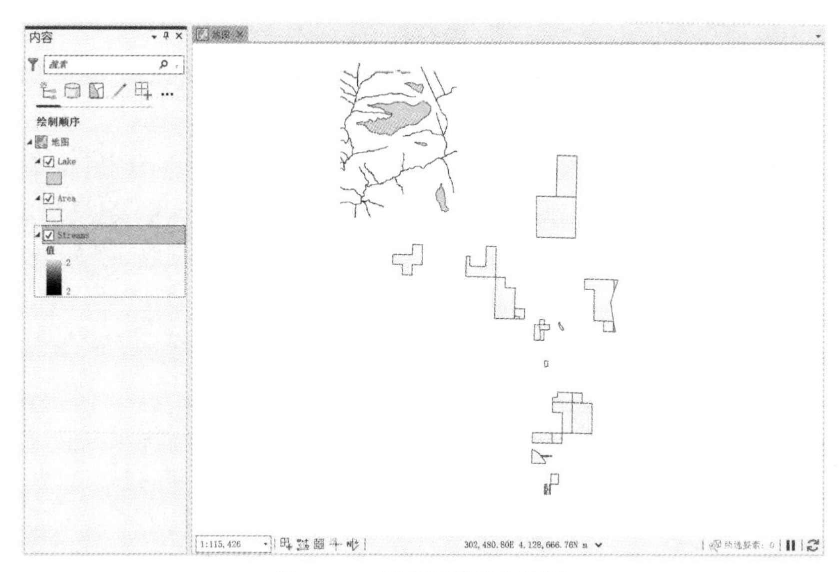

图 2.4.1 数据转换数据概览

Step2：在窗格中，将【输入要素】设置为 **Area**，【输出要素类】命名为 **Area_PolygonToline**，其它保持默认设置，如图 2.4.2 所示。

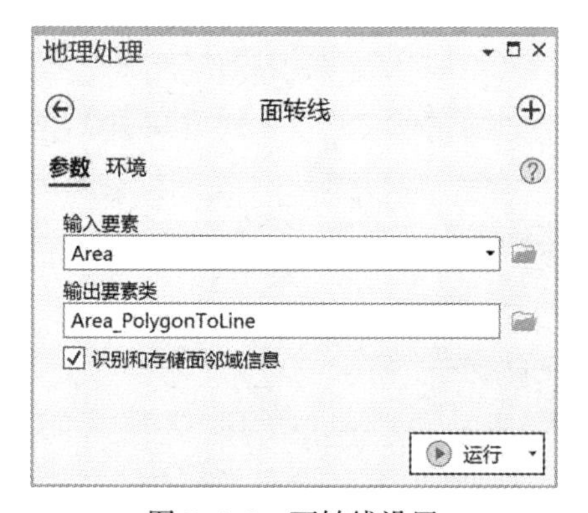

图 2.4.2 面转线设置

Step3：单击【运行】，完成面转线，结果如图 2.4.3 所示。

2. 要素转线工具

Step1：在【地理处理】窗格中单击【工具箱】—【数据管理工具】—【要素】—【要素转线】，打开【要素转线】窗格。

Step2：在窗格中，将【输入要素】设置为 **Area**，【输出要素类】命名为 **Area_FeatureToline**，其它保持默认设置，如图 2.4.4 所示。

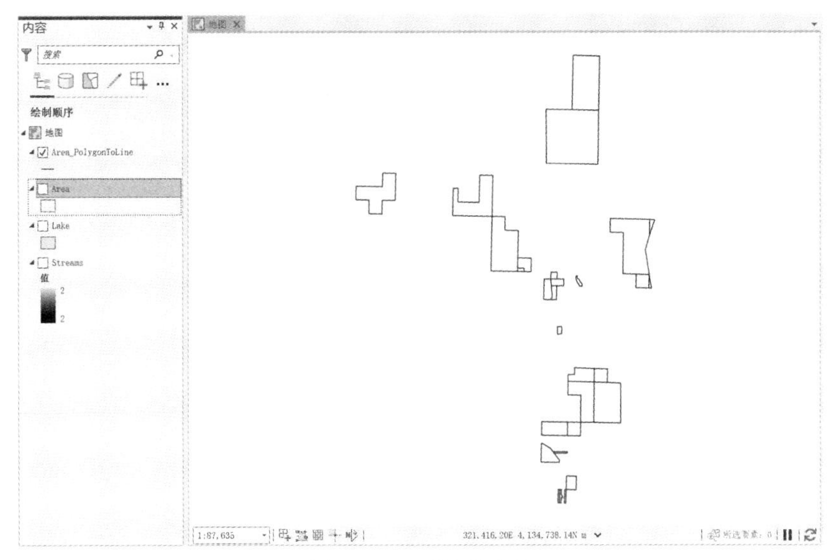

图 2.4.3　面转线结果

图 2.4.4　要素转线设置

Tips：*要素转线工具可以有多个输入要素，可为面要素类或线要素类，但不能是点要素类。多个要素类转线过程中，系统会自动在交点处剪断线生成线段。*

Step3：单击【运行】，完成要素转线，结果如图 2.4.5 所示。

从图形上看，两个工具转换的结果是一样的，但其实在数据组织和属性内容上还是有区别的。**面转线**工具把多边形作为几何图形进行处理，只保留几何信息；**要素转线**工具把多边形作为要素进行处理，保留原多边形要素的图形信息和属性信息。这两种转换的结果图层中的线要素数目不同，属性表的内容也不同，面转线结果图层的属性表如图2.4.6(a)所示，要素转线结果图层的属性表如图 2.4.6(b)所示。

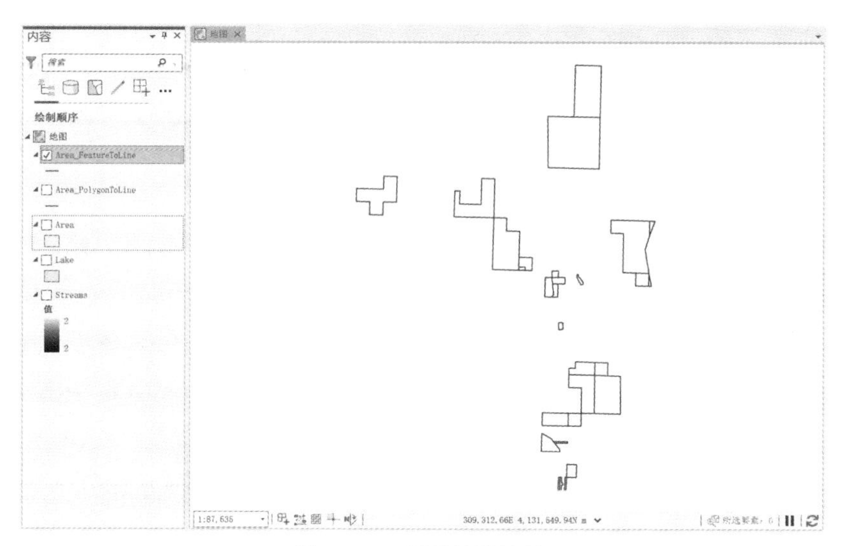

图 2.4.5　要素转线结果

Area_PolygonToLine

字段：添加 计算　选择：按属性选择 缩放至 切换 清除 删除 复制

OBJECTID *	Shape *	LEFT_FID	RIGHT_FID	Shape_Length
1	折线	-1	16	894.03218
2	折线	-1	19	500.912099
3	折线	19	15	397.783988
4	折线	-1	19	50.409276
5	折线	-1	15	494.637853
6	折线	-1	17	1410.181199
7	折线	18	12	58.658674
8	折线	-1	18	890.860824
9	折线	-1	12	1899.301856
10	折线	-1	4	800.648673
11	折线	-1	1	397.881389
12	折线	4	3	398.815957
13	折线	-1	4	398.087995
14	折线	-1	3	1992.594802

已选择 0 个，共 54 个　过滤器：　100%

(a)面转线结果属性表(部分)

Area_FeatureToLine

字段：添加 计算　选择：按属性选择 缩放至 切换 清除 删除 复制

OBJECTID *	Shape *	FID_Area	ZION_NO	CN_PARCEL_	OWNERSHIP	Shape_Length
1	折线	16	18	1132-A-16	Private	894.03218
2	折线	15	15A	1132-A-13	Private	397.783988
3	折线	19	15B	1132-A-12	Private	397.783988
4	折线	19	15B	1132-A-12	Private	551.321375
5	折线	15	15A	1132-A-13	Private	494.637853
6	折线	17	20	1126-A	Private	1410.181199
7	折线	12	16	1125-A	Private	58.658674
8	折线	18	21	1125-C	Private	58.658674
9	折线	18	21	1125-C	Private	890.860824
10	折线	12	16	1125-A	Private	1899.301856
11	折线	4	5F	1120-C	Private	800.648673
12	折线	1	5C	1120-C	Private	397.881389
13	折线	3	5E	1120-C	Private	398.815957
14	折线	4	5F	1120-C	Private	398.815957

已选择 0 个，共 69 个　过滤器：　100%

(b)要素转线结果属性表(部分)

图 2.4.6　转线工具属性表对比

2.4.2 栅格和矢量数据的转换

栅格数据和矢量数据是 GIS 应用中使用频率最高的数据类型，在实际工作中经常需要进行这两种数据格式的相互转换。所用工具位于【转换工具】工具箱中。

1. 矢量转栅格

对于面要素类，转换工具箱中提供了两种转为栅格的工具：要素转栅格和面转栅格。以 Lake 面要素类转栅格为例示范操作过程。

Step1：在【地理处理】窗格中单击【工具箱】—【转换工具】—【转为栅格】—【要素转栅格】，打开【要素转栅格】窗格。

Step2：在窗格中，将【输入要素】设置为 **Lake**，【字段】用于设置向输出栅格分配值的字段，此处设置为 **NAME**，【输出栅格】命名为 **Feature_Lake**，【输出像元大小】设置为 **100**，如图 2.4.7 所示。

Tips：【输出像元大小】在默认情况下从环境中获取，需要自定义时可通过输入数值确定，数值的单位由输入要素的坐标系决定；也可通过导入现有栅格确定。若以上都未设定，则系统会使用图层范围的宽度或高度中那个较小值除以 250 计算得到。

Step3：单击【运行】，完成要素转栅格，结果如图 2.4.8 所示。根据 Lake 的 NAME 字段生成了 4 类不同的栅格格网。

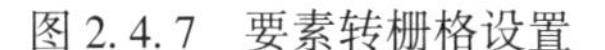
图 2.4.7 要素转栅格设置

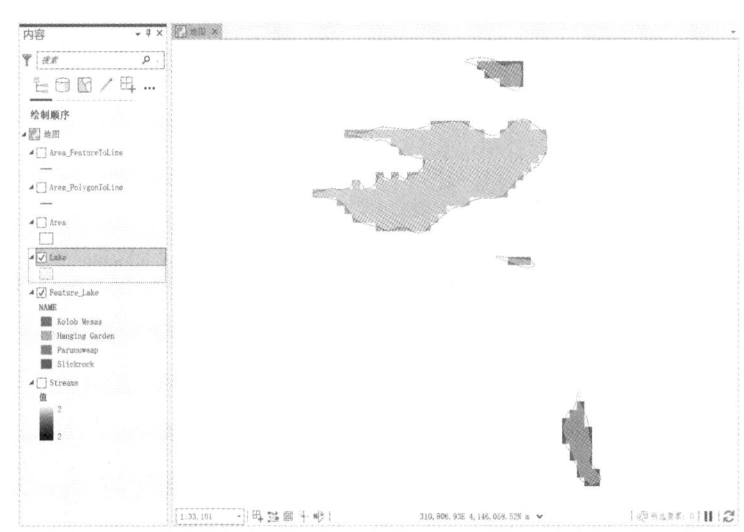

图 2.4.8 要素转栅格结果

为了便于观察矢量转栅格后两个图层的差别，这里将 Lake 要素类设置为**50%透明度**显示。

在【地理处理】窗格中单击【工具箱】—【转换工具】—【转为栅格】—【面转栅格】，利用面转栅格工具进行矢量到栅格的转换，设置和结果分别如图 2.4.9 和图 2.4.10 所示。

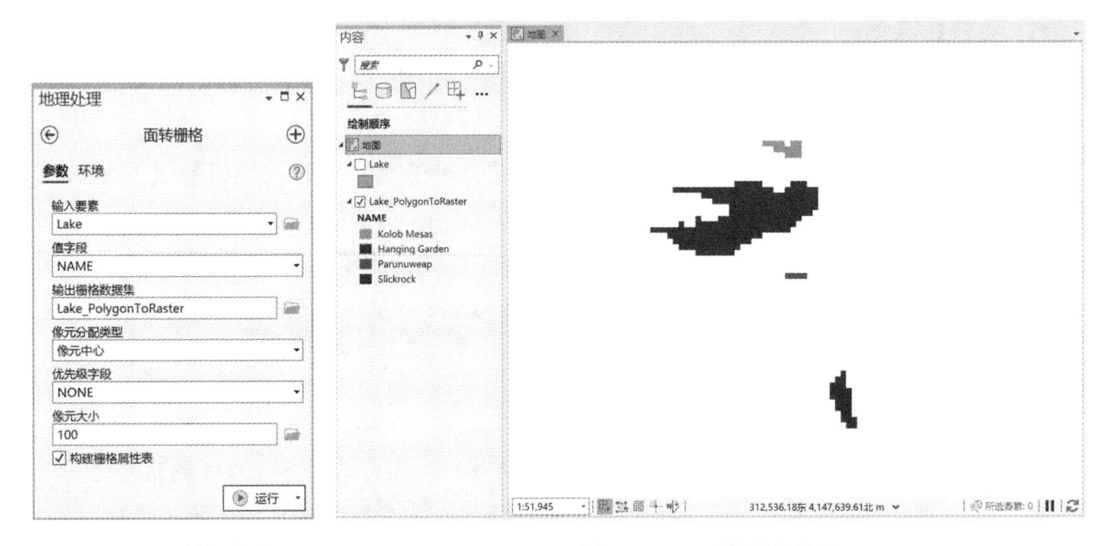

图 2.4.9　面转栅格设置　　　　图 2.4.10　面转栅格结果

从结果表象上看，两种转换工具没有不同，但面转栅格提供的设置选项可应对更复杂的情况。当多个要素落入一个像元时，【像元分配类型】用于确定给像元分配值的规则，系统提供了三种规则：像元中心、最大面积、最大合并区域。默认的像元中心表示当像元中心落入哪个要素，像元值就取哪个要素的值；后两种都是根据面积确定像元值。当设置了【优先级字段】时，【像元分配类型】的设置就自动失效。【优先级字段】值最大的那个要素将转换为该像元值。

2. 栅格转矢量

根据矢量类型的不同，GeoScene Pro 提供了栅格转点、栅格转面和栅格转折线工具。下面以将表示河流的栅格图层 Streams 转换为矢量为例示范操作过程。

Step1：在【地理处理】窗格中单击【工具箱】—【转换工具】—【由栅格转出】—【栅格转折线】，打开【栅格转折线】窗格。

Step2：在窗格中，将【输入栅格】设置为 **Streams**，【字段】用于将栅格中指定字段的像元转换为矢量线，此处设置为 **Value**，【输出折线要素】命名为 **RasterT_Streams**，其它保持默认设置，如图 2.4.11 所示。

Step3：单击【运行】，完成栅格转线要素类，结果如图 2.4.12 所示。

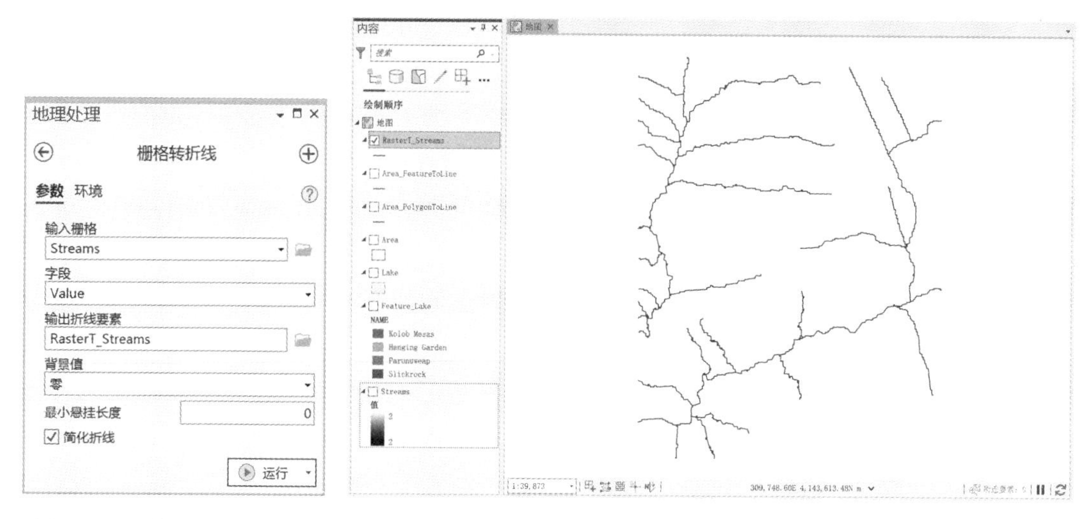

图 2.4.11　栅格转折线设置　　　图 2.4.12　栅格转折线结果

Tips:【栅格转折线】和【栅格转面】工具均要求输入栅格像元值为整数。【背景值】用于确定哪些像元将不被转换为矢量,【最小悬挂长度】用于设定悬挂折线的最小长度值,默认为零,意味着所有由栅格转换而来的线要素都将被保留,【简化折线】用于确定是否移除对线基本形状影响不大的折点。

2.4.3　ArcGIS 文档导入

ArcGIS Desktop 以地图文档的方式组织一个项目,地图文档是一个以 mxd 为扩展名的文件,它保存图层的显示属性,如图层的存储路径、显示符号、地图布局以及一些自定义设置和添加到地图的宏,但不会保存图层的基本地理信息。因此,地图文档必须和文档涉及的图层保持相对固定的路径一起共享才能达到正确的共享。

为了能够共享数据,GeoScene Pro 可将 ArcMap 的地图文档(mxd 文件)和地图包(mpk 文件)导入。

ArcMap 中的地图文档 map.mxd 包含两个图层,分别是 Point 点图层、Area 面图层,如图 2.4.13 所示。

Step1:打开一个空模板。若已打开 GeoScene Pro,在功能区单击【工程】选项卡,在页面中单击【从没有模板的情况入手】,如图 2.4.14 所示。

Step2:GeoScene Pro 将新建一个空的工程。在功能区单击【插入】选项卡【工程】组的【导入地图】,打开【导入】对话框。

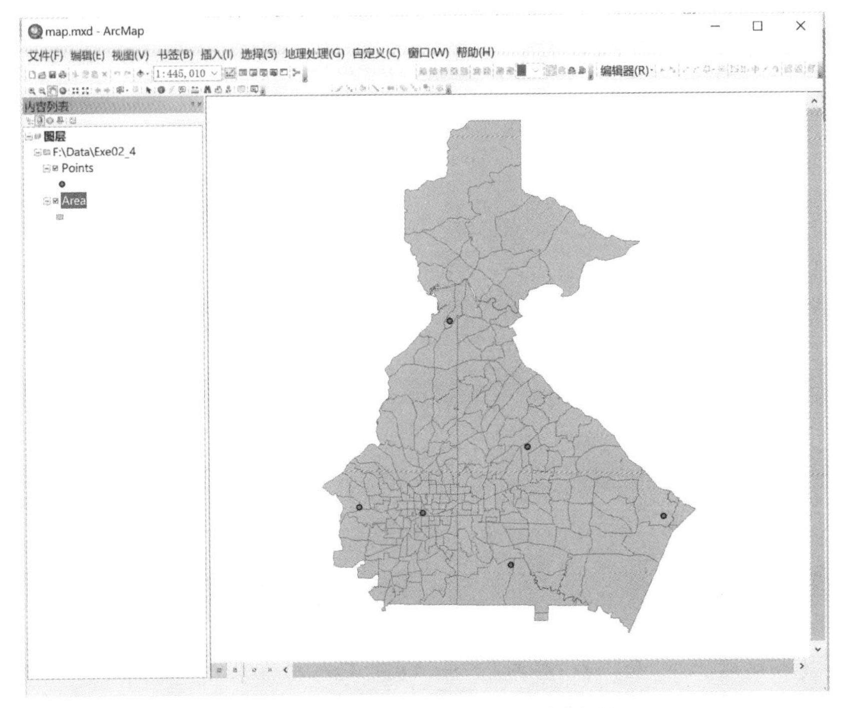

图 2.4.13　ArcMap 中的 map 地图文档

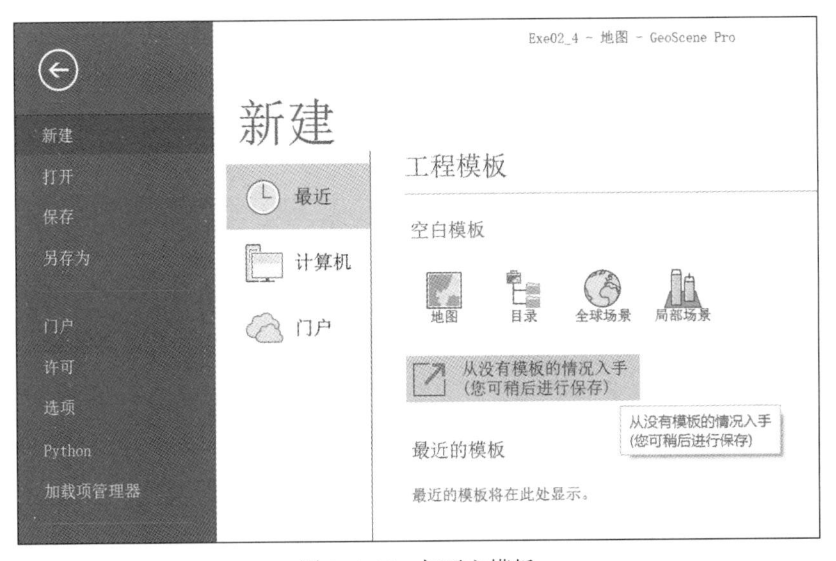

图 2.4.14　打开空模板

Step3：在对话框中，将导入地图设置为本章数据文件夹下的 **map. mxd**，如图 2.4.15 所示。

Step4：单击【确定】，导入 map 地图文档，导入结果如图 2.4.16 所示。

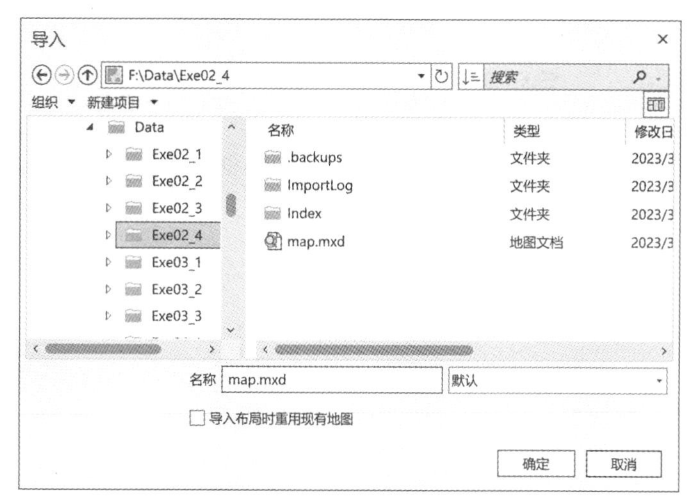

图 2.4.15　导入地图文档设置

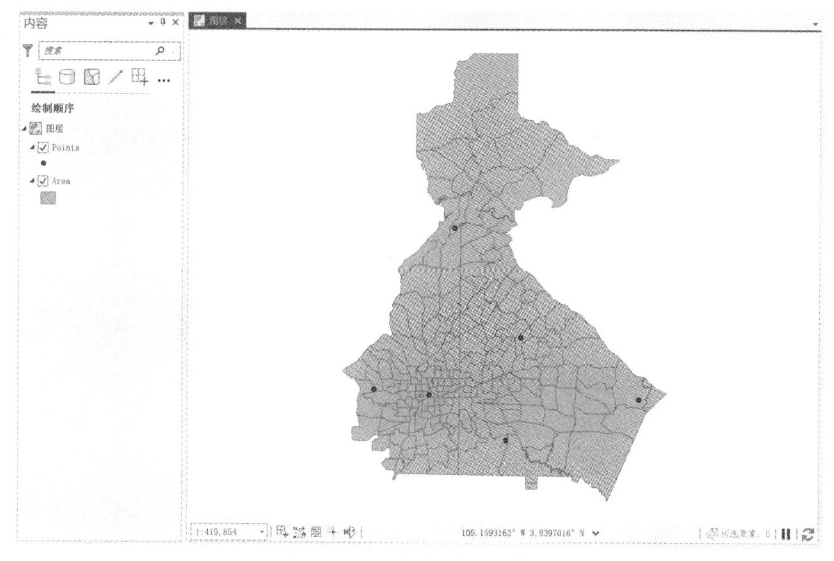

图 2.4.16　导入的地图文档

Step5：如需继续进行编辑、分析等操作，将导入的地图文档另存为 GeoScene Pro 工程。在功能区中单击【工程】选项卡，单击【保存】，设置合适的工程名和路径，将地图文档保存为工程。

Tips：读者也可单击快速访问工具栏的【保存】，将地图文档保存为工程。除此之外，也可通过从 ArcMap 的目录窗口或 ArcCatalog 的目录树中将地图文档拖至 GeoScene Pro 的目录窗格中完成地图文档的导入。

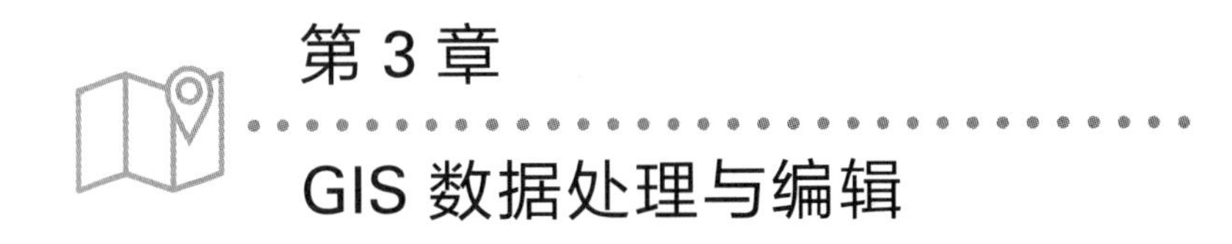

第3章 GIS数据处理与编辑

GIS数据输入后可能无法直接满足分析、可视化等的应用要求，这时需要对GIS空间位置和属性数据进行相应处理，如编辑、投影变换、拓扑查错、空间校正、合并等。

3.1 投影和变换

3.1.1 坐标系

GeoScene Pro中的地图和场景使用坐标系确定地物在地球表面的相对位置并在二维或三维空间中显示。在**地理坐标系**或**投影坐标系**框架中表示二维空间位置，用**垂直坐标系**表示第三维位置，如高度或深度。

1. 地理坐标系

通常用十进制单位的经度、纬度表示地球表面的位置，正值表示位置在本初子午线以东和赤道以北，负值表示位置在本初子午线以西和赤道以南。

地理坐标系是基于地球椭球的球面坐标系，不同的地球椭球对应的地理坐标系也不同。在一些制图、空间分析中需要将球面坐标转换到平面上来，这个过程称为**投影**，经过投影的平面坐标系框架称为**投影坐标系**。

Tips：GeoScene Pro中的地理坐标系即为我国大地测量中常称的大地坐标系。

2. 投影

投影是在一定约束条件下，利用数学方法将球面坐标转换到平面坐标的过程。将球面坐标转换到平面，在保持一些特征不变的情况下必将发生另一些特征的变化，如保持方向不变，长度就可能发生变化；保持多边形面积不变，边的方向就会发生变化等。

投影就是保持某种特征在转换过程中不变，其它特征变化最小的数学转换方法。

3. 投影坐标系

投影坐标系即将一个地理坐标系框架通过某种投影方法转换后得到的二维平面坐标系框架。在二维平面坐标系中可以利用欧氏几何方法进行长度、面积等的计算，方便完成空间分析与制图。

需要强调的是，特定投影坐标系始终是基于某个特定地理坐标系建立的，而地理坐标系始终是基于某个地球椭球建立的。地球椭球不同，同一空间地物的地理坐标就不同；在同一地理坐标系框架下，采用的投影方式不同，同一空间地物的投影坐标也不相同。

Tips：关于地球椭球、大地原点、地理坐标系、投影、投影坐标系等更详细的概念和原理，请参考测绘、制图等相关书籍。

3.1.2 我国常用坐标系

我国国土范围整体处于北半球，本初子午线以东，南北两端最大距离约 5500km，东西两端最大距离约 5200km。因此在地理坐标系中，我国范围内地物的经度、纬度均为正值。

我国使用过和正在使用的地理坐标系及其椭球参数和特征如表 3.1.1 所示。

表 3.1.1　　**我国常用坐标系**

坐标系名称	椭球	长半轴/m	短半轴/m	大地原点	坐标系原点	使用情况
1954 北京	克拉索夫斯基椭球	6378245	6356863.0188	苏联	参考椭球中心	不再通用
1980 西安	1975 国际椭球	6378140	6356755.2882	陕西泾阳	参考椭球中心	不再通用
CGCS2000	CGCS2000 椭球	6378137	6356752.3141	无	地球质心	国家通用
WGS 1984	WGS-84 椭球	6378137	6356752.3142	无	地球质心	国际通用

1954 北京坐标系和 1980 西安坐标系采用参考椭球，是参心坐标系，还需要结合大地原点来确定基准面的位置。CGCS2000 坐标系和 WGS 1984 坐标系采用总地球椭球，是地心坐标系，坐标系原点既是地球质心，也是总地球椭球的几何中心。

我国基本比例尺地形图采用的投影方式为 1∶100 万的双标准纬线正轴等角圆锥投影，按纬差 4°分带；大于等于 1∶50 万，小于等于 1∶2.5 万的采用经差 6°分带高斯-克吕格投影；大于等于 1∶1 万的采用经差 3°分带高斯-克吕格投影。

高斯-克吕格投影的 6°分带和 3°分带方式如图 3.1.1 所示，图中 L_0 表示 6°带中央经线，n 表示 6°带编号，n' 表示 3°带编号。赤道以上示意为 6°带划分，赤道以下示意为 3°带划分。6°带从 0°经线开始，自西向东每 6°划分为一带，每带最中间的经线称为中央经线，如第一带的中央经线为 3°。为了和 6°带中央经线一致，3°带从东经 1.5°起算，每隔 3°为一个投影带，第一带的中央经线也为 3°，以后奇数带的中央经线与 6°带对齐。

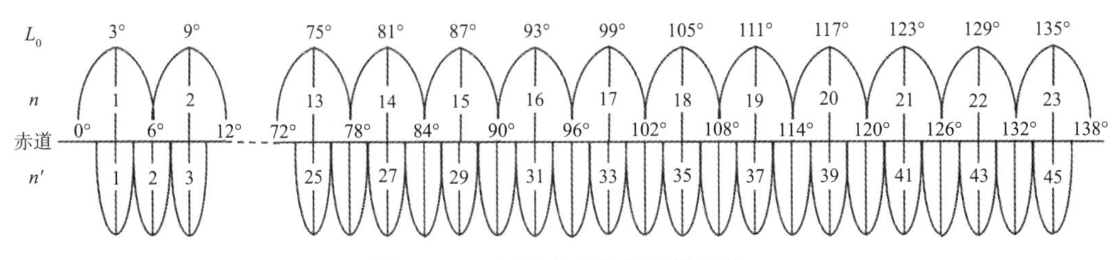

图 3.1.1 高斯-克吕格投影的分带

在高斯-克吕格投影平面直角坐标系中，纵坐标由赤道起算，向北为正，横坐标由图幅所在中央经线起算，向东为正，同时设定中央经线与赤道交点的横坐标值为 500km，即将坐标原点沿横坐标向西移 500km。

Tips：在实际应用中，一般海图使用墨卡托投影，欧美国家用 UTM 投影。

在 GeoScene Pro 中，投影和坐标系是空间参考的重要组成部分。GeoScene Pro 支持包括高斯-克吕格、兰伯特等角圆锥、横轴墨卡托等 70 余种地图投影方式，支持包括 1954 北京、1980 西安、CGCS2000、WGS 1984 等 4000 多种投影坐标系。

3.1.3 位置表达

GeoScene Pro 在新建空地图或局部场景时，默认的坐标系为 WGS 1984 Web Mercator 投影坐标系，新建全球场景时默认的坐标系为 WGS 1984 坐标系，且全球场景仅能在 WGS 1984 和 CGCS2000 地理坐标系中选择。

思 考

3-1：为什么全球场景的坐标系只能在 WGS 1984 和 CGCS2000 地理坐标系中选择?

GeoScene Pro 采用的是动态投影机制，空地图或场景从第一个添加的图层中获取坐标系信息，并自动将地图或场景变换到该图层的坐标系。后期添加的图层都将采用第一个加入的图层的坐标系。只要添加的第一个图层具有正确定义的坐标系，则所有其它图层在可视化层面均将动态投影到第一个图层的坐标系。例如，若第一个添加的图层是 NAD 1983 UTM Zone 50N 坐标系，第二个添加的图层是 WGS 1984 地理坐标系数据，系统在地图视图显示时会自动将第二个图层转换为 NAD 1983 UTM Zone 50N 坐标系坐标。但这种转换是临时性的，存储在数据库中的坐标仍然是 WGS 1984 地理坐标系下的坐标，当将第二个图层从地图视图中移除时，将不保留与 NAD 1983 UTM Zone 50N 坐标系的任何相关信息。

此方法便于浏览和映射数据，但不能用于编辑或分析。如果希望对数据进行编辑或分析，需要根据数据当前的情况进行定义投影或投影操作。

在 GeoScene Pro 中正确表达位置必须同时保证坐标值和坐标系正确。可将坐标系理解为数据的“标签”，它标示这个坐标值是哪个坐标系下的坐标。例如，当我们已知一个点的坐标为 538244.69，3378008.44，但坐标系为“未知”，这时无法正确在地图中显示这个点，因为我们不知道这个点的坐标是在 1980 西安坐标系下还是在 CGCS2000 坐标系下。只有给坐标值匹配正确的“标签”才能对要素正确定位。

本节使用的数据为一个名为 Lake 的面 Shapefile，未知坐标系；一个名为 Roads 的线 Shapefile，NAD 1983 地理坐标系。

3.1.4 定义投影

在 GeoScene Pro 中，定义投影工具用于对坐标系未知或定义错误的数据集标定坐标系，即坐标值正确，但没有挂“标签”，或“标签”挂错了的情况。用此工具仅仅是起挂上或更改“标签”的作用，不会修改坐标值。

本例目的是为没有坐标系信息的图层 Lake 添加坐标系“标签”。

Step1：双击本工程文件夹下的 Exe03_1. aprx 工程文件，打开工程，如图 3. 1. 2 所示。

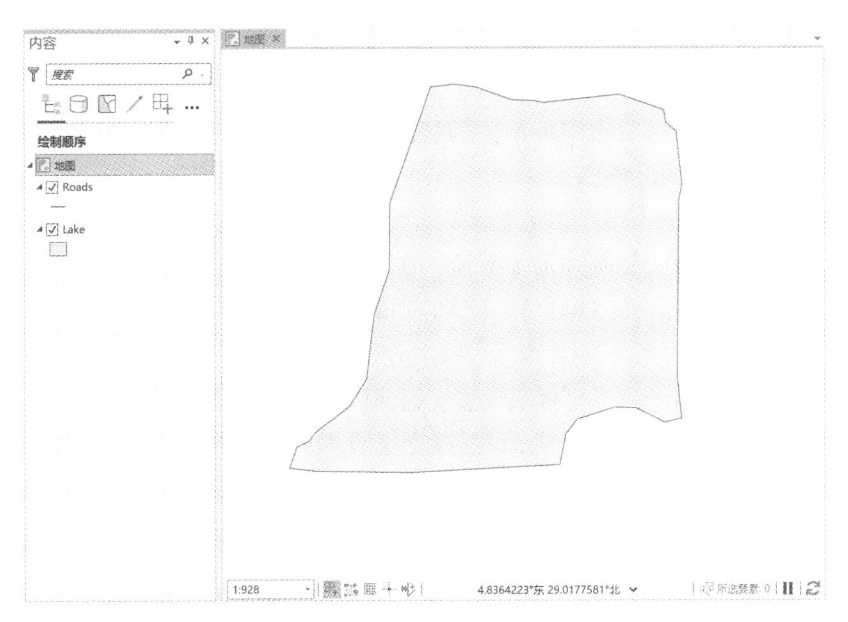

图 3. 1. 2 Lake 图层

Step2：在【内容】窗格中右键单击【Lake】图层，在弹出菜单中单击【属性】，打开【图层属性】对话框。

Step3：在对话框中，单击【源】—【空间参考】，可见**未知坐标系**，如图 3.1.3 所示。

“未知坐标系”意味着 Lake 图层中只保存了多边形位置信息，而未定义坐标系，即没有给 Lake 图层挂上坐标系的“标签”。现已知 Lake 图层为中央经线为东经 108°的高斯-克吕格 3°带 CGCS2000 投影坐标系，需要通过【定义投影】工具将 Lake 图层定义到正确的坐标系中。

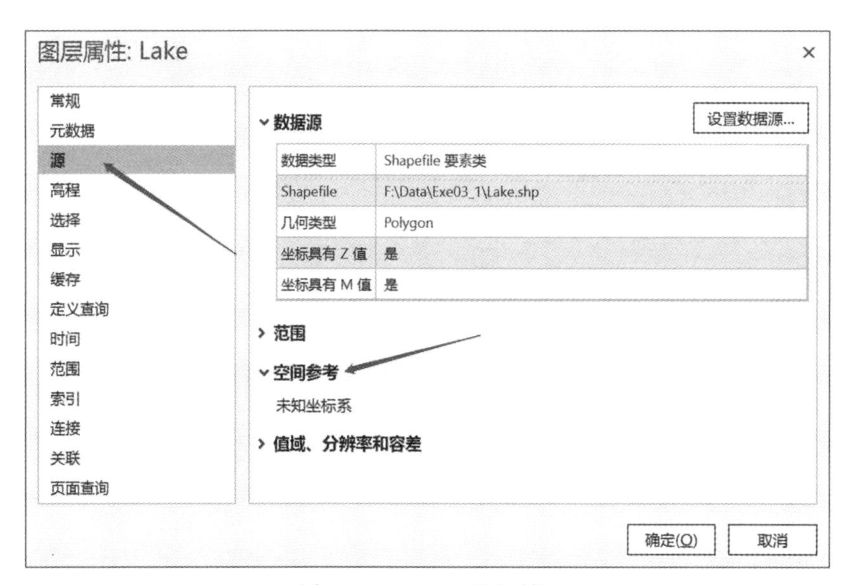

图 3.1.3　Lake 图层属性

Step4：在【地理处理】窗格中单击【工具箱】—【数据管理工具】—【投影和变换】—【定义投影】，打开【定义投影】窗格。

Step5：在窗格中，将【输入数据集或要素类】设置为 **Lake**，单击【坐标系】编辑框右侧的【选择坐标系】工具，如图 3.1.4 所示，在打开的【坐标系】对话框中单击【投影坐标系】—【Gauss Kruger】—【CGCS2000】—【CGCS2000 3 Degree GK CM 108E】，如图 3.1.5 所示。

Step6：单击【确定】，完成坐标系设置，返回【定义投影】窗格。

Step7：单击【运行】，完成为 Lake 图层定义投影。此时图层 Lake 就有了正确的“标签”，能够在地图中正确定位。

Tips：单击运行后 Lake 图层可能会在当前视图中消失，这是因为在贴上正确的坐标系“标签”之后，Lake 已不在当前地图视图的显示范围。使用【缩放至图层】可将地图视图显示范围设置为 Lake 图层区域。

图 3.1.4 为 Lake 定义投影

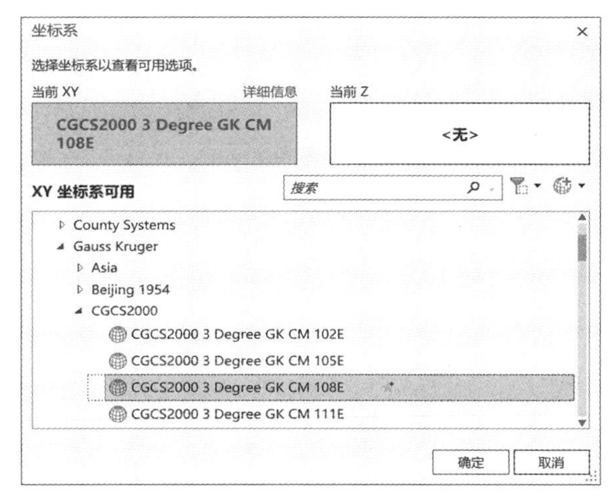

图 3.1.5 设置投影坐标系

思 考

3-2：在定义投影过程中，选择坐标系时，可以看到在 CGCS2000 投影坐标系下，既有 CGCS2000 3 Degree GK CM 108E，又有 CGCS2000 3 Degree GK Zone 36。根据高斯投影 3°分带法，第 36 带的中央经线为东经 108°，这两种定义方式有何不同呢？

3.1.5 投影

投影工具用于对数据进行不同坐标系的转换，既改变坐标值，也会改变“标签”。本节以将 Roads 图层地理坐标系转换到投影坐标系为例。

Step1：查看 Roads 图层属性。在【内容】窗格中右键单击【Roads】图层，在弹出菜单中单击【属性】，打开【图层属性】对话框，如图 3.1.6 所示。

从对话框中可查看到 Roads 图层当前为 NAD 1983 地理坐标系，以经纬度记录位置。从其范围可知，该图层位于本初子午线以西的北半球，为北美范围内。欧美地区通常采用 UTM 投影。根据该图层的经度范围，确定投影坐标系为 NAD 1983 UTM Zone 13N。

Step2：在【地理处理】窗格中单击【工具箱】—【数据管理工具】—【投影和变换】—【投影】，打开【投影】窗格。

Step3：在窗格中，将【输入数据集或要素类】设置为 **Roads**，【输出数据集或要素类】命名为 **Roads_Project**，通过单击【输出坐标系】编辑框右侧的【选择坐标系】工具，设置为【投影坐标系】—【UTM】—【NAD1983】—【NAD 1983 UTM Zone 13N】，如图 3.1.7 所示。

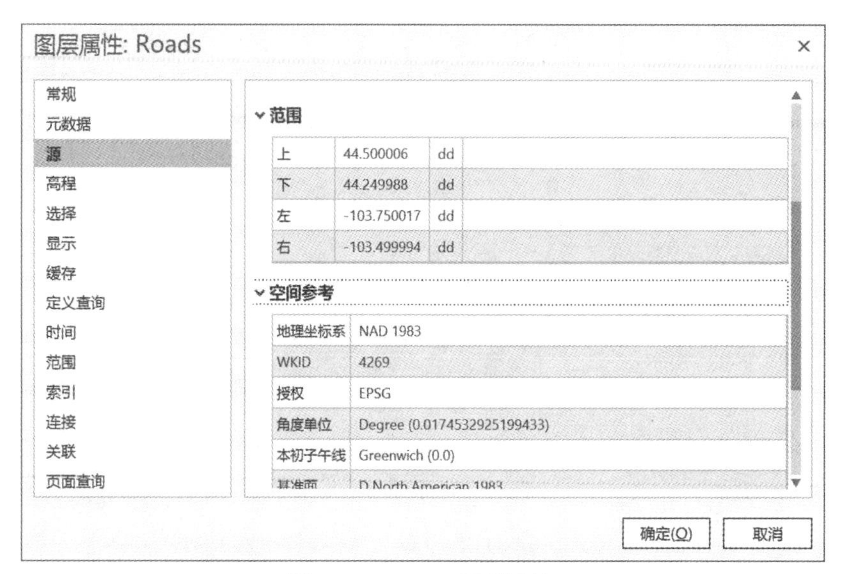

图 3.1.6　Roads 图层属性

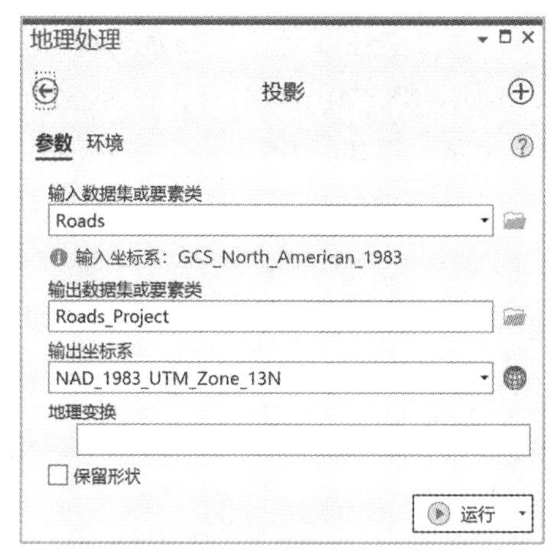

图 3.1.7　投影设置

Step4：单击【运行】，完成 Roads 图层的投影。再次查看 Roads 图层的属性可以看到空间参考已为投影坐标系 NAD 1983 UTM Zone 13N。

Tips：在 GIS 的计算和分析中，如长度、周长、面积等的计算，缓冲区分析、叠加分析等，必须使用投影坐标系下的数据才能保证结果的可靠性。

GIS 软件中使用的栅格数据基本上都是按正方形格网划分的，这就要求栅格数据在经过投影后依然要保持所有格网均为大小一致的正方形。因此栅格数据投影在算法上和矢量数据投影是不同的。

GeoScene Pro 提供了针对栅格数据的投影工具，位于【工具箱】—【数据管理工具】—

【投影和变换】—【栅格】—【投影栅格】。需要注意的是，若栅格数据初始的坐标系为“未知”，仍然需要利用【定义投影】工具为其加上坐标系的“标签”。

3.2 拓　　扑

矢量数据存储了空间位置、空间关系和属性，其中空间关系主要指拓扑关系。GIS 软件可以利用拓扑规则检查数据是否满足要求，若不满足要求，则需要进行相应的编辑。

3.2.1 拓扑规则

GeoScene Pro 通过设定拓扑规则检查矢量数据存在的错误，软件提供了针对点、线、面要素以及两两要素之间的多种拓扑规则，具体如表 3.2.1 所示。

表 3.2.1　**GeoScene Pro 中的拓扑规则**

关系类型	拓扑规则	应用场景示例
点	必须不相交	水管线网络中的阀门不能重叠
线	不能重叠	河段不能重叠
	不能相交	呈立体交叉的两条道路
	不能有悬挂点	线图层不能有悬挂结点
	不能有伪结点	线图层不能有伪结点
	不能自重叠	城市干道和高速公路不能重叠
	不能自相交	等值线不能自相交
	不能相交或内部接触	界址线不能相交或重叠
	必须为单一部件	一个线要素只由一条线段组成
面	不能有空隙	土壤类型必须覆盖整个区域
	不能重叠	不同类型土壤区域不能重叠
点-点	必须与其它要素重合	变压器必须与电线杆重合
点-线	必须被其它要素覆盖	公路标志点必须沿公路线设置
	必须被其它要素的端点覆盖	路口点必须被道路中心线端点覆盖
点-面	必须被其它要素的边界覆盖	设置在区域边界上的界碑
	必须完全位于内部	省会点必须在省区域范围内

续表

关系类型	拓扑规则	应用场景示例
线-点	端点必须被其它要素覆盖	水管线必须由阀门在端点连接
线-线	必须被其它要素的要素类覆盖	公交线路必须被道路图层覆盖
	不能与其它要素重叠	公路线和铁路线不能重叠
	不能与其它要素相交	公路和铁路不能互通
	不能与其它要素相交或内部接触	界址线不能与地块边界线相交
线-面	必须被其它要素的边界覆盖	河流作为区域的边界线
	必须位于内部	某市自来水管网必须在市域范围内
面-点	包含点	每个学区包含至少一所学校
	必须包含一个点	每个省只有一个省会点
面-线	边界必须被其它要素覆盖	区域边界为河流线图层
面-面	必须被其它要素的要素类覆盖	所有区必须在隶属市的范围内
	必须互相覆盖	同一区域的土地利用和土壤图层
	必须被其它要素覆盖	本市的公园必须在本市范围内
	不能与其它要素重叠	土壤类型图层不能和水域重叠
	边界必须被其它要素的边界覆盖	市内行政区边界必须被市边界覆盖

除以上由 GeoScene Pro 预设的拓扑规则外，用户也可以针对自己的需求设计新的拓扑规则。

思　考

3-3：各拓扑规则的其它应用场景。

有时，不满足拓扑规则也不一定是错误的，要根据实际情况判断。如一条道路由不同材质铺就，可能就存在伪结点，但并不是错误；又如一条死胡同，在道路图层中胡同的终点就是一个悬挂结点，这也不是错误。

3.2.2　拓扑查错与改错

正确的等高线首先应该是闭合的，无论是自身闭合还是闭合到图廓线；其次不同等高线不能相交。本节利用建立拓扑、拓扑验证查找 Contours 线要素类中的等高线错误并进行改正。

1. 建立拓扑

Step1：双击本节文件夹下的 Exe03_2. aprx 文件，打开工程 Exe03_2，如图 3. 2. 1 所示。

图 3. 2. 1　拓扑查错与改错数据概览

Tips：建立拓扑只能在要素集下进行，要素集下可包含多个不同类型的要素类。此例尽管只有一个要素类，也需要放置在要素集下。

Step2：在【目录】窗格中，右键单击【Topo】要素集，在弹出菜单中单击【新建】—【拓扑】，打开【创建拓扑向导】对话框。

Step3：在对话框的【定义】页，将【拓扑名称】命名为 **Topo_Topology**，在【要素类】中**勾选** Contours，其它保持默认设置，如图 3. 2. 2 所示。

【XY 拓扑容差】指在创建拓扑时坐标之间的最小距离，【XY 等级数】设定拓扑中有多少个等级。

Step4：单击【下一个】，进入【添加规则】页面，根据制图对等高线的两个要求：不能相交以及必须闭合来设定拓扑规则。在对话框中为 Contours 要素类添加**不能相交(线)**和**不能有悬挂点(线)**两个拓扑规则，如图 3. 2. 3 所示。

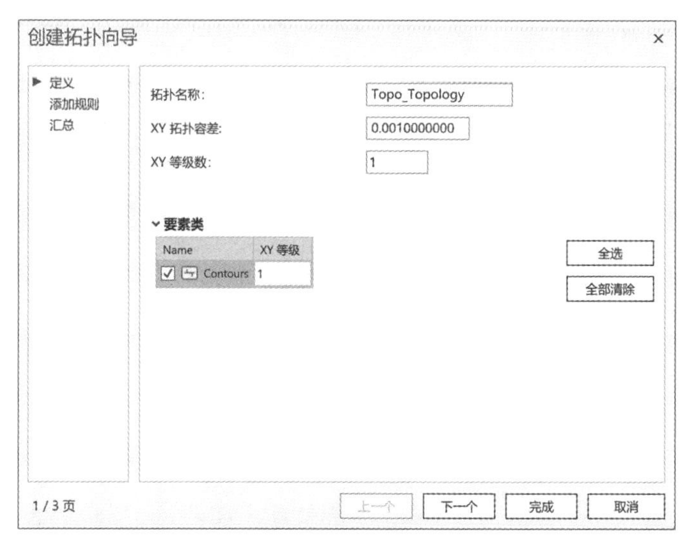

图3.2.2 创建拓扑第一步

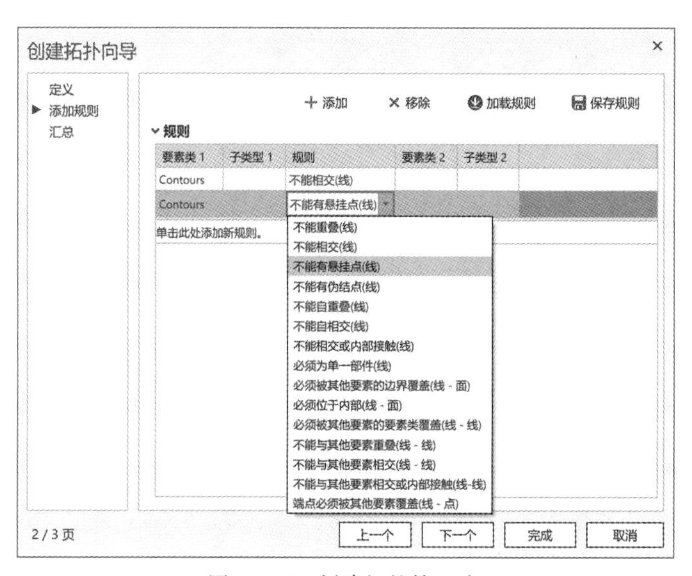

图3.2.3 创建拓扑第二步

Tips：GeoScene Pro 提供了针对不同要素类型的三十多个拓扑规则，当内置规则也无法满足应用需求时，可通过单击【加载规则】加载规则添加自定义的拓扑规则。

Step5：单击【下一个】，进入【汇总】页面，如图3.2.4所示，这一页只能查看，不能修改，若需修改，单击【上一步】返回修改。

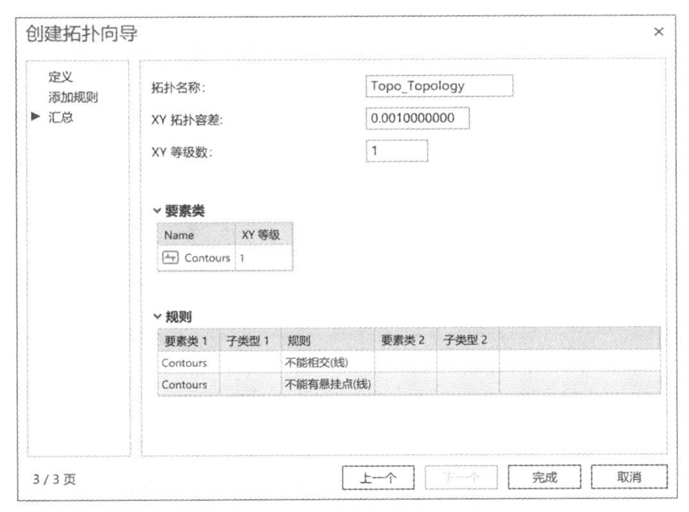

图 3.2.4　创建拓扑第三步

Step6：单击【完成】，完成创建拓扑，在【目录】窗格中可查看到【Topo】要素集下新生成的拓扑 Topo_Topology。

2. 验证拓扑

利用建立的拓扑规则检查矢量数据错误的过程被称为验证。

Step1：从【目录】窗格中将拓扑【Topo_Topology】添加至地图视图。

Step2：在【目录】窗格中右键单击【Topo_Topology】，在弹出菜单中单击【验证】，Contours 要素类中所有不符合设定拓扑规则的相交点和悬挂结点都被标出，如图 3.2.5 所示。

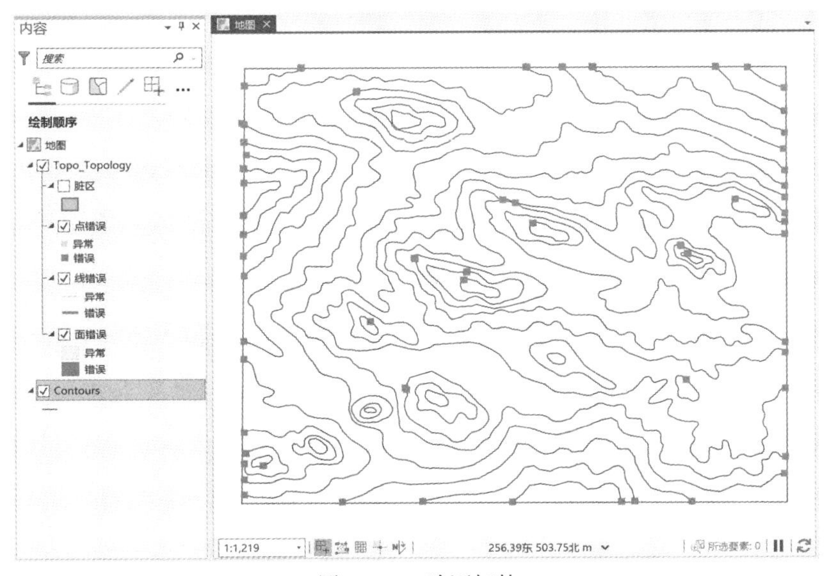

图 3.2.5　验证拓扑

在 Topo_Topology 拓扑图层下有 4 个图层，分别是脏区、点错误、线错误和面错误。脏区用于标记已做过修改但还未经拓扑验证的区域。当编辑完错误，再次验证拓扑时将只对脏区进行验证，这样可以提高工作效率。点错误、线错误和面错误用于标示出相应类型的错误位置。

Step3：查看拓扑错误。在功能区单击【编辑】选项卡【管理编辑内容】组中的【错误检查器】，打开【错误检查器】窗格。检查出的拓扑错误在窗格中以列表方式显示，在 Contours 要素类中一共有 84 个不满足设定拓扑规则的错误，如图 3.2.6 所示。

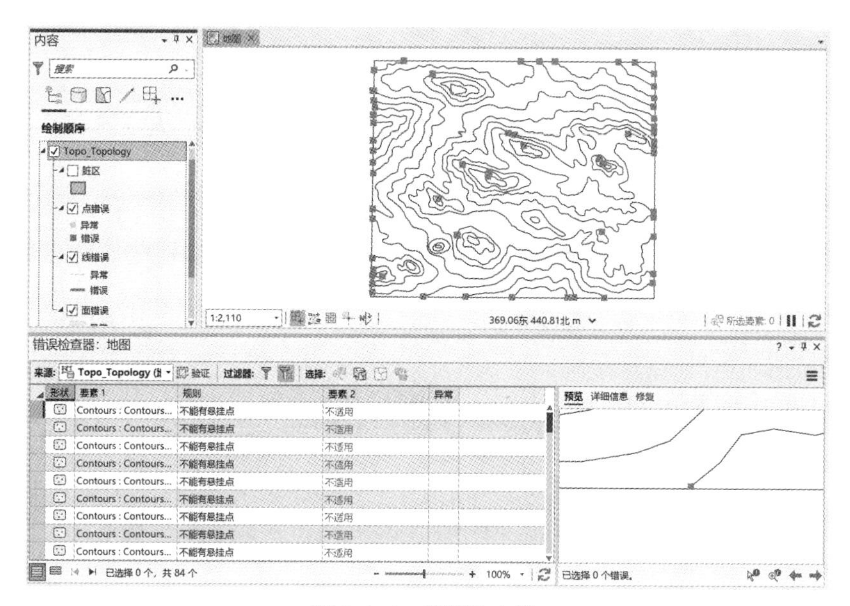

图 3.2.6　错误检查器

3. 修改拓扑错误

利用错误检查器可以快速修复拓扑错误。

Step1：在【错误检查器】表格中选中一条错误，该错误点会在地图视图中高亮显示，并且会在【错误检查器】右侧【预览】窗口中放大显示被选中的要素。单击【修复】页面，系统会为修改错误给出推荐的编辑操作，如图 3.2.7 所示。

Tips：【预览】页面中可通过滚动鼠标滚轮缩放地图，【修复】页面中的【标记为异常】表示此条错误将会被拓扑查错忽略，不再以拓扑错误的符号出现。例如，前文所说的被认为存在悬挂点的断头路就可以被标记为异常。

Step2：根据错误类型和实际情况选择合适的编辑方法。针对所选错误，在【修复】页面单击【延伸】，弹出【最大距离】对话框，输入 **2**，单位为 **m**，表示在 2m 范围内寻找延伸对象，如图 3.2.8 所示。

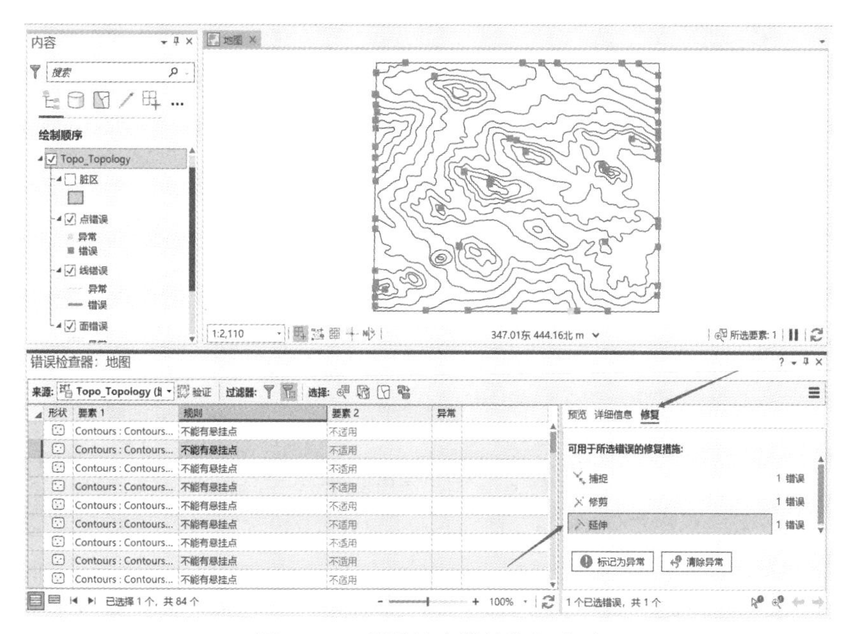

图 3.2.7　错误检查器的修复选项

Step3：点击键盘上的【Enter】键，自动修复该错误，【错误检查器】中的错误数减为83个。

Tips：假如输入的距离过小导致无法完成延伸，如输入1m，则会弹出失败提示对话框，如图3.2.9所示。

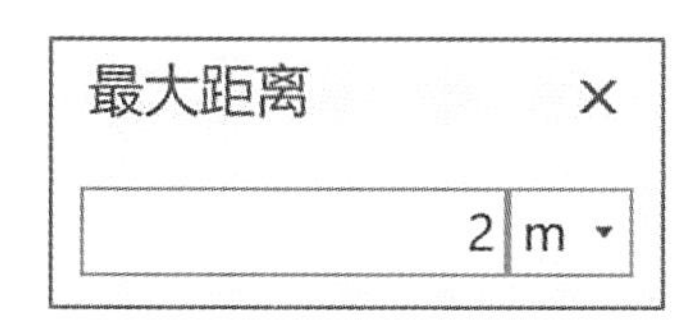

图 3.2.8　设置最大延伸距离

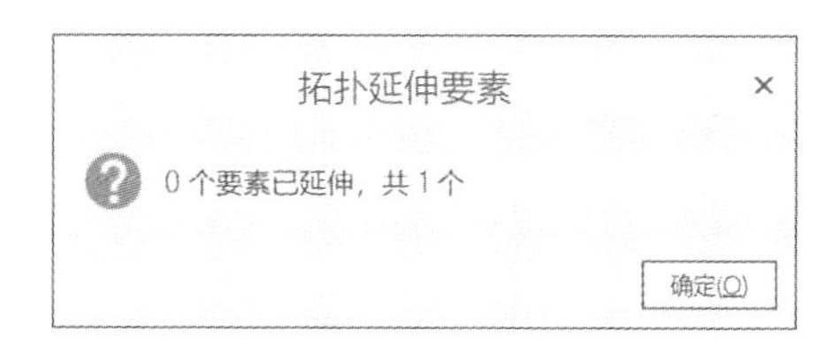

图 3.2.9　延伸要素失败提示

Step4：重复Step2和Step3，修改全部悬挂点拓扑错误。

Tips：对于修复方法相同的错误，可在【错误检查器】列表中选中多条记录，进行批量修复，如图3.2.10所示。也可通过单击【地图】选项卡【选择】组中的【选择】，在地图上选中多个错误。

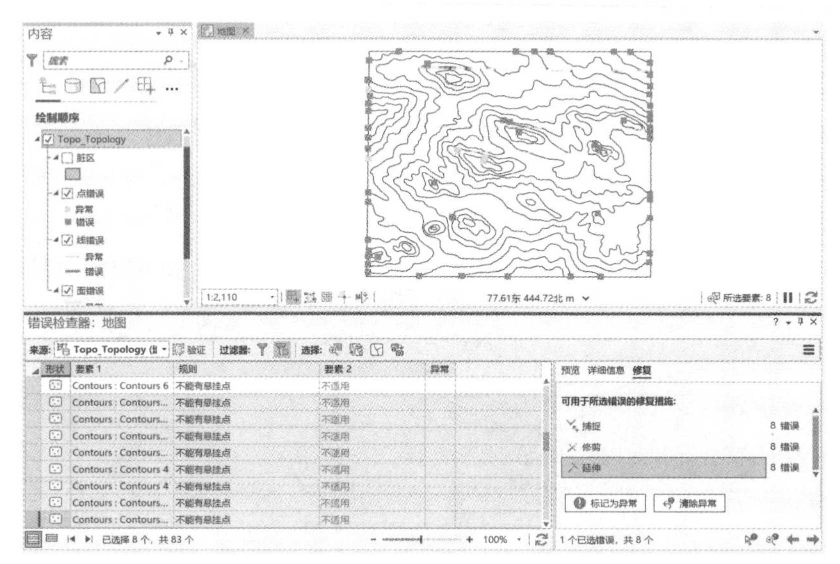

图 3.2.10　批量修复悬挂点错误

对于等高线相交的错误，除了使用【修复】推荐的方法修改外，可能还需要使用编辑工具。

Step5：选中 Topo_Topology 图层中某个等高线相交的错误，单击功能区【编辑】选项卡【要素】组的【修改】工具，在打开的【修改要素】窗格单击【修整】—【编辑折点】工具，如图 3.2.11 所示。

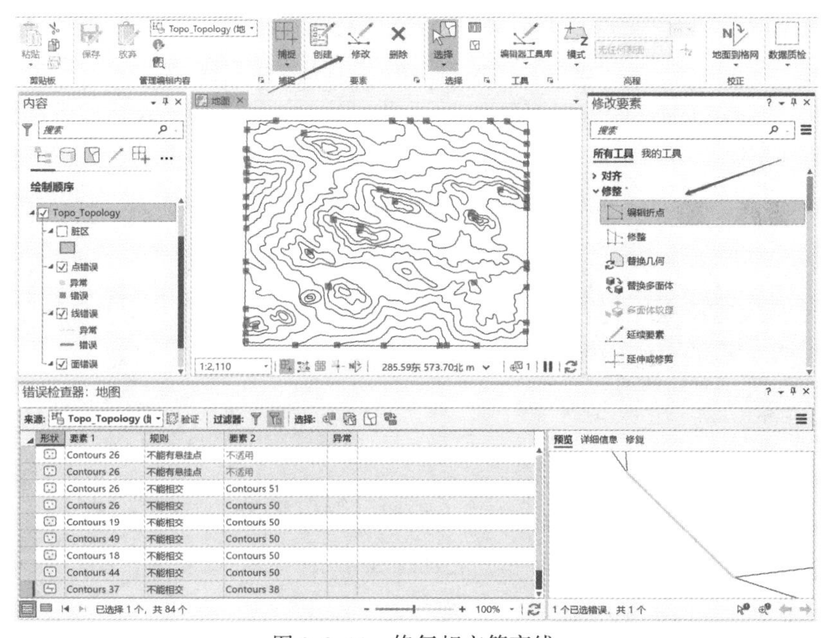

图 3.2.11　修复相交等高线

Tips：系统有时并不会对所有检查出的拓扑错误自动给出修复方法建议，这时就需要操作人员手动修复，通常使用编辑折点等工具进行修复。

Step6：用鼠标移动 38 号等高线中与 37 号等高线重合的两个折点，如图 3.2.12 所示。

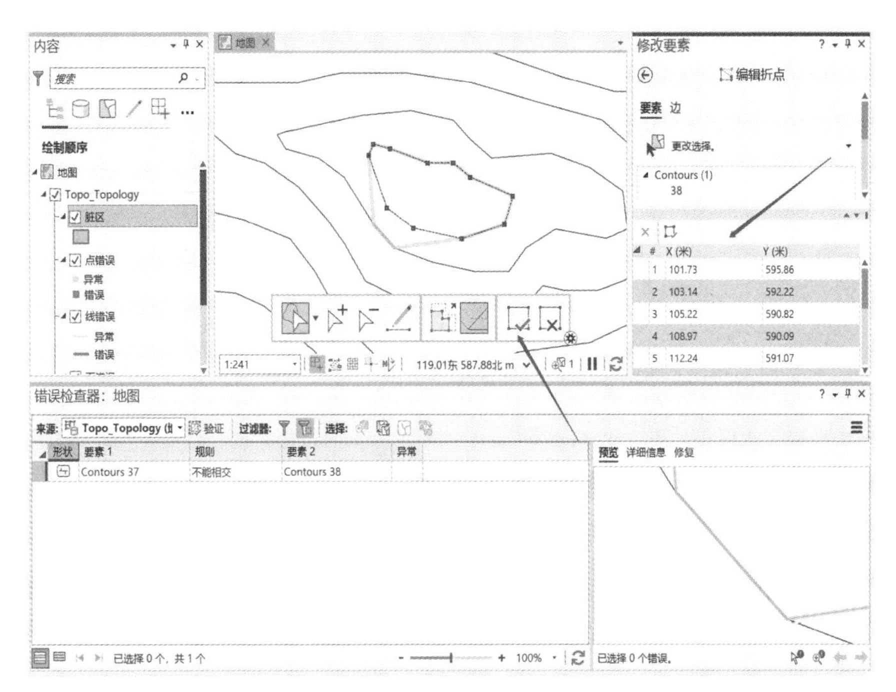

图 3.2.12　编辑 38 号等高线折点

Tips：折点的新位置并不是随意确定，应根据实际地形或已有资料尽可能反映真实地貌的原则进行调整。除了用鼠标拖动操作外，也可通过在【修改要素】窗格的坐标表中直接输入折点的坐标值调整折点位置。

Step7：编辑完成后，单击完成工具，结束编辑折点，编辑过的区域会被标示为脏区，如图 3.2.13 所示。

Step8：当所有错误都改正之后，在功能区单击【编辑】选项卡【管理编辑内容】组的【保存】工具，保存对 Contours 线要素类的编辑修改。

Step9：再次验证拓扑以确定所有错误修正完毕。

Tips：创建拓扑、拓扑验证、添加拓扑规则、移除拓扑规则也可通过【工具箱】—【数据管理工具】—【拓扑】中的相应工具完成。

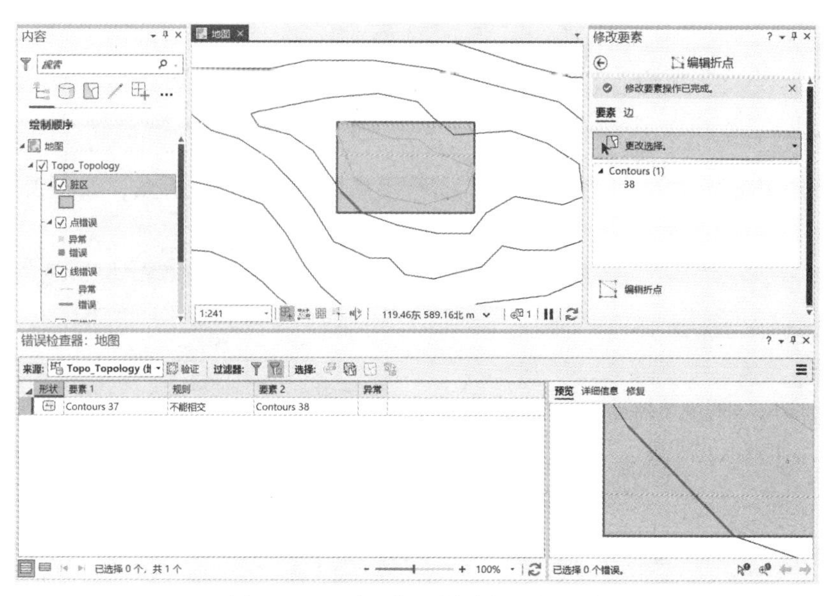

图 3.2.13　脏区标示被编辑过的区域

3.3　矢 量 编 辑

GeoScene Pro 提供了众多矢量编辑工具，包括编辑工具箱中的十几个编辑工具和编辑选项卡中的几十个编辑工具。由于篇幅所限，加上大多数工具操作比较简单，本书仅对相对复杂的空间校正、边匹配等编辑工具进行介绍。

GIS 数据通常来自多个数据源，即使这些数据的坐标系一致，但由于采集和处理方法不同，在边界处数据也可能会出现错位的现象。空间校正、边匹配、橡皮页匹配等正是用来协调不同来源的数据，使之能够进行正确分析与制图的工具。

本节使用的数据说明见表 3.3.1，数据见图 3.3.1。

表 3.3.1　　　　**矢量编辑使用数据说明**

图层名	类型	数据说明	应用案例
Streets_West	线	区域西边街道	边匹配
Streets_East	线	区域东边街道	边匹配
StreetPart_Deform	线	有偏差道路数据	橡皮页变换
StreetPart	线	正确道路数据	橡皮页变换
River	线	河流	对齐要素
NewParcel	面	新测地块	变换
Parcels	面	地块	对齐要素，变换

图 3.3.1　矢量编辑数据概览

3.3.1　空间校正

在大多数 GIS 软件中通常会提供空间校正工具，目的之一是为矢量数据赋予正确坐标，例如将独立坐标系的地图通过空间校正放置到正确的空间位置；目的之二是纠正几何变形；目的之三是进行边匹配。GeoScene Pro 将这些工具分别整合到编辑工具集和合并工具集中。

本节空间校正的目标是纠正矢量数据的几何变形并将其归回到实际位置，用到的数据为 Parcels 和 NewParcel 两个要素类，其中 Parcels 是已有地块分布，NewParcel 是新测地块。由于新测地块采用的是独立坐标系，与已有地块数据并不套合，需要对其进行空间校正。

Step1：双击本节数据文件夹下的 Exe03_3. aprx 文件，打开工程。

Step2：在功能区单击【地图】选项卡【导航】组【书签】，单击【空间校正】书签，只保留 Parcels 和 NewParcel 两个图层可见，如图 3.3.2 所示，NewParcel 的正确位置应为图中箭头所指位置。

Step3：在功能区单击【编辑】选项卡中的【选择】工具，选中 NewParcel 要素类中唯一的多边形要素。

Step4：在功能区单击【编辑】选项卡【工具】组中的【变换】工具，打开【修改要素】窗格，如图 3.3.3 所示。

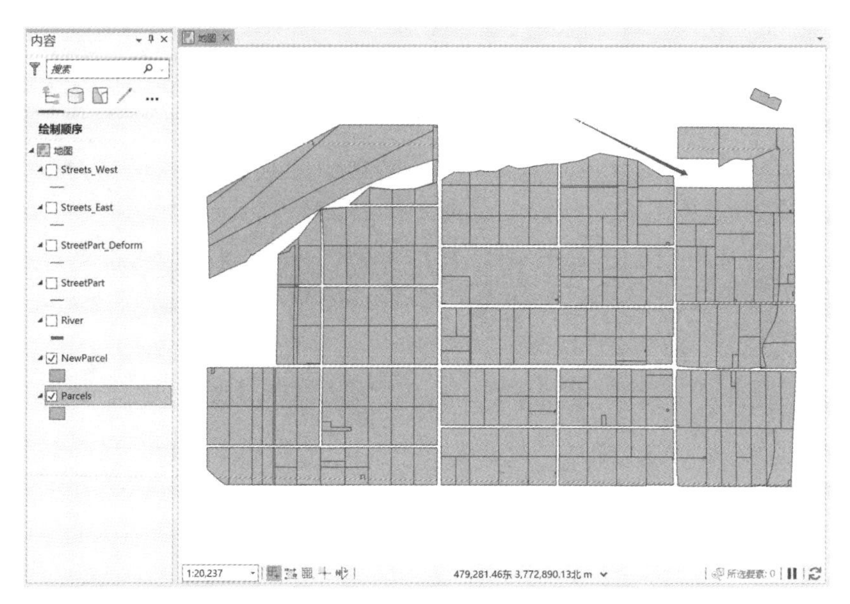

图 3.3.2　Parcels 和 NewParcel 相对位置

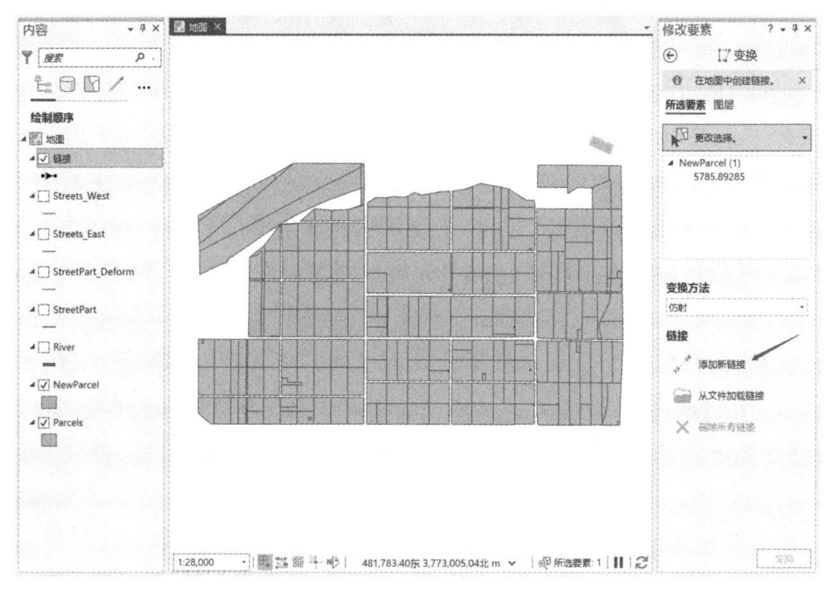

图 3.3.3　选中要进行校正的要素

Tips：只要打开【变换】工具，系统会自动新建一个名为【链接】的线要素类用于存储将要添加的链接。

Step5：单击【修改要素】窗格中的【添加新链接】，先点击 NewParcel 要素上的位置点，再点击这个点在 Parcels 图层上的正确位置，这样就建立了一个当前位置和正确位置的链接，本例共添加了六个链接，六个链接点对如图 3.3.4 所示。

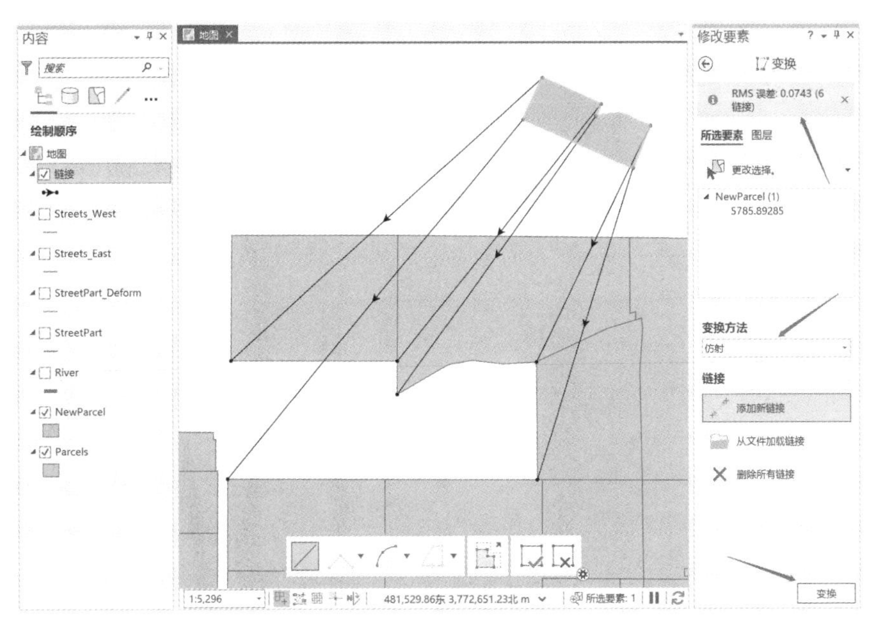

图 3.3.4　添加变换链接

Tips：在添加链接之前，打开捕捉到折点可以提高链接的精度，添加链接时，尽可能地放大链接点区域也可提高定位精度。

在【修改要素】窗格的上方显示链接的 RMS 误差和链接数，理想的 RMS 误差应该是 0，但实际很难达到。越接近于 0，精度越高，变换越可信。【变换】工具提供了四种变换方法，其差异见表 3.3.2。

表 3.3.2　　　　**矢量编辑使用数据说明**

名称	变换类型	最少链接数	变换方式
仿射变换	一次变换	3	缩放、旋转、平移、倾斜
相似变换	一次变换	2	缩放、旋转、平移
橡皮页变换(线性)	基于 TIN 插值	视实际情况	根据链接渐变式变换
橡皮页变换(自然邻域法)	基于 TIN 插值	视实际情况	根据链接渐变式变换

Step6：单击【完成】结束添加链接，单击【修改要素】窗格中的【变换】，完成变换，结果如图 3.3.5 所示。

NewParcel 要素类中的多边形不仅进行了放大，而且已经归位到正确位置了。

Setp7：在功能区单击【编辑】选项卡上的【保存】工具，保存所做修改。

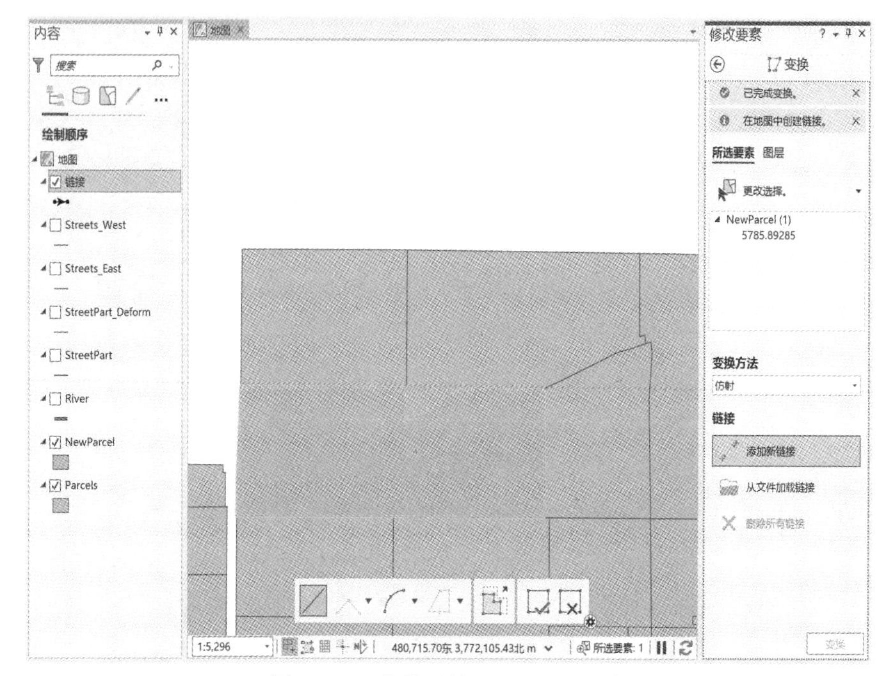

图 3.3.5　变换后的 NewParcel 要素

3.3.2　对齐要素

对于一些有微小误差的数据，通常利用合并工具箱的对齐要素、边匹配和橡皮页变换等工具校正数据的空间位置。

对齐要素工具用于在一定距离内将输入要素与目标要素对齐。此工具要求输入要素至少有一部分必须与目标形状类似，差别过大将导致无法完成对齐。例如河流和沿岸地块存在不一致时，就可以利用对齐要素工具使二者一致。

Step1：在功能区单击【地图】选项卡【导航】组【书签】，单击【对齐要素】书签，只保留 River 要素和 Parcels 要素可见，如图 3.3.6 所示。

从图中可看出，本应和沿岸地块边界重合的河流线段与其并不一致，但形状是相似的，对齐要素工具可将二者对齐。

Step2：在【地理处理】窗格中单击【工具箱】—【编辑工具】—【合并】—【对齐要素】，打开【对齐要素】窗格。

Step3：在窗格中，将【输入要素】设置为 **River**，【目标要素】设置为 **Parcels**，【搜索距离】设置为 **30 米**，其它保持默认设置，如图 3.3.7 所示。

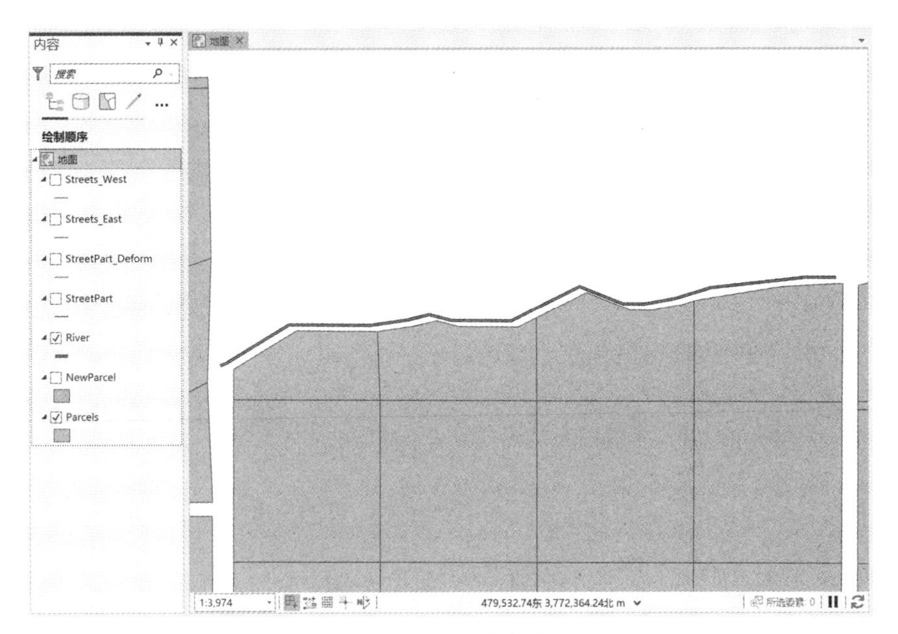

图 3.3.6　对齐要素操作图层

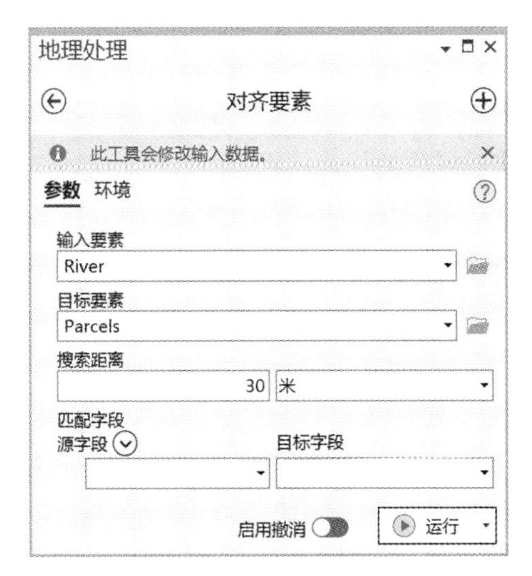

图 3.3.7　对齐要素设置

Tips：如果设置了【匹配字段】则在对齐要素过程中检查【源字段】和【目标字段】内容是否匹配来辅助对齐要素。

Step4：单击【运行】，完成对齐要素，结果如图 3.3.8 所示。河流线已和地块边界对齐。

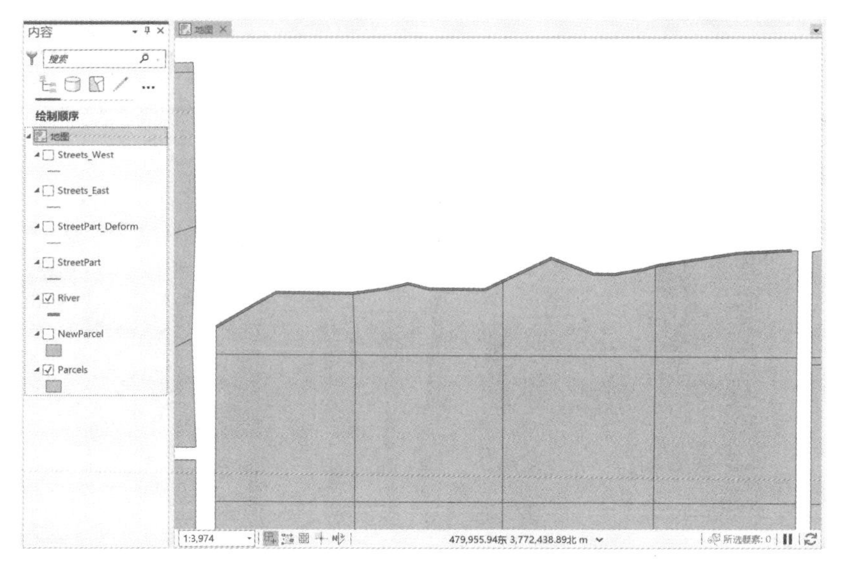

图 3.3.8　对齐后的要素

3.3.3　边匹配

通常数据采集时的分组或分块作业会导致输入 GIS 数据库的数据在边界区域存在不一致的现象，如跨边界的河流、道路或地块边界不能正确对接，这会导致制图和分析的错误。将跨区域要素正确连接的过程称为边匹配。

Step1：在功能区单击【地图】选项卡【导航】组【书签】，单击【边匹配】书签，只保留 Streets_West 和 Streets_East 图层可见，如图 3.3.9 所示。

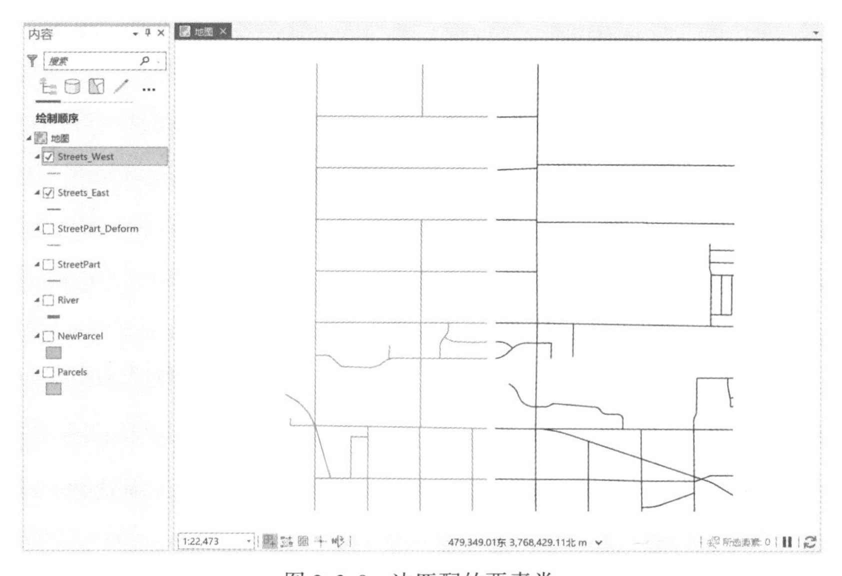

图 3.3.9　边匹配的要素类

可看到区域内东、西两侧分块采集的道路没有正确连接。

Tips：完成边匹配需要【生成边匹配链接】工具和【边匹配要素】工具联合使用。

Step2：在【地理处理】窗格中单击【工具箱】—【编辑工具】—【合并】—【生成边匹配链接】，打开【生成边匹配链接】窗格。

Step3：在窗格中，将【源要素】设置为 **Streets_West**，【相邻要素】设置为 **Streets_East**，【输出要素类】命名为 **Streets_West_GenerateEdgemat**，【搜索距离】设置为 **100 米**，其它保持默认设置，如图 3.3.10 所示。

图 3.3.10　生成边匹配链接设置

一般将相对来说位置正确的图层设置为【源要素】，另一个设置为【相邻要素】。【搜索距离】通常根据两个图层同一要素相差的距离来确定，距离可通过功能区上【地图】选项卡【查询】组的【测量】工具 量测得到。搜索距离设置过小，可能搜索不到匹配的要素；设置过大，可能会搜索到过多的匹配要素，降低连接的置信度。

Tips：源要素和相邻要素必须在同一坐标系。

Step4：单击【运行】，生成边匹配链接，如图 3.3.11 所示。

边匹配链接是连接两个输入要素的线要素类，其属性表中包含要素匹配的相关字段，SRC_FID 表示源要素 ID，ADJ_FID 表示相邻要素 ID，EM_CONF 为边匹配置信度级别。0 < EM_CONF≤100，EM_CONF 值越大，链接可信度越高。此例中，EM_CONF 值均为 100，说明匹配置信度非常高。

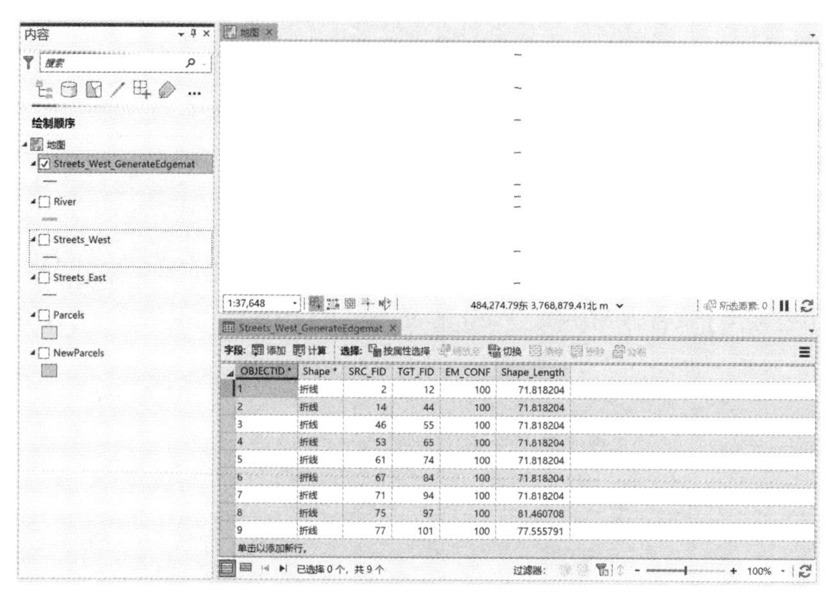

图 3.3.11　边匹配链接及其属性表

Step5：在【地理处理】窗格中单击【工具箱】—【编辑工具】—【合并】—【边匹配要素】，打开【边匹配要素】窗格。

Step6：在窗格中，将【输入要素】设置为 **Streets_East**，【输入链接要素】设置为 **Streets_West_GenerateEdgemat**，其它保持默认设置，如图 3.3.12 所示。

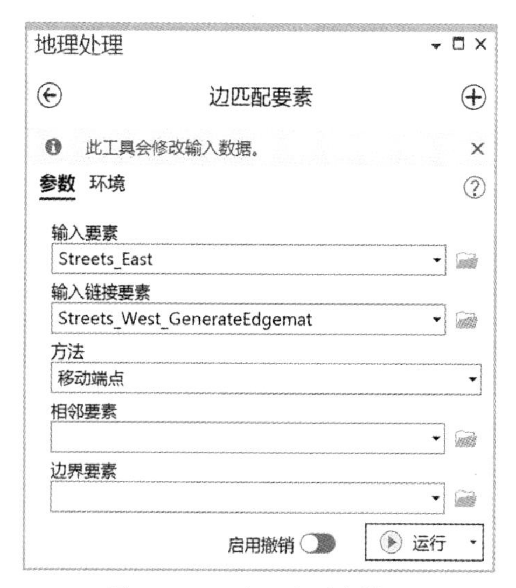

图 3.3.12　边匹配要素设置

边匹配时以边匹配链接为指导来调整相邻的线要素，该工具提供了移动端点、添加线段、调整折点等三种【方法】对匹配要素进行连接。如果指定了【相邻要素】，则以链接线中点为连接位置，同时调整输入和相邻的对应元素。如果指定了【边界要素】，则将离链接线中点最近的边界位置作为连接位置，调整输入要素到该位置。

思 考

3-4：为什么输入要素设置为 Streets_East 而不是 Streets_West？

Step7：单击【运行】，完成对要素的边匹配，结果如图 3.3.13 所示，Streets_West 和 Streets_East 已经无缝连接在一起了。

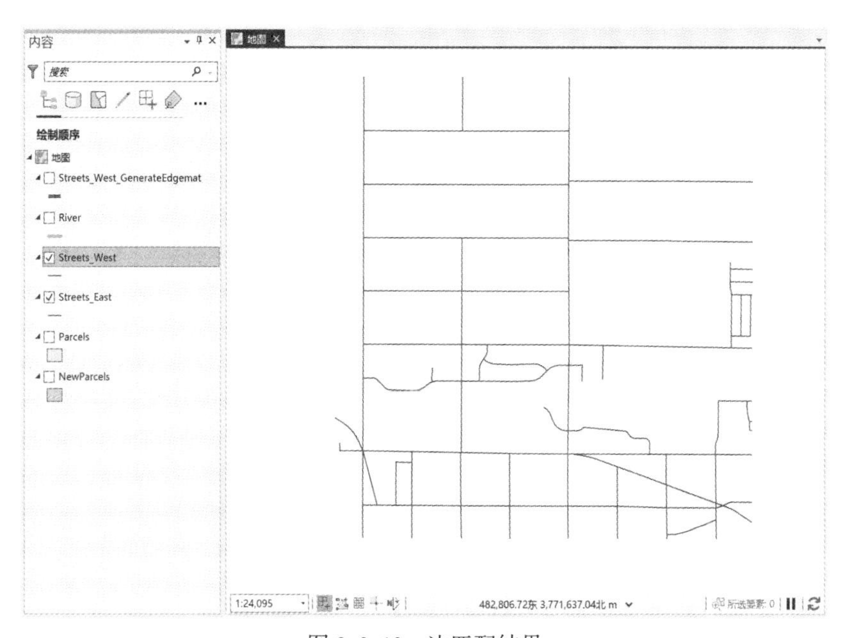

图 3.3.13 边匹配结果

思 考

3-5：若想将 Streets_West 和 Streets_East 合并为一个图层，应该进行什么操作？

边匹配通过设置合适的距离阈值，自动完成相邻地图边缘地带线要素的对齐。如果有要素匹配距离过大，可能无法用边匹配完成全部对应线要素的匹配，这时就需要通过手动编辑折点完成要素匹配。

3.3.4 橡皮页

当要素类中所有要素的变形不一致时，就无法采用统一的平移、旋转、缩放来进行校正，橡皮页变换就是能够处理渐变变形的校正工具。橡皮页变换采用位移链接起点及标识点建立临时的 TIN(不规则三角网)来辅助进行动态校正。

Step1：在功能区单击【地图】选项卡【导航】组【书签】，单击【橡皮页变换】书签，只保留 StreetsPart 和 StreetsPart_Deform 图层可见，如图 3.3.14 所示。

可看到两个图层并不契合，并且变形在全图范围并不一致。

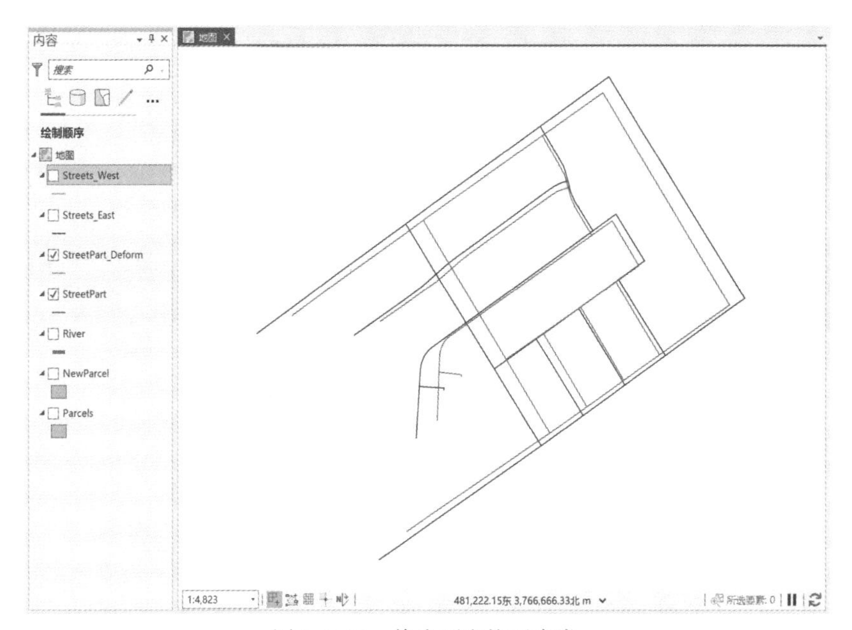

图 3.3.14 橡皮页变换要素类

Tips：与边匹配类似，橡皮页变换也需要【生成橡皮页变换链接】工具和【橡皮页变换要素】两个工具联合使用。

Step2：在【地理处理】窗格中单击【工具箱】—【编辑工具】—【合并】—【生成橡皮页变换链接】，打开【生成橡皮页变换链接】窗格。

Step3：在窗格中，将【源要素】设置为 **StreetsPart_Deform**，【目标要素】设置为 **StreetsPart**，【输出要素类】命名为 **StreetsPart_Deform_GenerateRu**，【搜索距离】设置为 **50 米**，其它保持默认设置，如图 3.3.15 所示。

Step4：单击【运行】，生成橡皮页变换链接，如图 3.3.16 所示。

图 3.3.15 橡皮页变换链接设置

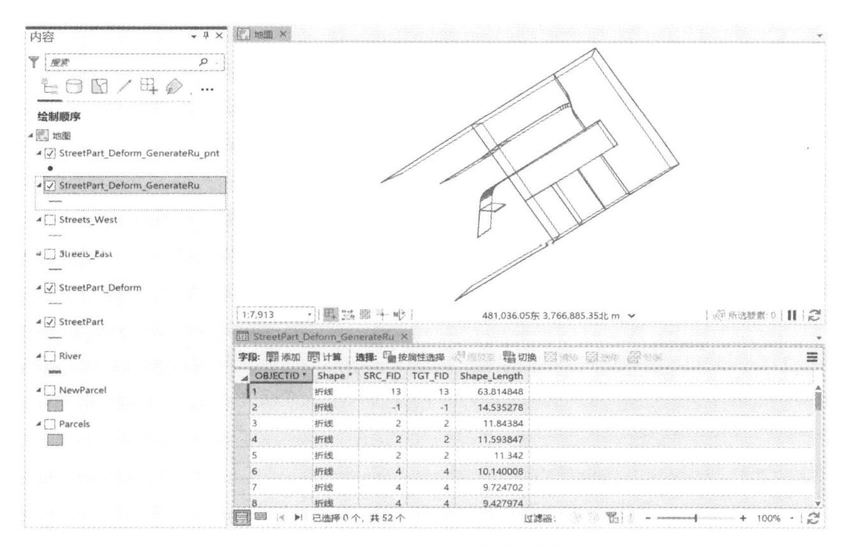

图 3.3.16 橡皮页变换链接

橡皮页变换链接新建了两个图层，一个线图层 StreetsPart_Deform_GenerateRu，一个点图层 StreetsPart_Deform_GenerateRu_pnt。线表示橡皮页链接，线图层属性表中的 SRC_FID 字段表示输入链接要素 ID，TGT_FID 字段为标识链接要素 ID。点图层为链接的起点和终点。

Step5：在【地理处理】窗格中单击【工具箱】—【编辑工具】—【合并】—【橡皮页变换要素】，打开【橡皮页变换要素】窗格。

Step6：在窗格中，将【输入要素】设置为 **StreetsPart_Deform**，【输入链接要素】设置为 **StreetsPart_Deform_GenerateRu**，【输入点要素作为标识链接】设置为 **StreetsPart_Deform_GenerateRu_pnt**，其它保持默认设置，如图 3.3.17 所示。

图 3.3.17　橡皮页变换要素设置

Tips：橡皮页变换方法有线性法和自然邻域法，二者均为建立临时 TIN 的插值方法，不同的是线性法并未真正考虑邻域，速度较快；自然邻域法采用一定范围邻域点参与构建 TIN，速度较慢，但精度比较高。

Step7：单击【运行】，完成橡皮页变换，结果如图 3.3.18 所示。

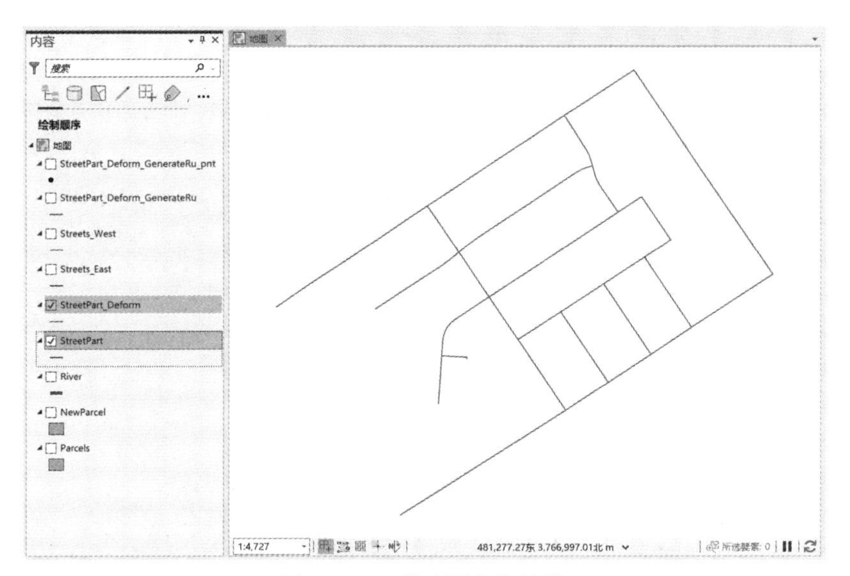

图 3.3.18　橡皮页变换结果

结果图中 StreetsPart 图层和 StreetsPart_Deform 图层完全重叠。

Tips：如需对边匹配和橡皮页变换进行精度评定，使用【工具箱】—【编辑工具】—【合并】—【计算变换误差】完成。

栅格数据模型将地理空间分割成大小一样的格网，最常见的是正方形格网。空间对象按其在格网中的行、列、属性来记录。栅格数据由于其自身的特点，在分析中通常使用二维数字矩阵方法作为数学基础，因此具有分析处理模式化强、效率高的特点。

GeoScene Pro 在空间分析工具箱中提供了表面分析、插值分析、地图代数、重分类、距离分析、密度分析等二十余个对栅格进行处理和分析的工具集。本章以地图代数、重分类、距离分析、密度分析等几类最常用的栅格分析为例进行介绍。

4.1 栅格计算器

栅格计算器提供栅格数据空间分析中常用的地图代数方法，可对一个或多个栅格图层进行地图代数计算。栅格计算器提供包括运算符、条件分析、数学分析、三角函数和逻辑运算等一系列计算工具。

栅格计算器的工具及说明见表 4.1.1，其中算术运算、按位运算、关系运算、布尔运算的工具在栅格计算器中都被归为运算符工具。地理处理工具箱的【空间分析工具】—【数学分析】工具集也提供表 4.1.1 对应的工具。

表 4.1.1 栅格计算器工具列表

工具类型	工具名称	功能	工具类型	工具名称	功能
算术运算	+	加/一元加	数学函数	Ln	自然对数
	-	减/一元减		Log10	以 10 为底的对数
	*	乘		Log2	以 2 为底的对数
	**	幂		Mod	取模
	/	除		Power	平方
	//	整除		RoundDown	向下四舍五入
	%	求模		RoundUp	向上四舍五入
按位运算	<<	按位左移		Square	平方
	>>	按位右移		SquareRoot	平方根

续表

工具类型	工具名称	功能	工具类型	工具名称	功能
关系运算	>	大于	三角函数	Acos	反余弦
	>=	大于等于		ACosH	反双曲余弦
	<	小于		Asin	反正弦
	<=	小于等于		ASinH	反双曲正弦
	==	等于		ATan	反正切
	!=	不等于		ATan2	基于 x，y 的反正切
布尔运算	&	与		ATanH	反双曲正切
	|	或		Cos	余弦
	^	异或		CosH	双曲余弦
	~	非		Sin	正弦
条件分析	Con	条件函数		SinH	双曲正弦
	Pick	选取		Tan	正切
	SetNull	设为空值		TanH	双曲正切
数学函数	Abs	取绝对值	逻辑	Diff	判断是否有差异
	Exp	以 e 为底的指数		InList	判断是否为列表值
	Exp10	以 10 为底的指数		IsNull	判断是否为空值
	Exp2	以 2 为底的指数		Over	判断输入是否为 0
	Float	转为浮点型		Test	判断是否满足条件
	Int	转为整型			

Tips：运算符是有优先级的，算术型运算符优先级最高，向下依次是布尔型运算符、关系型运算符。在栅格数据计算和分析中，NoData 是不参与运算的，若输入栅格中有像元为 NoData，则输出栅格对应位置也为 NoData。

4.1.1　运算符

运算符提供算术、按位、布尔和关系运算。

使用数据为两个栅格图层，分别为 Raster1 和 Raster2。为了方便读者理解各运算符的作用，栅格单元的值如图 4.1.1 所示。

在本节数据文件夹下双击 Exe04_1.aprx 工程文件，打开工程 Exe04_1。

1. 算术运算

以幂运算符“**”的使用为例示范操作。

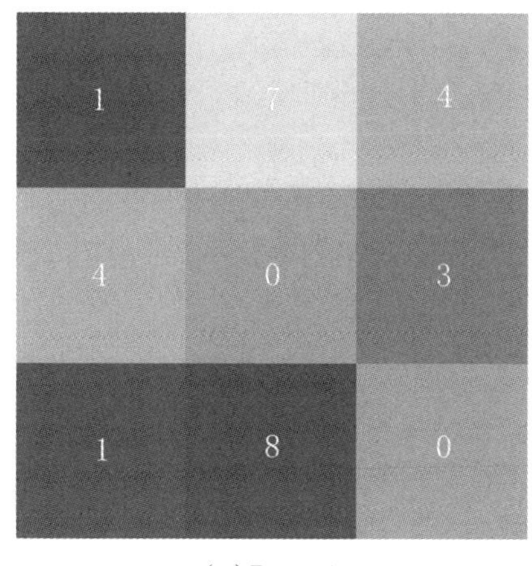

(a) Raster1

(b) Raster2

图 4.1.1 Raster1 和 Raster2 栅格单元值

Step1：在【地理处理】窗格中单击【工具箱】—【空间分析工具】—【地图代数】—【栅格计算器】，打开【栅格计算器】窗格。

Step2：在窗格【地图代数表达式】中输入**"Raster1" **3**，【输出栅格】命名为 **raster1_rast**，如图 4.1.2 所示，目的为对 Raster1 栅格的每个像元值求三次幂。

Tips：在输入表达式时注意使用英文输入法，中文输入法下输入的符号由于编码方式不同，将会报错。

图 4.1.2 栅格幂运算设置

Step3：单击【运行】，完成对 Raster1 的 3 次幂运算，结果如图 4.1.3 所示。

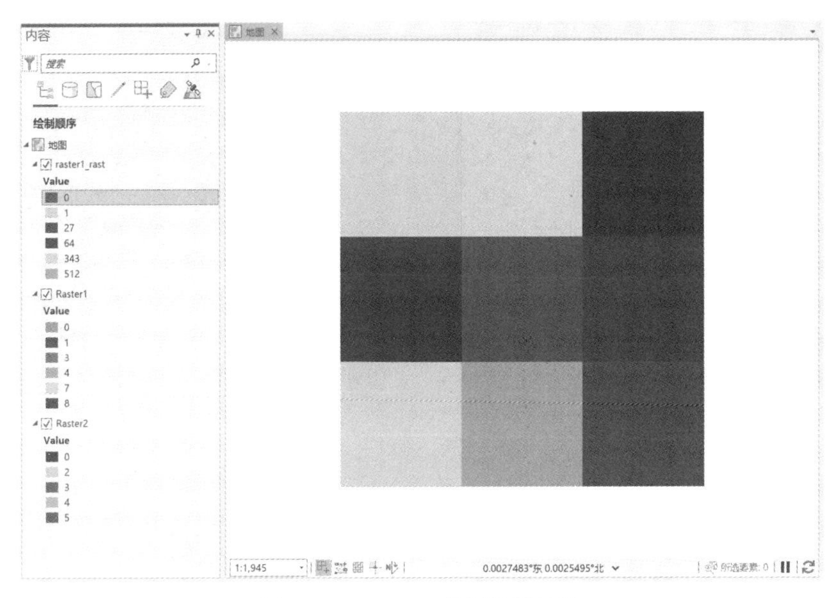

图 4.1.3　Raster1 的幂运算结果

对比 raster1_rast 图层和 Raster1 图层对应像元的值，可看到栅格单元值为 3 次幂关系。

Tips：生成 raster1_rast 时，系统默认采用【拉伸】符号系统，单击符号，在【符号系统】窗格中更改为【唯一值】。

2. 按位运算

以按位左移运算符“<<”的使用为例示范操作。按位左移运算符的目的是将每个栅格单元值的二进制形式按位左移指定位数后，再转回十进制数输出。

Step1：在【地理处理】窗格中单击【工具箱】—【空间分析工具】—【地图代数】—【栅格计算器】，打开【栅格计算器】窗格。

Step2：在窗格的【地图代数表达式】编辑框中输入**"Raster2"<<1**，【输出栅格】命名为 **raster2_rast**，如图 4.1.4 所示，目的是将栅格 Raster2 的每个像元值的二进制形式向左移一位。

Step3：单击【运行】，完成对 Raster2 的按位左移一位运算，结果如图 4.1.5 所示。

Raster2 的单元值有 0、2、3、4、5，转为二进制后，向左移动一位，再转回十进制数，分别为 0、4、6、8、10。

3. 关系运算

以大于运算符“>”的使用为例示范操作。大于运算符的目的是判断一个栅格图层像元值是否大于另一个栅格图层对应位置的像元值，若大于，则输出栅格对应位置像元值为 1；

若不大于，则输出栅格对应位置像元值为 0。

图 4.1.4 栅格左移运算设置

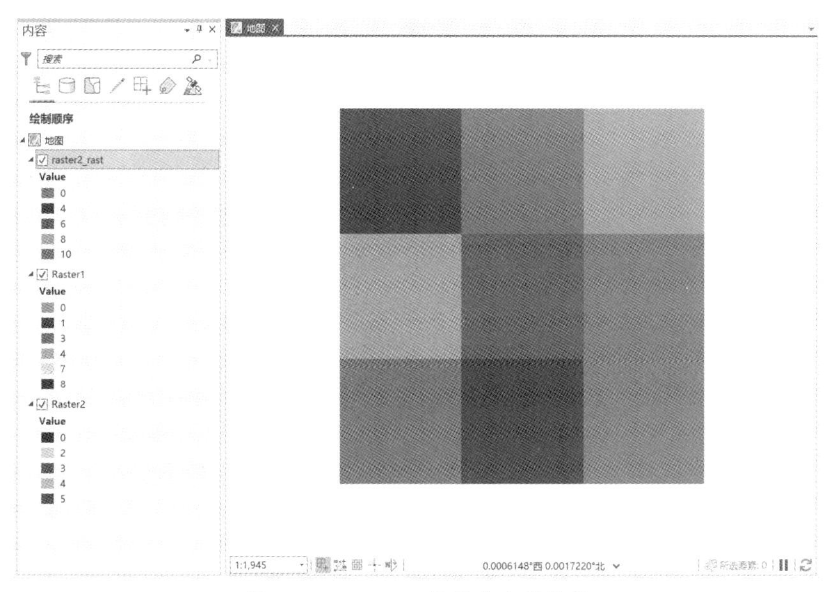

图 4.1.5 Raster2 的按位左移结果

Step1：在【地理处理】窗格中单击【工具箱】—【空间分析工具】—【地图代数】—【栅格计算器】，打开【栅格计算器】窗格。

Step2：在窗格的【地图代数表达式】编辑框中输入**"Raster1">"Raster2"**，【输出栅格】命名为 **raster1_ras1**，如图 4.1.6 所示。

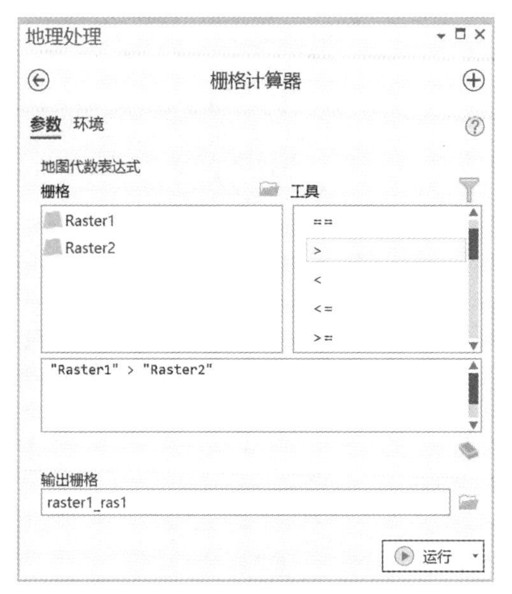

图 4.1.6　栅格大于运算设置

Step3：单击【运行】，完成大于关系运算，结果如图 4.1.7 所示。

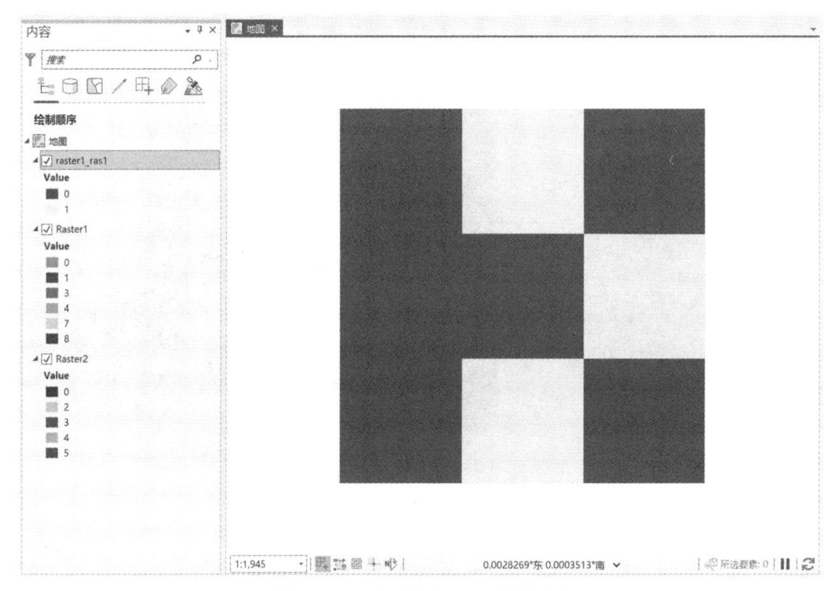

图 4.1.7　栅格大于运算结果

思 考

4-1：若 Raster1 中某一个单元为 NoData，则输出栅格对应单元应该是什么值？

4. 布尔运算

以异或运算符“^”的使用为例示范操作。异或运算符的目的为判断两个栅格图层同一位置栅格像元的值是否同为真或同为假，若同为真或同为假，则输出栅格对应位置像元值为 0；若一真一假，则输出栅格对应位置像元值为 1。

Step1：在【地理处理】窗格中单击【工具箱】—【空间分析工具】—【地图代数】—【栅格计算器】，打开【栅格计算器】窗格。

Step2：在窗格的【地图代数表达式】编辑框中输入**"Raster1"^ "Raster2"**，【输出栅格】命名为 **raster1_ras2**，如图 4.1.8 所示。

Step3：单击【运行】，完成异或运算，结果如图 4.1.9 所示。

图 4.1.8　异或运算设置

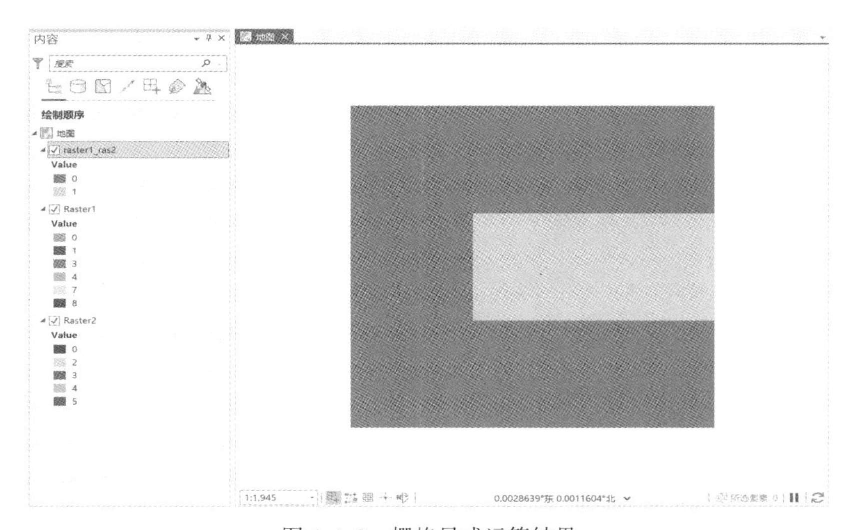

图 4.1.9　栅格异或运算结果

Tips：在布尔运算中，零为假，非零为真。

思 考

4-2：如果两个栅格图层在某个相同位置单元均为 NoData，结果会是什么？

4.1.2 条件分析

利用条件分析工具可在一定控制条件下将输入栅格进行输出。本节以 Con 条件函数为例示范操作。

针对输入栅格根据条件函数判断像元是否满足指定的条件，满足条件时为真，不满足条件时为假。当判断为真时，对输出栅格的对应像元按某一设定规则赋值；当判断为假时，对输出栅格的对应像元按另一设定规则赋值。

Con 语法：Con(栅格图层 L，A，B，判断条件)，对于栅格图层 L 的像元，当判断条件为真时，输出 A；当判断条件为假时，输出 B。Con 最少可只设置前两个参数，当判断条件未设置时，则默认判断栅格像元值是否为真，即非零；当 B 和判断条件均未设置时，像元值为假时，输出空值。

对于栅格 Raster1，以当像元值为真时，输出 20 为例进行条件分析。

Step1：在【地理处理】窗格中单击【工具箱】—【空间分析工具】—【地图代数】—【栅格计算器】，打开【栅格计算器】窗格。

Step2：在窗格的【地图代数表达式】编辑框中输入 **Con("Raster1", 20)**，【输出栅格】命名为 **con_rasterc**，如图 4.1.10 所示。

图 4.1.10 条件函数设置 1

Step3：单击【运行】，完成条件运算，结果如图 4.1.11 所示。

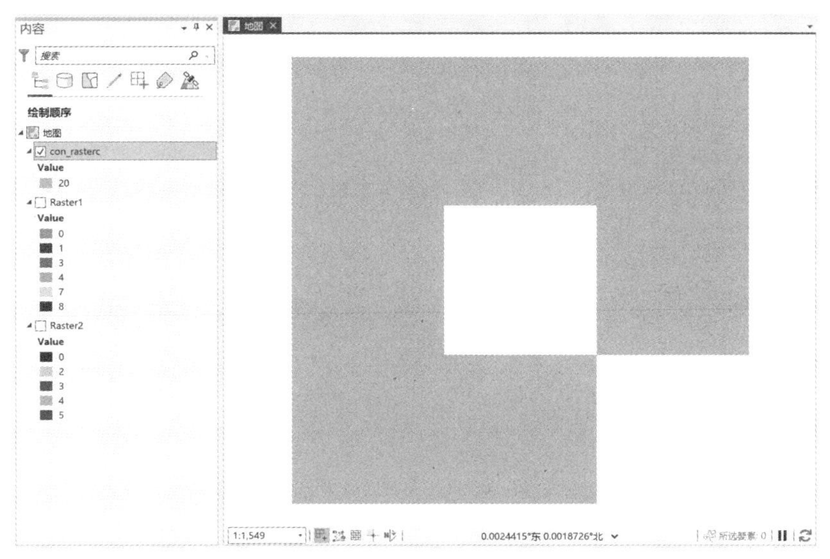

图 4.1.11　条件分析结果 1

对于栅格 con_rasterc，对应栅格 Raster1 像元为 0 的位置的像元值为空值。

对于 Raster1，以当像元值为真，输出 30；当像元值为假，输出 50 为例进行条件分析。

Step4：在【栅格计算器】的【地图代数表达式】编辑框中输入 **Con("Raster1", 30, 50)**，【输出栅格】命名为 **con_raster1**，如图 4.1.12 所示。

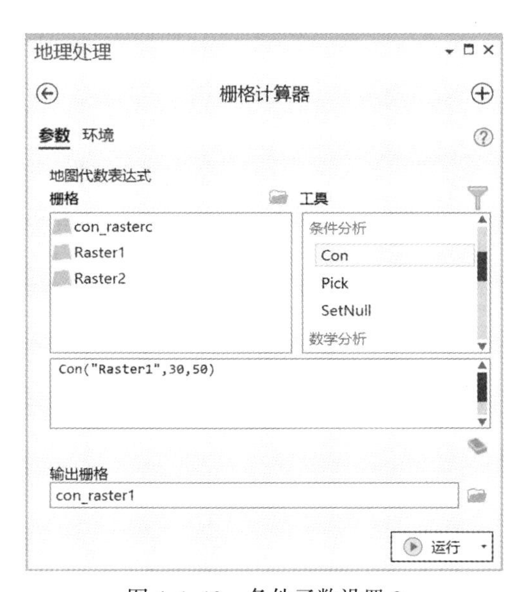

图 4.1.12　条件函数设置 2

Step5：单击【运行】，完成条件运算，结果如图4.1.13所示。

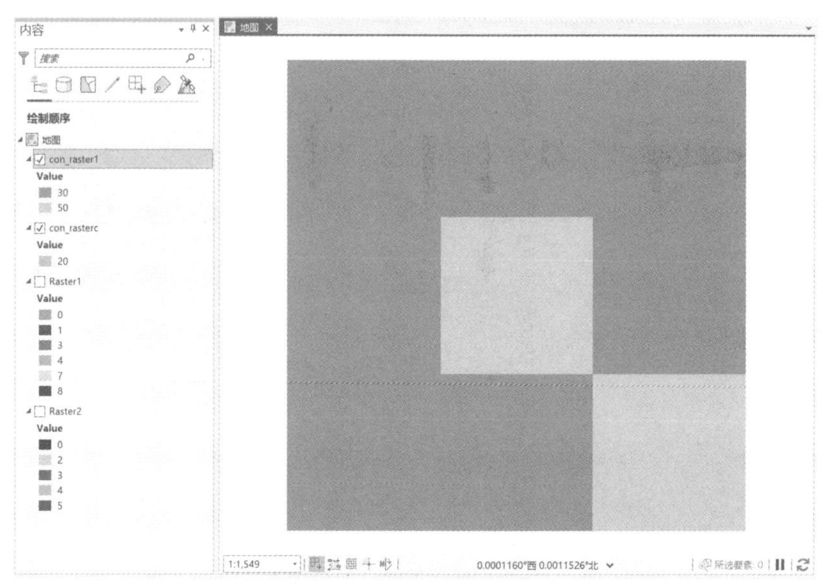

图4.1.13 条件分析结果2

对于Raster1，以当像元值大于3时，输出10；当像元值小于等于3时，输出15为例进行条件分析。

Step6：在【栅格计算器】的【地图代数表达式】编辑框中输入**Con("Raster1", 10, 15, "Value>3")**，【输出栅格】命名为**con_raster2**，如图4.1.14所示。

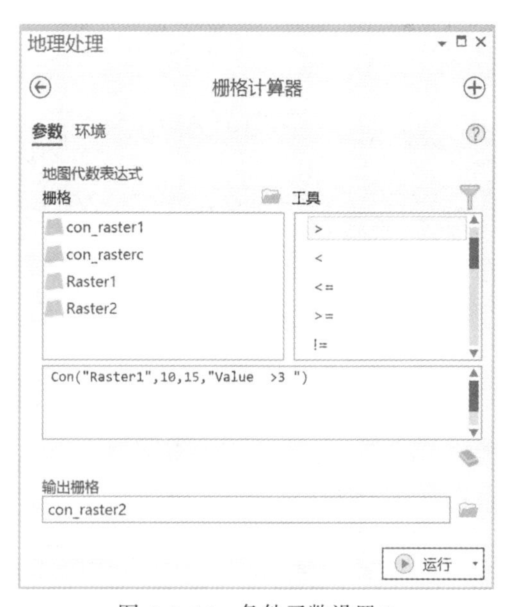

图4.1.14 条件函数设置3

Step7：单击【运行】，完成条件运算，结果如图 4.1.15 所示。

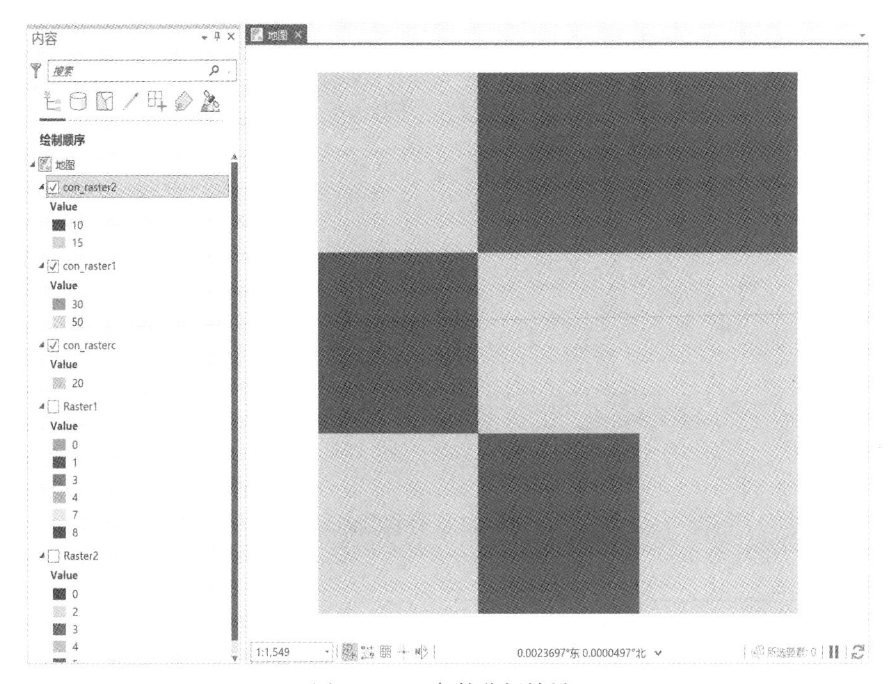

图 4.1.15　条件分析结果 3

4.1.3　逻辑判断

逻辑工具对输入栅格的像元值进行评估，并根据定义的逻辑条件确定输出值。本节以 InList 逻辑判断为例示范操作。

InList 会对输入栅格的像元值与列表值进行对比，保留和列表值一致的像元，不一致的像元设为空值。本例以判断 Raster1 栅格单元值是否为 4 或 8 进行逻辑判断。

Step1：在【地理处理】窗格中单击【工具箱】—【空间分析工具】—【地图代数】—【栅格计算器】，打开【栅格计算器】窗格。

Step2：在窗格的【地图代数表达式】编辑框中输入 **InList("Raster1", [4, 8])**，【输出栅格】命名为 **inlist_rast**，如图 4.1.16 所示。

Step3：单击【运行】，完成 InList 逻辑判断，结果如图 4.1.17 所示。

栅格计算器看似简单，但可以通过系统提供的五大类、几十个工具完成复杂的栅格计算与数据提取。还可以使用其它系统函数构建符合 Python 语法的复杂语句。栅格计算器的大多数工具可在【空间分析工具】工具箱中找到相同功能的工具。

图 4.1.16 InList 逻辑判断设置

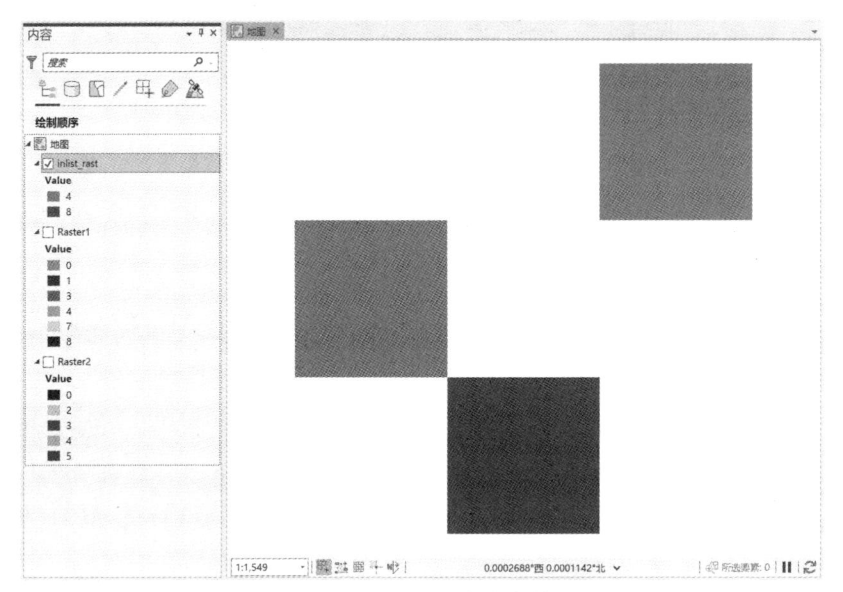

图 4.1.17 InList 逻辑判断结果

4.2 重 分 类

重分类是将栅格的原有数值转换为新值的过程，目的是用新值替换旧值或将某些值按特定规则归为一组。例如在进行地形分析时，将高程大于某值的栅格像元重新分为一组，高程小于或等于某值的栅格像元重新分为另一组。

重分类是栅格数据处理与分析过程中较常见的处理方法。GeoScene Pro 根据源数据类型和重分类方法提供了多种重分类工具，如按函数、表、ASCII 文件等。

本节案例数据是一个高程栅格 elve，像元值代表高程。该区域高程从 95 到 260，现根据高程值按相等间隔将该地区划分为 5 类。

Tips：由于 elev 中有 NoData 像元，实际上最终分为 6 类，还包含一类 NoData。

Step1：双击 Exe04_2. aprx 工程文件，打开工程 Exe04_2。

Step2：在【地理处理】窗格中单击【工具箱】—【空间分析工具】—【重分类】—【重分类】，打开【重分类】窗格。

Step3：在窗格中，将【输入栅格】设置为 **elev**，【重分类字段】设置为 **Value**，将【输出栅格】命名为 **Reclass_elev**，**勾选**【将缺失值更改为 NoData】，如图 4. 2. 1 所示，单击【分类】打开【分类】对话框，如图 4. 2. 2 所示，按**相等间隔**将分类数设置为 **5** 类，单击【确定】完成分类设置，返回【重分类】窗格，窗格中显示了新分类值与旧值的对应关系。

Tips：如果确定源数据中没有缺失值，则可不勾选【将缺失值更改为 NoData】。

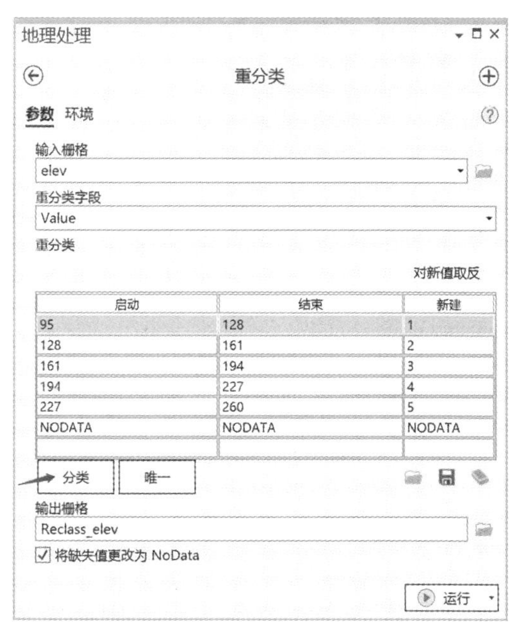

图 4. 2. 1 重分类工具设置

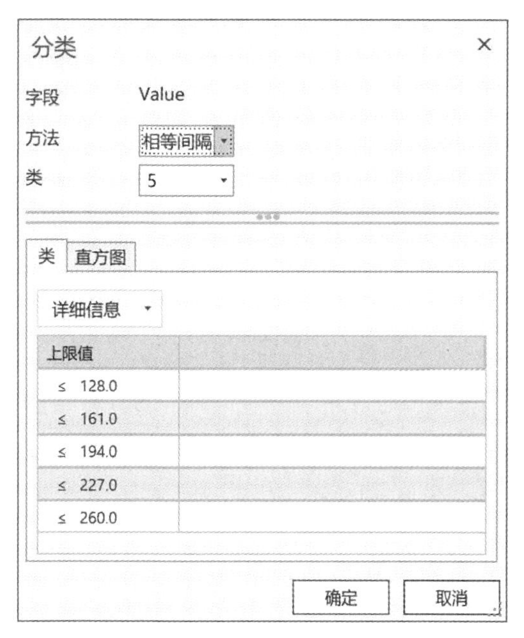

图 4. 2. 2 分类方法设置

重分类工具提供了几种重分类方法：按唯一值重分类，旧值有多少个值，就默认分为多少类，新分类值与旧值一一对应，适用于旧值唯一值较少的情况，通过单击窗格中的【唯一】实现；根据设定的分类方法和分类数量进行分类，适用于旧值唯一值较多的情况，通过单击窗格中的【分类】后在分类对话框中设置来实现；按映射表重分类，根据映射表中旧值和新类的对应关系重分类，适用于不同部门按相同标准对栅格进行分类的情况，通过单击窗格中的【从表中加载重映射】工具实现。

Tips： 重分类时，新分类默认从1开始顺序递增赋值，旧值从小到大对应新分类。若单击【对新值取反】则新分类值从最大值到1顺序递减赋值。

Step4：单击【运行】，完成重分类，重分类后的高程栅格如图4.2.3所示。

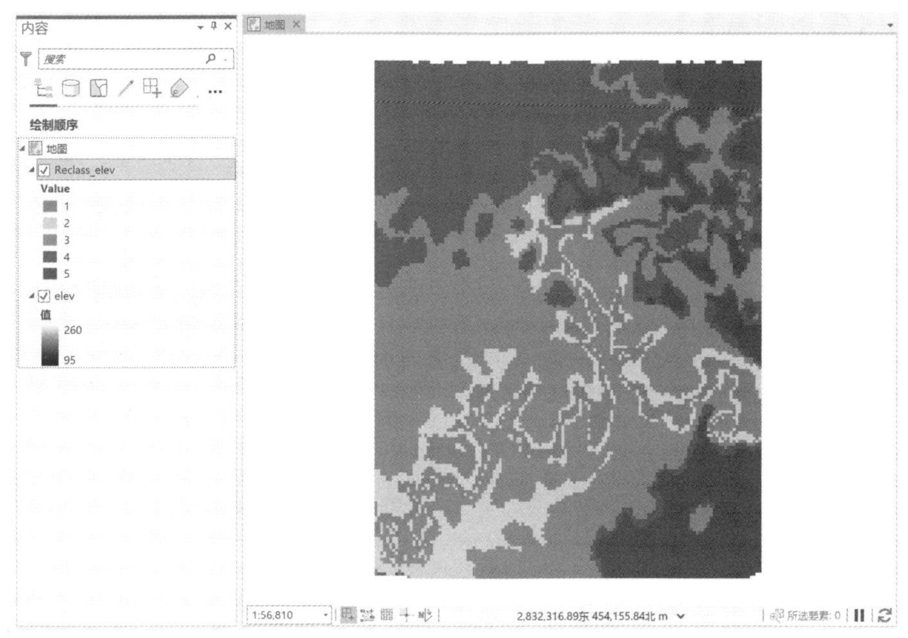

图4.2.3　重分类后的高程栅格

4.3 距离分析

距离分析工具主要执行针对栅格数据的直线距离或成本距离的计算，其结果类似矢量数据分析中的缓冲区分析、路径分析和服务区分析。相对于旧版本，GeoScene Pro从2.0版开始对距离分析工具进行了整合，将原先的13个距离分析工具整合为6个。虽然工具数量减少了，但工具使用时的设置更多，可以完成比原先更复杂的任务。

本节使用的数据为一个名为ranger的点要素类，表示巡护员所在位置；一个名为river的线要素类，表示河流分布，一个名为elevation的栅格数据集，表示高程分布，如图4.3.1所示。

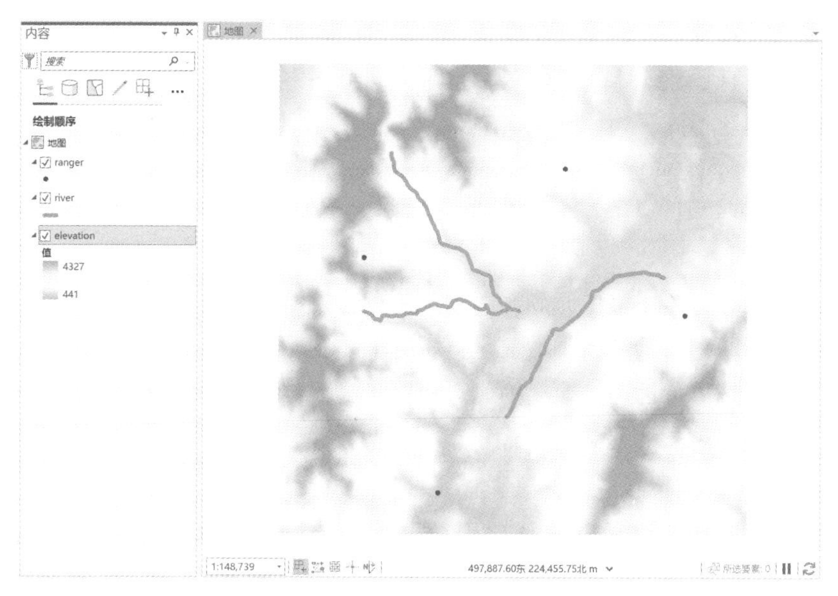

图 4.3.1 距离分析数据概览

距离分析工具集提供了距离分配、距离累积、廊道分析、最佳路径为线、最佳路径为栅格和最佳区域连接等 6 个工具，同时提供了旧版本的 13 个距离工具，方便老用户操作。

距离分析的核心是距离计算，在考虑高程、方向时会修正距离计算的结果。例如，当考虑地表起伏对距离计算的影响时，需要设定**表面栅格**。如果在分析中没有设定表面栅格，分析结果是一个水平面上的直线距离；设定表面栅格后，分析结果为考虑地形起伏后计算出的两点间沿表面的距离，这个距离值比不设定表面栅格计算的距离更长。在图 4.3.2 中，两个点分别位于山包两侧，水平距离是两点间的直线距离，表面距离是沿山包表面的距离。

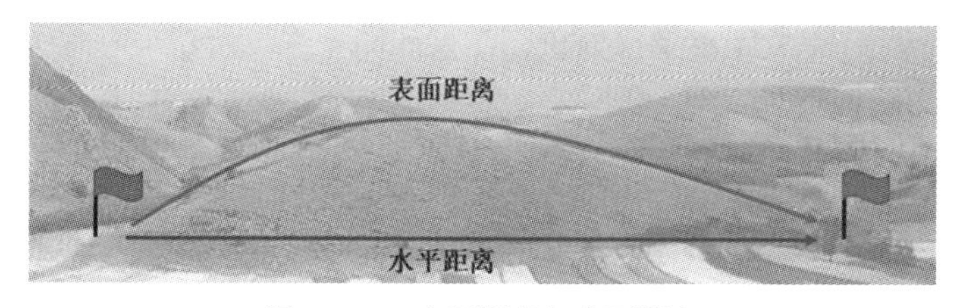

图 4.3.2 水平距离与表面距离

若考虑障碍对距离计算的影响则需设置**障碍栅格**或障碍**要素数据**，如直线方向上有湖泊、河流等不可通行区域，距离计算会绕行障碍。若考虑线路上不同像元通行的难易程度，则需设置**成本栅格**，如由于地表覆盖类型的不同带来的通行体力成本差异，或者收费情况不同带来的经济成本差异。**源特征**也是影响距离计算结果的因素之一，源特征表示移动者的起始成本、移动能力等，如移动者的数量、移动的最远距离或时间、速度、移动方向等。**垂直系数**表示垂直方向上在不同像元移动时的难易程度，如上坡比下坡困难，通常将高程栅格作为垂直系数。**水平系数**表示水平方向上在不同像元移动时的难易程度，如顺风和逆风行走的速度不同。

4.3.1 距离累积

距离累积可计算每个栅格像元到源的水平距离、表面距离或成本距离，输出栅格的像元值为到最近源的距离，其结果类似矢量分析的多环缓冲区结果。

本节以确定巡护员最远巡护距离为例进行距离分析，初始分析假设区域内无障碍，区域内无高程变化，巡护员无差异。

1. 距离累积

Step1：双击本节数据文件夹下的工程文件 Exe04_3. aprx，打开工程。

Step2：在【地理处理】窗格中单击【工具箱】—【空间分析工具】—【距离】—【距离累积】，打开【距离累积】窗格。

Step3：在窗格中，将【输入栅格或要素源数据】设置为 **ranger**，【输出距离累积栅格】命名为 **Distanc_rang1**，【距离法】设置为**平面**，其它保持默认设置，如图 4. 3. 3 所示。

思 考

4-3：【距离法】为什么选择平面而不选择测地线?

Step4：单击窗格的【环境】页面，将【处理范围】设置为与 elevation 一致，如图 4. 3. 4 所示。

Step5：单击【运行】完成距离累积分析，结果如图 4. 3. 5 所示。

2. 顾及障碍的距离累积

因河流会阻碍巡护员的通行，当考虑河流障碍时，进行距离累积分析的操作过程如下所示。

Step1：在【地理处理】窗格中单击【工具箱】—【空间分析工具】—【距离】—【距离累积】，打开【距离累积】窗格。

Step2：在参数设置时，将【输出距离累积栅格】命名为 **Distanc_rang2**，【输入障碍栅格或要素数据】设置为 **river**，【距离法】设置为**平面**，如图 4. 3. 6 所示，按图 4. 3. 4 设置【环境】。

Tips：输入要素和障碍要素也可以通过单击创建要素工具实时绘制。

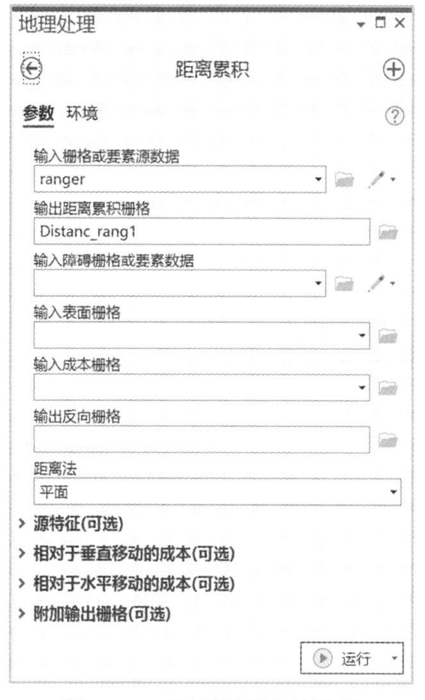

图 4.3.3 距离累积参数设置

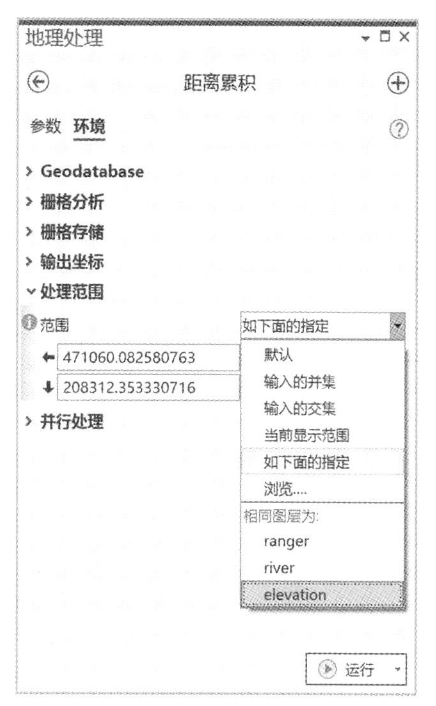

图 4.3.4 距离累积环境设置

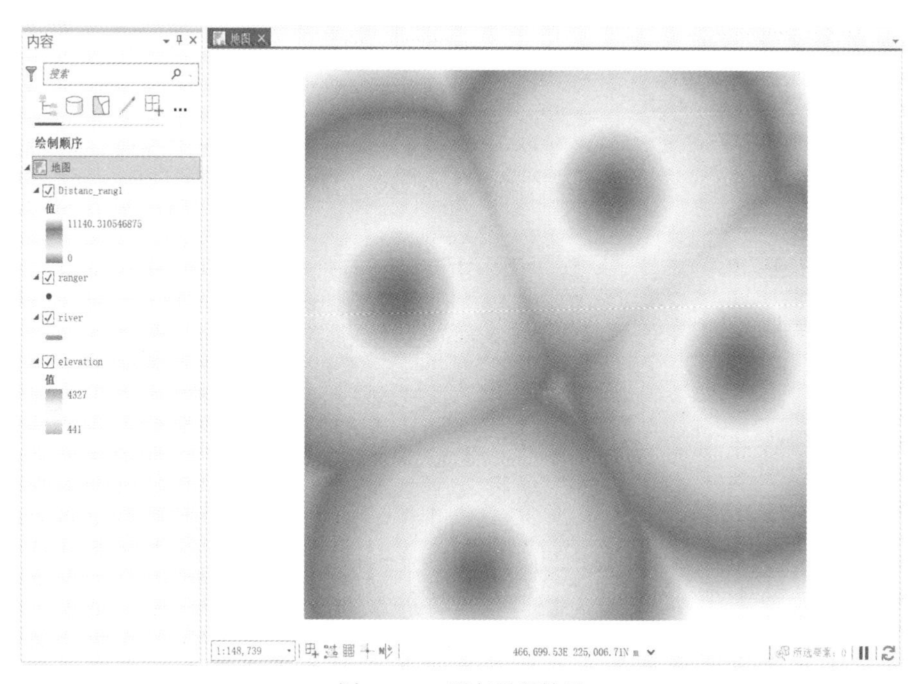

图 4.3.5 距离累积结果

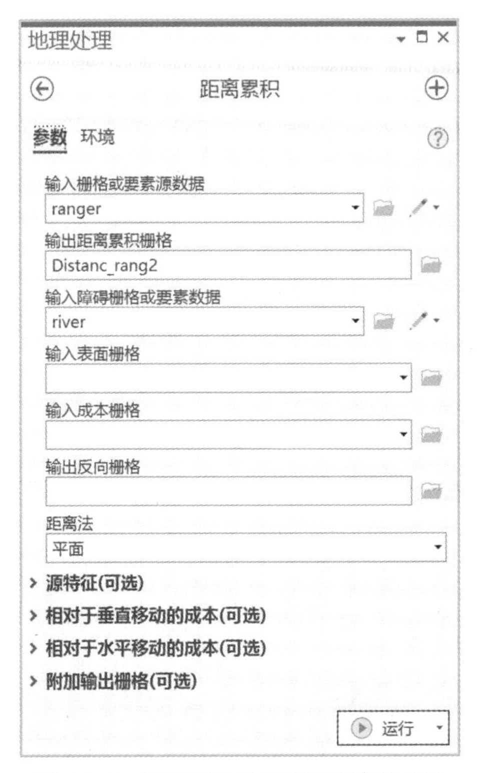

图 4.3.6 顾及障碍的距离累积参数设置

Step3：单击【运行】完成顾及河流障碍的距离累积分析，结果如图 4.3.7 所示。

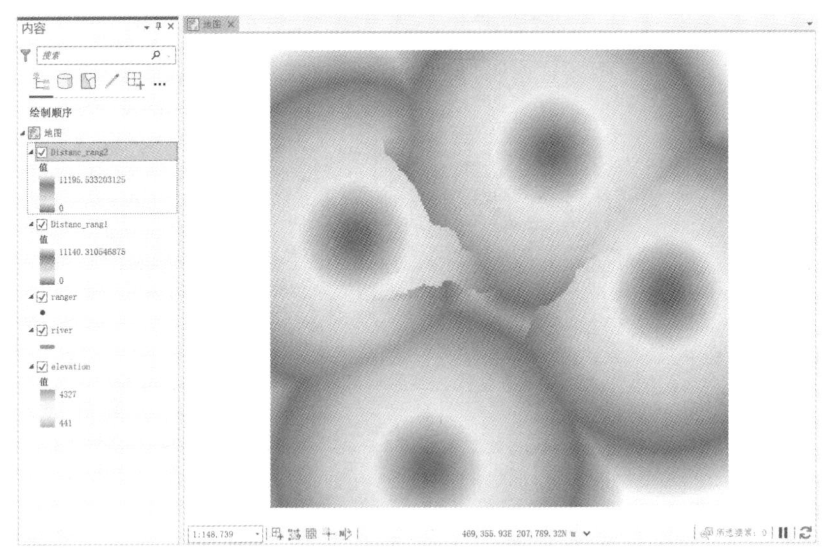

图 4.3.7 顾及障碍的距离累积结果

3. 顾及地形起伏和障碍的距离累积

当同时考虑障碍和地表起伏计算距离累积时，操作过程如下。

Step1：在【地理处理】窗格中单击【工具箱】—【空间分析工具】—【距离】—【距离累积】，打开【距离累积】窗格。

Step2：在参数设置时，将【输出距离累积栅格】命名为 **Distanc_rang3**，【输入障碍栅格或要素数据】设置为 **river**，【输入表面栅格】设置为 **elevation**，【距离法】设置为**平面**，如图 4.3.8 所示，按图 4.3.4 设置【环境】。

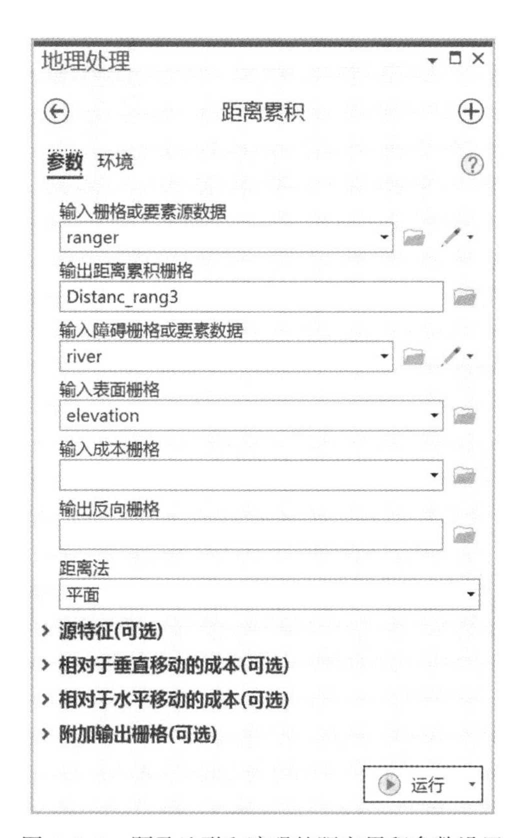

图 4.3.8　顾及地形和障碍的距离累积参数设置

Step3：单击【运行】完成距离累积分析，结果如图 4.3.9 所示。该结果虽然在图形上看起来与图 4.3.7 差异不大，但距离值，即栅格像元值发生了变化。

4. 顾及源特征和障碍的距离累积

如果考虑巡护员差异，例如其他巡护员配备了巡护机动车，而编号为 104 的巡护员未配备，则其成本相对升高，成本在 ranger 的属性表中以【乘数】字段值表示，如图 4.3.10 所示。

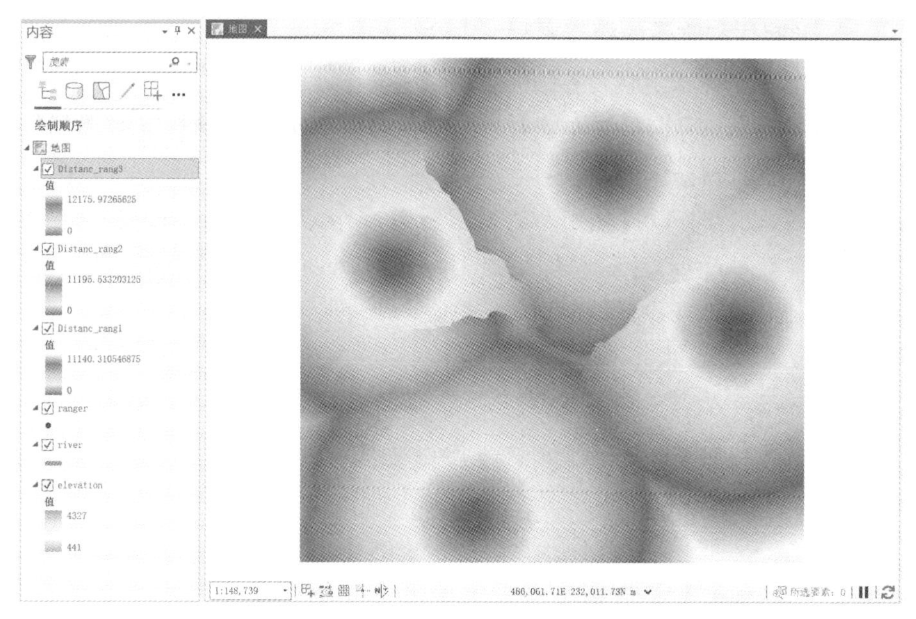

图 4.3.9　顾及障碍和表面的距离累积结果

ranger

字段：　选择：

OBJECTID *	Shape *	Id	乘数
2	点	101	1
3	点	102	1
4	点	103	1
7	点	104	6

单击以添加新行。

已选择 0 个，共 4 个　过滤器：

图 4.3.10　ranger 要素类的属性表

Step1：在【地理处理】窗格中单击【工具箱】—【空间分析工具】—【距离】—【距离累积】，打开【距离累积】窗格。

Step2：在参数设置中将【输入栅格或要素源数据】设置为 **ranger**，【输出距离累积栅格】命名为 **Distanc_rang4**，【输入障碍栅格或要素数据】设置为 **river**，【距离法】设置为**平面**，如图 4.3.11 所示。

Step3：单击【源特征】，根据巡护员行为将【要应用于成本的乘数】设置为**乘数字段**，如图 4.3.12 所示，按图 4.3.4 设置【环境】。

Step4：单击【运行】完成距离累积分析，结果如图 4.3.13 所示。可以看到负责巡护东北角的 104 号巡护员的活动范围明显减小。

图 4.3.11 顾及源特征的距离累积参数设置

图 4.3.12 源特征参数设置

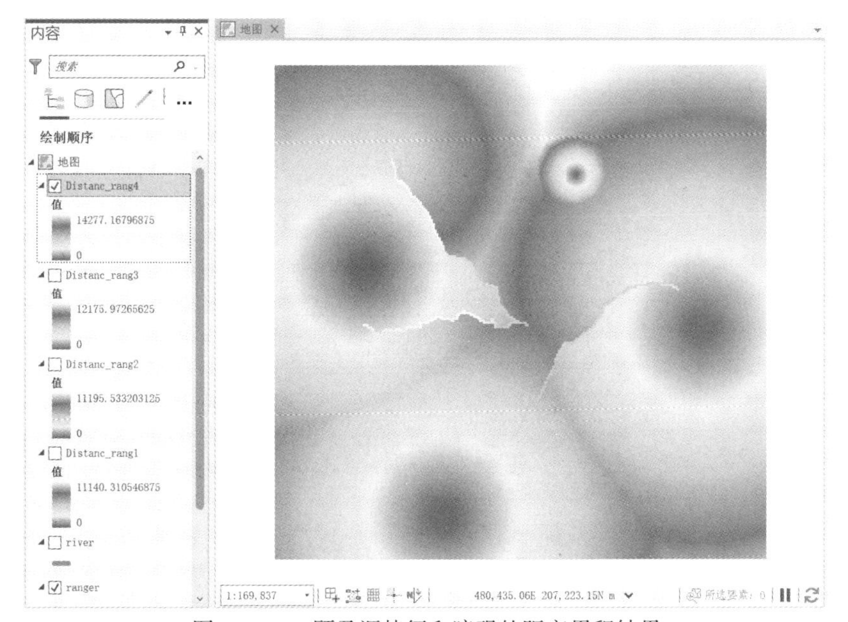

图 4.3.13 顾及源特征和障碍的距离累积结果

思 考

4-4：此次操作得到的距离是什么距离？

4.3.2 距离分配

距离分配指根据水平距离、成本距离、表面距离以及成本因素等计算每个像元到所有源的距离后，将像元分配至最近的源，其结果类似于矢量数据分析中的创建泰森多边形。

以划分巡护员巡护区域为例示范操作过程，在划分巡护区域时考虑河流障碍和地表起伏。

Step1：在【地理处理】窗格中单击【工具箱】—【空间分析工具】—【距离】—【距离分配】，打开【距离分配】窗格。

Step2：在窗格中，将【输入栅格或要素源数据】设置为 **ranger**，【源字段】设置为 **Id**，【输出距离分配栅格】命名为 **Distanc_rang5**，【输入障碍栅格或要素数据】设置为 **river**，【输入表面栅格】设置为 **elevation**，【距离法】设置为**平面**，如图 4.3.14 所示，按图 4.3.4 设置【环境】。

Tips：源字段表示根据哪个字段对像元进行分类。

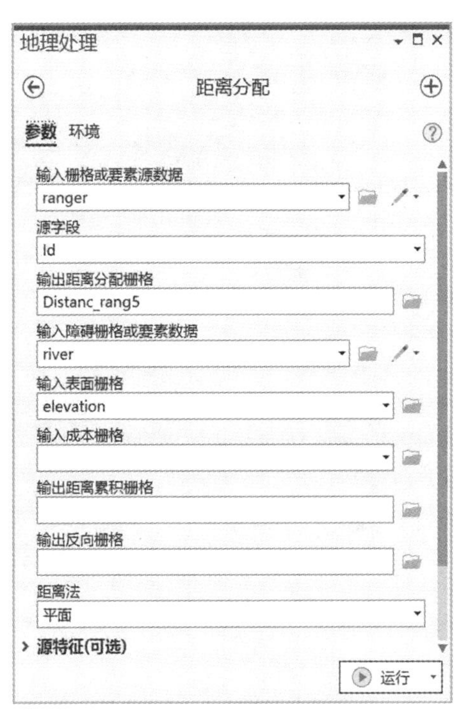

图 4.3.14 距离分配参数设置

Tips：图 4.3.14 中若设置了【输出距离累积栅格】，当运行距离分配工具后，得到的距离累积栅格和用【距离累积】工具得到的结果相同。

Step3：单击【运行】，完成距离分配分析，结果如图 4.3.15 所示。

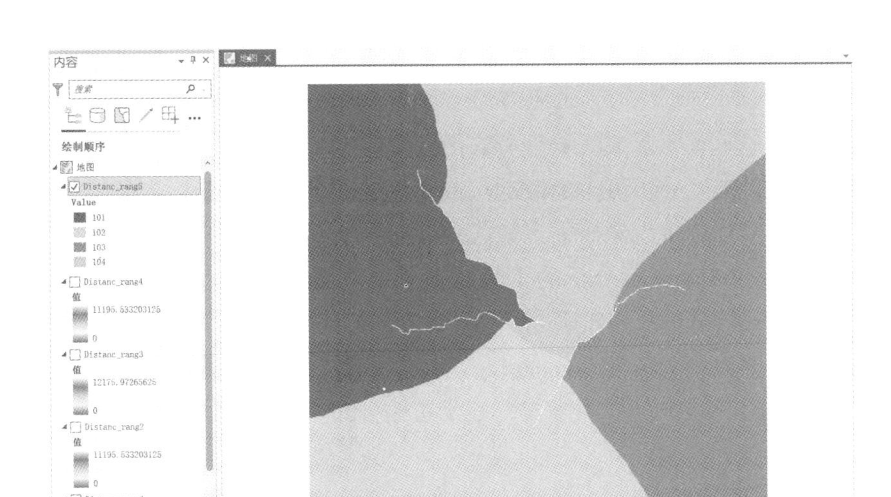

图 4.3.15　距离分配结果

ranger 图层中有 4 个巡护员作为源，全部区域分为四类，在距离分配结果中还有一类栅格是空值栅格，这是因为在分析中设置了障碍要素 river，任何一个巡护员都无法到达该位置。

思 考

4-5：如果在参数中不设置障碍和表面栅格会是怎样的结果？

除以上 2 个最常用的距离分析工具外，GeoScene Pro 还提供了另外 4 个距离分析工具用于以最佳方式将特定源与特定目的地连接起来，分别是廊道分析、最佳路径为线、最佳路径为栅格和最佳区域连接。

廊道分析工具用于计算两个源之间小于指定累积成本的可能成本路径，分析结果为一个带状候选区域，区域宽度由该位置的累积成本决定。例如在规划野生动物迁徙廊道时，以用地类型对野生动物的影响作为成本分析出迁徙廊道。

最佳路径为线工具用于计算从源到目的地的最佳路径，并以矢量线的形式表示。**最佳路径为栅格**工具用于计算从源到目的地的最佳路径，并以栅格线的形式表示。**最佳区域连接**的分析结果为连接一系列目标位置的最低成本路径，如对多个露营地遍历的最短路径。上述三个工具的分析结果类似于矢量数据网络分析中的路径分析。

4.4 密度分析

密度分析用于显示点要素或线要素分布的密集程度，通过密度计算可创建一个表示区域密度分布的栅格。密度分析可由离散的点或线生成一个连续的栅格表面，如已知居民点的人口数，可通过密度分析得到研究区域人口分布的情况。

GeoScenePro 提供 3 个密度分析的工具：基于单位面积计算的点密度分析、线密度分析和基于核密度公式计算的核密度分析。

本节使用的数据为一个名为 Community 的点要素类，表示小区中心点，带有小区人口数量属性；一个名为 Streets 的线要素类，表示道路分布，如图 4.4.1 所示。

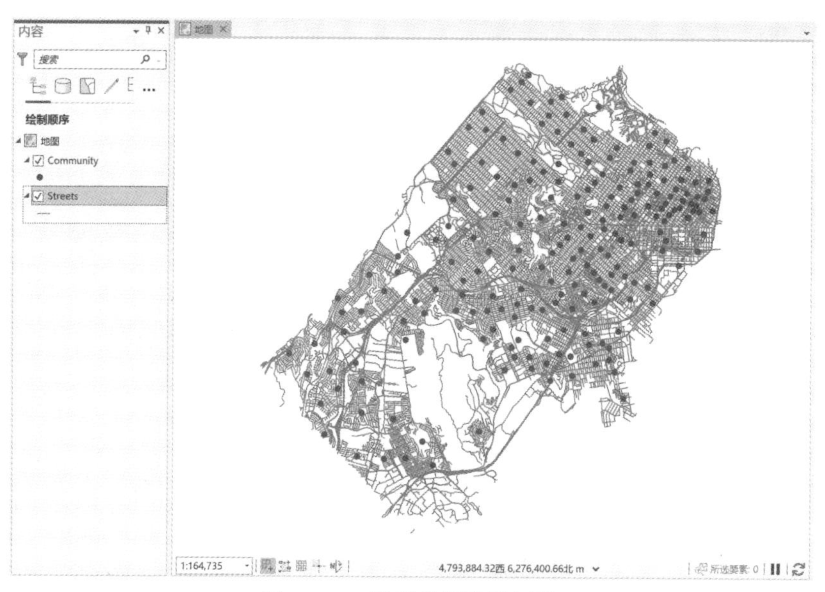

图 4.4.1 密度分析数据概览

4.4.1 点密度分析

点密度分析工具可计算出每个输出栅格像元周围一定邻域的点要素的密度，在分析时为每个像元定义了一个邻域，像元的点密度为邻域内点的总数除以邻域面积。因此点密度分析的输入必须为投影坐标系下的数据。

利用点密度分析查看人口的分布情况。

Step1：双击本节数据文件夹下的工程文件 Exe04_4. aprx，打开工程。

Step2：在【地理处理】窗格中单击【工具箱】—【空间分析工具】—【密度分析】—【点密

度分析】，打开【点密度分析】窗格。

Step3：在窗格中，将【输入点要素】设置为 **Community**，【Population 字段】设置为 **POP2000**，【输出栅格】命名为 **PointDe_Comm1**，邻域形状设置为**圆形**，【半径】设置为 **30**，【单位类型】设置为**像元**，其它保持默认设置，如图 4.4.2 所示。

图 4.4.2　点密度分析设置

在对话框中，【Population 字段】是权重，如果不设置此字段，则每个点要素的点数按 1 计，若设置此字段，则每个点要素的点数为该字段值。【输出像元大小】，如果未进行任何设定，系统会用输入要素的范围的长度或宽度中较小的值除以 250 计算输出像元大小。用户可根据实际情况设置【邻域】的形状，以及对应的邻域尺寸和计算单位，此处设置为半径为 30 个像元单位的圆形邻域，实际距离约为 2500 米。【面积单位】可设置计算点密度时的面积单位，单位不同，计算出的点密度也不同。

Step4：单击【运行】完成人口点密度分析，结果如图 4.4.3 所示。

从分析结果可看出，该地区的东北部是人口聚居区，西南部人口分布比较稀疏。

对于线密度分析，其原理为计算每个输出栅格像元邻域内单位面积的线总长度。在设置上类似点密度分析，唯一不同的是邻域形状的设置，线密度分析只有圆形邻域。

4.4.2　核密度分析

核密度分析同样可以计算要素在邻域中的密度，与简单密度分析不同之处有二：其一，密度的计算方法不同；其二，可以设置障碍要素。

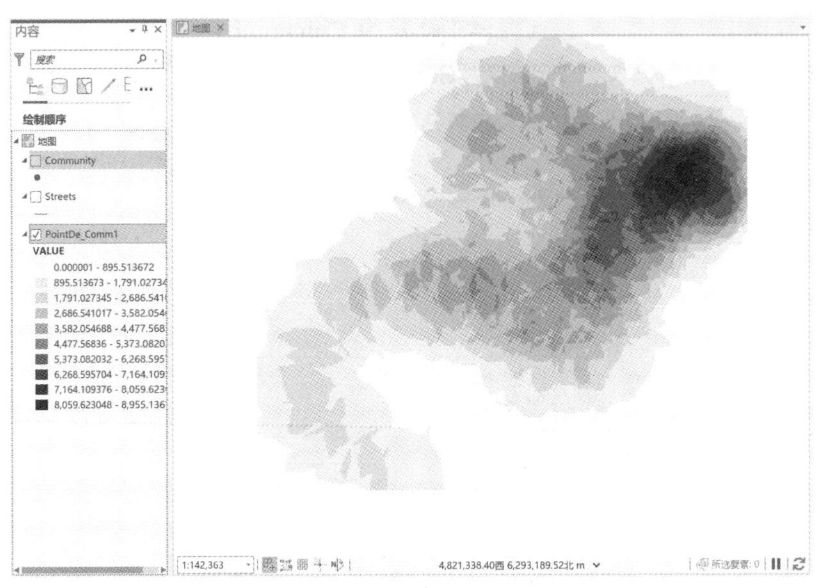

图 4. 4. 3　点密度分析结果

核密度分析中使用核函数计算密度，可将简单密度分析看作描述性的，核密度分析看作推断性的。在邻域形状上，点的核密度邻域为圆形，线的核密度邻域为以线要素为中心的带状区域。

以计算小区人口的核密度为例：

Step1：在【地理处理】窗格中单击【工具箱】—【空间分析工具】—【密度分析】—【核密度分析】，打开【核密度分析】窗格。

Step2：在窗格中，将【输入点或折线要素】设置为 **Community**，【Population 字段】设置为 **POP2000**，【输出栅格】命名为 **KernelD_Comm1**，【搜索半径】设置为 **2500**，其它保持默认设置，如图 4. 4. 4 所示。

【搜索半径】的默认单位为米，对点要素来说就是圆形邻域的半径，对线要素来说就是带状区域的半径，核表面在搜索半径处的值为零。搜索半径越大，生成的核密度栅格越平滑。此处设置为 2500 主要是为了方便和 4. 4. 1 节中的点密度分析结果进行对比。如果不设置搜索半径，系统会根据输入数据计算一个默认的半径。【输出像元值】为**密度**时表示每个像元单位面积的核密度值，为**预期计数**时表示像元的核密度值。【输入障碍要素】可以定义线或面要素类型的障碍，例如可以将境界线定义为障碍来改变参与核密度计算的邻域范围，以得到不同行政区域独立的人口密度。

Step3：单击【运行】，完成人口的核密度分析，结果如图 4. 4. 5 所示。

将图 4. 4. 5 与图 4. 4. 3 进行对比，观察在输入、Population 字段、像元大小、邻域形状一致、邻域半径大致相同的情况下，两种密度分析结果在图形和数值上的差异。

图 4.4.4 核密度分析设置

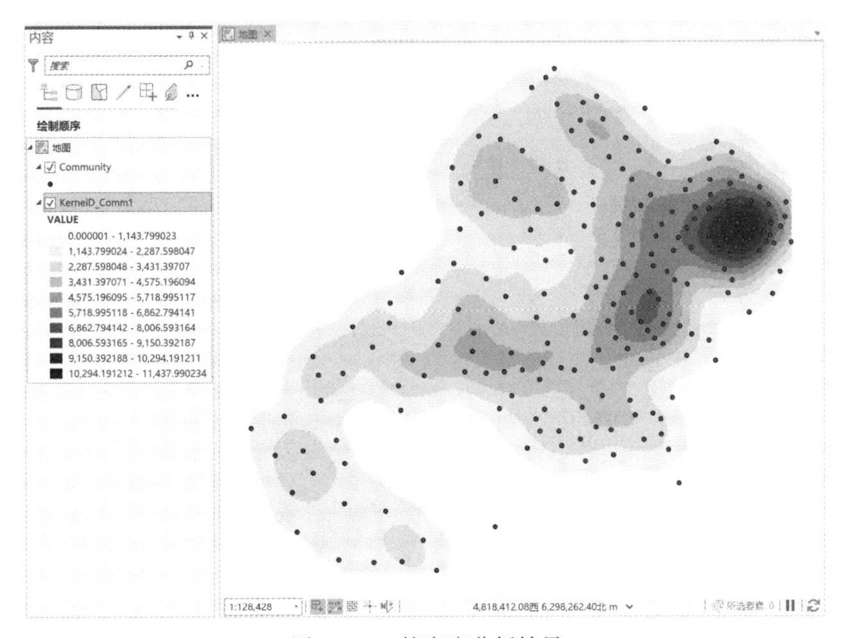

图 4.4.5 核密度分析结果

第5章 矢量分析

矢量分析指对矢量数据进行的分析。矢量数据是一种以空间要素为单位的数据组织方式，其在分析时所用的算法也较栅格数据复杂。

在 GeoScene Pro 中，分析工具工具箱提供了绝大部分对矢量数据进行分析的工具，根据分析的类型又分为成对叠加、叠加分析、邻近分析、提取分析和统计数据工具集。除此之外，网络分析也是针对矢量数据的分析，但由于其数据模型的特殊性，本书在第 6 章对其进行介绍。

5.1 数据提取

在进行分析时，有时只会对一部分数据感兴趣，希望特定的数据参与分析，因此需要先把这些特定的数据提取出来。

本节使用的数据为三个要素类：名为 Community 的点要素类，表示社区点；名为 Streets 的线要素类，表示街道；名为 Parks 的面要素类，表示公园，如图 5.1.1 所示。

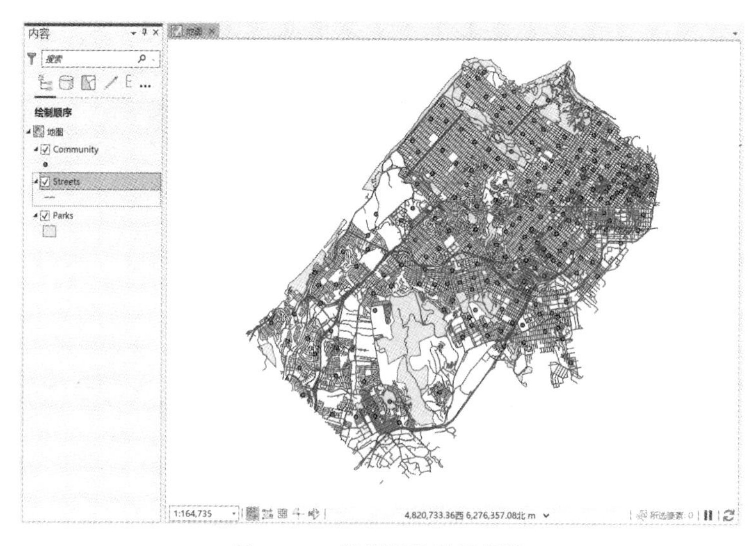

图 5.1.1　数据提取数据概览

5.1.1 交互式选择

GeoScene Pro 提供了根据一定图形形状交互式选择要素的工具，如矩形、任意多边形、圆形、线等形状。要素类中，与用户绘制的形状相交，落入封闭形状内部的要素都将被选中，在地图视图中高亮显示。交互式选择的形状及绘制方法见表 5.1.1。

表 5.1.1 交互式选择的形状及绘制方法

形状	绘制方法
矩形	单击左键，保持按下并拖动鼠标
多边形	每单击一次左键确定一个拐点，双击左键结束多边形绘制
套索	单击左键，保持按下并拖动鼠标以创建边界
圆形	单击左键为圆心，保持按下并拖动鼠标至半径长度，也可同时按 R 键输入半径
线	每单击一次左键确定一个拐点，双击左键结束
追踪	单击线或面边界后，移动鼠标，双击结束范围确定

除此之外，GeoScene Pro 还提供了箱形图、球体和圆柱等立体形状用于在局部场景和全球场景中选择要素。

按图形选择位于功能区【地图】选项卡【选择】组的【选择】工具，取消选择可使用【地图】选项卡【选择】组的【清除】工具。当有要素被选中时，属性表中对应的记录也会被标注出来。

鉴于按图形选择的操作较简单，本书不作操作示例。

5.1.2 按属性选择

按属性选择指根据一定的属性条件，即通过 SQL 查询选择出满足条件的要素。下面以选择出限速大于等于 72 千米/小时的路段为例进行操作。在 Streets 图层中，限速字段为 KPH，单位为千米/小时。

Step1：双击本节数据文件夹下的工程文件 Exe05_1. aprx，打开工程。

Step2：在功能区单击【地图】选项卡【选择】组的【按属性选择】选项，打开【按属性选择】对话框。

Step3：在对话框中，将【输入图层】设置为 **Streets**，将【表达式】设置为 **KPH 大于或等于 72**，其它保持默认设置，如图 5.1.2 所示。

在对话框中，【选择类型】提供了多种方式，除了默认的**新建选择内容**，还可对已选择的内容追加、进行二次选择以及清除选择内容等操作，如图 5.1.3 所示。查询构建器提供了三种途径过滤要素：Where 子句、SQL 表达式和从文件添加表达式，其中 Where 子句可看作弱语法的 SQL 表达式，对不熟悉 SQL 查询语言的使用者非常友好。若勾选【反向 Where 子句】，则选择结果为表达式的补集。

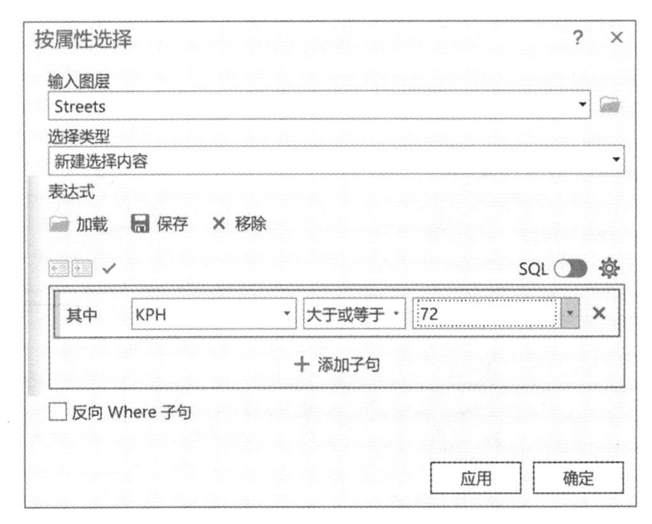

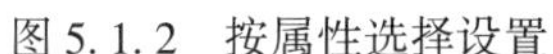
图 5.1.2　按属性选择设置

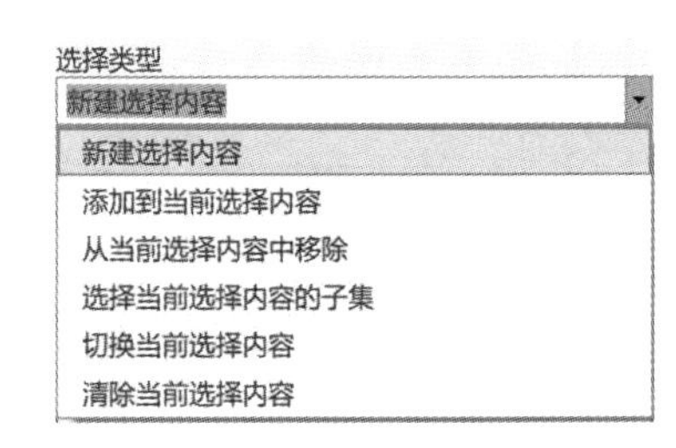

图 5.1.3　选择类型

Step4：单击【应用】，完成按属性选择，结果如图 5.1.4 所示，一共有 545 条限速大于或等于 72 千米/小时的路段被高亮显示，同时属性表中对应的记录也被标注出来。

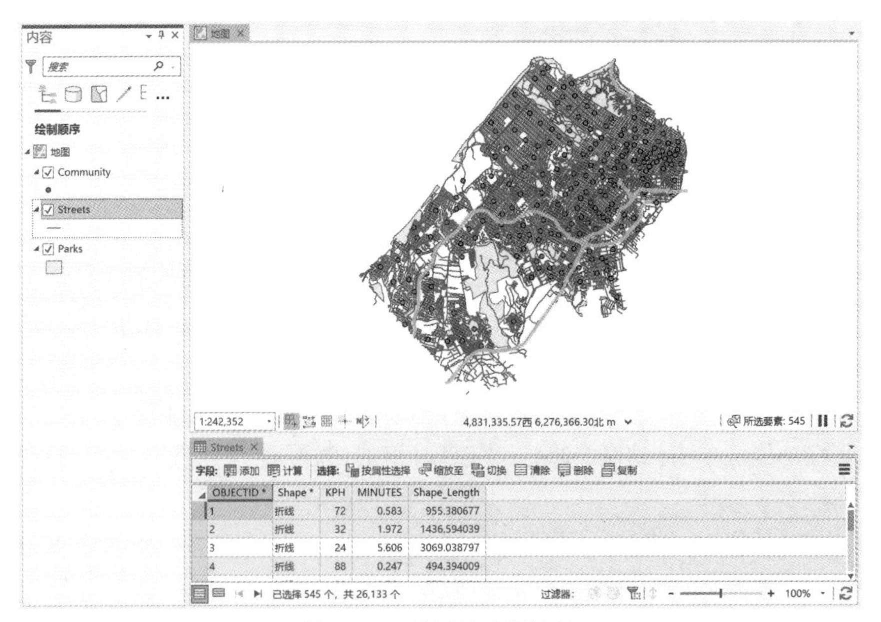

图 5.1.4　按属性选择结果

Tips：在 GeoScene Pro 中，数据提取不一定要将满足条件的要素生成一个新的要素类，因为所有的分析操作都只会对被选中的要素生效。例如当一个要素类中有一部分要素被选中，对这个要素类进行缓冲区分析时，只会生成被选中要素的缓冲区；那些未被选中的要素是不会生成缓冲区的。

思考

5-1：如果在此基础上，需要选择限速小于 72 千米/小时的路段，应该怎样操作？

5.1.3 按位置选择

按位置选择指根据要素之间的相对位置或空间关系确定被选中的要素。例如：选择位于限速大于等于 72 千米/小时的道路两边 30 米范围内的居民点。

Step1：先选择出限速大于等于 72 千米/小时的路段，步骤参见 5.1.2 节。

Tips：在进行新的选择前，先使用【地图】选项卡【选择】组的【清除】工具，取消先前的选择。

Step2：在功能区单击【地图】选项卡【选择】组的【按位置选择】工具，打开【按位置选择】对话框。

Step3：在对话框中，将【输入要素】设置为 **Community**，【关系】设置为**在某一距离范围内**，【选择要素】设置为 **Streets**，【搜索距离】设置为 **30 米**，其它保持默认设置，如图 5.1.5 所示。

图 5.1.5　按位置选择设置

在使用按位置选择工具时，可设置多个输入要素，当有多个输入要素时，选择操作也是针对多个输入要素的。【关系】提供了 17 种空间关系规则，读者可以参考帮助文档了解这些空间关系规则。该工具将根据【输入要素】图层中的要素与【选择要素】图层中的要素是否满足设定的【关系】来确定输入要素图层中哪些要素被选中，【选择要素】也可以通过创建要素工具✏来设置。【选择类型】的含义参看 5.1.2 节。若勾选【反转空间关系】，选择结果为以上设置的补集。

Step4：单击【确定】，完成按位置选择，结果如图 5.1.6 所示。

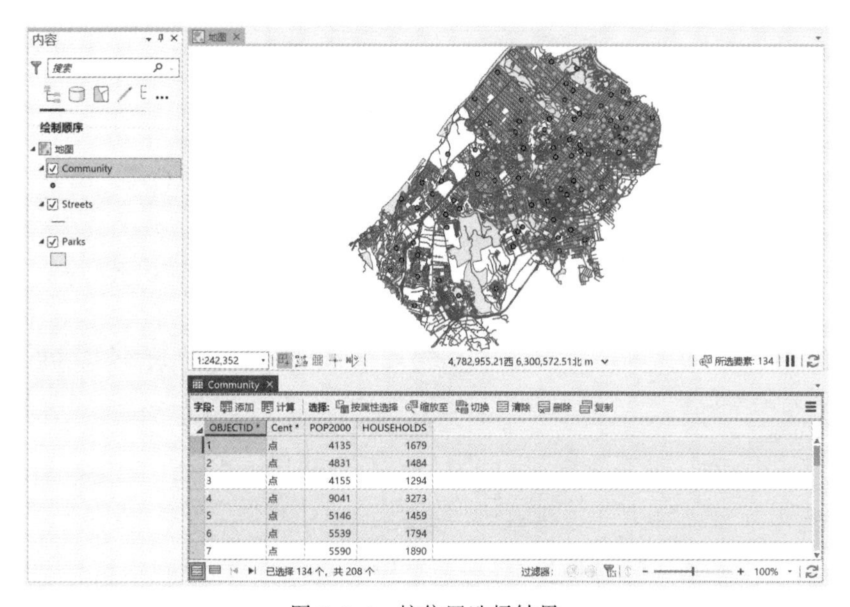

图 5.1.6　按位置选择结果

结果显示，在 208 个社区点中有 134 个社区点位于限速大于等于 72 千米/小时道路两边 30 米范围之内。

按位置选择是空间分析数据筛选非常方便、有效的工具，建议读者尝试设置该工具中不同的空间关系规则，查看选择结果。

Tips：无论是交互式选择，还是按属性选择、按位置选择，都没有产生新的数据，只是对输入数据中满足条件的要素进行选择，如果希望被选择的数据成为单独的一个图层，还需要执行数据导出的操作。

5.1.4　提取分析

与前文的交互式选择、按属性选择、按位置选择工具相同的是，提取分析也是利用过滤条件提取要素；不同的是，提取分析会将提取结果生成新的图层或表格。提取分析工具集中的【表筛选】、【选择】、【按属性分割】工具根据属性设定提取条件，【分割】和【裁剪】工具根据空间关系设定提取条件。对提取分析工具的比较和说明见表 5. 1. 2。

表 5. 1. 2　　**提取分析工具列表**

<table>
<tr><th>工具名称</th><th>提取条件依据</th><th>提取结果类型</th><th>提取结果数量</th><th>使用注意事项</th></tr>
<tr><td>表筛选</td><td rowspan="3">属性</td><td>独立表</td><td>1</td><td>—</td></tr>
<tr><td>选择</td><td rowspan="4">要素类或Shapefile文件</td><td>1</td><td>—</td></tr>
<tr><td>按属性分割</td><td rowspan="2">多个</td><td>可设置多个分割字段</td></tr>
<tr><td>分割</td><td rowspan="2">空间关系</td><td>分割要素只能是面要素类或 Shapefile 文件，只能设置一个分割字段，且必须为文本类型</td></tr>
<tr><td>裁剪</td><td>1</td><td>不能用低维要素类裁剪高维要素类。只有点和线要素参与的裁剪必须是重合的要素才会输出</td></tr>
</table>

下面以根据公园类型对社区进行提取为例介绍分割工具的使用。注意在进行提取分析之前将前面所有选择清除。

Step1：在【地理处理】窗格中单击【工具箱】—【分析工具】—【提取分析】—【分割】，打开【分割】窗格。

Step2：在窗格中，将【输入要素】设置为 **Community**，【分割要素】设置为 **Parks**，【分割字段】设置为 **DISPLATTYP**，【目标工作空间】设置为本节的地理数据库 **Exe05_1. gdb**，如图 5. 1. 7 所示。

分割工具根据分割要素的分割字段值对输入要素进行分割，分割的类数量最多不超过分割字段值的唯一值数量。在 Parks 要素类中，DISPLATTYP 字段共有 3 个唯一值：CT、DT 和 PT，Community 将最多被分割为 3 个新图层。目标工作空间可以设置为地理数据库，也可以设置为文件夹，当设置为地理数据库时，结果为要素类；当设置为文件夹时，结果为 Shapefile 文件。

Step3：单击【运行】，完成分割。此时在内容窗格和地图视图中看不到任何变化，因为此工具不会像大多数工具一样自动将结果图层加入内容窗格和地图视图，但在目录窗格中可以查看分割结果，如图 5. 1. 8 所示，分割结果为 2 个图层：CT 点图层和 PT 点图层。

思 考

5-2：分割字段 DISPLATTYP 共有 3 个唯一值，为何分割结果只有 2 个图层？要得到同样的结果还可以用什么工具实现？

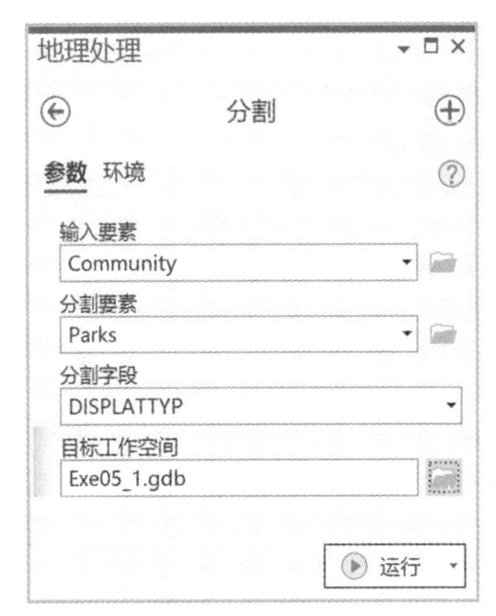

图 5.1.7 分割设置

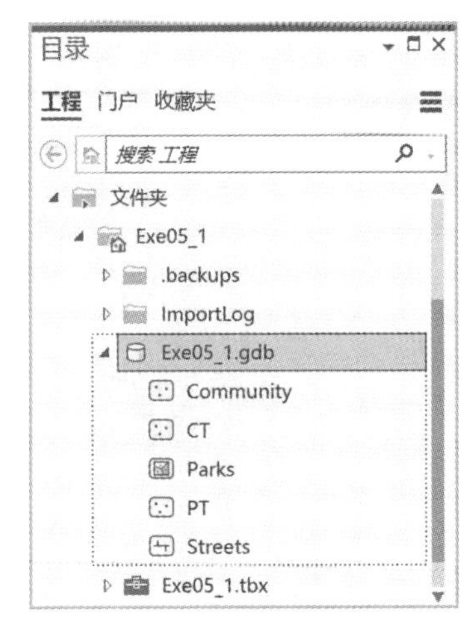

图 5.1.8 分割结果

5.2 邻近分析

在 GIS 的空间分析中，经常需要回答“有多远”，附近“有什么”的问题，这类问题的解决建立在距离计算的基础上，在 GeoScene Pro 中这类分析工具被放置在邻近分析工具集中。对邻近分析工具的比较和说明见表 5.2.1。

表 5.2.1 **邻近分析工具说明**

<table>
<tr><th>工具名称</th><th>结果</th><th>结果数据类型</th></tr>
<tr><td>缓冲区</td><td rowspan="4">一定范围的邻域区域</td><td rowspan="4">面要素类</td></tr>
<tr><td>多环缓冲区</td></tr>
<tr><td>图形缓冲</td></tr>
<tr><td>创建泰森多边形</td></tr>
<tr><td>生成起点-目的地链接</td><td rowspan="4">邻近要素的统计</td><td>线要素类和图表</td></tr>
<tr><td>面邻域</td><td rowspan="2">表</td></tr>
<tr><td>生成近邻表</td></tr>
<tr><td>邻近</td><td>不产生新的结果</td></tr>
</table>

本节使用两个要素类：一个名为 Stores 的点要素类，表示商店；一个名为 MajorRoads 的线要素类，表示主干道，如图 5.2.1 所示。

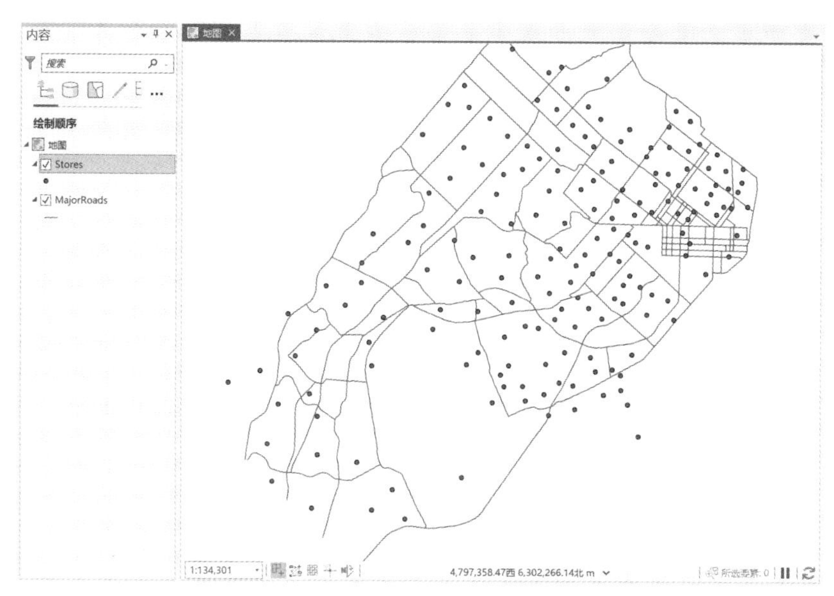

图 5.2.1 邻近分析数据概览

5.2.1 缓冲区

正如表 5.2.1 所示，有 4 个工具的分析结果都是一定范围的邻域区域，下面从缓冲区开始了解这些工具。

1. 普通缓冲区

Step1：双击本节数据文件夹下的工程文件 Exe05_2. aprx，打开工程。

Step2：在【地理处理】窗格中单击【工具箱】—【分析工具】—【邻近分析】—【缓冲区】，打开【缓冲区】窗格。

Step3：在窗格中，将【输入要素】设置为 **MajorRoads**，【输出要素类】命名为 **MajorRoads_Buffer**，【距离】设置为**线性单位 300 米**，其它保持默认设置，如图 5.2.2 所示。

在生成缓冲区的设置中，【距离】可以在编辑框中输入**线性单位**的固定值，也可以指定为输入要素的某个数字型**字段**。针对线要素类，【侧类型】提供的选项有 3 个：全部、左、右，表示在要素的两侧、左侧或右侧生成缓冲区。【末端类型】有圆形和平整，表示要素末端缓冲区生成的形状。【方法】有平面方法和测地线方法，一般对于小区域或大比例尺数据采用基于投影坐标系的**平面**方法，对于大范围或跨带数据采用基于地理坐标系的**测地线**方法。【融合类型】有 3 种，**未融合**表示每个要素单独生成一个缓冲区；**将全部输出要素融合为一个要素**表示将重叠的缓冲区合并，并可能输出一个包含多部件的面要素类；**使用所列字段唯一值或值的组合来融合要素**表示将满足条件的要素的缓冲区融合为一个多边形记录。

思 考

5-3：要素的左侧和右侧是根据什么确定的？

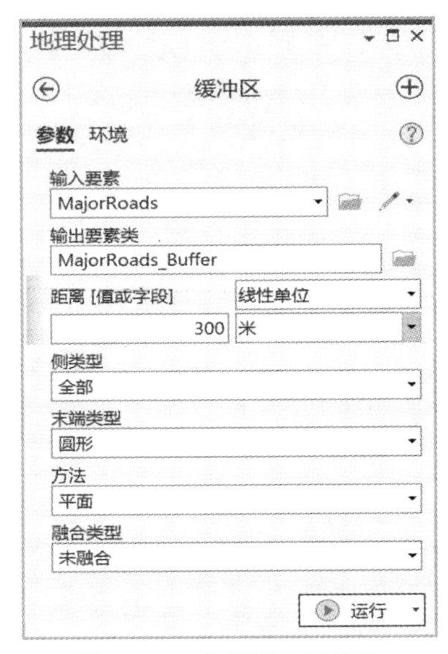

图 5.2.2 普通缓冲区设置

Step4：单击【运行】，完成缓冲区创建，结果如图 5.2.3 所示。MajorRoads 要素类有 107 条记录，用**未融合**方式生成的缓冲区也有 107 条记录。

图 5.2.3 缓冲区生成结果

2. 设置融合条件的缓冲区

Step1：在【地理处理】窗格中单击【工具箱】—【分析工具】—【邻近分析】—【缓冲区】，打开【缓冲区】窗格。

Step2：在窗格中，将【输入要素】设置为 **MajorRoads**，【输出要素类】命名为 **MajorRoads_Buffer1**，【距离】设置为 **BUFF 字段**，【融合类型】设置为**使用所列字段唯一值或值的组合来融合要素**，【融合字段】设置为 **SPEEDCAT**，如图 5.2.4 所示。

图 5.2.4　融合条件缓冲区分析设置

Step3：单击【运行】，生成设置了融合条件的缓冲区，结果如图 5.2.5 所示。因为设置了融合条件，所以 MajorRoads_Buffer1 图层按照 SPEEDCAT 字段唯一值融合后只有 5 条记录。读者可对两种设置生成的缓冲区结果的其它差异在图形和属性上进行对比。

Tips：缓冲区工具也可以在 GeoScene Pro 的【分析】选项卡上调取。对于面要素类，还可以设置负的缓冲距离，生成从面要素边界向内的缓冲区。

多环缓冲区工具和缓冲区工具的区别在于可以设置多个缓冲半径，生成多个半径的缓冲区。**图形缓冲**工具同样可以设置不同的末端形状和连接方式生成缓冲区，不过此工具的输出结果仅适用于制图显示，不适用于进行进一步分析。

图 5.2.5　设置融合条件的缓冲区分析结果

思　考

5-4：图形缓冲的分析结果为什么不适用于进行进一步分析?

3. 泰森多边形

创建泰森多边形工具可以为点要素类中的每个点创建一个邻近区域，区域的边线为相邻两点连线垂直平分线的连接线。邻近区域内任何点到该点要素的距离都小于到其它点要素的距离。例如用创建泰森多边形工具获得商店的服务区域。

Step1：在【地理处理】窗格中单击【工具箱】—【分析工具】—【邻近分析】—【创建泰森多边形】，打开【创建泰森多边形】窗格。

Step2：在窗格中，将【输入要素】设置为 **Stores**，【输出要素类】命名为 **Stores_CreateThiessenPolygon**，其它保持默认设置，如图 5.2.6 所示。

图 5.2.6　创建泰森多边形设置

【输出字段】设定将输入要素的哪些字段传递给输出要素。

思 考

5-5：将【输出字段】设置为所有字段，输出要素类的属性表将会是什么样?

Step3：单击【运行】，生成泰森多边形，结果如图 5.2.7 所示。

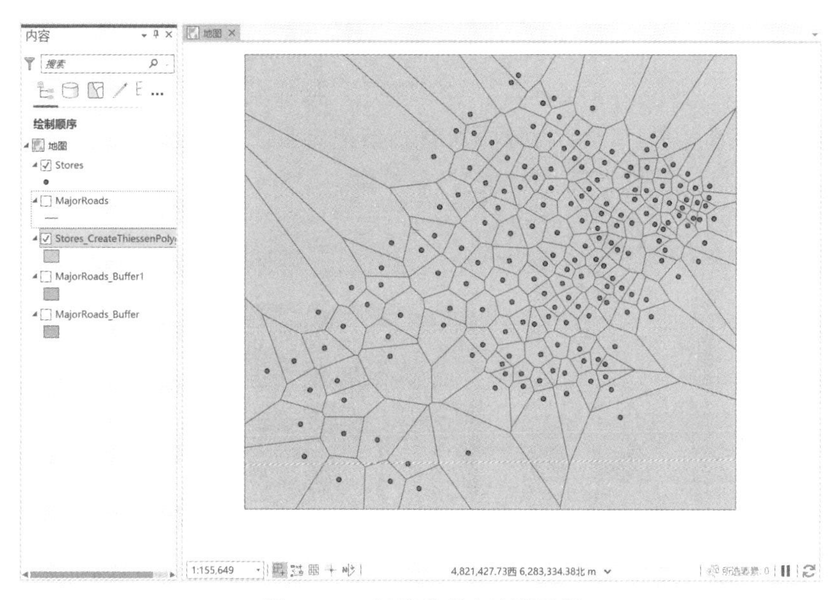

图 5.2.7 创建泰森多边形结果

默认的处理范围为输入图层的范围，如有特定的处理范围，可在【创建泰森多边形】窗格的【环境】页面中设置【处理范围】。

5.2.2 面邻域表格

本小节工具的操作结果是邻域要素的特征统计表，这几个工具都涉及邻域关系的确定。GeoScene Pro 中可按照以下三种方式定义邻域：一是重叠邻域，面要素的部分或全部区域重叠，这种情况比较少见；二是边邻域，面要素具有公共边，这种情况最多见；三是结点邻域，面要素仅具有公共结点。在结果表中对这三种情况均进行了统计。

面邻域工具根据面要素和邻域的邻接方式获得邻域的总面积、邻接边的总长度和相邻结点数。

1. 面邻域

Step1：在地理处理窗格中单击【工具箱】—【分析工具】—【邻近分析】—【面邻域】，打开【面邻域】窗格。

Step2：在窗格中，将【输入要素】设置为 5.2.1 节生成的泰森多边形 **Stores_CreateThiessenPolygon**，【输出表】命名为 **Stores_CreateThiessenPolygon1**，【按字段报告】设置为 **OBJECTID**，【输出线性单位】设置为**米**，其它保持默认设置，如图 5.2.8 所示。

【按字段报告】用于确定得到的统计数据是按唯一面要素还是一组面要素汇总。在本例中设置为 OBJECTID 是按照唯一面要素单独统计。OBJECTID 为 1 的要素有 3 个邻域，对应该源要素就有 3 条记录。假如设置为**类型值**，则会对所有类型值相同的要素的邻域进行统计，这时记录数可能和单独要素统计的记录数不同。如果输入数据中有被其它多边形包含的多边形，则需勾选【包括区域重叠】。若勾选【包括邻域关系的两侧】则会记录双向的邻域关系，如 A 和 B 相邻，以 A 为源要素有一条记录，以 B 为源要素也会有一条记录。【输出线性单位】为邻域表中公共边长度的计算单位。

Step3：单击【运行】，生成面邻域表，如图 5.2.9 所示。

图 5.2.8　面邻域设置

Stores_CreateThiessenPolygon1

字段：　选择：　行：

	OBJECTID *	src_OBJECTID	nbr_OBJECTID	LENGTH	NODE_COUNT
1	1	1	2	1012.376051	0
2	2	1	5	2145.727131	0
3	3	1	6	2072.44129	0
4	4	1	8	1121.520774	0
5	5	1	9	1423.341692	0
6	6	2	1	1012.376051	0
7	7	2	8	4011.832861	0
8	8	2	9	3293.15226	0
9	9	3	4	2836.575588	0
10	10	3	7	1569.039656	0
11	11	3	10	1887.732667	0
12	12	4	3	2836.575588	0
13	13	4	10	3097.253775	0
14	14	4	22	211.452328	0
15	15	4	23	3955.489405	0
16	16	4	26	488.535345	0

已选择 0 个，共 1,018 个　过滤器：

图 5.2.9　面邻域表(部分)

在面邻域表中，src_OBJECTID 表示中心面要素的 ID，nbr_OBJECTID 表示其相邻面要素的 ID。从表中可以看出，OBJECTID 为 1 的面要素有 5 个相邻的面要素，它们的 OBJECTID 分别为 2、5、6、8、9。LENGTH 为相邻面要素公共边的长度。NODE_COUNT 为 2 个面要素公共结点的数量。

Tips：没有相邻要素的面不会被列入表格。

2. 生成近邻表

面邻域工具只能对一个面图层内的邻接情况进行统计，**近邻分析**和**生成近邻表**工具能够对一个图层相对于另一个图层的邻域情况进行统计。

下面以统计距离主干道500米内最近的商店为例介绍生成近邻表的使用。

Step1：在【地理处理】窗格中单击【工具箱】—【分析工具】—【邻近分析】—【生成近邻表】，打开【生成近邻表】窗格。

Step2：在窗格中，将【输入要素】设置为 **MajorRoads**；【邻近要素】设置为 **Stores**；【输出表】命名为 **MajorRoads_GenerateNearTable**；【搜索半径】设置为 **500 米**；**勾选**【位置】、【角度】、【仅查找最近的要素】，因为是小区域的投影数据，【方法】选**平面**，如图5.2.10所示。

图5.2.10　生成近邻表设置

当勾选【位置】和【角度】时，输出表中将保存满足条件的邻近要素的坐标和相对于输入要素的方位角。当勾选【仅查找最近的要素】时，仅将搜索范围内最近的邻近要素的位置和角度记录到输出表。本例中，将距主干道500米范围内最近的一个商店的坐标和相对于主干道的方位角记录到输出表。

Step3：单击【运行】，生成近邻表，结果如图5.2.11所示。

表中，IN_FID为输入要素MajorRoads的OBJECTID；NEAR-FID为邻近要素Stores的OBJECTID。MajorRoads一共有107条记录，由于设置了搜索半径以及仅查找最近的要素，输出表中仅有91条记录，这意味着部分街道500米范围内没有商店分布。NEAR_DIST为距主干道500米范围内最近商店的距离；FROM_X、FROM_Y为主干道上距商店最近点的坐标；NEAR_X、NEAR_Y为距主干道最近的商店的坐标；NEAR_ANGLE为FROM点和

NEAR 点连线的方位角。

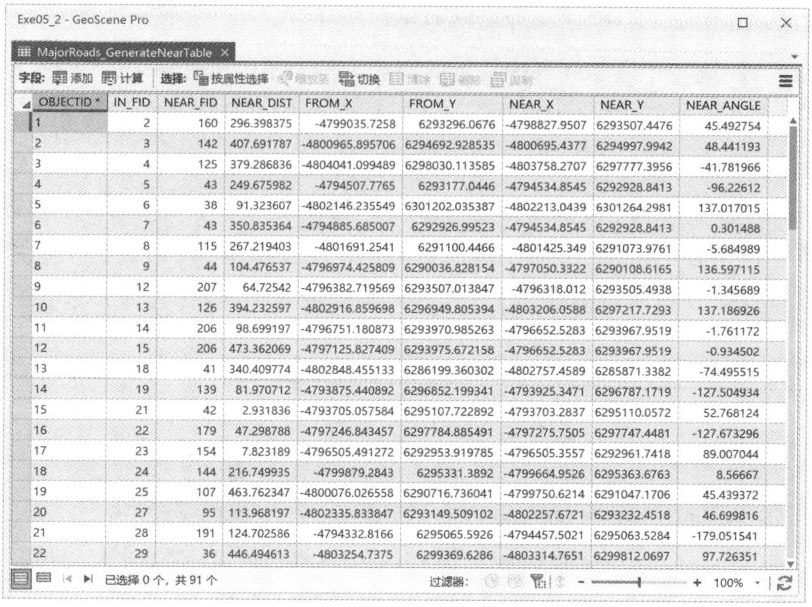

Exe05_2 - GeoScene Pro

MajorRoads_GenerateNearTable

字段: 添加 计算 选择: 按属性选择 缩放至 切换 清除 删除 复制

OBJECTID *	IN_FID	NEAR_FID	NEAR_DIST	FROM_X	FROM_Y	NEAR_X	NEAR_Y	NEAR_ANGLE
1	2	160	296.398375	-4799035.7258	6293296.0676	-4798827.9507	6293507.4476	45.492754
2	3	142	407.691787	-4800965.895706	6294692.928535	-4800695.4377	6294997.9942	48.441193
3	4	125	379.286836	-4804041.099489	6298030.113585	-4803758.2707	6297777.3956	-41.781966
4	5	43	249.675982	-4794507.7765	6293177.0446	-4794534.8545	6292928.8413	-96.22612
5	6	38	91.323607	-4802146.235549	6301202.035387	-4802213.0439	6301264.2981	137.017015
6	7	43	350.835364	-4794885.685007	6292926.99523	-4794534.8545	6292928.8413	0.301488
7	8	115	267.219403	-4801691.2541	6291100.4466	-4801425.349	6291073.9761	-5.684989
8	9	44	104.476537	-4796974.425809	6290036.828154	-4797050.3322	6290108.6165	136.597115
9	12	207	64.72542	-4796382.719569	6293507.013847	-4796318.012	6293505.4938	-1.345689
10	13	126	394.232597	-4802916.859698	6296949.805394	-4803206.0588	6297217.7293	137.186926
11	14	206	98.699197	-4796751.180873	6293970.985263	-4796652.5283	6293967.9519	-1.761172
12	15	206	473.362069	-4797125.827409	6293975.672158	-4796652.5283	6293967.9519	-0.934502
13	18	41	340.409774	-4802848.455133	6286199.360302	-4802757.4589	6285871.3382	-74.495515
14	19	139	81.970712	-4793875.440892	6296852.199341	-4793925.3471	6296787.1719	-127.504934
15	21	42	2.931836	-4793705.057584	6295107.722892	-4793703.2837	6295110.0572	52.768124
16	22	179	47.298788	-4797246.843457	6297784.885491	-4797275.7505	6297747.4481	-127.673296
17	23	154	7.823189	-4796505.491272	6292953.919785	-4796505.3557	6292961.7418	89.007044
18	24	144	216.749935	-4799879.2843	6295331.3892	-4799664.9526	6295363.6763	8.56667
19	25	107	463.762347	-4800076.026558	6290716.736041	-4799750.6214	6291047.1706	45.439372
20	27	95	113.968197	-4802335.833847	6293149.509102	-4802257.6721	6293232.4518	46.699816
21	28	191	124.702586	-4794332.8166	6295065.5926	-4794457.5021	6295063.5284	-179.051541
22	29	36	446.494613	-4803254.7375	6299369.6286	-4803314.7651	6299812.0697	97.726351

已选择 0 个，共 91 个 过滤器: 100%

图 5.2.11 生成近邻表结果(部分)

思考

5-6：商店到道路的距离是怎么确定的?

5.2.3 起点-目的地链接

该工具可看作面邻域和生成近邻表工具的升级版，同样是确定最邻近要素，并计算其距离、方向等信息，起点-目的地链接工具不但生成了记录近邻关系的表，而且还用图形方式表达了要素之间的链接，并绘制相关的图表。

同样以寻找距主干道500米范围内最近的商店为例介绍生成起点-目的地链接的应用。

Step1：在【地理处理】窗格中单击【工具箱】—【分析工具】—【邻近分析】—【生成起点-目的地链接】，打开【生成起点-目的地链接】窗格。

Step2：在窗格中，将【起点要素】设置为 **MajorRoads**，【目的地要素】设置为 **Stores**，【输出要素类】命名为 **MajorRoads_GenerateOriginDestinationLinks**，【最近的目的地数量】设置为 **2**，【搜索距离】设置为 **500**，【距离单位】设置为**米**；其它保持默认设置，如图 5.2.12 所示。

图 5.2.12　生成起点-目的地链接设置

【起点字段组】和【目的地字段组】为可选项，不设置时，每个要素独立求解，若设置为某个字段，则按该字段对要素进行分组再求解，起点字段组和目的地字段组值相同的要素将匹配为一组进行链接。当勾选【聚合重叠链接】时，若有多个链接重叠时，将对这些属性值以指定方式进行汇总。

Step3：单击【运行】，生成起点-目的地链接，结果如图 5.2.13 所示，结果要素类的属性表如图 5.2.14 所示，生成的统计图如图 5.2.15 所示。

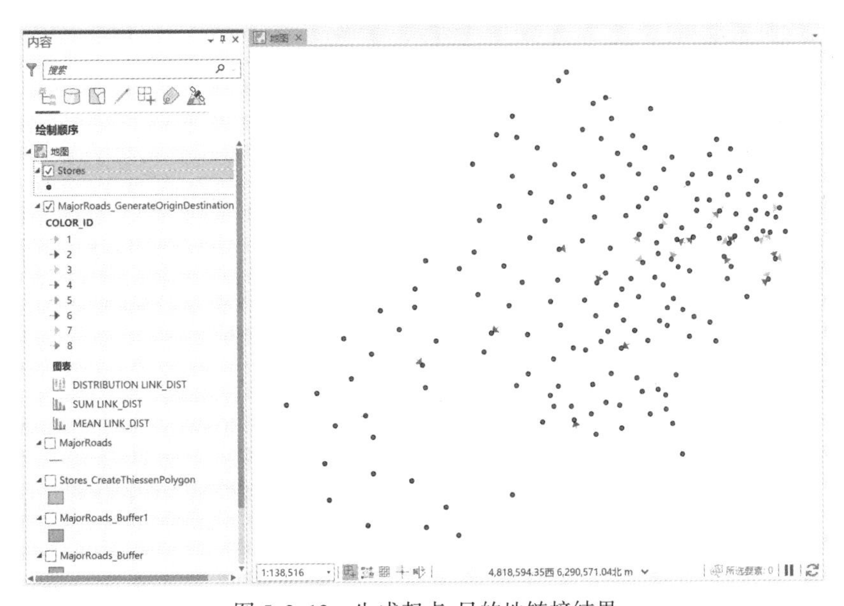

图 5.2.13　生成起点-目的地链接结果

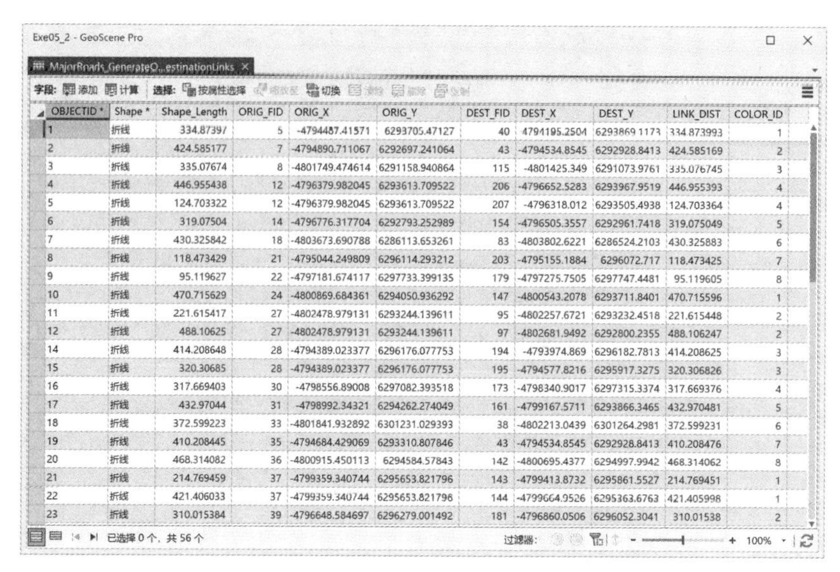

OBJECTID *	Shape *	Shape_Length	ORIG_FID	ORIG_X	ORIG_Y	DEST_FID	DEST_X	DEST_Y	LINK_DIST	COLOR_ID
1	折线	334.87397	5	-4794487.41571	6293705.47127	40	4794195.2504	6293869.1173	334.873993	1
2	折线	424.585177	7	-4794890.711067	6292697.241064	43	-4794534.8545	6292928.8413	424.585169	2
3	折线	335.07674	8	-4801749.474614	6291158.940864	115	-4801425.349	6291073.9761	335.076745	3
4	折线	446.955438	12	-4796379.982045	6293613.709522	206	-4796652.5283	6293967.9519	446.955393	4
5	折线	124.703322	12	-4796379.982045	6293613.709522	207	-4796318.012	6293505.4938	124.703364	4
6	折线	319.07504	14	-4796776.317704	6292793.252989	154	-4796505.3557	6292961.7418	319.075049	5
7	折线	430.325842	18	-4803673.690788	6286113.653261	83	-4803802.6221	6286524.2103	430.325883	6
8	折线	118.473429	21	-4795044.249809	6296114.293212	203	-4795155.1884	6296072.717	118.473425	7
9	折线	95.119627	22	-4797181.674117	6297733.399135	179	-4797275.7505	6297747.4481	95.119605	8
10	折线	470.715629	24	-4800869.684361	6294050.936292	147	-4800543.2078	6293711.8401	470.715596	1
11	折线	221.615417	27	-4802478.979131	6293244.139611	95	-4802257.6721	6293232.4518	221.615448	2
12	折线	488.10625	27	-4802478.979131	6293244.139611	97	-4802681.9492	6292800.2355	488.106247	2
14	折线	414.208648	28	-4794389.023377	6296176.077753	194	-4793974.869	6296182.7813	414.208625	3
15	折线	320.30685	28	-4794389.023377	6296176.077753	195	-4794577.8216	6295917.3275	320.306826	3
16	折线	317.669403	30	-4798556.89008	6297082.393518	173	-4798340.9017	6297315.3374	317.669376	4
17	折线	432.97044	31	-4798992.34321	6294262.274049	161	-4799167.5711	6293866.3465	432.970481	5
18	折线	372.599223	33	-4801841.932892	6301231.029393	38	-4802213.0439	6301264.2981	372.599231	6
19	折线	410.208445	35	-4794684.429069	6293310.807846	43	-4794534.8545	6292928.8413	410.208476	7
20	折线	468.314082	36	-4800915.450113	6294584.57843	142	-4800695.4377	6294997.9942	468.314062	8
21	折线	214.769459	37	-4799359.340744	6295653.821796	143	-4799413.8732	6295861.5527	214.769451	1
22	折线	421.406033	37	-4799359.340744	6295653.821796	144	-4799664.9526	6295363.6763	421.405998	1
23	折线	310.015384	39	-4796648.584697	6296279.001492	181	-4796860.0506	6296052.3041	310.01538	2

图 5.2.14　起点-目的地链接属性表(部分)

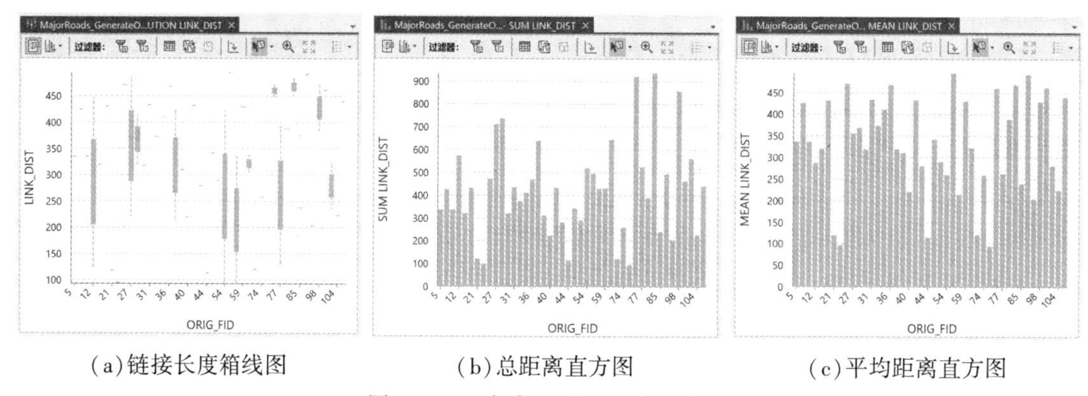

(a)链接长度箱线图　　(b)总距离直方图　　(c)平均距离直方图

图 5.2.15　起点-目的地链接统计图

在结果要素类中，用带有箭头的线指明起点和终点的关系，属性表中保存了起点和终点要素的坐标(若要素为线或面，则为质心坐标)，起点到终点的链接距离。ORIG_FID 为起点要素的 OBJECTID 字段，ORIG_X 和 ORIG_Y 为起点要素的 x、y 坐标，DEST_FID 为目的地要素的 OBJECTID 字段，DEST_X 和 DEST _Y 为目的地要素的 x、y 坐标，LINK_DIST 为起点要素到目的地要素的距离，COLOR_ID 用于标识不同的链接。

Tips：此工具最多只能生成 8 个链接，因此 COLOR_ID 是介于 1 到 8 之间的随机数。

三个统计图分别为 1 个箱线图和 2 个直方图，这三个统计图的横坐标都是起点 ID，纵坐标分别为链接长度、总距离和平均距离。

5.3 叠加分析

叠加分析用于回答哪些要素在指定区域中的问题。经典叠加分析指将2个或多个图层的几何形状和属性叠置在一起，提取隐含信息的一种分析方法。GeoScene Pro 不仅提供了经典叠加分析的工具，还对叠加分析工具进行了拓展。

本节所使用的数据为三个要素类：1个名为polyline的线要素类，表示道路；2个分别名为polygon和polygon2的面要素类，分别表示人口分布和行政区划，如图5.3.1所示。

5.3.1 经典叠加

GeoScene Pro 叠加分析工具集提供了相交、擦除、联合、标识、更新、交集取反等经典叠加分析工具，经典叠加分析工具的比较见表5.3.1。

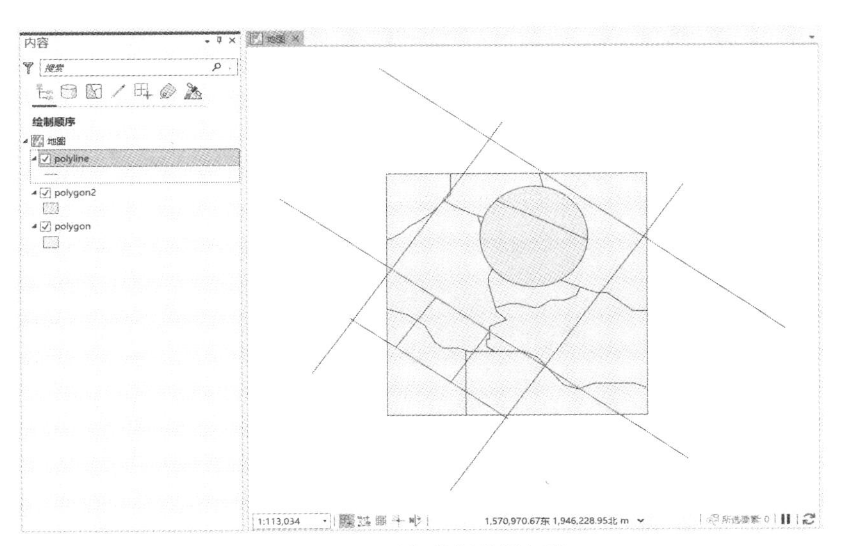

图5.3.1 叠加分析数据概览

表5.3.1 **经典叠加分析工具比较**

工具名称	参与分析要素类型	输出要素几何范围	等级设置	使用注意事项
相交	点、线、面	交	可	输出要素类型可选
联合	面	并	可	输出要素可能会存在间隙
更新	面	并	不可	更新要素有与输入要素一致的字段
擦除	点、线、面	差	不可	擦除要素维度不得低于输入要素

续表

工具名称	参与分析要素类型	输出要素几何范围	等级设置	使用注意事项
标识	点、线、面	输入要素	不可	标识要素与输入要素类型相同，若不同，则必须是面
交集取反	点、线、面	交集的补集	不可	更新要素与输入要素类型相同

下面以求落入多边形内的线为例介绍叠加相交的应用。

Step1：在本节数据文件夹中双击工程文件 Exe05_3. aprx，打开工程。

Step2：在【地理处理】窗格中单击【工具箱】—【分析工具】—【叠加分析】—【相交】，打开【相交】窗格。

Step3：在窗格中，将【输入要素】分别设置为 **polyline** 和 **polygon**，【输出要素类】命名为 **polyline_Intersect**，其它保持默认设置，如图 5.3.2 所示。

【等级】表示在几何图形叠加处理时，优先捕捉到等级较高的要素，此处没有设置等级，所有输入要素具有相同的等级；通过【要连接的属性】设置保留在输出图层的属性，本例保留所有属性，但当输入要素属性特别多的时候，就需要有选择地保留属性；【输出类型】指定输出要素类的类型，**与输入相同**时按输入要素中维度较低的类型确定输出要素类型，本例中线类型的维度低于面类型，故输出为线要素类，也可以指定输出要素类类型，但输出要素类维度不能高于输入要素类的类型。

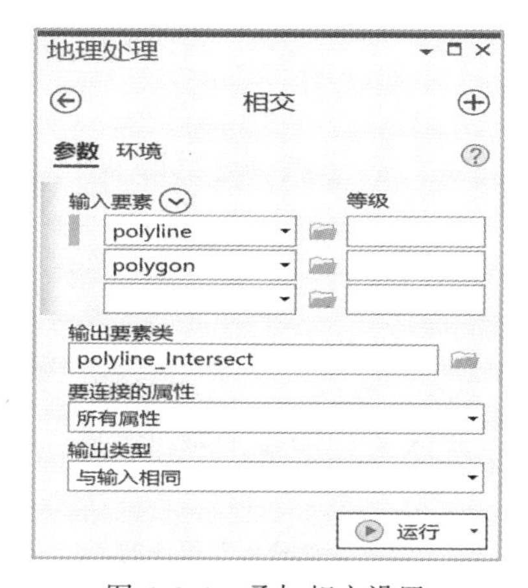

图 5.3.2　叠加相交设置

Tips：在相交、联合、交集取反等操作中，参与分析的图层顺序不影响分析结果；但在擦除、标识、更新等操作中，图层顺序不同得到的结果也不同。

Step4：单击【运行】，完成两个图层的叠加相交，结果如图 5.3.3 所示。

对于相交分析，不仅能够得到输入要素类在几何上的交集，同时保留了输入要素类的属性。图 5.3.4 为输入要素类 polyline、polygon 和输出要素类 polyline_Intersect 的属性表，polyline_Intersect 要素类属性表保留了输入要素类 polyline 和 polygon 的所有属性。

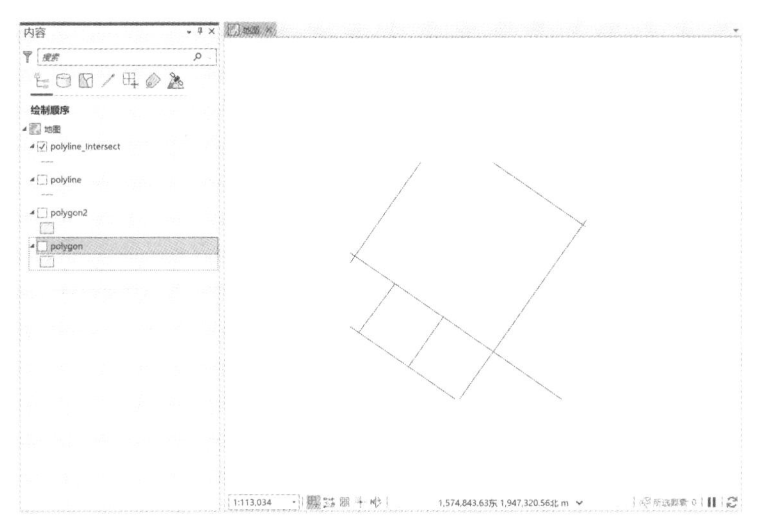

图 5.3.3 叠加相交结果

Tips：若在【要连接的属性】中进行了设置，则仅被设置的属性保留在输出要素中。

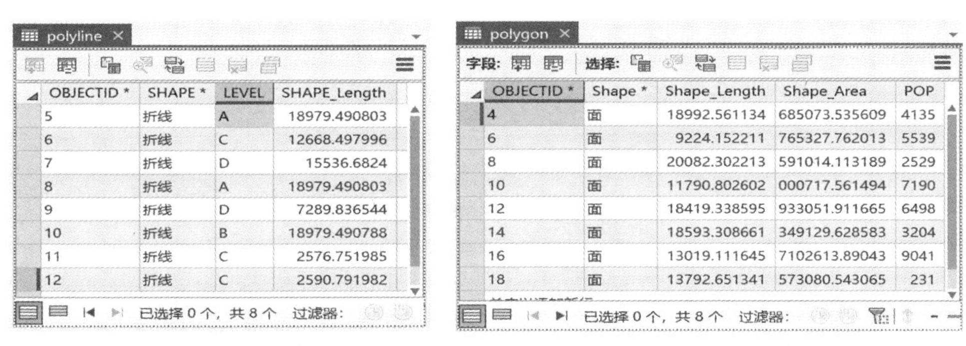

polyline

OBJECTID *	SHAPE *	LEVEL	SHAPE_Length
5	折线	A	18979.490803
6	折线	C	12668.497996
7	折线	D	15536.6824
8	折线	A	18979.490803
9	折线	D	7289.836544
10	折线	B	18979.490788
11	折线	C	2576.751985
12	折线	C	2590.791982

已选择 0 个，共 8 个 过滤器：

(a) polyline 属性表

polygon

OBJECTID *	Shape *	Shape_Length	Shape_Area	POP
4	面	18992.561134	685073.535609	4135
6	面	9224.152211	765327.762013	5539
8	面	20082.302213	591014.113189	2529
10	面	11790.802602	000717.561494	7190
12	面	18419.338595	933051.911665	6498
14	面	18593.308661	349129.628583	3204
16	面	13019.111645	7102613.89043	9041
18	面	13792.651341	573080.543065	231

字段： 选择： 已选择 0 个，共 8 个 过滤器：

(b) polygon 属性表

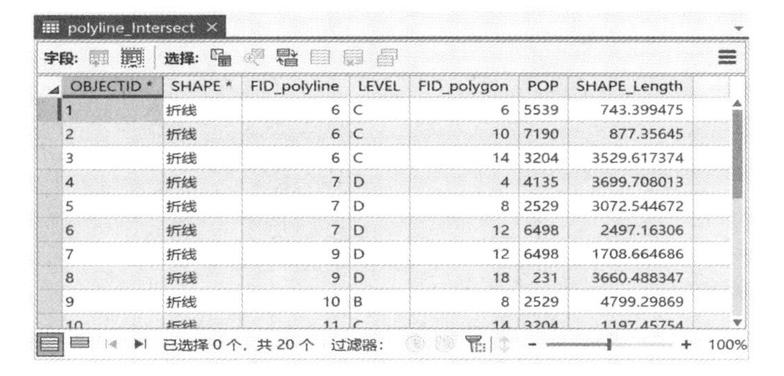

polyline_Intersect

OBJECTID *	SHAPE *	FID_polyline	LEVEL	FID_polygon	POP	SHAPE_Length
1	折线	6	C	6	5539	743.399475
2	折线	6	C	10	7190	877.35645
3	折线	6	C	14	3204	3529.617374
4	折线	7	D	4	4135	3699.708013
5	折线	7	D	8	2529	3072.544672
6	折线	7	D	12	6498	2497.16306
7	折线	9	D	12	6498	1708.664686
8	折线	9	D	18	231	3660.488347
9	折线	10	B	8	2529	4799.29869
10	折线	11	C	14	3204	1197.45754

字段： 选择： 已选择 0 个，共 20 个 过滤器： 100%

polyline_Intersect 属性表(部分)

图 5.3.4 参与相交分析要素类的属性表

除相交之外，擦除、联合、标识、更新、交集取反也是常用的叠加分析工具，这些工具在使用时的注意事项参考表 5.3.1，读者可自行探索其应用。

除经典的叠加分析工具外，GeoScene Pro 还提供了成对叠加工具集，该工具集中的工具在使用时的设置和操作结果与经典叠加工具略有差别，最大不同之处在于**成对叠加**工具可默认启动并行处理，在参与分析的要素类较多或数据量较大时，成对叠加工具在功能和性能方面更加优越。

5.3.2 拓展叠加工具

GeoScene Pro 提供了 4 个拓展叠加工具：移除重叠、计数重叠要素、空间连接、分配面，这些工具在执行时，叠加分析是隐性执行的。

以分配面为例完成人口在行政区的再分配。

Step1：在【地理处理】窗格中单击【工具箱】—【分析工具】—【叠加分析】—【分配面】，打开【分配面】窗格。

Step2：在窗格中，将【输入面】设置为 **polygon**，【要分配的字段】设置为 **POP**，将【目标面】设置为 **polygon2**，【输出要素类】命名为 **polygon_ApportionPolygon**，其它保持默认设置，如图 5.3.5 所示。

图 5.3.5　分配面设置

Step3：单击【运行】，完成分配面分析，结果如图 5.3.6 所示。按面积分配的人口数量见属性表。图中对输入面和输出要素类的人口数进行了标注，小号数字是输入面 polygon 中每个区域的人口数和 ID，大号数字是输出要素类 polygon_ApportionPolygon 中每个区域的人口数和区域码。

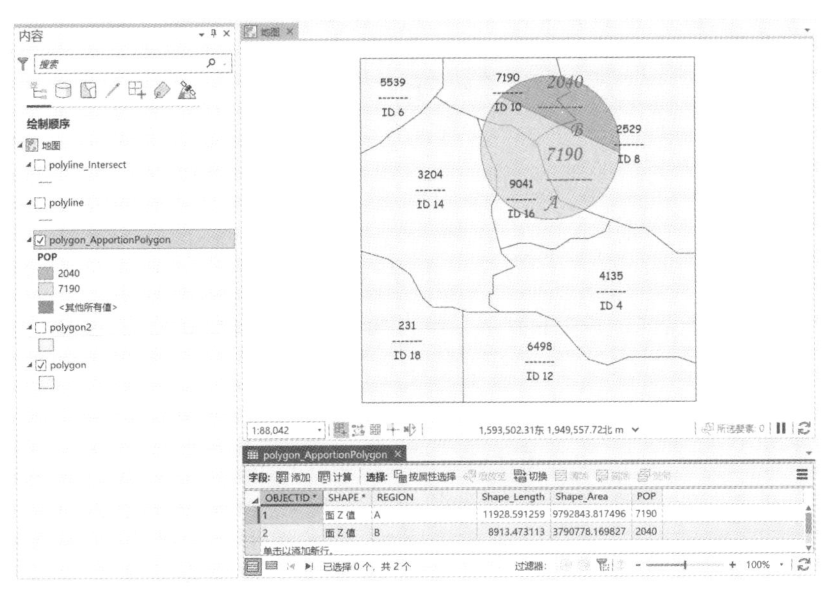

图 5.3.6　分配面结果

Tips：标注是为了帮助读者理解分配面工具的操作设置，分配面工具本身执行是不会自动显示标注的。

分配面工具根据【目标面】的要素对【输入面】的要素进行分割，接着按重叠面积比例将输入面要素的属性分配给目标面要素，然后以目标面要素为单位对属性进行汇总赋给目标面要素。以输出要素类中要素 B 的 POP 字段值计算为例，计算公式见式(5.3.1)。

$$\mathrm{POP}(B)=\mathrm{INT}\left(\frac{\mathrm{Area}(B1)}{\mathrm{Area}(10)}\cdot\mathrm{POP}(10)+\frac{\mathrm{Area}(B2)}{\mathrm{Area}(8)}\cdot\mathrm{POP}(8)\right)\tag{5.3.1}$$

式中，$B1$ 为输入面 polygon 中 ID 为 10 的要素落入目标面 polygon2 中要素 B 的区域；$B2$ 为输入面中 ID 为 8 的要素落入目标面中要素 B 的区域；Area( )为括号内区域的面积；POP( )为括号内区域的人口数。

拓展工具中，【计数重叠要素】根据输入图层中要素重叠的次数进行输出，并根据重叠次数在输出中对要素进行分类，同时输出一张说明输出要素与输入要素关联关系的表。【移除重叠】工具根据叠加分析的结果对输入图层重叠的区域进行消除处理，需要注意的是，移除重叠工具的输入不能有 Z 值。

第6章 网络分析

人类活动总是趋向于按一定目标选择达到最佳效果的空间位置。网络分析是研究和规划在网络状分布地理要素中(如交通网络、电力线、供排水管线等)如何配置资源使系统运行效果最佳的分析，其理论基础是图论和运筹学。

GeoScene Pro 支持两种网络数据模型并提供了与之对应的分析工具箱。一种是资源可双向流动的**网络数据集**，如道路交通网络，对应**网络分析**工具箱；另一种是资源只能朝特定方向流动的**公共设施网络**，如自来水管网、电力线路等，对应**公共设施网络**工具箱。

本章以常见的基于道路交通网络的分析为例，下文所有描述都是针对网络数据集的网络分析。GeoScene Pro 提供了六类针对网络数据集的网络分析功能：路径分析、最近设施点分析、服务区分析、位置分配分析、OD 成本矩阵分析和车辆配送分析。

由于网络分析的特殊性和复杂性，在 GeoScene Pro 中，要完成网络分析，必须首先在道路数据的基础上创建网络数据集，网络数据集是一种不同于要素类的矢量数据模型。

6.1 网络分析数据

在 GeoScene Pro 中，参与网络分析的数据有两大类，一类是**网络数据集**，另一类是**分析图层**。网络数据集是静态的，一经构建，便会保存在地理数据库中。分析图层是动态的，根据不同的分析目的，分析图层的内容不同，并且可以在分析过程中对分析图层的内容进行动态调整，分析图层不会保存在地理数据库中。GeoScene Pro 根据网络分析的类型可创建六类分析图层。

无论何种类型的网络分析，通常分析的步骤都如图 6.1.1 所示。其中，创建分析图层步骤根据分析的类型创建对应类型的分析图层。

6.1.1 创建网络数据集

网络分析必须基于网络数据集完成，因此首先需要创建网络数据集。网络数据集包含三种类型的数据：边、交汇点和转弯。边是资源的通道，来源于道路线要素类；交汇点是边的连接点，可取道路线要素的交点，也可来源于单独的点要素类；转弯以折线的形式存

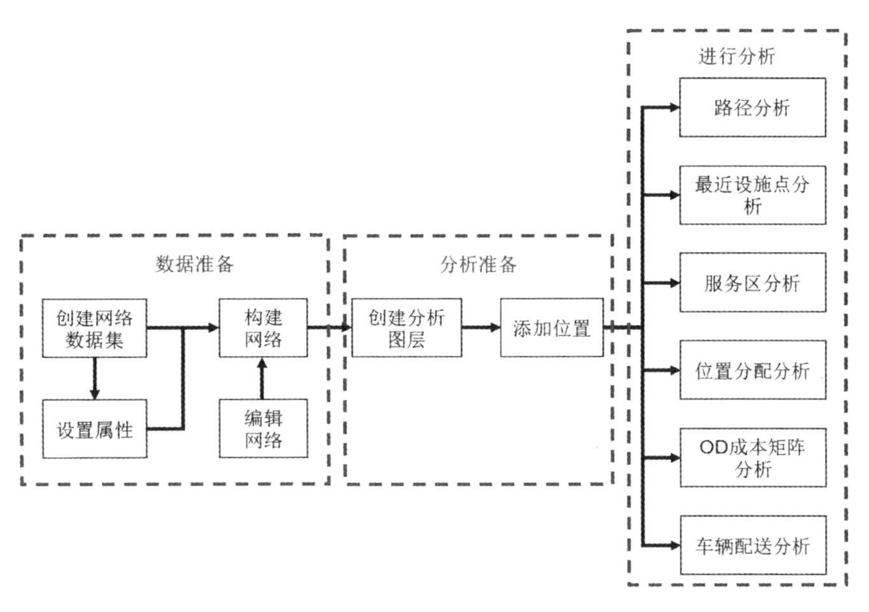

图 6.1.1　网络分析步骤

储边与边在交汇点处的通行能力或限制，如通行时间、禁止通行等。

网络数据集必须至少基于一个表示交通线路的线要素类创建，生成的网络数据集至少包含一个边图层、一个交汇点图层。

Step1：双击本节数据文件夹下的工程文件 Exe06_1.arpx，打开工程。

Step2：在【地理处理】窗格中单击【工具箱】—【网络分析工具】—【网络数据集】—【创建网络数据集】，打开【创建网络数据集】窗格。

Step3：在窗格中，将【目标要素数据集】设置为本节地理数据库中的 **Transport** 要素集，将【网络数据集名称】命名为 **Road**，**勾选**【Streets】作为【源要素类】，【高程模型】设置为**无高程**，如图 6.1.2 所示。

图 6.1.2　创建网络数据集设置

【源要素类】为参与创建网络数据集的要素类，至少要包含一个表示道路的线要素类，还可以包含表示道路交叉处的点，或转弯要素类。【高程模型】用于设置垂直连通性，如现实中的高架桥与地面道路高程不同就需要进行高程模型参数的设置。高程模型有三个选项，默认设置为**无高程**，表示此网络数据集不考虑垂直连通性；**高程字段**表示具有相同高程字段值的交汇点是连通的；**Z 坐标**表示仅当交汇点具有相同的 *Z* 坐标时才被认为是连通的。

Tips：网络数据集必须从要素数据集建立，不能从要素类建立，因此即使只有一个要素类参与网络数据集创建，也要将其纳入要素数据集。新建网络数据集的另一个途径是在【目录】窗格中右键单击要素数据集【Transport】，在弹出菜单中单击【新建】—【网络数据集】。

Step4：单击【运行】，完成网络数据集创建，结果如图 6.1.3 所示，同时在功能区中显示【网络分析】选项卡。

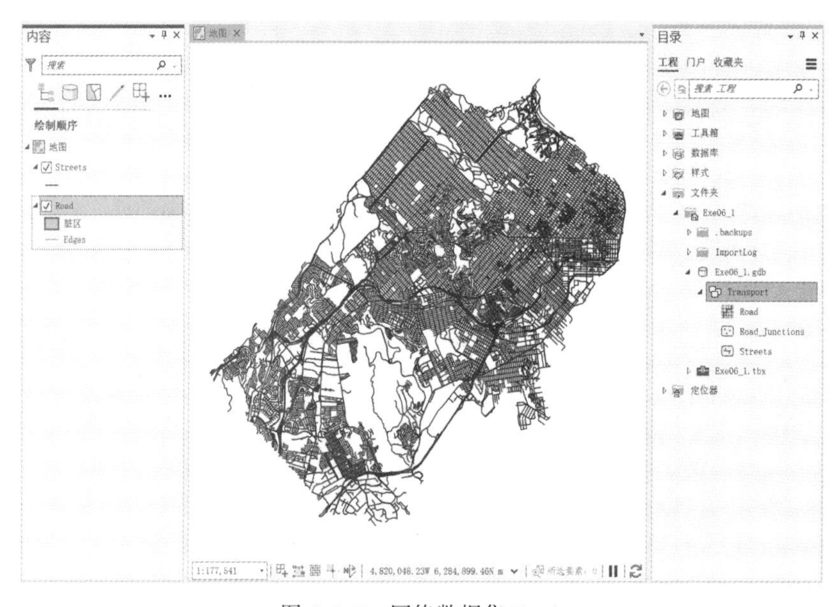

图 6.1.3　网络数据集 Road

6.1.2　构建网络

网络数据集创建完成后，必须对网络进行构建才能进行网络分析。

Step1：在【地理处理】窗格中单击【工具箱】—【网络分析工具】—【网络数据集】—【构建网络】，打开【构建网络】窗格。

Step2：在窗格中，将【输入网络数据集】设置为 6.1.1 节中创建的网络数据集 **Road**，如图 6.1.4 所示。

图 6.1.4　构建网络设置

Tips：该步骤也可以通过在【目录】窗格中右键单击网络数据集【Road】，在弹出菜单中单击【构建】完成。

Step3：单击【运行】，完成网络构建，构建完成后如图 6.1.5 所示。

Tips：不仅是创建网络数据集之后要对其进行构建，在应用过程中，如果对网络源数据进行了编辑，或者对网络的属性进行了添加、更改等操作，也必须要重新构建网络数据集才能正确完成网络分析。

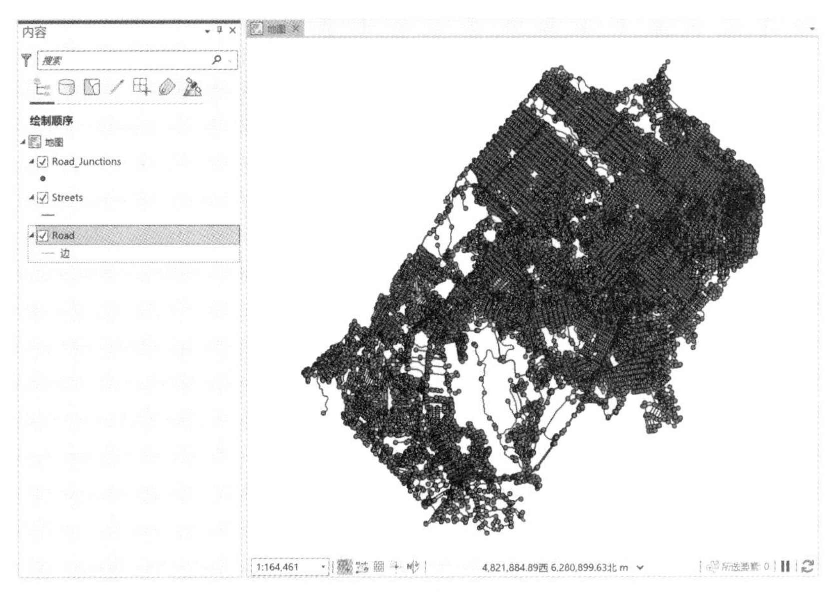

图 6.1.5　构建后的网络

构建完成后，可以看到此时的 Road_Junctions 要素类已经有了内容，记录了道路交汇点的相关信息，同时也建立了道路网络边和道路交汇点的连通信息。

现在就可以基于网络数据集 Road 开展网络分析了，但此时网络属性设置有限，仅能支持以路径长度为准则的平面网络分析，若要进行诸如时间最短、费用最低等准则的路径分析还需要对网络数据集进行其它属性设置。

6.2 路径分析

路径分析是 GIS 网络分析中最常用的功能，尤其是在导航 GIS 中。在对交通网络进行路径分析时，一般有最短路径分析和最佳路径分析，最短路径通常指通行距离最短的路径；最佳路径则是其它因素最优的方案，如通行时间最短的路径或通行费用最少的路径等。

本节使用3个数据：一个名为 Destination 的点要素类，为停靠点；一个名为 Hydrop 的面要素类，表示水域；一个名为 Road 的网络数据集，如图 6.2.1 所示。

图 6.2.1 路径分析数据概览

6.2.1 最短路径分析

1. 查看网络数据集属性

Step1：在本节数据文件夹中双击工程文件 Exe06_2. aprx，打开工程。

Step2：在【目录】窗格中右键单击【Road】网络数据集，在弹出的菜单中单击【属性】，打开【网络数据集属性】对话框，如图 6.2.2 所示。

图 6.2.2　网络数据集属性页

在属性窗口【常规】页中可以看到网络数据集的汇总信息，网络数据集有 52244 条边，17459 个交汇点，0 个转弯。没有转弯信息时，资源对所有路口的通行能力是无差别的。构建网络的数据源 Streets 要素类有 26122 条道路记录，网络边数是道路的 2 倍，正向记一条边，反向记一条边。

Step3：单击对话框左侧的【方向】选项，在右侧的【常规】属性页中**勾选**【支持方向】，如图 6.2.3 所示。

> **Tips**：当网络数据集添加到地图窗格时，其属性不可编辑。当需要对网络数据集进行编辑时，应先将网络数据集从内容列表中移除。

Step4：单击对话框右侧的【字段映射】属性页，在该属性页中将【基本名称】设置为 **NAME**，如图 6.2.4 所示。

进行【支持方向】设置，可以在求解最短路径的同时输出包含道路名称、行驶方向等的路线说明。方向设置的目的是将路线说明中的描述项和网络源数据的对应字段关联起来，最终提供详细且明确的路线说明。

Step5：单击【确定】完成网络数据集 Road 的属性设置。

Step6：在【目录】窗格中右键单击【Road】网络数据集，在弹出菜单中单击【构建】，在弹出的【构建网络】窗格中，单击【运行】完成构建网络。

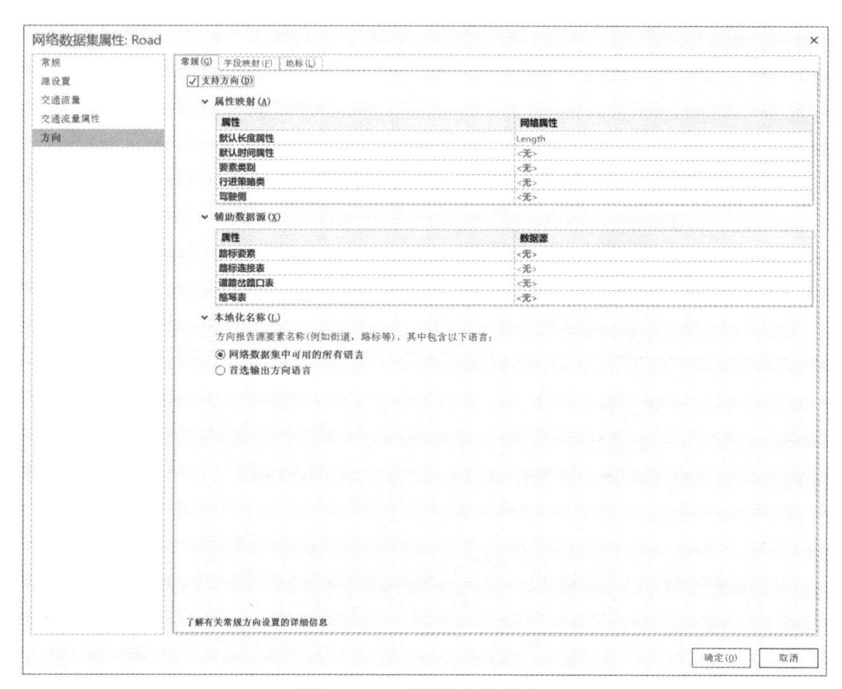

图 6.2.3　设置支持方向

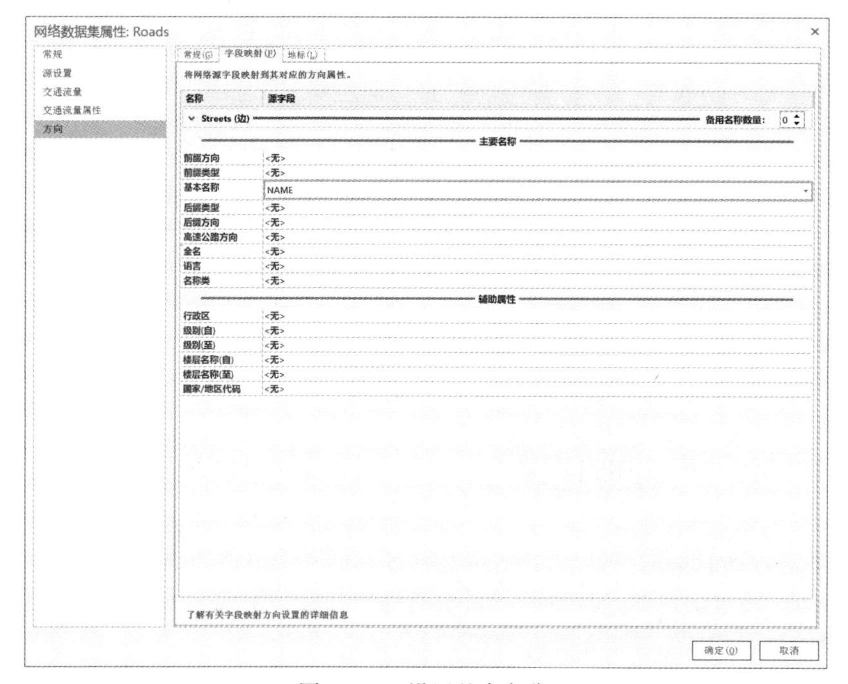

图 6.2.4　设置基本名称

Tips：在网络分析过程中，如果修改了网络数据源，或重新设置了网络属性，必须要重新构建网络才能正确完成网络分析。

2. 创建分析图层

进行网络分析之前根据分析目的创建分析图层。

Step1：在【地理处理】窗格中单击【工具箱】—【网络分析工具】—【分析】—【创建路径分析图层】，打开【创建路径分析图层】窗格。

Step2：在窗格中将【网络数据源】设置为网络数据集 **Road**，【图层名称】命名为**最短路径**，其它保持默认设置，如图 6.2.5 所示。

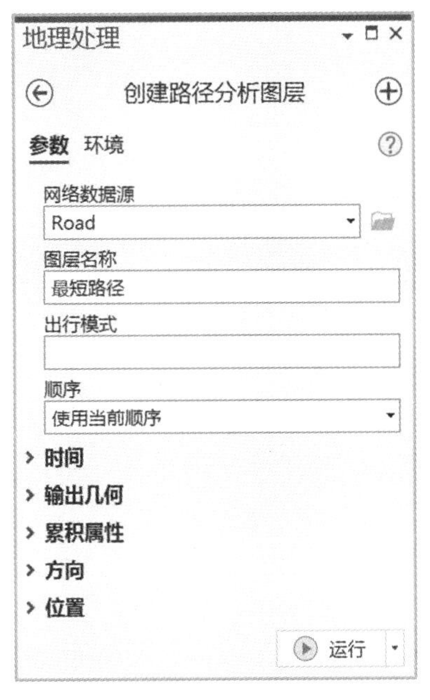

图 6.2.5　创建路径分析图层设置

【出行模式】为一组用于确定不同对象（如行人、非机动车、小车、卡车等）在网络中通行限制的设置，由于在构建网络数据集时并未进行出行模式的设置，故此处选项为空白。【顺序】指进行最短路径计算时遍历停靠点的顺序，共有四种顺序可供选择。可以通过设置【时间】确定出发的时间，目的是根据路线上不同时间的阻抗计算更精确的路径，在本例中不设置。【输出几何】可以指定以什么样的形式表达规划路径，默认设置将输出从起点到终点的沿道路路线。如果勾选【累积属性】中的选项，则同时输出要累积的成本属性的列表。【方向】指规划路线的文本描述，默认会根据求解生成方向。【位置】用于设置对无效位置的处理方式，默认为忽略无效位置。

思 考

6-1：在用手机导航软件时，若想规划未来某个时间的路线，对应网络分析，需要设置哪个参数？

Step3：单击【运行】完成路径分析图层**最短路径**的创建，在【内容】窗格中新增【最短路径】图层组，包含停靠点、路径、点障碍、线障碍、面障碍5个图层，如图6.2.6所示。

图6.2.6 创建路径分析图层结果

停靠点是路径要经过的地点，**路径**图层将显示最短路径分析的结果，用户可以设置**点障碍**、**线障碍**或**面障碍**，表示不能通行的位置或区域。

Tips：创建路径分析图层后，功能区会新增一个【线性参考】选项卡，在【网络分析】选项卡组中新增一个【路径】选项卡。【线性参考】选项卡提供了对路径数据编辑和分析的工具，【路径】选项卡中提供了进行网络分析设置和网络分析的工具。

此时，这5个图层还没有内容。要完成最短路径分析至少需要设置2个停靠点。

3. 添加停靠点

Step1：在【地理处理】窗格中单击【工具箱】—【网络分析工具】—【分析】—【添加位置】，打开【添加位置】窗格。

Tips：在【内容】窗格单击任一路径分析图层以激活网络分析图层，在功能区单击【网络分析】—【路径】选项卡【输入数据】组的【导入停靠点】工具，也可以打开【添加位置】窗格。

Step2：在窗格中，将【输入网络分析图层】设置为**最短路径**，【子图层】设置为**停靠点**，【输入位置】设置为 **Destination** 要素类，其它保持默认设置，如图 6.2.7 所示。

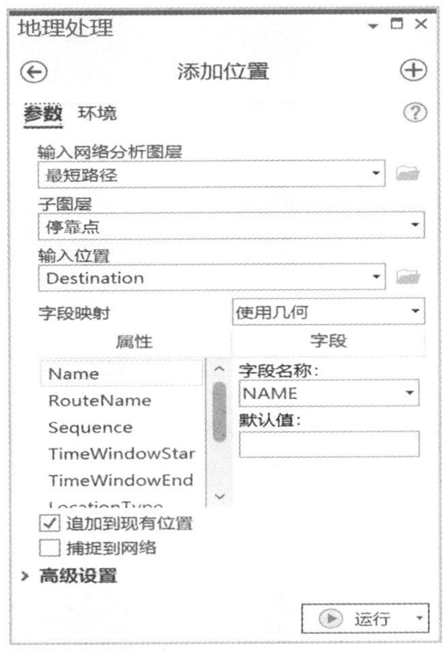

图 6.2.7　添加位置设置

【字段映射】设定停靠点【属性】与输入位置图层【字段】的对应关系，停靠点属性的名称和数量是预设的，具有实际意义，如 RouteName 字段用于设置输出文本路径的道路名，Sequence 用于设置停靠点的顺序等，其它字段的意义，读者可查阅帮助文档获得。根据各属性的意义设置【输入位置】图层对应的字段。当勾选【追加到现有位置】时，将此次设置的停靠点和前次设置的停靠点一起参与路径分析。本例是第一次添加，勾选与否不影响分析结果。由于停靠点并不会总是正好落在网络边或交汇点上，如果勾选【捕捉到网络】则会使用根据停靠点计算出的网络位置进行网络分析，若不勾选则使用停靠点原位置。

Tips：添加位置可多次使用向网络分析图层添加停靠点、障碍点或障碍线等。

思　考

6-2：如果勾选【捕捉到网络】将影响网络分析的哪些结果？

Step3：单击【运行】，完成停靠点的添加，结果如图 6.2.8 所示。

图 6.2.8　添加的停靠点

此次共添加了 5 个停靠点，停靠点上的编号表示该点在计算路径时的顺序，默认按照 Destination 要素类中要素的 OBJECTID 字段顺序，但如果【输入位置】图层的属性表中有名为 SEQUENCE 的字段，或设置了 Sequence 属性和【输入位置】图层属性表的字段映射，则 Sequence 的优先级最高。

4. 最短路径求解

Step1：在功能区的【网络分析】选项卡单击【分析】组的【运行】，执行路径分析，结果如图 6.2.9 所示。

图 6.2.9　最短路径分析结果图

图 6.2.10　最短路径的方向(部分)

Step2：在功能区单击【网络分析】—【路径】选项卡【方向】组的【显示方向】，【方向】窗格中将显示行驶过程中经过的道路名称、行驶距离以及转弯方向，如图 6.2.10 所示。

6.2.2 调整停靠点的路径分析

如果要按照特定的遍历顺序经过停靠点，则需要对停靠点顺序进行设置。本例在完成 6.2.1 的基础上进行。

1. 调整停靠点顺序的路径分析

Step1：再次打开【添加位置】工具，在图 6.2.7 设置的基础上，进行两处更改。一是**取消勾选**【追加到现有位置】，因为是重新设置停靠点顺序，所以取消勾选此选项将只采用本次设置的停靠点参与路径分析；二是在【字段映射】中将停靠点的【属性】**Sequence** 和【输入位置】图层属性表的 **SHUNXU**【字段】对应起来，如图 6.2.11 所示。

Step2：单击【运行】完成停靠点及其顺序设置，此时可从停靠点的编号看到停靠点顺序已经按照 Streets 要素类的 SHUNXU 字段值进行改变。

Step3：在功能区的【网络分析】—【路径】选项卡单击【分析】组的【运行】，执行路径分析，结果如图 6.2.12 所示。

图 6.2.11 设置停靠点排序字段

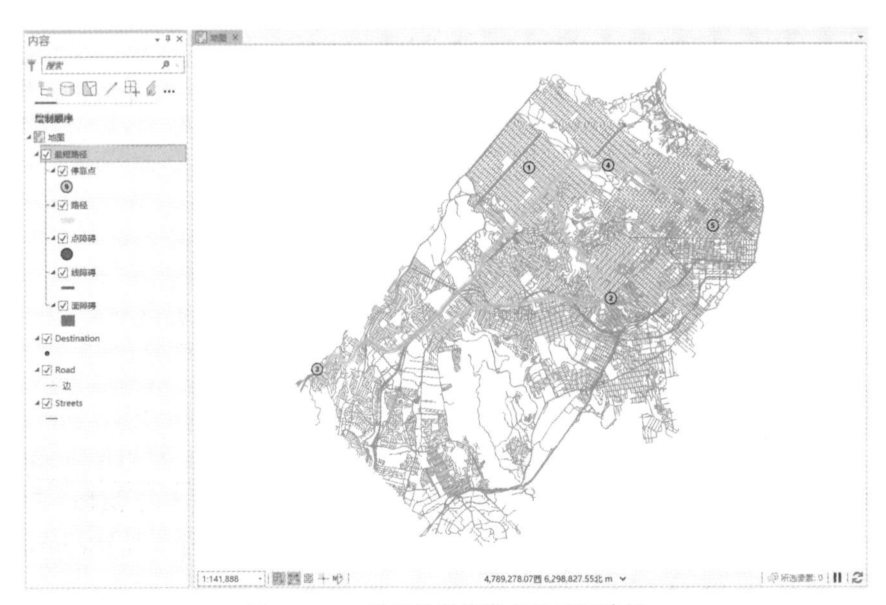

图 6.2.12 重新排序停靠点的最短路径

更改了停靠点的遍历顺序，得到的最短路径与图 6.2.9 不同。

Tips：通过在【添加位置】窗格的【高级】中将 SHUNXU 设置为【排序字段】也可以设定遍历顺序。

2. 动态添加停靠点的路径分析

在路径分析中经常也会动态增加停靠点。方法之一是通过【添加位置】工具将新的点图层追加到停靠点，此时务必勾选【追加到现有位置】选项，另一种方法是通过鼠标在地图中单击要设置停靠点的位置来添加。

Step1：在功能区的【网络分析】—【路径】选项卡单击【输入数据】组的【创建要素】，打开【创建要素】窗格，如图 6.2.13 所示。

Step2：在【创建要素】窗格中单击【停靠点】图层，单击【创建点】，待鼠标变为停靠点图标后，用鼠标在地图上需要创建停靠点的位置单击以添加新的停靠点，图 6.2.14 中没有编号的两个点为新添加的停靠点。

Step3：在功能区的【网络分析】—【路径】选项卡单击【分析】组的【运行】，执行路径分析，结果如图 6.2.15 所示。在执行路径分析过程中，会按照添加停靠点顺序为新添加的停靠点编号。

Tips：若只需要部分停靠点参与路径分析，可以先通过选择工具选中需要参与分析的点，再进行路径分析。

图 6.2.13　创建要素窗格

图 6.2.14　添加的停靠点

图 6.2.15　增加停靠点的最短路径

6.2.3　添加障碍的路径分析

在实际应用时，有时会遇到某条路或某个区域不能通行的情况，对应网络分析就是要设置障碍。网络分析中的障碍有 3 种形式：点障碍，如道路事故点；线障碍，如由地震造成的断层；面障碍，如洪水淹没区。下面以存在积水区面障碍为例进行最短路径分析。

1. 创建路径分析图层

Step1：在【地理处理】窗格中单击【工具箱】—【网络分析工具】—【分析】—【创建路径分析图层】，打开【创建路径分析图层】窗格。

Tips：*若视图中还有【最短路径】分析图层，可将其移除，也可将其设置为不显示。*

Step2：在窗格中将【网络数据源】设置为网络数据集 **Road**，【图层名称】命名为**障碍路径**，其它保持默认设置，如图 6.2.16 所示。

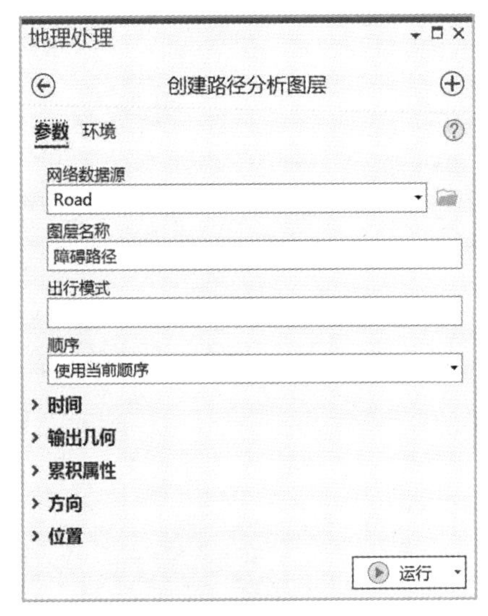

图 6.2.16　创建障碍路径分析图层设置

Step3：单击【运行】，完成障碍路径分析图层创建。

2. 添加停靠点

Step1：在【地理处理】窗格中单击【工具箱】—【网络分析工具】—【分析】—【添加位置】，打开【添加位置】窗格。

Step2：在窗格中，将【输入网络分析图层】设置为**障碍路径**，将【子图层】设置为**停靠点**，将【输入位置】设置为 **Destination** 要素类，其它保持默认设置，如图 6.2.17 所示。

Step3：单击【运行】，完成停靠点添加。

3. 添加面障碍

Step1：在【地理处理】窗格中单击【工具箱】—【网络分析工具】—【分析】—【添加位置】，打开【添加位置】窗格。

Step2：在窗格中，将【输入网络分析图层】设置为**障碍路径**，将【子图层】设置为**面障碍**，将【输入位置】设置为 **Hydrop**，其它保持默认设置，如图 6.2.18 所示。

Step3：单击【运行】，完成面障碍的添加。

Tips：面障碍同样可以通过点击【Network Analyst 路径】选项卡上的创建要素选项，通过鼠标绘制添加。

图 6.2.17 添加停靠点位置设置

图 6.2.18 添加面障碍设置

4. 路径分析

Step1：在功能区【网络分析】—【路径】选项卡单击【分析】组的【运行】▶，执行添加面障碍的路径分析，结果如图 6.2.19 所示。

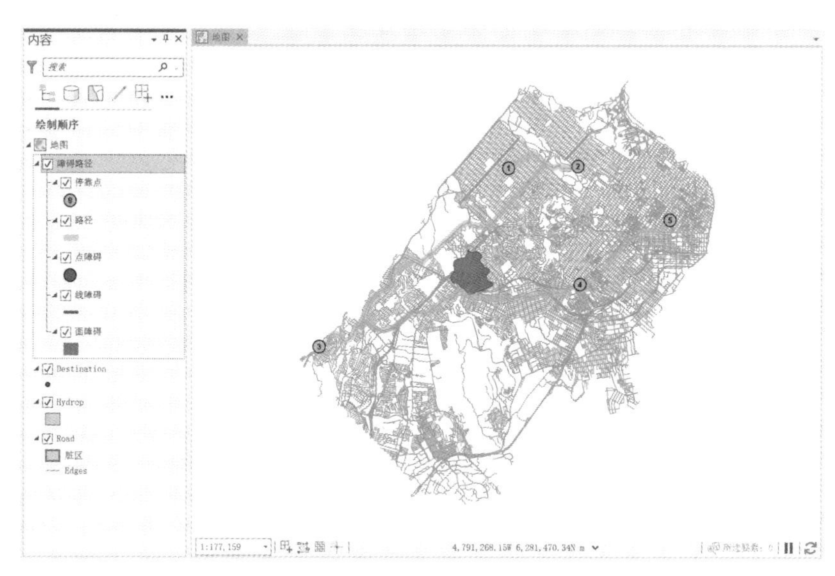

图 6.2.19 避开面障碍的最短路径

图 6.2.19 中计算的最短路径避开了积水区的道路，可将新生成的路径与图 6.2.9 的路径进行比较，查看差异。

6.2.4 设置道路等级的路径分析

等级指为网络元素设定的级别，使用等级属性可以减少跨越大型网络求解分析时系统的计算时间，也更符合实际的驾驶行为，如在远距离行驶时，驾驶员通常会选择等级更高的高速公路或省道，而不会优先选择县道、乡道。

在实际应用中，通常等级高的道路通行能力强，若将道路等级纳入最短路径分析，将得到不同的结果。

1. 设置网络数据集属性

Step1：将网络数据集【Road】、【最短路径】分析图层和【障碍路径】分析图层从【内容】窗格中移除。

Tips：若未将【Road】网络数据集从【内容】窗格中移除，将不能进行网络数据集属性设置。

Step2：在【目录】窗格中右键单击【Road】网络数据集，在弹出菜单中单击【属性】，打开【网络数据集属性】对话框。

Step3：在对话框中单击左侧目录中的【交通流量属性】，再单击右侧的【等级】属性页，**勾选**【添加等级属性】，设置项被打开，将【主要道路】设置为 **1-1**，【次要道路】设置为 **2-3**，地方道路自动设置为≥4，如图 6.2.20 所示。

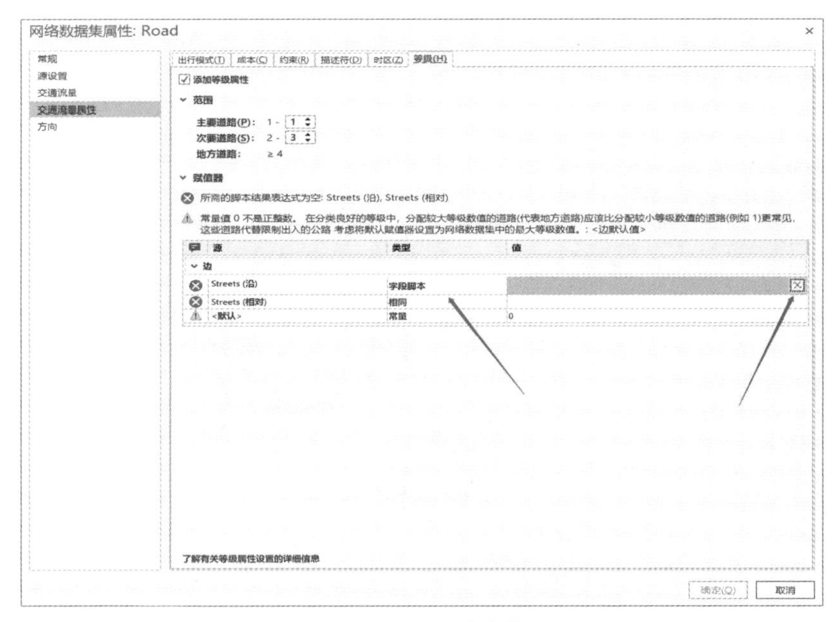

图 6.2.20 设置道路等级

GeoScene Pro 默认将道路分为三个类型：主要道路、次要道路和地方道路。在生成网络边的数据源 Streets 要素类中，属性 RCLASS 表示道路等级，一共分成了 6 级。在这里需要将边的道路等级和系统默认的道路类型对应起来。

Step4：在对话框中将【赋值器】的【Streets（沿）】边的【类型】设置为**字段脚本**，然后单击【值】单元中的字段脚本计算工具☒，打开【字段脚本】对话框，将 Streets 要素类属性表的 RCLASS 字段赋值为网络分析的道路类型，用 Python 脚本将边的类型设置为 RCLASS 字段的值，如图 6.2.21 所示。

图 6.2.21　为道路等级字段赋值

思 考

6-3：此处为边，赋值方式为字段脚本，可以用其它方式设置吗？若用其它方式，意义是什么？

Step5：单击【字段脚本】对话框的【确定】完成赋值，返回【网络数据集属性】对话框。

Step6：在对话框中将【默认】值设置为最低等级 **6**，即 Streets 要素类中 RCLASS 字段为空的要素等级为最低的 6 级，设置后的【网络数据集属性】对话框如图 6.2.22 所示。

Step7：单击【确定】，完成网络数据集的道路等级属性设置。

Step8：在【目录】窗格中右键单击【Road】网络数据集，在弹出菜单中单击【构建】，完成网络构建。

Tips：因更改了网络属性，必须要再次构建网络才能正确完成分析。

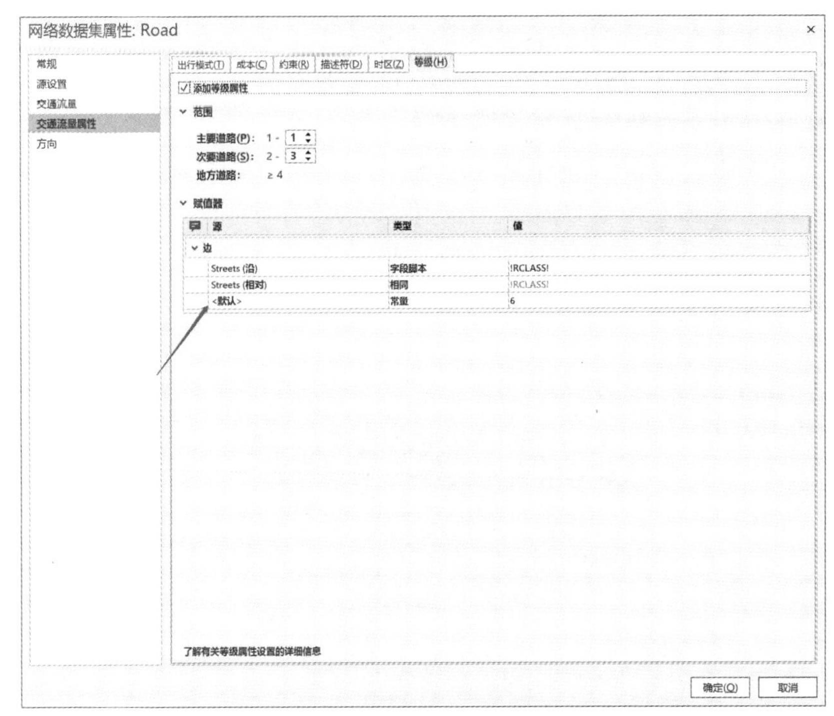

图 6. 2. 22　设置等级属性

2. 创建分析图层

Step1：在【地理处理】窗格中单击【工具箱】—【网络分析工具】—【分析】—【创建路径分析图层】，打开【创建路径分析图层】窗格。

Step2：在窗格中将【网络数据源】设置为网络数据集 **Road**，【图层名称】命名为**等级路径**，其它保持默认设置，如图 6. 2. 23 所示。

Step3：单击【运行】，完成等级路径分析图层创建。

3. 添加停靠点

Step1：在【地理处理】窗格中单击【工具箱】—【网络分析工具】—【分析】—【添加位置】，打开【添加位置】窗格。

Step2：在窗格中，将【输入网络分析图层】设置为**等级路径**，将【子图层】设置为**停靠点**，将【输入位置】设置为 **Destination** 要素类，其它保持默认设置，如图 6. 2. 24 所示。

Step3：单击【运行】，完成停靠点添加。

4. 设置分析图层属性

Step1：在【内容】窗格中右键单击【等级路径】图层，在弹出菜单中单击【属性】，打开【图层属性】对话框。

Step2：在对话框中，单击左侧的【出行模式】，然后单击右侧的【高级】，**勾选**【使用等级】，如图 6. 2. 25 所示。

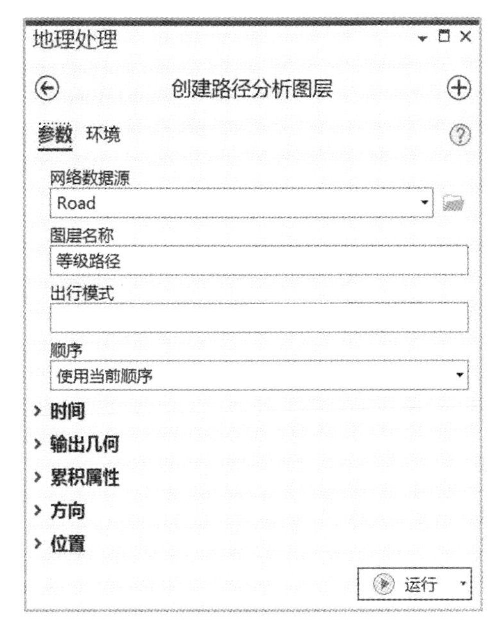

图 6.2.23 创建障碍路径分析图层设置

图 6.2.24 添加停靠点

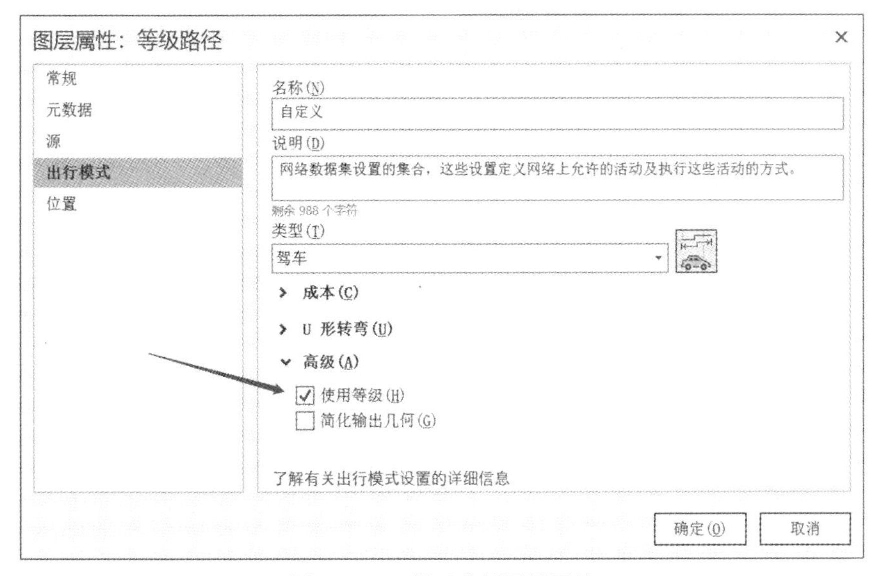

图 6.2.25 设置分析图层属性

Step3：单击【确定】，完成在分析图层中使用道路等级的设置。

5. 路径分析

Step1：在功能区【网络分析】—【路径】选项卡中单击【分析】组的【运行】，执行路径分析，结果如图 6.2.26 所示。

图 6.2.26　设置等级后的最短路径

将图 6.2.26 和图 6.2.9 进行比较，可发现由于设置了使用道路等级，从停靠点 3 到停靠点 4 的路线是有差别的。

6.2.5　设置成本的路径分析

在进行路径分析时，路径规划标准并不总是距离最短，还可能是时间最少、费用最低等，这样的路径分析通常被称为最佳路径分析。GeoScene Pro 通过设置网络的成本、约束等条件来完成最佳路径分析。

求解时间最少的路径需要将路段通行时间设为成本，而 Road 网络数据集的数据源 Streets 并没有表示通行时间的字段，需要通过路段限速(KPH)和路段长度(Shape_Length)字段计算出路段的理论通行时间。

1. 添加时间成本字段及赋值

Step1：在 Streets 要素类的属性表中添加一个名为 TraTime 的浮点型字段，操作方法参考 2.2.1 节。

Step2：根据路段长度和路段限速计算 TraTime 字段值，操作方法参考 2.2.2 节，KPH 的单位是公里/小时，路段长度的单位是米，输入计算公式：**! Shape_Length! / (! KPH! * 1000) / 60**，【计算字段】对话框设置如图 6.2.27 所示，计算结果如图 6.2.28 所示。

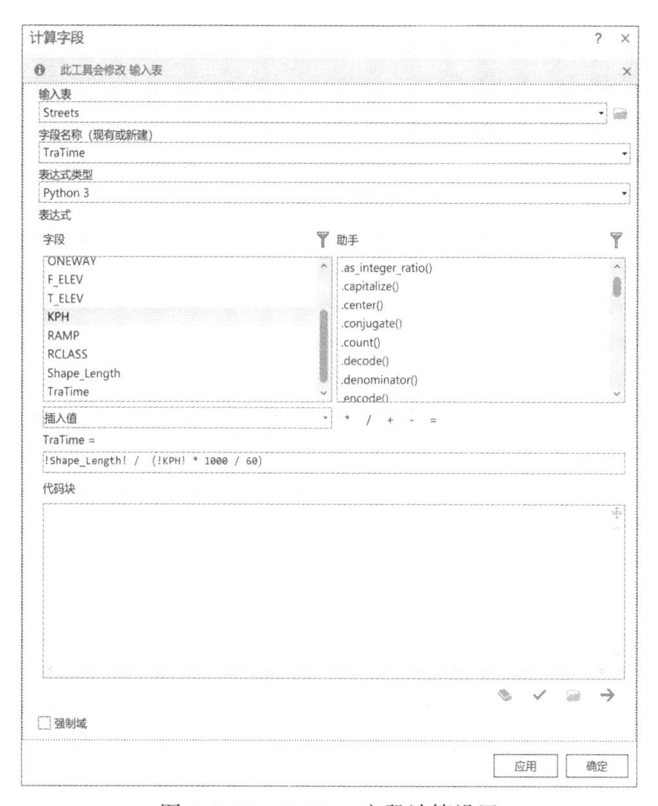

图 6.2.27　TraTime 字段计算设置

Streets

字段：添加 计算　选择：按属性选择 切换

OBJECTID *	Shape *	NAME	ONEWAY	F_ELEV	T_ELEV	KPH	RAMP	Shape_Length	ROADCLASS	TraTime
1	折线		FT	0	0	72	1	955.380677	1	0.796151
2	折线	Shaw Rd		0	0	32	0	1436.594039	4	2.693614
3	折线	Goggnra Milargra Ri...		0	0	24	0	3069.038797	5	7.672597
4	折线	US-101 NB	TF	1	0	88	0	494.394009	1	0.337087
5	折线	Muirfield Cir		0	0	32	0	555.342494	4	1.041267
6	折线	Skyline Dr	FT	0	0	56	0	236.908749	2	0.253831
8	折线	Skyline Dr	TF	0	0	56	0	242.153905	2	0.259451
9	折线		FT	0	0	32	0	181.891934	2	0.341047
10	折线	Donegal Ave		0	0	32	0	419.513744	4	0.786588
11	折线	Wexford Ave		0	0	32	0	378.422684	4	0.709542
12	折线	US-101 SB	FT	0	0	88	0	178.890547	1	0.121971
13	折线	Oceana Blvd		0	0	40	0	458.938119	3	0.688407

已选择 0 个，共 26,122 个　过滤器：　100%

图 6.2.28　TraTime 字段计算结果(部分)

Tips：输入表达式时注意确保使用英文输入法，若用中文输入法输入括号、斜杠等符号，在计算时会出错。

2. 设置网络数据集属性

Step1：在【目录】窗格中右键单击 Road 网络数据集，在弹出菜单中单击【属性】，打开【网络数据集属性】对话框。

Step2：在对话框中先单击左侧的【交通流量属性】，然后单击【成本】属性页，此时只有一个默认的【距离】成本。需要添加一个时间成本，单击页面上的【新建】工具☰，在弹出菜单中单击【新建】，新建一个成本，如图 6.2.29 所示。

Tips：如果此时新建菜单为不可用状态，要将网络数据集和分析图层从内容窗格中移除。

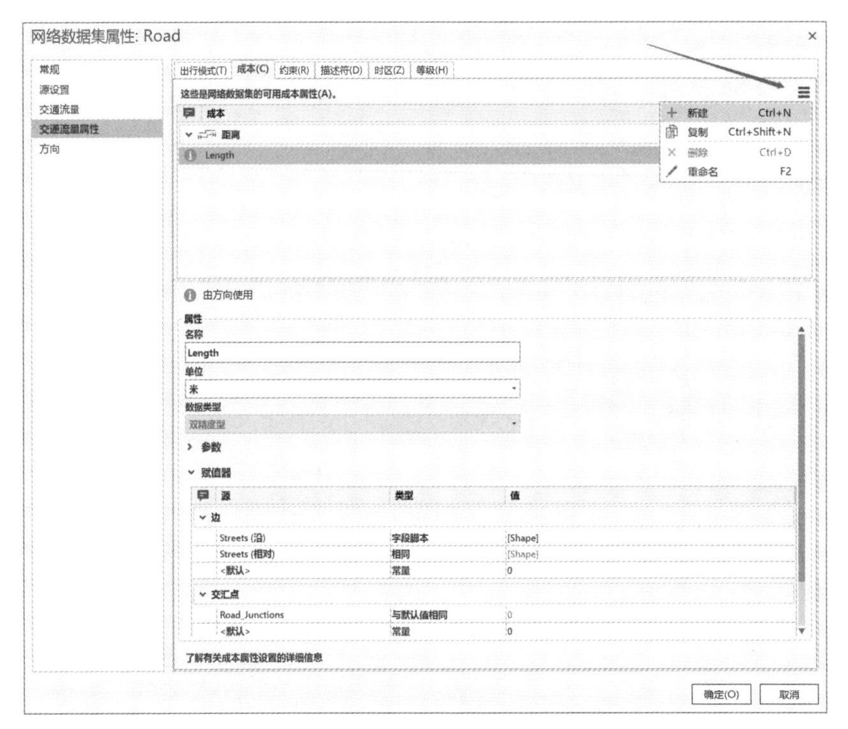

图 6.2.29　新建网络成本属性

Step3：在对话框中将新成本的【名称】命名为 **Time**，【单位】设置为**分钟**，在【赋值器】中，将【Streets(沿)】的类型设置为**字段脚本**，点击值字段的【字段脚本】计算工具☒为【值】字段赋值，Python 赋值脚本为！**TraTime**！，如图 6.2.30 所示，单击【确定】完成字段脚本赋值，返回【网络数据集属性】对话框，如图 6.2.31 所示。

思　考

6-4：本例采用 Python 语言脚本，如果用 VBScript 语言，脚本应该怎样写？

6-5：为什么这里的时间成本单位设置为分钟？

图 6.2.30　为网络边赋值

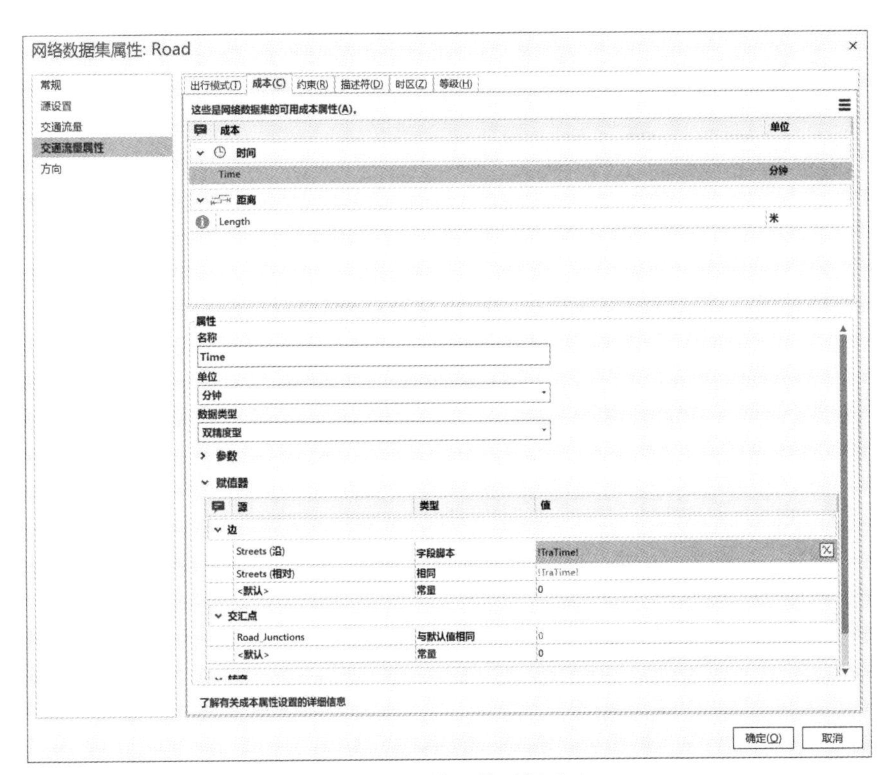

图 6.2.31　设置的时间成本

Step4：单击【确定】，完成时间成本的设置。

Step5：在【目录】窗格中右键单击【Road】网络数据集，在弹出菜单中单击【构建】，完成构建网络数据集。

3. 创建分析图层

Step1：在【地理处理】窗格中单击【工具箱】—【网络分析工具】—【分析】—【创建路径分析图层】，打开【创建路径分析图层】窗格。

Step2：在窗格中将【网络数据源】设置为 **Road**，【图层名称】命名为**成本路径**，其它保持默认设置，如图 6.2.32 所示。

Step3：单击【运行】，完成成本路径分析图层创建。

4. 添加停靠点

Step1：在【地理处理】窗格中单击【工具箱】—【网络分析工具】—【分析】—【添加位置】，打开【添加位置】窗格。

Step2：在窗格中，将【输入网络分析图层】设置为**成本路径**，将【子图层】设置为**停靠点**，将【输入位置】设置为 **Destination** 要素类，其它保持默认设置，如图 6.2.33 所示。

Step3：单击【运行】，完成停靠点添加。

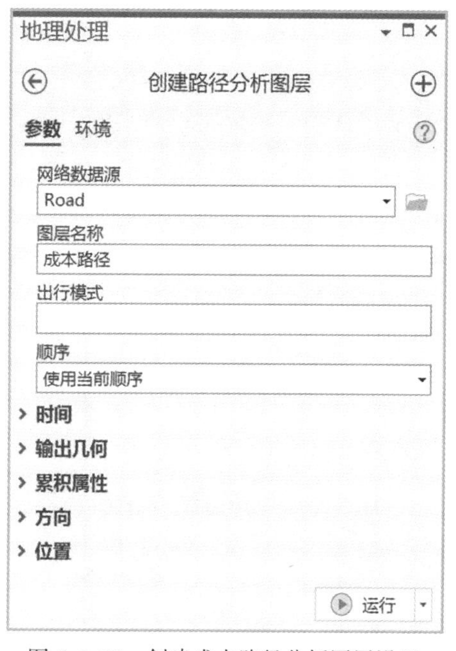

图 6.2.32 创建成本路径分析图层设置

图 6.2.33 添加停靠点

5. 路径分析

Step1：在功能区【网络分析】—【路径】选项卡单击【分析】组的【运行】，执行路径分析，结果如图 6.2.34 所示，可将该图与图 6.2.9 距离最短路径或图 6.2.26 设置了道路等级的距离最短路径进行比较，查看差异。

图 6.2.34　考虑时间成本的路径

思 考

6-6：如果以费用最少为标准求解最佳路径，该怎样设置？

Tips：通过查看【路径】图层的属性表可查看路径的总长度、花费的总时间。

6.2.6　设置约束的路径分析

在前面几节的分析中，默认所有道路都是可双向通行的，没有考虑道路对某些情况的限制，如单行道、限高等。这种情况在网络分析中是通过设置网络数据源的约束来解决的。

1. 设置网络数据集属性

Step1：将 **Road** 网络数据集和**成本路径**分析图层从【内容】窗格中移除。

Tips：若未移除，将无法设置网络属性。

Step2：在【目录】窗格中右键单击【Road】网络数据集，在弹出菜单中单击【属性】，打开【网络数据集属性】对话框。

Step3：在对话框中先单击左侧的【交通流量属性】，然后单击右侧的【约束】属性页，单击页面上的【新建】工具☰，在弹出菜单中单击【新建】，新建一个约束条件，如图

6.2.35 所示。

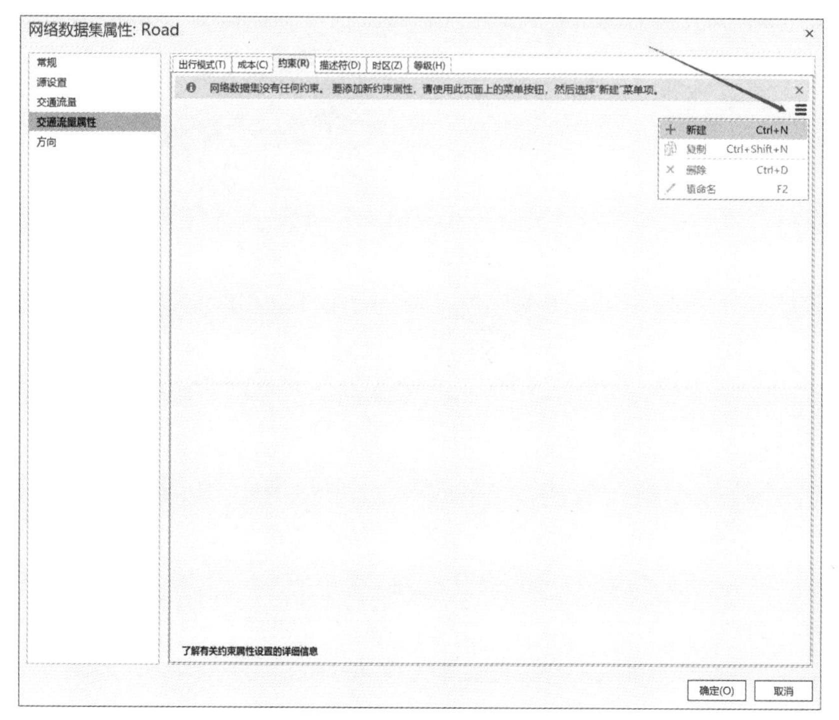

图 6.2.35 新建约束

Step4：在对话框中将新建约束的【名称】命名为**单行道**，【使用类型】设置为**禁止**，在【赋值器】中，将【Streets(沿)】的类型设置为**字段脚本**，通过单击值字段的【字段脚本】计算工具☒为【值】字段赋值，Python 赋值脚本为！**ONEWAY**！ = ='**TF**'，将【Streets(相对)】的类型设置为**字段脚本**，通过单击值字段的【字段脚本】计算工具☒为【值】字段赋值，Python 赋值脚本为！**ONEWAY**！ = ='**FT**'，如图 6.2.36 和图 6.2.37 所示。单击【确定】完成边的脚本赋值，回到【网络数据集属性】对话框，如图 6.2.38 所示。

Step5：单击【确定】，完成网络数据集的单行道约束设置。

Tips：此设置的功能：当边的 ONEWAY 字段符合禁止条件时，则该边禁止通行。

Step6：在【目录】窗格中右键单击 Road 网络数据集名，在弹出菜单中单击【构建】，完成构建网络数据集。

2. 创建分析图层

Step1：在【地理处理】窗格中单击【工具箱】—【网络分析工具】—【分析】—【创建路径分析图层】，打开【创建路径分析图层】窗格。

图 6.2.36　为 Streets(沿)边赋值

图 6.2.37　为 Streets(相对)边赋值

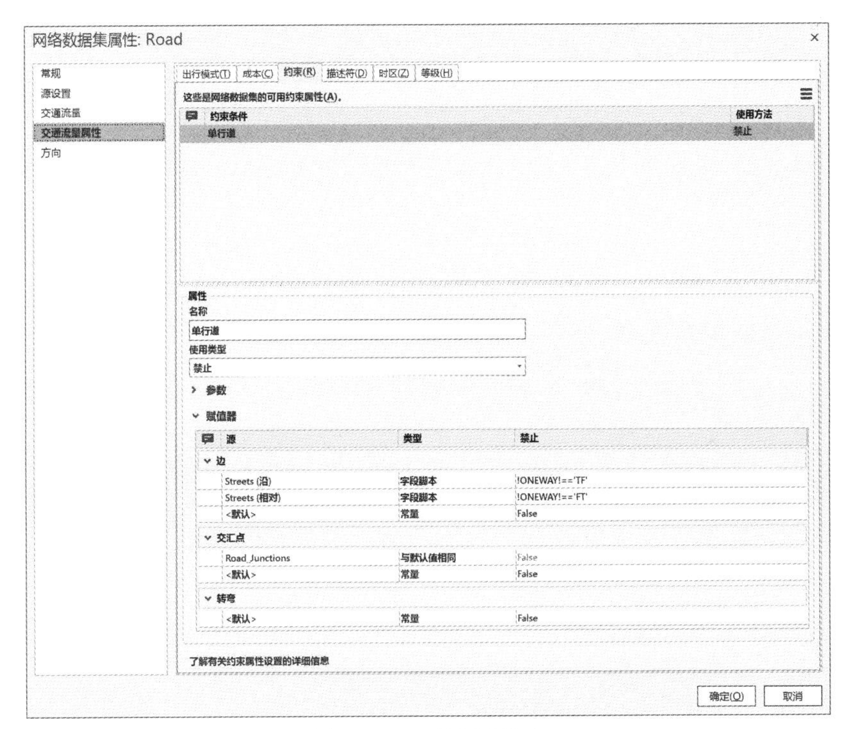

图 6.2.38　单行道约束

Step2：在窗格中，将【网络数据源】设置为网络数据集 **Road**，将【图层名称】命名为**约束路径**，其它保持默认设置，如图 6.2.39 所示。

Step3：单击【运行】，完成约束路径分析图层创建。

3. 添加停靠点

Step1：在【地理处理】窗格中单击【工具箱】—【网络分析工具】—【分析】—【添加位置】，打开【添加位置】窗格。

Step2：在窗格中，将【输入网络分析图层】设置为**约束路径**，【子图层】设置为**停靠点**，

【输入位置】设置为 **Destination**，其它保持默认设置，如图 6.2.40 所示。

Step3：单击【运行】，完成停靠点添加。

图 6.2.39　创建约束路径分析图层

图 6.2.40　添加约束路径分析停靠点

4. 设置分析图层属性

Step1：在【内容】窗格中右键单击【约束路径】图层名，在弹出菜单中单击【属性】，打开【图层属性】对话框。

Step2：在对话框中，单击【出行模式】—【约束】，**勾选**【单行道】属性，如图 6.2.41 所示。

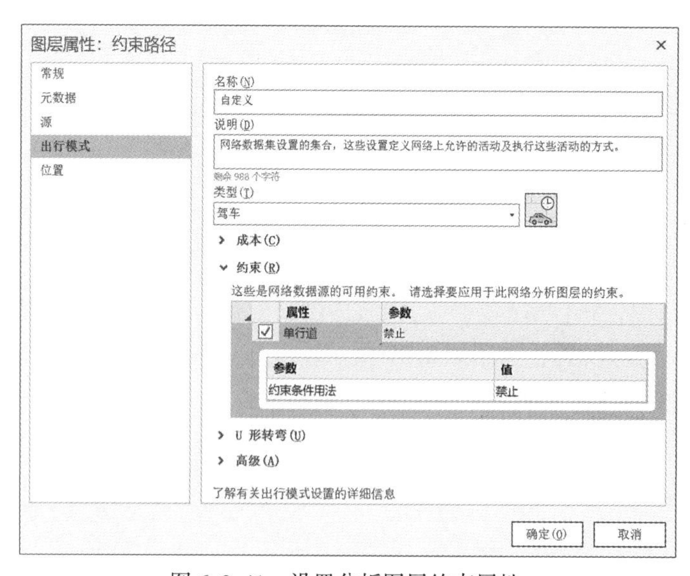

图 6.2.41　设置分析图层约束属性

Step3：单击【确定】完成分析图层的约束属性设置。

5. 路径分析

Step1：在功能区【网络分析】—【路径】选项卡单击【分析】组的【运行】，执行有约束的路径分析，结果如图 6.2.42 所示。

图 6.2.42　设置单行道约束的路径分析

设置单行道约束后，分析结果在停靠点 4 到停靠点 5 之间的路径发生了明显的变化。

Tips：由于本例在 6.2.5 节基础上完成，路径分析过程中不仅考虑了单行道约束，时间成本也被纳入，若删除网络数据集 Road 的 Time 成本属性，约束路径求解结果将与图 6.2.42 不同。

6.2.7　设置出行模式的路径分析

在分析中每次分别设置成本、约束等不但比较麻烦，而且容易出错，为了不用每次分析时都要设置这些参数，在 GeoScene Pro 中可通过设置出行模式统一管理。出行模式本质上是出行设置的模板。如设置行人出行模式、货车出行模式等。下面以设置小轿车出行模式为例。

1. 设置网络数据集属性

Step1：将 **Road** 网络数据集和**约束路径**分析图层从【内容】窗格中移除。

Step2：在【目录】窗格中右键单击网络数据集【Road】，在弹出菜单中单击【属性】，打开【网络数据集属性】窗口。

Step3：在窗口中先单击左侧的【交通流量属性】，然后单击右侧的【出行模式】属性页，单击该页上的【新建】工具☰，在弹出菜单中单击【新建】，新建一个出行模式，如图 6.2.43 所示。

Step4：将【新建出行模式】命名为**小轿车**，【类型】设置为**驾车**，【成本】设置为**时间成本**，**勾选**【约束】中的单行道，【高级】中**勾选**【使用等级】，如图 6.2.44 所示。

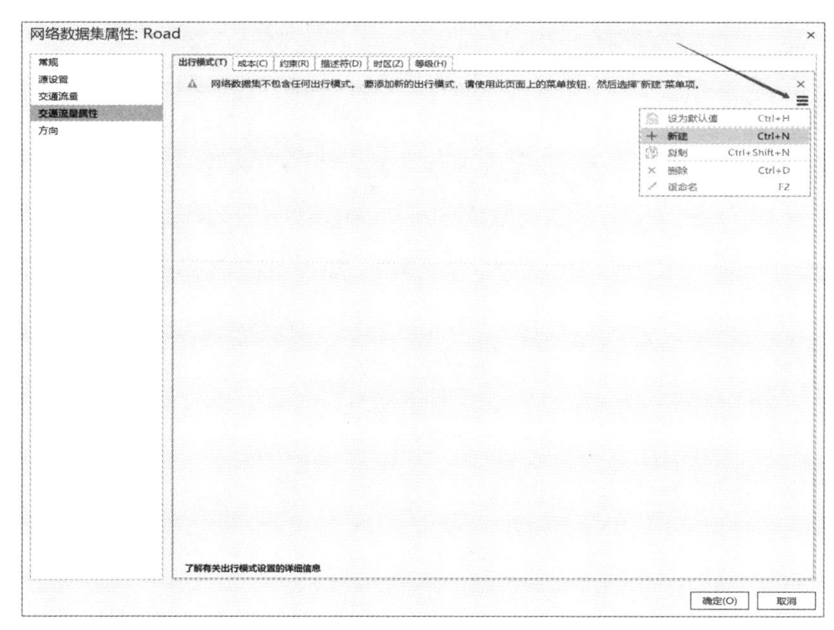

图 6.2.43　新建出行模式

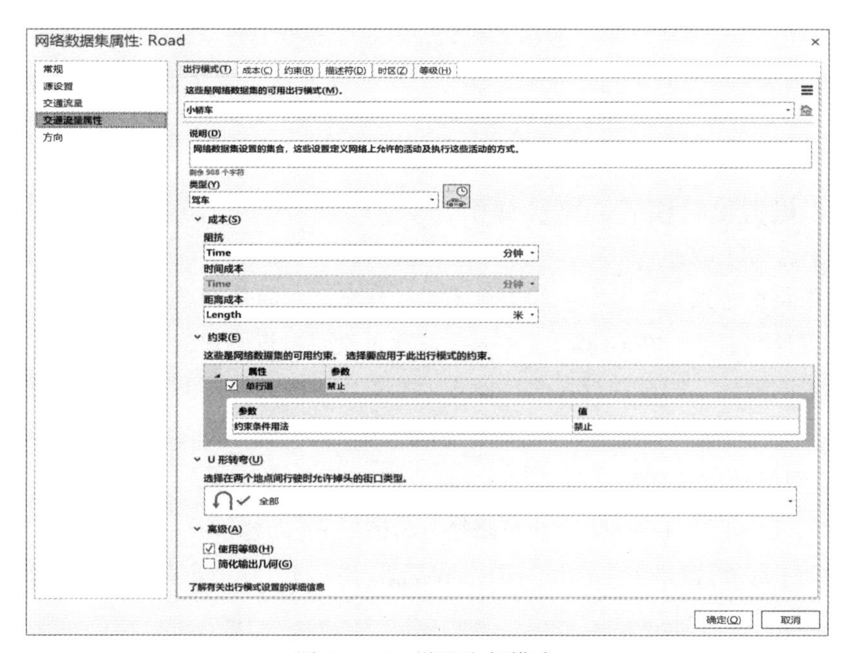

图 6.2.44　设置出行模式

Tips：设置出行模式属性页中这些选项的前提是成本、约束、等级等事先设置过，不同的出行模式激活不同的成本、约束、等级选项。

Step5：单击【确定】，完成小轿车出行模式设置。

Tips：出行模式设置并未修改和新设置网络属性，因此不需要对网络重新构建。

2. 创建分析图层

Step1：在【地理处理】窗格中单击【工具箱】—【网络分析工具】—【分析】—【创建路径分析图层】，打开【创建路径分析图层】窗格。

Step2：在窗格中，将【网络数据源】设置为网络数据集 **Road**，将【图层名称】命名为**模式路径**，将【出行模式】设置为**小轿车**，其它保持默认设置，如图 6.2.45 所示。

Step3：单击【运行】，完成出行模式路径分析图层创建。

3. 添加停靠点

Step1：在【地理处理】窗格中单击【工具箱】—【网络分析工具】—【分析】—【添加位置】，打开【添加位置】窗格。

Step2：在窗格中，将【输入网络分析图层】设置为**模式路径**，【子图层】设置为**停靠点**，【输入位置】设置为 **Destination**，其它保持默认设置，如图 6.2.46 所示。

Step3：单击【运行】，完成停靠点添加。

图 6.2.45 创建出行模式路径分析图层

图 6.2.46 添加模式路径分析停靠点

4. 路径分析

Step1：在功能区的【网络分析】—【路径】选项卡上单击【出行设置】组的【模式】，将其设置为**小轿车**，如图 6.2.47 所示。

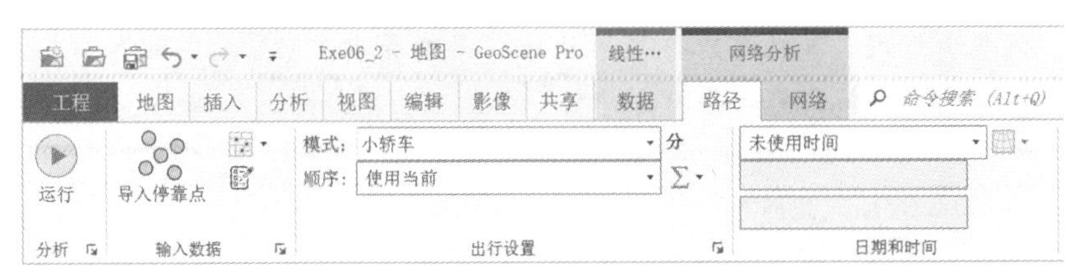

图 6.2.47　选择出行模式

Step2：在功能区单击【网络分析】—【路径】选项卡上【分析】组【运行】，完成网络分析，结果如图 6.2.48 所示。

图 6.2.48　小轿车模式的出行路径

可以看到，使用出行模式进行网络分析不需要一一设置道路等级、网络成本、网络约束等属性。一次设置，多次使用，节省时间并降低操作复杂程度。

6.3　创建服务区

在学习本节之前，如果要确定超市 3km 服务范围，大多数人会选择缓冲区分析。但是这样的解决方法忽视了无论是人还是车都必须在道路上通行的事实，得到的结果不够精确。为了得到更为精确的结果，需要基于道路的通行能力生成服务区域，在 GIS 中可以利用创建服务区工具来解决。

本节使用的数据是一个名为 Road 的网络数据集，一个名为 Stores 的点要素类，表示商店设施点。数据如图 6.3.1 所示。

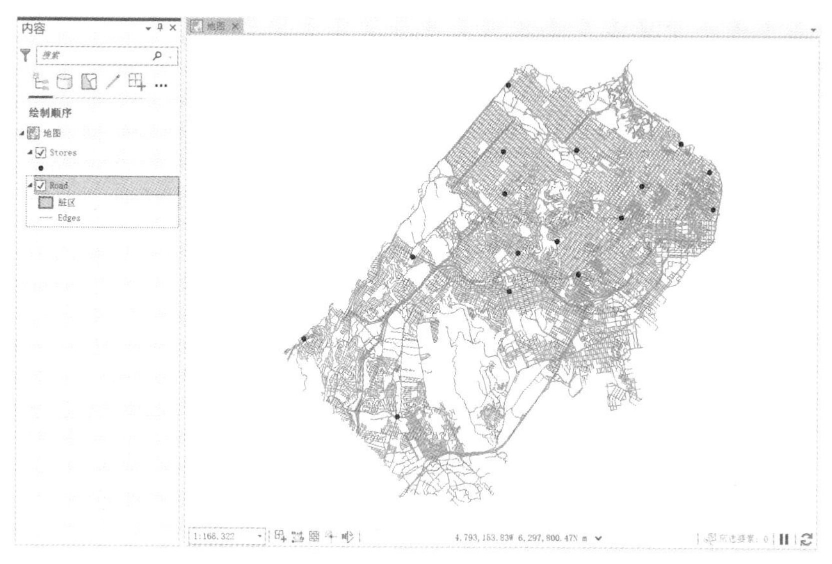

图 6. 3. 1　服务区分析数据概览

本节的分析目的是为商店确定范围分别为 1km、2km 和 5km 的服务区。

1. 创建分析图层

Step1：在本节数据文件夹中双击工程文件 Exe06_3. aprx，打开工程。

Step2：在【地理处理】窗格中单击【工具箱】—【网络分析工具】—【分析】—【创建服务区分析图层】，打开【创建服务区分析图层】窗格。

Step3：在窗格中，将【网络数据源】设置为 **Road**，【图层名称】命名为**服务区**，【中断】分别设置为 **1000**，**2000** 和 **5000**，其它保持默认设置，如图 6. 3. 2 所示。

【行驶方向】有两个选项：远离设施点、朝向设施点，表示路径行驶方向。由于道路在不同方向上的成本和约束可能不同，因此不同行驶方向的服务区可能不同。【中断】表示创建服务区的服务半径，读者也可以改变服务区数量。此处输入的中断值单位为米，表示分别建立路程半径为 1000m、2000m 和 5000m 的服务区。

思　考

6-7：怎样生成从商店出发驱车 5 分钟、10 分钟、15 分钟的服务区？

Step4：单击【运行】，完成创建服务区分析图层。

2. 添加设施点

Step1：在【地理处理】窗格中单击【工具箱】—【网络分析工具】—【分析】—【添加位置】，打开【添加位置】窗格。

Step2：在窗格中，将【输入网络分析图层】设置为**服务区**，【子图层】设置为**设施点**，【输入位置】设置为 **Stores**，其它保持默认设置，如图 6.3.3 所示。

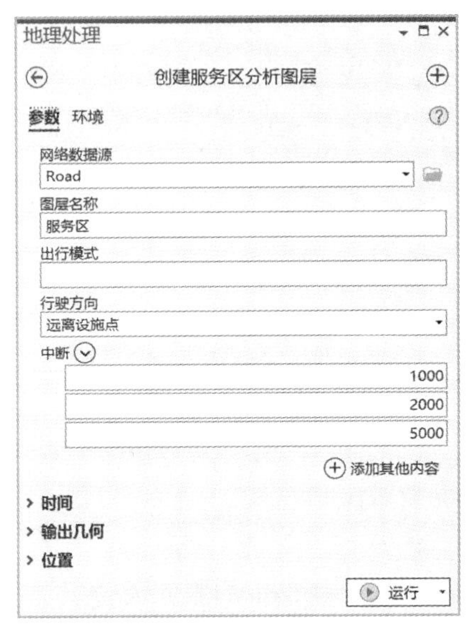

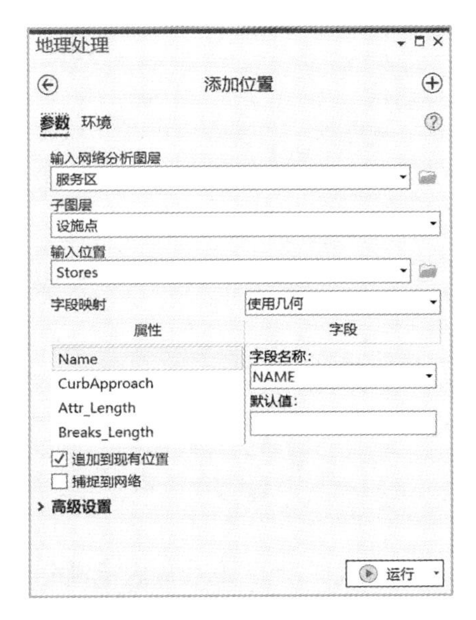

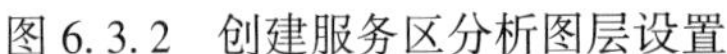

图 6.3.2　创建服务区分析图层设置　　　　图 6.3.3　添加设施点设置

Step3：单击【运行】，完成设施点的添加。

3. 服务区分析

Step1：在功能区的【网络分析】—【服务区】选项卡上单击【分析】组的【运行】，执行服务区分析，结果如图 6.3.4 所示。

图 6.3.4　服务区分析结果

生成的服务区是不规则的边界，沿路网延伸。

在生成服务区的过程中，也可以设置成本、约束、道路等级、出行模式等，设置方法参考6.2节。

6.4　最近设施点分析

寻找最近设施主要用于查找距某个事件点最近的指定数目的设施点，并设计到达这些设施点的路线。例如，对于火灾事件来说，最近设施是消防站；对于求医事件来说，最近设施是医院；而对于购物事件来说，最近设施是商店或超市。

最近设施点分析涉及两类点要素：一类为满足需求的设施点，如加油站、急救中心；另一类是提出需求的事件点，如需要加油的车所在位置、需要救治的病人所在位置。

本节分析使用的数据：网络数据集Road；设施点Hospitals点要素类，表示医院；事件点Community点要素类，表示社区，如图6.4.1所示。

6.4.1　固定数量设施点分析

找到从社区出发5km内最近的两所医院，并标出出行路线。

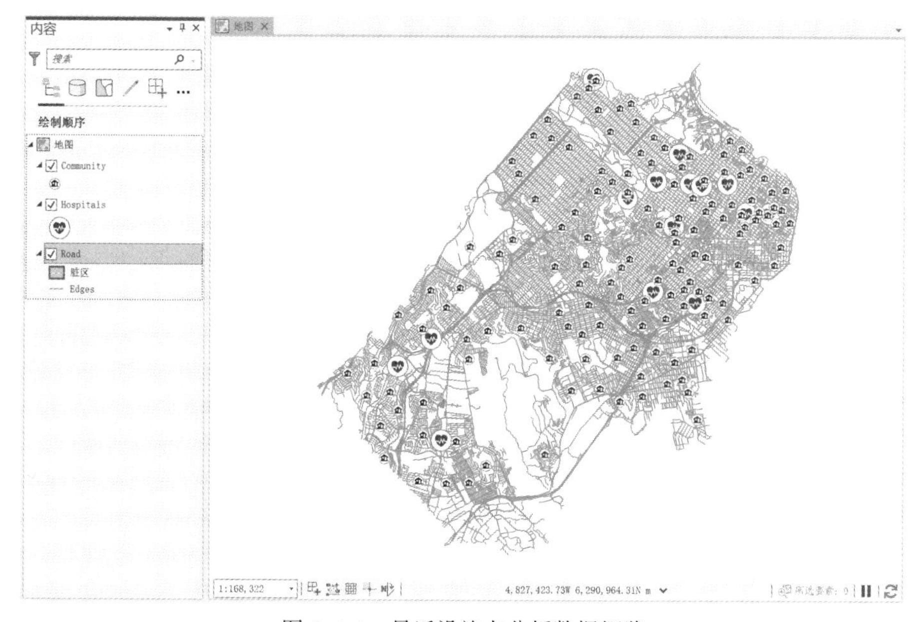

图6.4.1　最近设施点分析数据概览

1. 创建分析图层

Step1：在本节数据文件夹中双击工程文件 Exe06_4.aprx，打开工程。

Step2：在【地理处理】窗格中单击【工具箱】—【网络分析工具】—【分析】—【创建最近设施点分析图层】，打开【创建最近设施点分析图层】窗格。

Step3：在窗格中将【网络数据源】设置为 **Road**，【图层名称】命名为**最近设施点**，【中断】设置为 **5000**，【要查找的设施点数】设置为 **2**，其它保持默认设置，如图 6.4.2 所示。

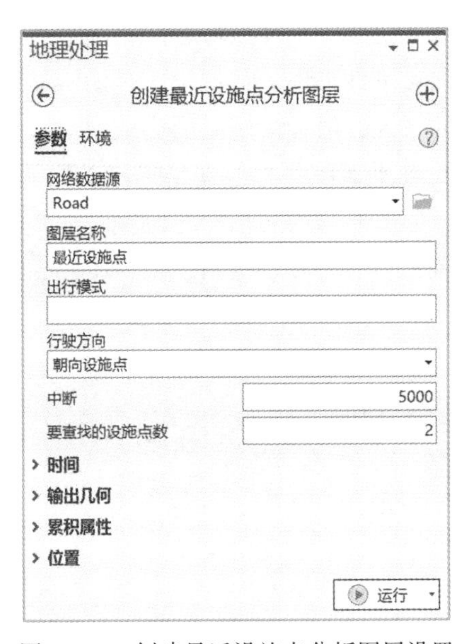

图 6.4.2　创建最近设施点分析图层设置

Step4：单击【运行】，完成创建最近设施点分析图层。

2. 添加设施点

Step1：在【地理处理】窗格中单击【工具箱】—【网络分析工具】—【分析】—【添加位置】，打开【添加位置】窗格。

Step2：在窗格中，将【输入网络分析图层】设置为**最近设施点**，【子图层】设置为**设施点**，【输入位置】设置为 **Hospitals**，其它保持默认设置，如图 6.4.3 所示。

Step3：单击【运行】，完成设施点添加。

3. 添加事件点

Step1：在【地理处理】窗格中单击【工具箱】—【网络分析工具】—【分析】—【添加位置】，打开【添加位置】窗格。

Step2：在窗格中，将【输入网络分析图层】设置为**最近设施点**，【子图层】设置为**事件点**，【输入位置】设置为 **Community**，其它保持默认设置，如图 6.4.4 所示。

Step3：单击【运行】，完成事件点添加。

图 6.4.3　设置设施点

图 6.4.4　设置事件点

4. 最近设施分析

Step1：在功能区的【网络分析】—【最近设施点】选项卡上单击【分析】组的【运行】，执行最近设施分析，结果如图 6.4.5 所示。

在结果中，标出了社区中心到路径距离 5km 范围内医院的出行路线。可以看到，并不是所有社区都有 2 条到医院的出行路线，这说明这些社区 5km 范围内只有 1 所医院或没有医院。因此，可以利用最近设施点分析进行公平性研究。

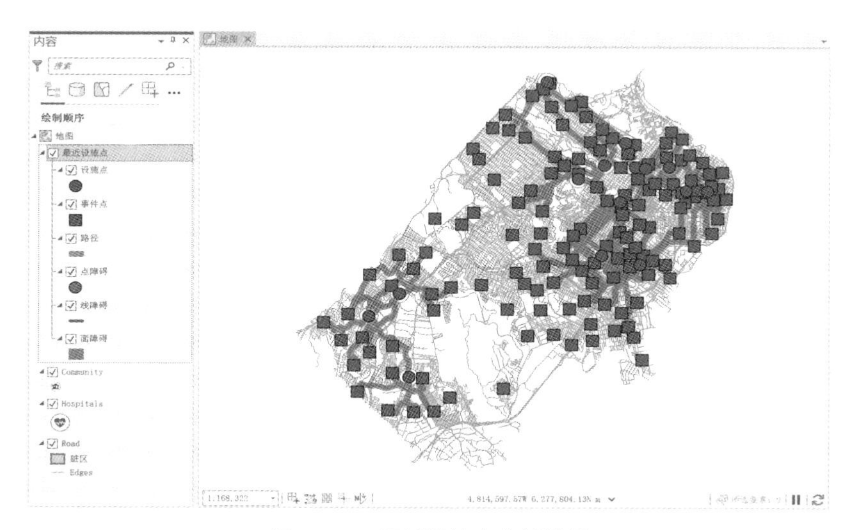

图 6.4.5　最近设施点分析结果

6.4.2 可变数量设施点分析

在上例中，对每个社区点是同等对待的，而实际上社区有大有小，对医院的需求也不同。以根据社区大小确定最近医院数量为例进行分析，分析目的是根据社区等级确定5km范围内的医院并给出出行路线。为了使读者更清楚地观察到分析结果，本例仅使用OBJECTID为169的一个社区点为例，在上一节分析的基础上继续进行分析。

1. 选择社区点

Step1：在【内容】窗格中单击Community图层以激活该图层，在功能区的【要素图层】选项卡的【选择】组单击【按属性选择】工具，打开【按属性选择】对话框。

Step2：在对话框中，将【输入图层】设置为**Community**，【选择类型】设置为**新建选择内容**，【表达式】设置为**OBJECTID 等于 169**，如图6.4.6所示。

Step3：单击【应用】，完成选择169号社区点。

2. 创建分析图层

Step1：在【地理处理】窗格中单击【工具箱】—【网络分析工具】—【分析】—【创建最近设施点分析图层】，打开【创建最近设施点分析图层】窗格。

Step2：在窗格中将【网络数据源】设置为**Road**，【图层名称】命名为**可变最近设施点**，【中断】设置为**5000**，其它保持默认设置，如图6.4.7所示。

Step3：单击【运行】，完成创建最新设施点分析图层。

图6.4.6 选择169号社区点

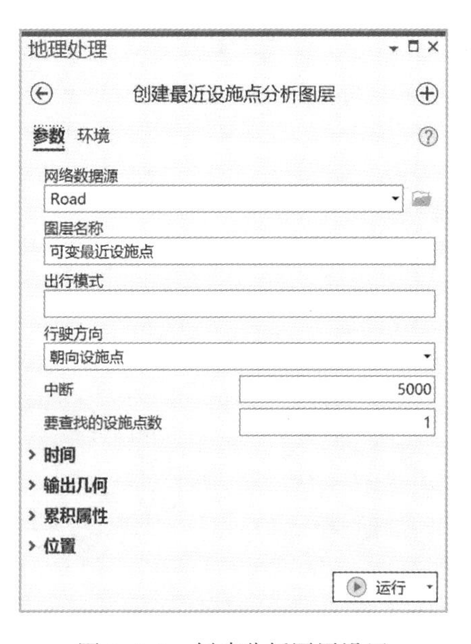

图6.4.7 创建分析图层设置

3. 添加设施点

Step1：在【地理处理】窗格中单击【工具箱】—【网络分析工具】—【分析】—【添加位置】，打开【添加位置】窗格。

Step2：在窗格中，将【输入网络分析图层】设置为**可变最近设施点**，【子图层】设置为**设施点**，【输入位置】设置为 **Hospitals**，其它保持默认设置，如图 6.4.8 所示。

Step3：单击【运行】，完成设施点添加。

4. 添加事件点

Step1：在【地理处理】窗格中单击【工具箱】—【网络分析工具】—【分析】—【添加位置】，打开【添加位置】窗格。

Step2：在窗格中，将【输入网络分析图层】设置为**可变最近设施点**，【子图层】设置为**事件点**，【输入位置】设置为 **Community**，在【字段映射】中建立 **TargetFacilityCount**【属性】和 **GRADE**【字段】的映射，其它保持默认设置，如图 6.4.9 所示。

Step3：单击【运行】，完成事件点添加。

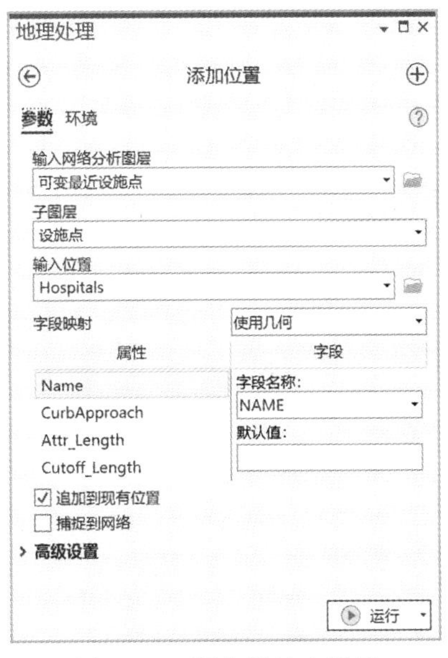

图 6.4.8　添加设施点设置

图 6.4.9　添加事件点设置

5. 最近设施分析

Step1：在功能区的【网络分析】—【最近设施点】选项卡上单击【分析】组的【运行】，执行可变设施数量的最近设施分析，结果如图 6.4.10 所示。

虽然在创建分析图层时【要查找的设施点数】采用的是系统默认值 1，但在设置事件点时对 TargetFacilityCount 属性进行了设置，其优先级更高。TargetFacilityCount 属性表示对该事件点找到几个最近设施点，故最近设施求解时需根据 169 号社区点的 GRADE 属性值 4

确定最近设施点数量。在分析结果中，找到了从该事件点出发 5km 范围内最近的 4 所医院及通行路径。

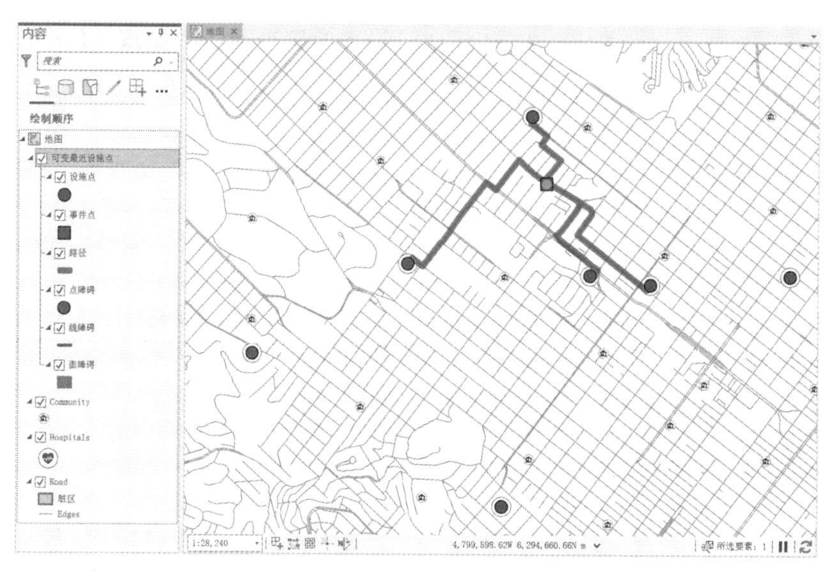

图 6.4.10　可变设施数量的最近设施点

6.5　位置分配分析

位置分配分析通常用于选址，通过设置目标和约束解决设施点和请求点供需优化匹配问题。对于给定的目标和请求点，在给定约束下，如何设置设施点、满足要求的设施点分别服务于哪些请求点，是位置分配分析要解决的问题。

在 GeoScene Pro 中，根据目标和约束的不同，可以解决 7 种不同类型的位置分配问题。这 7 种问题大致可以分为两大类：最小阻抗问题和最大覆盖问题。最小阻抗问题将成本总和最小作为设施点选址目标，主要用于服务公平性问题的解决；最大覆盖问题将中断内覆盖最大作为设施点选址目标，主要用于服务效率问题的解决。具体说明见表 6.5.1，表中除最小化阻抗外，其余 6 种类型的问题均为最大覆盖问题或最大覆盖问题的衍生。

表 6.5.1　　**位置分配问题类型**

问题类型	设施点选址目标	设施点选址约束	应用场景示例
1. 最小化阻抗	在中断内，确定请求点与设施点之间的成本或加权成本之和最小的指定数量设施点	无	物流配送中心、图书馆、垃圾站等的选址

续表

问题类型	设施点选址目标	设施点选址约束	应用场景示例
2. 最大化覆盖范围	在中断内，确定尽可能多的覆盖请求点的指定数量设施点	无	消防站、急救中心等的选址
3. 最大化有容量限制的覆盖范围	在 2 的基础上，设置设施点约束	不能超出设施点最大容量	
4. 最大化覆盖范围和最小化设施点	在 2 的基础上，不指定设施点数量	覆盖请求点的设施数量尽可能少	
5. 最大化人流量	在 2 的基础上，假定请求权重随距离的增加而降低	对请求根据距离加权	无竞争或少竞争商店的选址
6. 最大化市场份额	在 2 的基础上，设定各请求点权重	重叠区域按权重分配份额	竞争型商店的选址
7. 目标市场份额	在 2 的基础上，设定各请求点权重	按请求点权重计算市场份额	竞争型商店的选址

本节分析使用的数据为一个名为 Road 的网络数据集，存储在要素数据集 Transport 中，三个点要素类：Community、Libraries 和 Stores，分别表示社区人口重心、图书馆和商店，如图 6.5.1 所示。

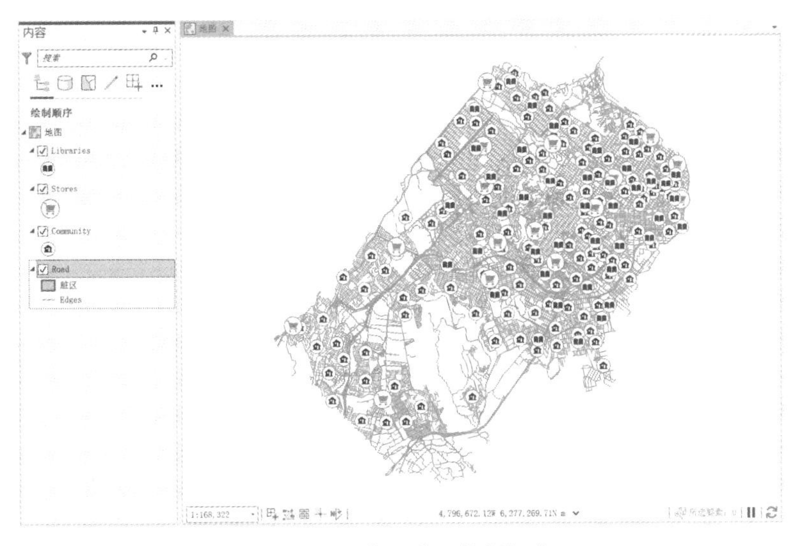

图 6.5.1　位置分配数据概览

6.5.1　最小化阻抗

本节以为图书馆位置分配分析为例。图书馆是公共服务设施，选址目标是公众到达选定图书馆所需行进的总距离最小，该选址属于最小阻抗问题。本例要在已有的图书馆中找出在3km范围内，所服务人群的总通行距离最短的30个图书馆。

1. 创建分析图层

Step1：在本节数据文件夹中双击工程文件 Exe06_5. aprx，打开工程。

Step2：在【地理处理】窗格中单击【工具箱】—【网络分析工具】—【分析】—【创建位置分配图层】，打开【创建位置分配图层】窗格。

Step3：在窗格中，将【网络数据源】设置为 Road，【图层名称】命名为**图书馆选址**，【行驶方向】设置为**朝向设施点**，【问题类型】设置为**最小化阻抗**，【中断】设置为**3000**，【要查找的设施点数】设置为**30**，其它保持默认设置，如图 6. 5. 2 所示。

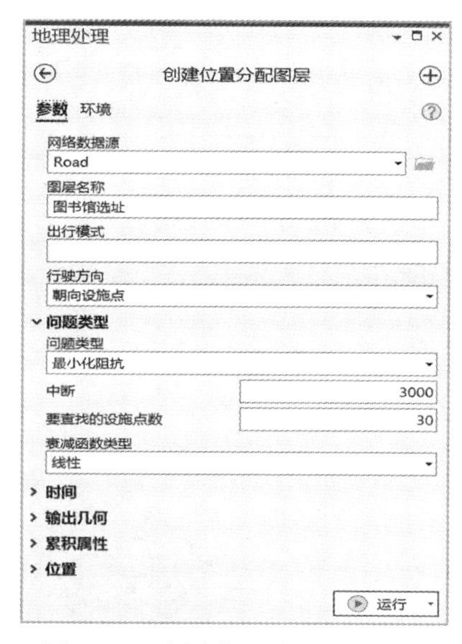

图 6. 5. 2　创建位置分配图层设置

思 考

6-8：行驶方向设置为远离设施点可行吗？区别是什么？

【中断】为图书馆的服务范围，【要查找的设施点数】为在候选设施中选出的设施数。

Step4：单击【运行】，完成创建分析图层。

2. 添加设施点

Step1：在【地理处理】窗格中单击【工具箱】—【网络分析工具】—【分析】—【添加位置】，打开【添加位置】窗格。

Step2：在窗格中将【输入网络分析图层】设置为**图书馆选址**，【子图层】设置为**设施点**，

【输入位置】设置为 **Libraries**，其它保持默认设置，如图 6.5.3 所示。

Step3：单击【运行】，完成添加设施点。

3. 添加请求点

Step1：在【地理处理】窗格中单击【工具箱】—【网络分析工具】—【分析】—【添加位置】，打开【添加位置】窗格。

Step2：在窗格中将【输入网络分析图层】设置为**图书馆选址**，【子图层】设置为**请求点**，【输入位置】设置为 **Community**，其它保持默认设置，如图 6.5.4 所示。

Step3：单击【运行】，完成添加请求点。

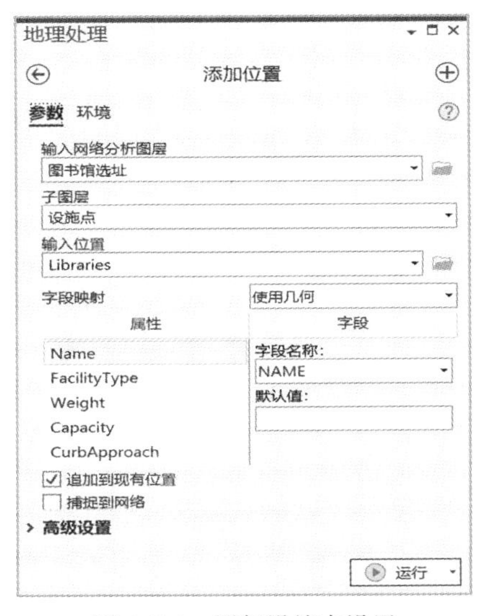

图 6.5.3 添加设施点设置

图 6.5.4 添加请求点设置

4. 设置位置分配参数

在【网络分析】选项卡中有一系列进行位置分配分析的组，见图 6.5.5，包括分析、输入数据、出行设置、问题类型、日期和时间以及输出几何组，这些参数可在创建位置分配分析图层时设置，也可在位置分配分析图层创建后进行修改。

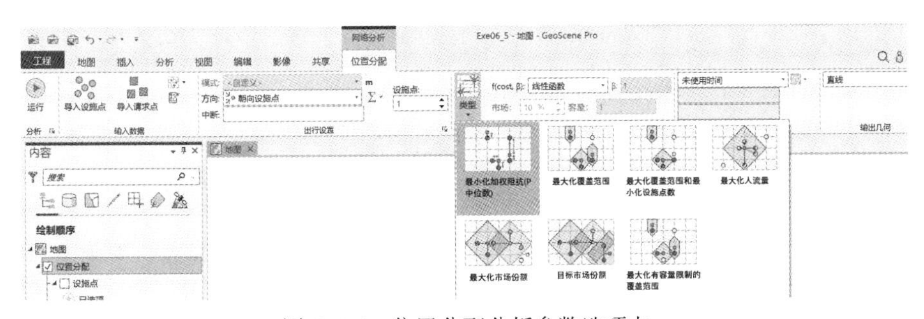

图 6.5.5 位置分配分析参数选项卡

【问题类型】卡组主要用于设置问题分析的类型以及相关参数，类型包括本节开头处介绍的7种类型。本小节要解决的问题为最小化阻抗问题，为默认选项，故不做修改。【成本变换函数】参数用于设置较为复杂的路径成本，可设置对设施点和与请求点间网络成本进行变换的方程，方法有线性函数、幂函数和指数函数。可通过调节【β】的值调节衰减函数形式。【市场】和【容量】两个参数仅在**目标市场份额**问题和**最大化有容量限制的覆盖范围**问题解决时设置。

当成本单位基于时间时，通过设置【日期和时间】卡组中的参数进行设定。使用的前提是网络数据集应该已包括动态的通行能力数据。

【输出几何】卡组用于设置是否输出设施点和请求点的连线。

本例在创建位置分配图层时已进行设置，无更改需求，故全部采用默认设置。

5. 位置分配分析

Step：在功能区的【网络分析】—【位置分配】选项卡上单击【分析】组的【运行】，执行位置分配分析，结果如图6.5.6所示。

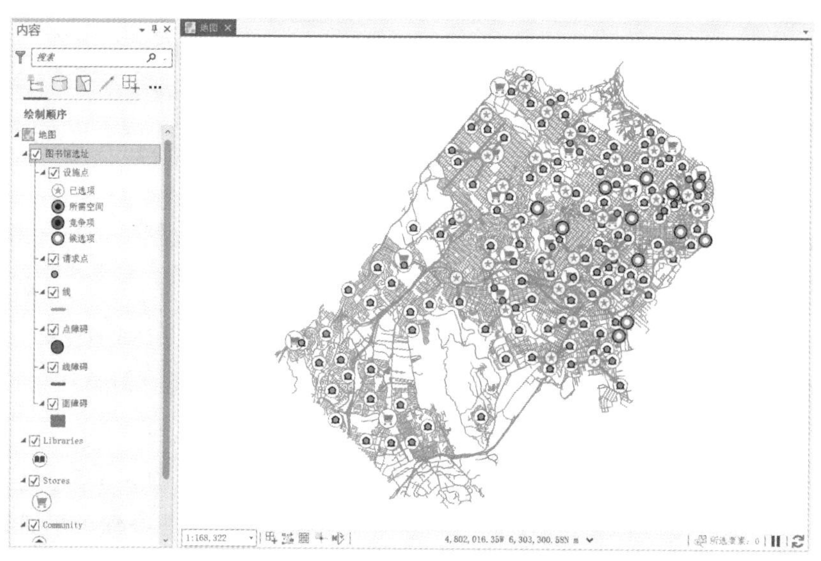

图6.5.6　图书馆选址结果

在分析结果中，图书馆与社区点的连线表示图书馆服务的对应社区。在图6.5.6中，有些社区点没有连接的图书馆，有些图书馆没有服务的社区，这说明有些社区在3km范围内得不到图书馆服务，而有些图书馆服务不到3km范围之内的居民。这时就需要对现有图书馆进行调整，如撤销利用率不高的图书馆，在未得到服务的地区新建图书馆。

Tips：虽然求解的起点—目的地链接输出的是直线，但这些线的属性表中存储的实际值是网络距离，而不是直线距离。

思 考

6-9：假如选 15 分钟车程之内能够覆盖最多社区的 30 个图书馆，该怎样设置？

6-10：示例中服务对象是社区点，没有考虑社区的人数，假如考虑社区人数，该怎样设置？假如考虑图书馆容量，又该怎样设置？

6.5.2 最大化覆盖范围

本节以主要提供外卖服务的商店选址为例。作为以外卖配送业务为主的商店，选址目标为在一定范围内可以覆盖更多的人，属最大覆盖问题。本例以在已有的 16 个商店中确定 5km 服务范围内服务最多社区的 10 个商店为目标进行位置分配分析。

1. 创建分析图层

Step1：在【地理处理】窗格中单击【工具箱】—【网络分析工具】—【分析】—【创建位置分配图层】，打开【创建位置分配图层】窗格。

Step2：在窗格中，将【网络数据源】设置为 **Road**，【图层名称】设置为**商店选址**，【问题类型】设置为**最大化覆盖范围**，【中断】设置为 **5000**，【要查找的设施点数】设置为 **10**，其它保持默认设置，如图 6.5.7 所示。

图 6.5.7 创建位置分配图层设置

思考

6-11：为什么在这里将行驶方向设置为远离设施点？

Step3：单击【运行】，完成创建位置分配图层。

2. 添加设施点

Step1：在【地理处理】窗格中单击【工具箱】—【网络分析工具】—【分析】—【添加位置】，打开【添加位置】窗格。

Step2：在窗格中将【输入网络分析图层】设置为**商店选址**，【子图层】设置为**设施点**，【输入位置】设置为 **Stores**，其它保持默认设置，如图 6.5.8 所示。

Step3：单击【运行】，完成添加设施点。

3. 添加请求点

Step1：在【地理处理】窗格中单击【工具箱】—【网络分析工具】—【分析】—【添加位置】，打开【添加位置】窗格。

Step2：在窗格中将【输入网络分析图层】设置为**商店选址**，【子图层】设置为**请求点**，【输入位置】设置为 **Community**，其它保持默认设置，如图 6.5.9 所示。

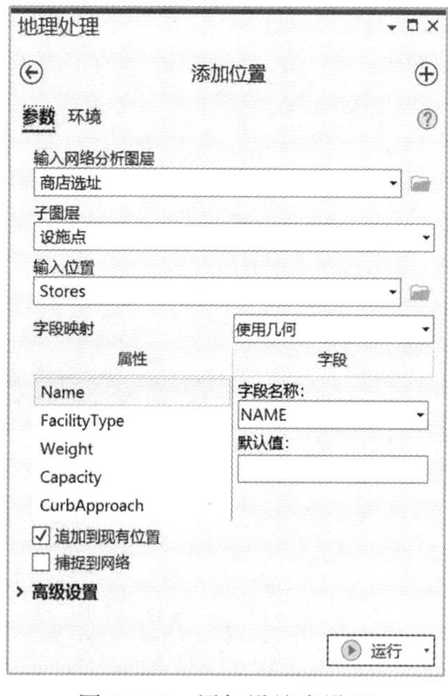

图 6.5.8　添加设施点设置

图 6.5.9　添加请求点设置

Step3：单击【运行】，完成添加请求点。

4. 设置位置分配参数

本例在创建位置分配分析图层时已进行设置，无更改需求，故全部采用默认设置。

5. 位置分配分析

Step1：在功能区的【网络分析】—【位置分配】选项卡上单击【分析】组的【运行】，执行位置分配分析，结果如图 6.5.10 所示。

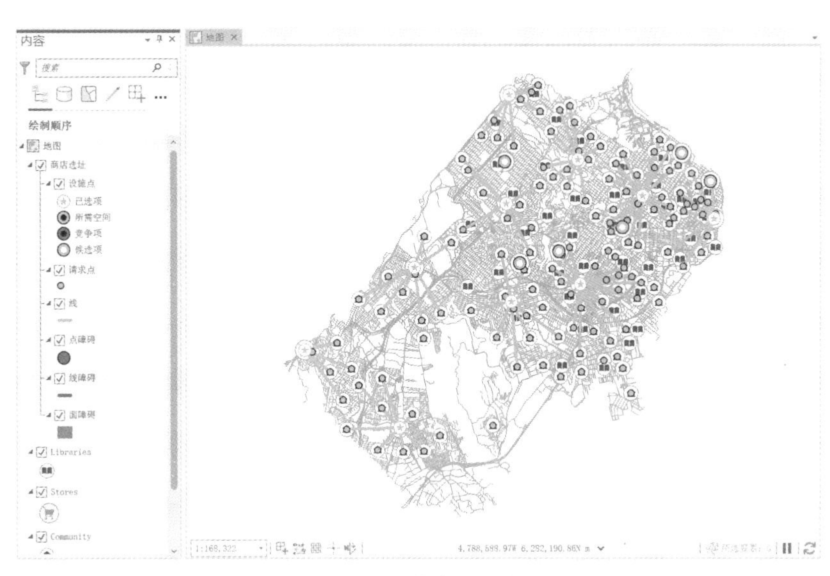

图 6.5.10　商店选址结果

分析结果为周边 5km 范围内所有社区点到商店的通行距离总和最小的 10 个商店，连线表示商店服务的对应社区。

思　考

6-12：假如选址目标为商店一定范围内服务人口最多，应该如何设置？如何操作？

6-13：假如选址目标不变，选址商店为以社区配送为主的生鲜商店，应该如何设置？如何操作？

6.6　OD 成本矩阵分析

OD 指出发点到目的地的路径，O 是 Original，指出发地；D 是 Destination，指目的地。OD 成本矩阵分析可获得在网络中从出发点到服务范围内所有目的地的最小成本路径，可用于在网络中查找和测量从多个起始点到多个目的地的路径。

本节的分析目的：创建商店到3km范围内最近的10个社区的OD成本矩阵。使用的数据：网络数据集Road；点要素类Community，表示社区；点要素类Stores，表示商店，如图6.6.1所示。

图6.6.1 OD成本矩阵分析数据概览

1. 创建分析图层

Step1：在【地理处理】窗格中单击【工具箱】—【网络分析工具】—【分析】—【创建OD成本矩阵分析图层】，打开【创建OD成本矩阵分析图层】窗格。

Step2：在窗格中，将【网络数据源】设置为**Road**，【图层名称】命名为**OD成本矩阵**，【中断】设置为**3000**，【要查找的目的地数】设置为**10**，其它保持默认设置，如图6.6.2所示。

Step3：单击【运行】，完成创建OD成本矩阵分析图层。

2. 添加起始点

Step1：在【地理处理】窗格中单击【工具箱】—【网络分析工具】—【分析】—【添加位置】，打开【添加位置】窗格。

Step2：在窗格中将【输入网络分析图层】设置为**OD成本矩阵**，【子图层】设置为**起始点**，【输入位置】设置为**Stores**，其它保持默认设置，如图6.6.3所示。

Step3：单击【运行】，完成添加起始点。

3. 添加目的地点

Step1：在【地理处理】窗格中单击【工具箱】—【网络分析工具】—【分析】—【添加位置】，打开【添加位置】窗格。

Step2：在窗格中将【输入网络分析图层】设置为**OD成本矩阵**，【子图层】设置为**目的**

地，【输入位置】设置为 **Community**，其它保持默认设置，如图 6.6.4 所示。

Step3：单击【运行】，完成添加目的地点。

图 6.6.2　创建 OD 成本矩阵分析设置

图 6.6.3　添加起始点设置

图 6.6.4　添加目的地点设置

4. OD 成本矩阵分析

Step1：在功能区的【网络分析】—【OD 成本矩阵】选项卡上单击【分析】组的【运行】▶，执行位置分配分析，结果如图 6.6.5 所示。

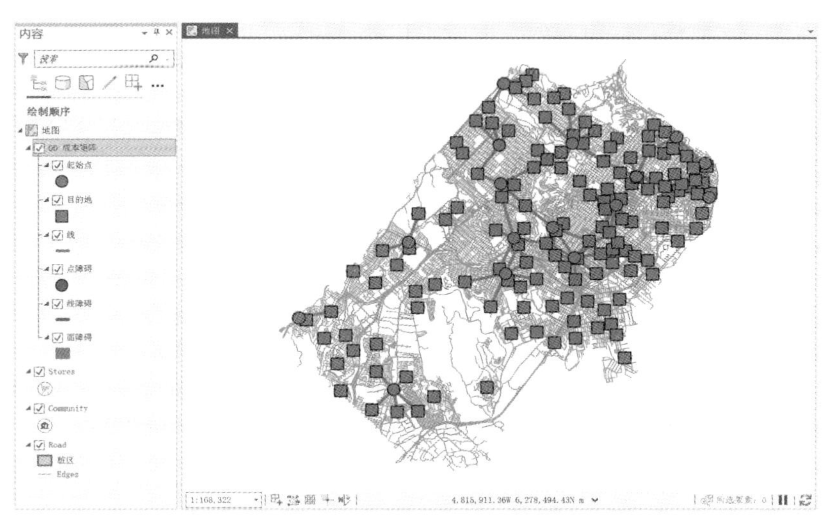

图 6.6.5　OD 成本矩阵分析结果

打开 OD 成本矩阵图层组中【线】图层的属性表，可查看满足条件商店与其所服务社区的对应关系。在属性表中 Name 标明了起始点商店和目的地点社区的连接对，同时也列出了每个连接对在网络中的路程累积成本 Total_Length，如图 6.6.6 所示。

线

字段：添加　计算　选择：按属性选择　缩放至　切换　清除　删除　复制

	ObjectID *	Shape *	Name	OriginID	DestinationID	DestinationRank	Total_Length	Shape_Length
1	1	折线	Store_1 - 地点 22	1	22	1	919.178963	720.65617
2	2	折线	Store_1 - 地点 17	1	17	2	1821.864752	1297.085093
3	3	折线	Store_1 - 地点 18	1	18	3	2262.850216	1712.130549
4	4	折线	Store_1 - 地点 15	1	15	4	2440.943264	1749.85158
5	5	折线	Store_1 - 地点 25	1	25	5	2450.382235	2014.288198
6	6	折线	Store_2 - 地点 20	2	20	1	1214.02674	1040.139291
7	7	折线	Store_2 - 地点 26	2	26	2	1936.199637	1423.467555
8	8	折线	Store_2 - 地点 19	2	19	3	2166.458678	2026.468419
9	9	折线	Store_2 - 地点 28	2	28	4	2478.450571	2187.791545
10	10	折线	Store_3 - 地点 93	3	93	1	662.894033	489.034137
11	11	折线	Store_3 - 地点 91	3	91	2	837.327079	617.259637
12	12	折线	Store_3 - 地点 87	3	87	3	1675.742477	865.182627
13	13	折线	Store_3 - 地点 95	3	95	4	1847.045827	1499.161052
14	14	折线	Store_3 - 地点 94	3	94	5	1960.838402	1521.513252
15	15	折线	Store_3 - 地点 89	3	89	6	2290.115943	1783.559801
16	16	折线	Store_3 - 地点 29	3	29	7	2331.757455	2242.561447

已选择 0 个，共 115 个　过滤器：　100%

图 6.6.6　OD 成本矩阵分析结果线属性表(部分)

网络分析为我们提供了多种分析功能，在基础设置的基础上，通过对网络数据集属性的设置，如成本、约束、等级、高程、连通性等，以及分析图层中如 TargetDestination Count、CurbApproach、Cutoff_Length 等保留字段与位置图层的字段映射关系的设置，可以完成更复杂和精细的分析。

第7章 表面分析

数字高程模型(Digital Elevation Model，DEM)是以数字形式表示高程分布的模型，通常被视为三维模型，而其实质是一种2.5维的表面模型，因为在高程域上只有表面的数据，并没有布满整个三维空间的数据。

在GIS中通常用规则格网(GRID)或不规则三角网(TIN，Triangulated Irregular Network)的数据模型来存储DEM数据，以多种形式可视化DEM数据，如等高线、山体阴影图等。同时可以对DEM进行基于高程的分析，如坡度分析、坡向分析、通视分析等。

在DEM中，第三维的数据是高程，而在实际应用过程中还可以将其它属性作为第三维数据进行存储、表达、显示和分析，如温度、湿度、人口数量、房价等，此时，DEM就升级成为DTM(Digital Terrain Model，数字表面模型)。利用数字表面模型可以方便用户直观地理解和分析相关数据。

本章主要介绍如何建立和使用DEM。在GeoScene Pro中DEM建立和分析的工具主要集中在三维分析工具箱和空间分析工具箱中，其中三维分析工具箱的工具主要面向TIN数据，空间分析工具箱的工具主要面向GRID数据。

7.1 生成栅格

此处栅格指规则格网数字高程模型，是一种栅格数据模型，在本章中，所涉及的栅格均指规则格网数字高程模型。一般来说，对于同一区域，格网划分越细，模型精度越高。但并非格网划分越细越好，如果采样点稀疏的话，细分格网意义不大，格网密度应和使用目的、采样点密度相适应。

在GeoScene Pro中生成栅格有两个途径：一是基于原始高程采样点通过内插算法生成栅格；二是基于其它含高程信息的数据，如TIN或等高线生成栅格，其原理是在TIN或等高线上提取高程点，再进行内插，本质上也是高程点内插。

本节使用的数据为一个点要素类Height，为高程采样点；一个线要素类RiverSide，为河流边界，数据如图7.1.1所示。

图 7.1.1　生成栅格数据概览

7.1.1　高程点生成栅格

从高程点生成栅格采用内插的方法，GeoScene Pro 提供了反距离权重法、含障碍的样条函数法、克里金法、趋势面法、样条、自然邻域法等八种插值方法。每种方法有不同的适用场景，最常用的方法是反距离权重法、样条函数法、趋势面法和克里金法。

Tips：利用内插算法从高程采样点生成的连续的表面不仅可以表示高程的分布，将高程替换为温度、湿度、密度等其它值也可以表示这些值的连续分布，并且进行预测。

1. 生成普通栅格

Step1：双击本节数据文件夹下的工程文件 Exe07_1. arpx，打开工程。

Step2：在【地理处理】窗格中单击【工具箱】—【空间分析工具】—【插值分析】—【反距离权重法】，打开【反距离权重法】窗格。

Tips：【三维分析工具】—【栅格】—【插值分析】工具集下同样有【反距离权重法】工具以及其它几种插值工具。这些工具和【空间分析工具箱】中的插值工具是相同的。

Step3：在窗格中，将【输入点要素】设置为 **Height**，【Z 值字段】设置为 **ELEVATION**，【输出栅格】命名为 **Idw_Height**，其它保持默认设置，如图 7.1.2 所示。

反距离权重法遵循地理学第一定律：距离衰减定律，采用距离之幂的倒数作为权重。【Z 值字段】指第三维的值，当生成数字高程模型时，将 Z 值设置为高程字段，若生成其它表面模型，则需要将 Z 值设置为相应的属性，如生成温度表面模型，将 Z 值设置为表示温度的字段。若用户未设置【输出像元大小】，系统会使用输入图层的宽度和高度中较小的那个值除以 250 的结果作为输出像元大小。【幂】指用距离的几次幂的倒数作为权重，幂的取值根据研究的具体问题决定，最常见的是用距离 2 次幂的倒数作为权重，默认值为 2。【搜索半径】用于确定进行插值计算的点的范围，当选择【变量】搜索半径时，需要设置【点数】，可限定搜索的【最大距离】，默认采用图层范围的对角线长度；当选择【固定】搜索半径时，由用户输入距离，默认采用【输出像元大小】的 5 倍作为距离半径，可限定参与插值的【最小点】数量，默认值为 0。

思 考

7-1：进行插值时，在设置像元大小时应考虑哪些因素？

Step4：单击【运行】，完成栅格插值计算，得到的栅格如图 7.1.3 所示。

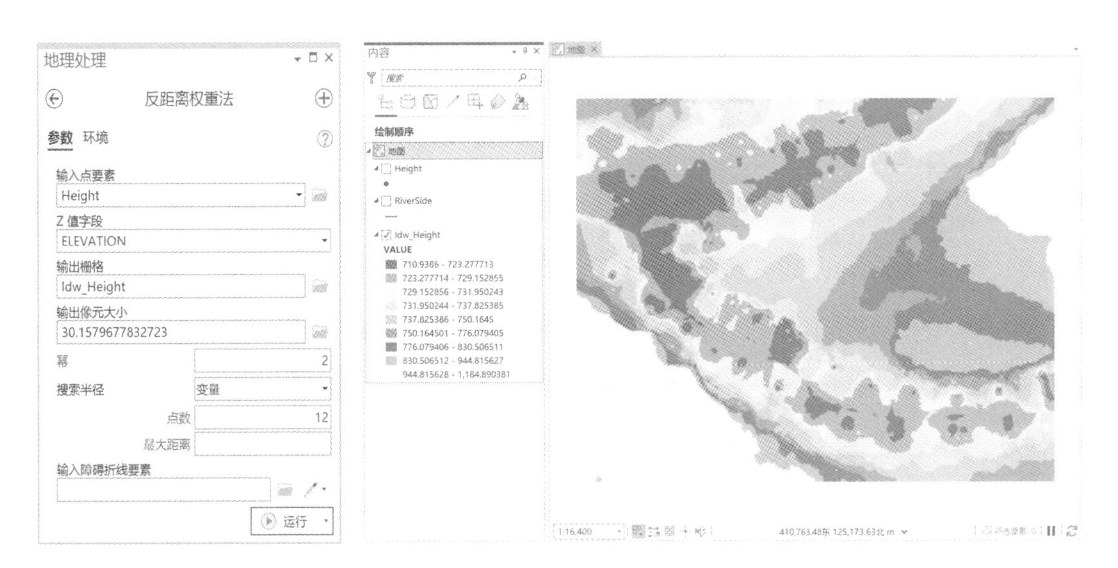

图 7.1.2　反距离权重法插值设置　　图 7.1.3　反距离权重法高程插值结果

思 考

7-2：在实际应用时选择插值方法及设置参数的原则是什么？

2. 生成带障碍的栅格

上例在插值时的前提为：区域高程的变化是连续的。但此区域有河流存在，在河岸线两边的高程点是不能一起进行插值计算的，否则不能表达真实的地貌。此时应将河流边界作为障碍纳入插值计算。

Step1：在【地理处理】窗格中单击【工具箱】—【空间分析工具】—【插值分析】—【反距离权重法】，打开【反距离权重法】窗格。

Step2：在窗格中，将【输入点要素】设置为 **Height**，【Z 值字段】设置为 **ELEVATION**，【输出栅格】命名为 **Idw_Height1**，【输入障碍折线要素】设置为 **RiverSide**，其它保持默认设置，如图 7.1.4 所示。

Tips：障碍只能用线要素类或用创建要素工具绘制线要素，不能用其它的线类型，如 Shapefile 或 *. lyr 图层文件等。当使用障碍时，插值工具会重新计算输出像元大小。

思 考

7-3：图 7.1.4 和图 7.1.2 在设置时仅仅【输出栅格】名称和障碍不同，为什么默认的【输入像元大小】不同？

Step3：单击【运行】，生成有障碍的栅格，如图 7.1.5 所示。

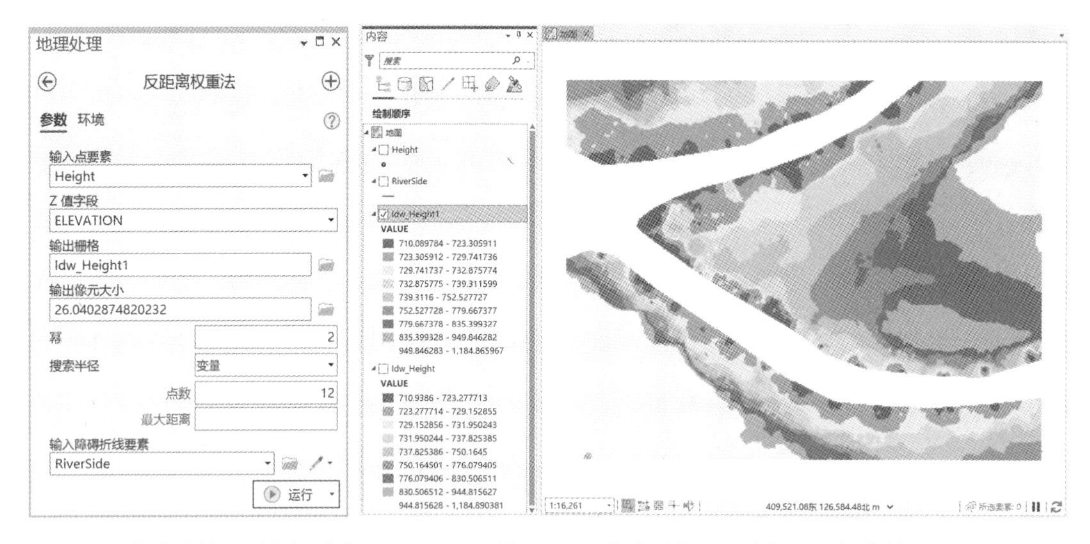

图 7.1.4 含障碍的反距离权重法插值设置

图 7.1.5 含障碍的反距离权重法插值结果

障碍线是高程发生突变区域的边界线，如悬崖、断层、陡坎、堤坝、河岸线等，不具有 Z 值，只作为采样点的分界线，在进行内插时，无论怎样设置插值范围，都不可以跨越障碍线选择采样点。恰好位于障碍线上的输入采样点将参与线两边的插值计算。

思考

7-4：将河岸线作为障碍生成的栅格在河流区域的值为 NoData，但实际上河流区域也是有高程的，若要保证此区域 DEM 的完整性该怎么处理？做哪些操作？

7.1.2 其它方式生成栅格

在 GeoScene Pro 中，含有 Z 值的数据都能够通过不同的工具生成栅格，本书不一一示范操作，仅介绍工具位置及特点。

1. TIN 生成栅格

工具位于【三维分析工具】—【TIN 数据集】—【转换】—【TIN 转栅格】。

TIN 转栅格通过插值法将不规则三角网转换为栅格，高程栅格本质上是一种栅格类型的数据。

2. Terrain 生成栅格

工具位于【三维分析工具】—【Terrain 数据集】—【转换】—【Terrain 转栅格】。

通常 Terrain 数据集是利用摄影测量得到的 3D 点和线要素类、激光雷达等得到的 3D 多点要素类构建的。虽然 Terrain 数据集是基于 TIN 的多分辨率表面，但不会存储为 TIN，而是引用原始要素类，动态生成感兴趣区域的 TIN 表面。

3. 多种数据源生成栅格

工具位于【三维分析工具】—【栅格】—【插值】—【地形转栅格】。

此工具可以设置多个输入，并且可设置输入表达的地貌类型，如高程点、等高线、河流、地形凹陷点、湖泊、悬崖、沿海区域等。其实质也是插值方法，在插值过程中会通过设置一系列参数确保地形结构的连续性，以及山脊、山谷等地形表达的准确性。

4. LAS 生成栅格

工具位于【转换工具】—【LAS】—【LAS 数据集转栅格】。

LAS 数据集是对多个 LAS 文件以及其它表面约束要素的引用。LAS 文件为存储机载激光雷达数据的二进制标准文件，其它表面约束要素指类似隔断线、水域或区域范围等的线或面要素类。

7.2 生成 TIN

TIN 是英文 Triangulated Irregular Network 的首字母缩写，称为不规则三角网。生成的原理是将高程采样点在一定约束下构建三角网，在一定约束条件下，生成的三角网是唯一的。

本节使用的数据为一个点要素类 Height，为高程采样点；一个面要素类 River，为河流分布，如图 7.2.1 所示。

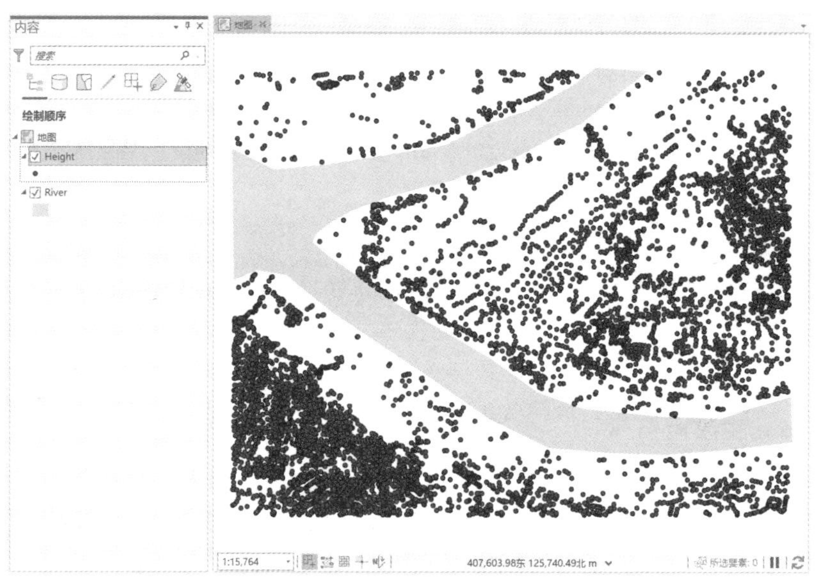

图 7.2.1 生成 TIN 数据概览

7.2.1 高程点生成 TIN

1. 生成普通 TIN

Step1：双击本节数据文件夹下的工程文件 Exe07_2. arpx，打开工程。

Step2：在【地理处理】窗格中单击【工具箱】—【三维分析工具】—【TIN 数据集】—【创建 TIN】，打开【创建 TIN】窗格。

Step3：在窗格中，将【输出 TIN】命名为 **MyTIN**，【坐标系】设置为**当前地图**，【输入要素】设置为 **Height**，【高度字段】设置为 **ELEVATION** 字段，其它保持默认设置，如图 7.2.2 所示。

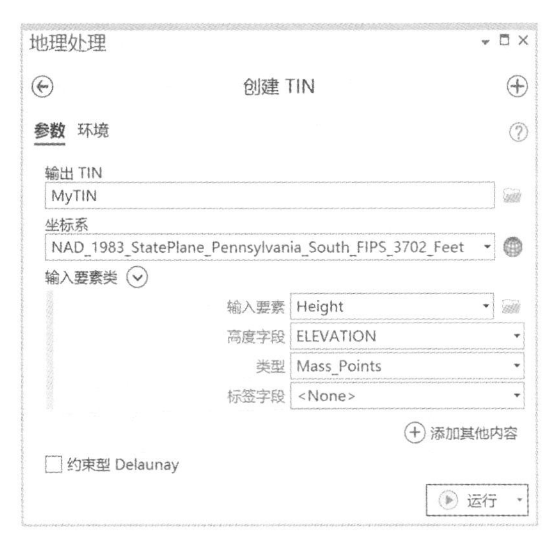

图 7.2.2　创建 TIN 设置

Tips：创建 TIN 时应使用投影坐标系数据，避免使用地理坐标系数据。

【类型】用于定义输入要素将如何构建 TIN，根据输入要素数据类型不同，提供的构建类型也不同。本例的输入数据为高程点，作为 Mass_Points 类型构建 TIN。【标签字段】指从输入要素属性表的数值型字段中派生的，赋给 TIN 数据元素的属性。【约束型 Delaunay】将使用约束型 Delaunay 三角网构建方法，即添加了额外的约束线，且约束线优先于构网规则。

思 考

7-5：高度字段可以设置为其它值吗？如果设置为其它值，结果表示什么？
7-6：约束型 Delaunay 是什么含义？勾选和不勾选结果有何区别？

实际上，与生成栅格类似，只要是有高程属性的数据都可以用于创建 TIN。创建 TIN 工具允许有多个输入，不仅仅限于高程点，还可以是带有高程属性的线要素类、面要素类等。通过单击窗格中的【添加其他内容】设置更多输入。

Step4：单击【运行】，完成创建 TIN，结果如图 7.2.3 所示。

2. 生成有障碍的 TIN

Step1：在【地理处理】窗格中单击【工具箱】—【三维分析工具】—【TIN 数据集】—【创建 TIN】，打开【创建 TIN】窗格。

Step2：在窗格中，将【输出 TIN】命名为 **MyTIN1**，将【坐标系】设置为**当前地图**，【输入要素】设置为 **Height**，【高度字段】设置为 **ELEVATION** 字段，单击【添加其他内容】再添加一个障碍图层，将障碍图层的【输入要素】设置为 **River**，【高度字段】设置为 **None**，【类型】设置为 **Hard_Erase**，其它保持默认设置，如图 7.2.4 所示。

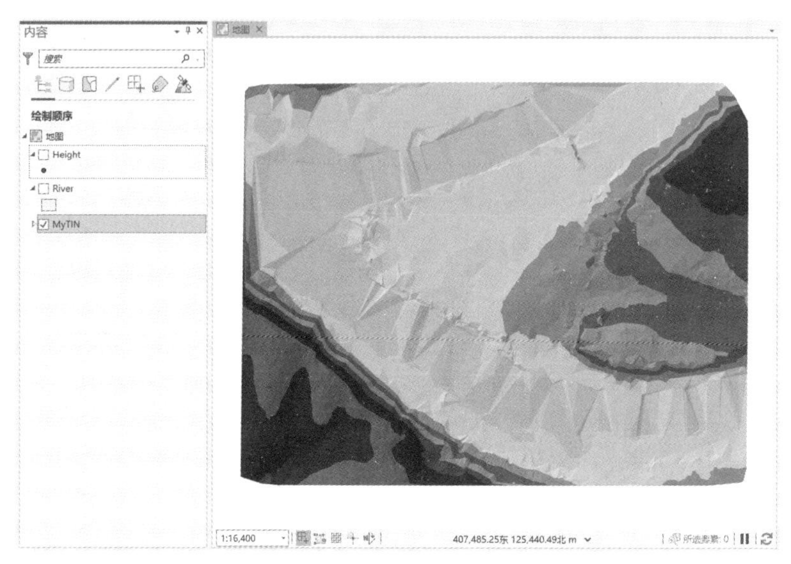

图 7.2.3　创建 TIN 结果

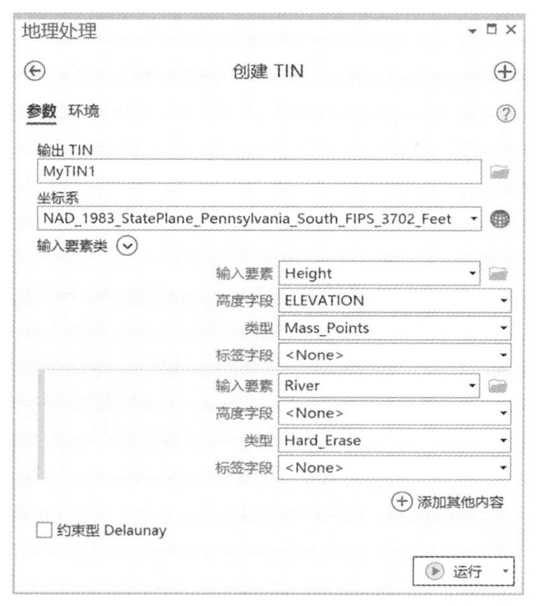

图 7.2.4　创建有障碍 TIN 设置

在障碍要素的【类型】选项中，参与 TIN 构建的边有两大类：Soft 和 Hard，Soft 表示高程值平滑过渡的边，Hard 表示高程值突兀过渡的边；障碍要素参与 TIN 构建的形式有：线障碍、面裁剪、面擦除等多种形式。

Step3：单击【运行】，完成创建有障碍的 TIN，结果如图 7.2.5 所示。

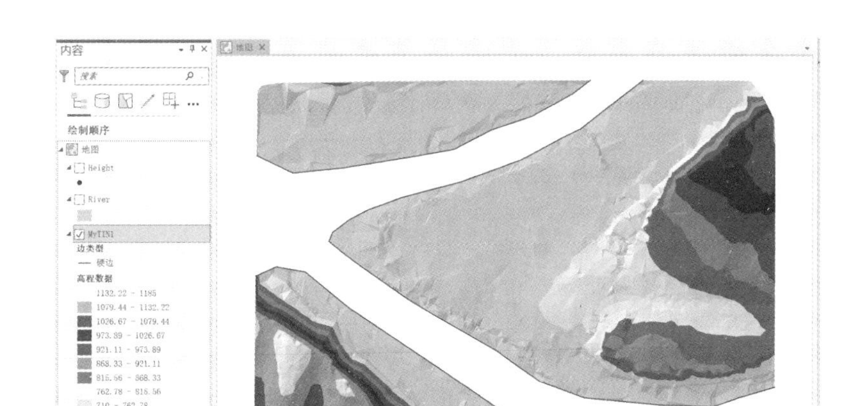

图 7.2.5　创建有障碍 TIN 结果

3. 设置 TIN 的符号系统

生成 TIN 后，默认是以表面的形式显示，还可以设置点、等值线、边等其它三种符号化显示形式。

Step1：在【内容】窗格中右键单击【MyTIN1】图层，在弹出菜单中单击【符号系统】，打开【符号系统】对话框。

Step2：在对话框中，单击显示点，在页面中勾选【绘制工具】，如图 7.2.6 所示，高程点以点符号形式叠加显示在 TIN 之上，如图 7.2.7 所示。

图 7.2.6　设置简单点符号

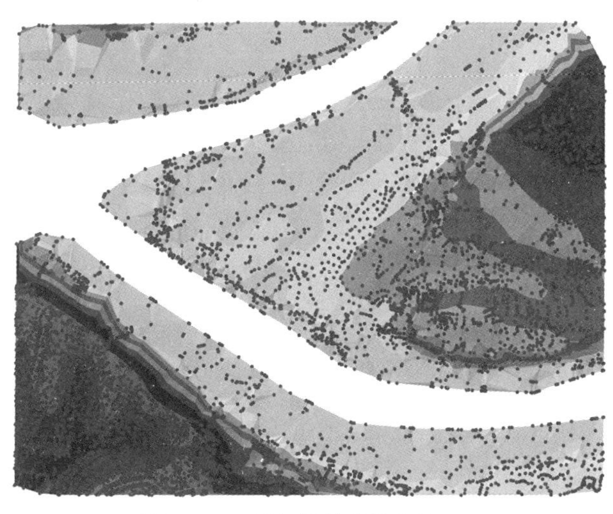

图 7.2.7　叠加简单高程点的 TIN

【绘制工具】还提供了叠加高程点和标签值的设置，当【绘制工具】选择**高程**时，会根据高程值分层设色可视化高程点。

Step3：在对话框中，单击显示等值线，在页面中勾选【绘制等值线】，如图 7. 2. 8 所示，等高线叠加显示在 TIN 之上，如图 7. 2. 9 所示。

Tips：此处应已经取消勾选绘制点。

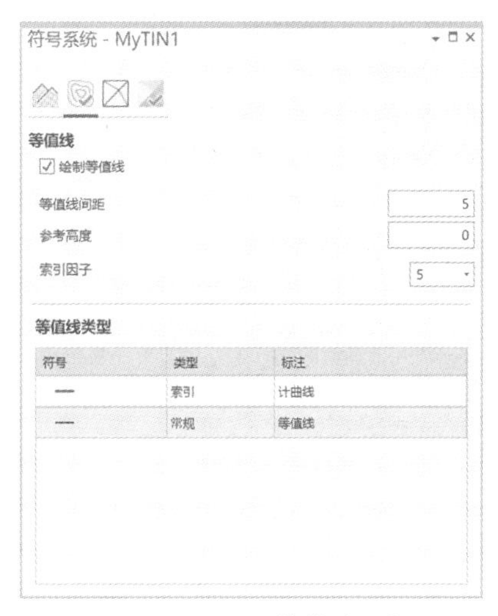

图 7. 2. 8　设置等值线叠加

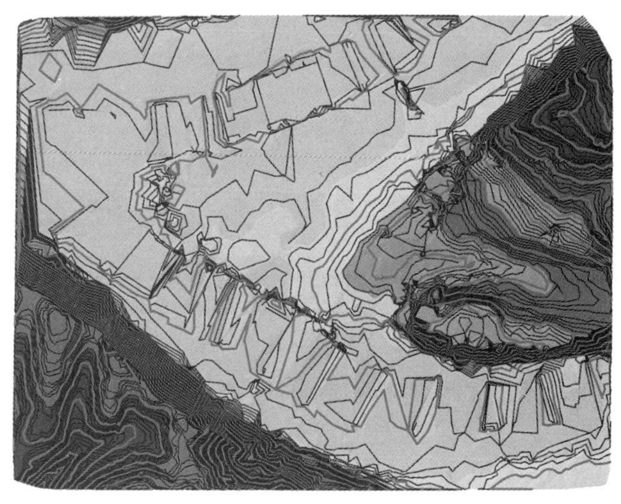

图 7. 2. 9　叠加等值线的 TIN

Step4：在对话框中，单击显示边，在页面中勾选【绘制工具】并设置为简单，如图 7. 2. 10 所示，三角网以线的形式叠加显示在 TIN 之上，如图 7. 2. 11 所示。

图 7. 2. 10　设置边叠加

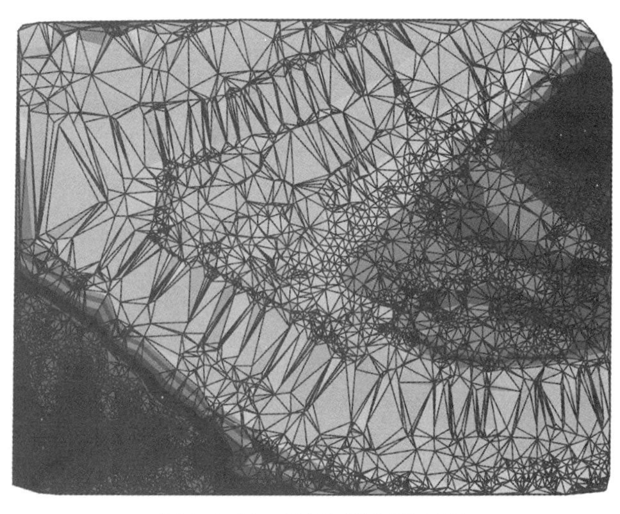

图 7. 2. 11　叠加三角网的 TIN

7.2.2　其它方式生成 TIN

与生成栅格一样，本节仅介绍其它方式生成 TIN 工具的位置。

栅格生成 TIN：工具位于【三维分析工具】—【栅格】—【转换】—【栅格转 TIN】。

等高线生成 TIN：【创建 TIN】工具中的输入要素设置为等高线。

Terrain 生成 TIN：工具位于【三维分析工具】—【Terrain 数据集】—【转换】—【Terrain 转 TIN】。

LAS 生成 TIN：工具位于【三维分析工具】—【点云】—【转换】—【LAS 数据集转 TIN】。

7.3　表面分析应用

GeoScene Pro 提供的包括表面因子、三维特征计算，可见性分析，三维相交、邻近性分析等三维分析功能可用于表面分析。这些工具为更深入理解空间数据提供了一种途径，其应用涉及地形地貌制图、土木工程、地质、矿业、地理形态、军事工程等领域。

7.3.1　地形因子计算

地形因子指表达与研究地貌形态特征的指标，主要包括坡度、坡向、流域面积等。由高程和地形因子还可计算三维特征，如体积、填挖方等。

本节使用的数据包含一个名为 ObsPt 的点要素类，为观察点位置；一个名为 SightLine 的线要素类，是进行可视性分析的视线；一个名为 GRID 的高程栅格；一个名为 Contour_GRID 的等高线线要素类，如图 7.3.1 所示。

本节仅以高程栅格进行地形因子计算的操作示例，其它表面数据类型的分析工具和操作相同或类似。

1. 坡度

Step1：双击本节数据文件夹下的工程文件 Exe07_3. arpx，打开工程。

Step2：在【地理处理】窗格中单击【工具箱】—【三维分析工具】—【栅格】—【表面分析】—【坡度】，打开【坡度】窗格。

Step3：在窗格中将【输入栅格】设置为 **GRID**，【输出栅格】命名为 **Slope_GRID**，其它保持默认设置，如图 7.3.2 所示。

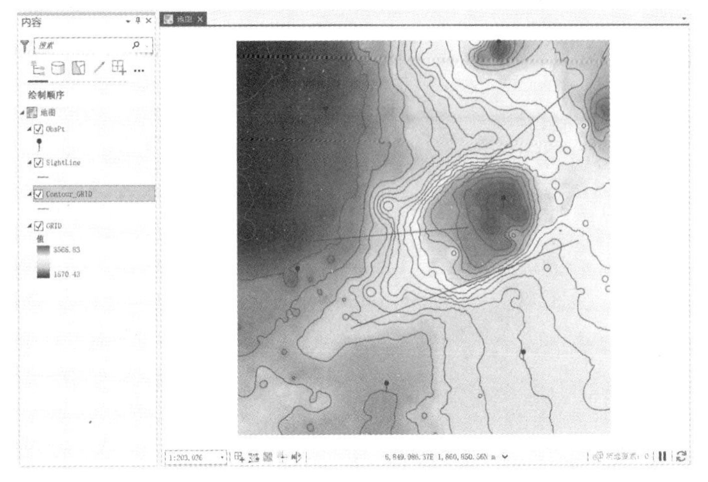

图 7.3.1　表面分析应用数据概览

图 7.3.2　生成坡度设置

【输出测量单位】为坡度的单位。坡度有两种单位：度，取值范围为 0 ~ 90；增量百分比，取值范围为 0~∞，平地值为 0，45 度表面为 100%。参与坡度计算的栅格在投影坐标系时，【方法】选择**平面**，栅格在地理坐标系时，选择**测地线**。【Z 因子】为垂直方向和平面坐标单位换算的系数，如果单位相同，则取值为 1。

坡度工具采用 3×3 像元的移动窗口计算中心像元的坡度值。如果中心像元值为 NoData，则输出为 NoData。如果中心像元的 8 个邻域中有效像元少于 7 个，也输出 NoData。不仅坡度工具如此，其它采用 3×3 移动窗口计算的表面分析工具也遵循此原则。

Step4：单击【运行】，生成坡度图，如图 7.3.3 所示。

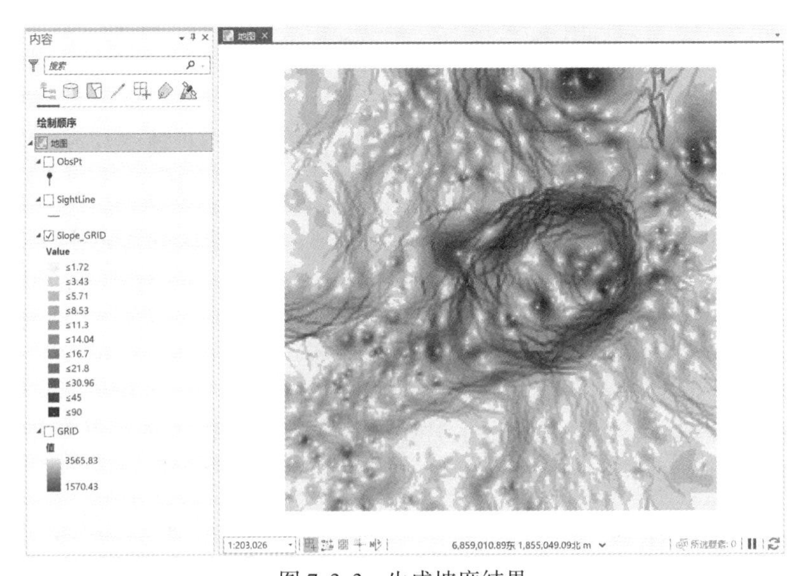

图 7.3.3　生成坡度结果

思 考

7-7：当把 Slope_GRID 边缘放大时，可观察到该图层在边缘处比 GRID 图层向内缩了一个格网，原因是什么？

2. 坡向

Step1：在【地理处理】窗格中单击【工具箱】—【三维分析工具】—【栅格】—【表面分析】—【坡向】，打开【坡向】计算窗格。

Step2：在窗格中将【输入栅格】设置为 **GRID**，【输出栅格】命名为 **Aspect_GRID**，其它保持默认设置，如图 7.3.4 所示。

Step3：单击【运行】，生成坡向图，如图 7.3.5 所示。

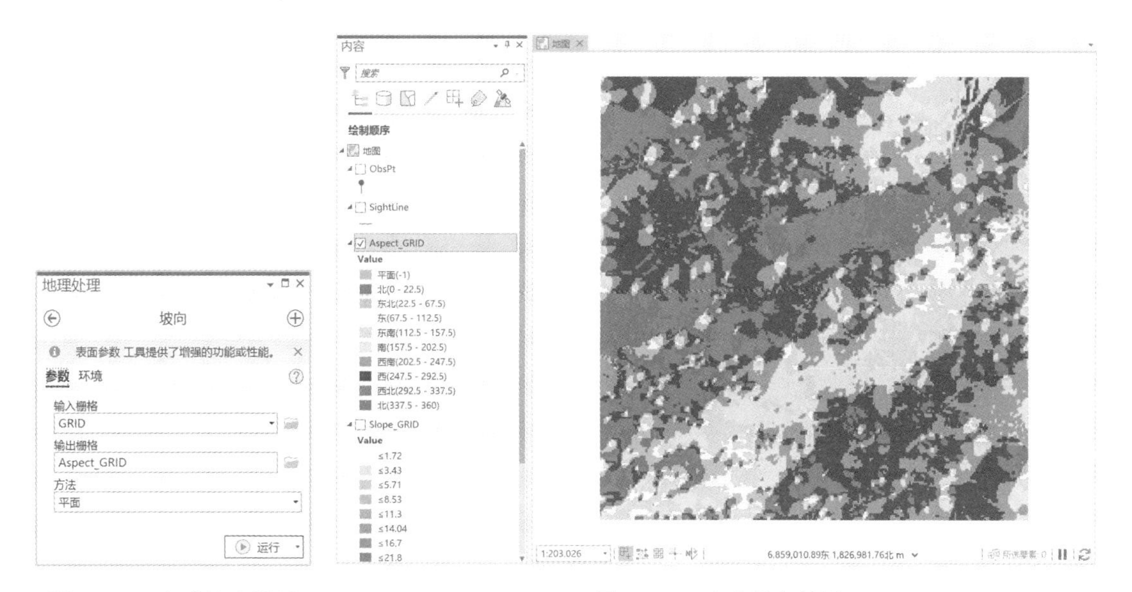

图 7.3.4 生成坡向设置　　　　图 7.3.5 生成坡向结果

坡向以度为单位，取值为 0~360，正北方向为 0 度，顺时针每 45 度为一类，正北方向分别向西、向东 22.5 度划分为北方向，即 337.5~22.5 度为北方向，22.5~67.5 度为东北方向，以此类推，设置北、东北、东、东南、南、西南、西、西北等八个方向，加上平坦地区赋值为-1，坡度图中一共有 9 类方向。

3. 等高线

Step1：在【地理处理】窗格中单击【工具箱】—【三维分析工具】—【栅格】—【表面分析】—【等值线】，打开生成【等值线】窗格。

Step2：在窗格中将【输入栅格】设置为 **GRID**，【输出要素类】命名为 **Contour_GRID**，

【等值线间距】设置为 **100**，【起始等值线】设置为 **1540**，其它保持默认设置，如图 7.3.6 所示。

> **思 考**
>
> 7-8：在【等值线】窗格中，将【起始等值线】设置为 1540 的依据是什么？

【等值线间距】默认单位为米，且为正数。根据 GRID 高程范围 1570.43～3565.83 设置【起始等值线】数值。【等值线类型】用于设定输出的形式，**等值线**表示输出折线要素；**等值线面**表示输出填充等值线的面要素，每个等高距之间的区域分别生成面；**等值线壳**表示输出填充等值线的面，最小高程到每个等高距的累加值之间的区域分别生成面；**等值线上壳**表示输出填充等值线的面，每个等高距的累加值到最大高程之间的区域分别生成面。【每个要素的最大折点数】用于设定细分要素时的折点限制，通常只有输出要素含有百万级别的折点数量时才需要设定此参数。

Step3：单击【运行】，生成等高线图，如图 7.3.7 所示。

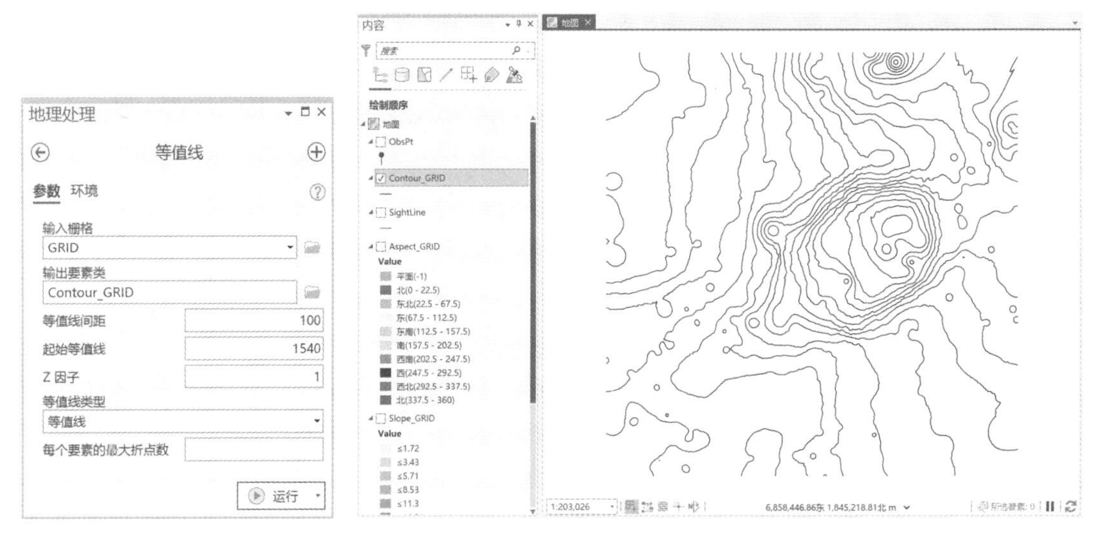

图 7.3.6 生成等高线设置　　　　图 7.3.7 生成等高线结果

4. 体积

Step1：在【地理处理】窗格中单击【工具箱】—【三维分析工具】—【面积和体积】—【表面体积】，打开【表面体积】窗格。

Step2：在窗格中将【输入表面】设置为 **GRID**，【输出文本文件】命名为**表面体积**，【平面高度】设置为 **2000**，其它保持默认设置，如图 7.3.8 所示。

图 7.3.8　计算表面体积设置

【参考平面】有两个选项：平面上方和平面下方，用于确定计算哪个部分的体积。【平面高度】用于设定参考平面的高度，此处设定为 2000，意味着将计算输入表面 GRID 在 2000 米以上部分的体积。

思　考

7-9：如果要计算水下冰山的体积，【参考平面】参数应该怎样设置？

Step3：单击【运行】，完成表面体积计算。

【表面体积】工具的输出是一个用逗号分隔的 txt 格式文本文件，包含输入表面路径、参考平面高度、计算方向、Z 因子、2D 面积、3D 面体、体积等内容。如图 7.3.9 所示。

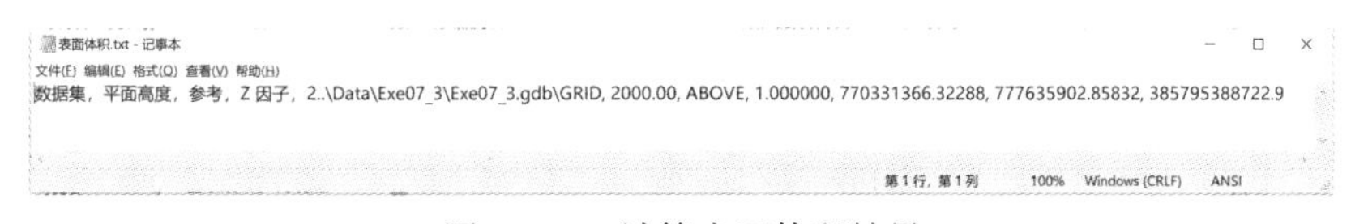

图 7.3.9　计算表面体积结果

思　考

7-10：以上几个例子都是用栅格 DEM 完成的，对于 TIN 格式，怎样实现以上地形因子计算？

7.3.2 可见性分析

可见性分析指利用表面模型对视线或区域进行可见性的确定。

1. 通视分析

通视分析用于在设定表面和障碍物的基础上，确定观察点和目标点之间视线的可见性。

Step1：在【地理处理】窗格中单击【工具箱】—【三维分析工具】—【可见性】—【通视分析】，打开【通视分析】窗格。

Step2：在窗格中，将【输入表面】设置为 **GRID**，【输入线要素】设置为 **SightLine**，【输出要素类】命名为 **GRID_LineOfSight**，其它保持默认设置，如图 7.3.10 所示。

图 7.3.10 通视分析设置

【输入表面】可以是任何形式的表面数据，如栅格、TIN、LAS 数据集和 terrain 数据集等。【输入线要素】为要进行可见性分析的视线，视线方向为从观察点到目标点，默认第一个折点为观察点，最后一个折点为目标点。【输入要素】为可选参数，只能是多面体要素，表示其它可能会阻挡视线的障碍物，如建筑物等。【输出障碍点要素类】为可选参数，用于标识观测视线上第一个障碍物的位置。

思 考

7-11：假如只有表示观察点和目标点的点要素类，怎样确定视线？

Step3：单击【运行】，完成通视分析，结果如图 7.3.11 所示。

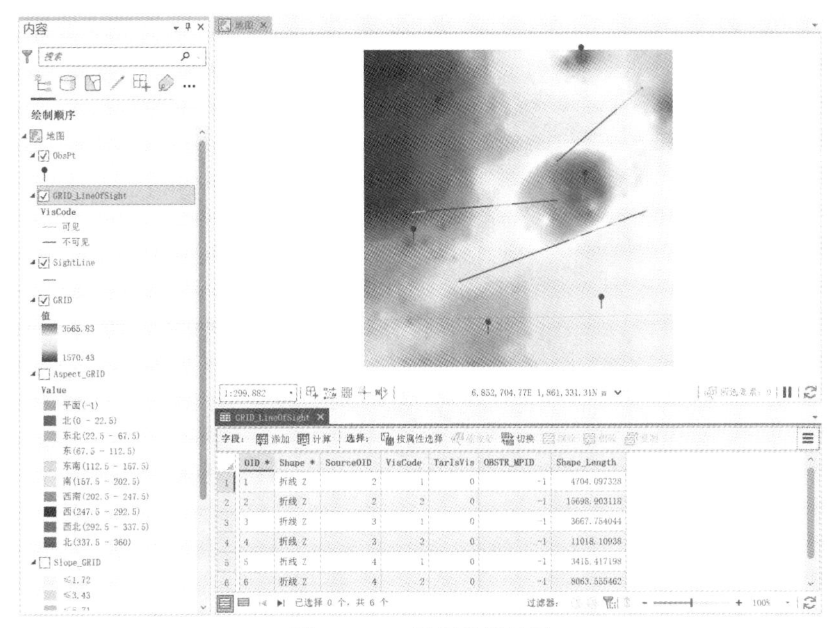

图 7.3.11　通视分析结果

视线要素中绿色部分表示从观察点看向目标点时可以看到的部分，红色表示看不到的部分。

Tips：通视分析工具只提供视线起点和终点连线的可见性，若视线为包含多个中间折点的折线，通视分析工具将忽略所有中间折点，仅以起点和终点的连线作为视线进行通视分析，而不是沿原折线方向上的可视性。

思　考

7-12：如需要对一条折线的每一段进行通视分析应该怎样处理？

在输出要素类 GRID_LineOfSight 的属性表中，每条输入视线都被分成了两部分，用两条记录表示，一条表示可见视线部分，一条表示不可见视线部分。字段 VisCode 表示视线可见性，1 为可见，2 为不可见；字段 TarIsVis 表示是否可以在观察点看到目标点，1 为可以看到，0 为看不到。字段 OBSTR_MPID 表示阻碍视线的障碍多面体 ID，如果没有多面体阻碍视线，该字段值取-1 或-9999，-1 表示目标受表面阻碍，-9999 表示目标可见，此例中并未添加障碍多面体，且在观察点无法看到目标点，因此字段值都为-1。

思 考

7-13：在进行通视分析时，【输入线要素】中每条线要素的起点和终点高程通过【输入表面】内插获得，也就是说观察点和目标点都是在表面上。假如观察点处需要考虑人的身高，应该怎样设置？

2. 视域分析

视域分析用于确定一组观察点的可见区域。

Step1：在【地理处理】窗格中单击【工具箱】—【三维分析工具】—【可见性】—【视域】，打开【视域】窗格。

Step2：在窗格中，将【输入栅格】设置为 **GRID**，【输入观察点或观察折线要素】设置为 **ObsPt**，【输出栅格】命名为 **Viewshe_GRID**，其它保持默认设置，如图 7.3.12 所示。

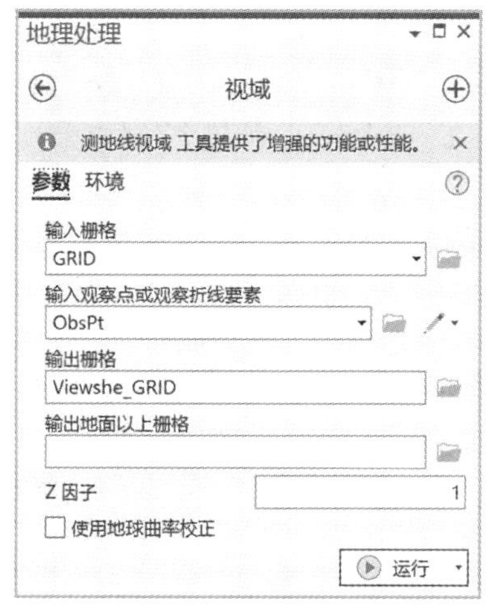

图 7.3.12 视域分析设置

【输入观察点或观察折线要素】若是点要素，则以点要素为观察点分析可见区域；若是线要素，则将线要素的所有折点作为观察点进行视域分析。【输出地面以上的栅格】的像元值为该像元被至少一个观察点看到应该提升的高度，如果该像元已经是可见像元，则值为0。当进行视域分析的范围较大时，希望提高分析精度，需勾选【使用地球曲率校正】。

Step3：单击【运行】，完成视域分析，结果如图 7.3.13 所示。

视域分析输出栅格的像元值是该像元对于观察点的可见次数，即有几个观察点可以看到该像元共有 4 个像元值：0，1，2，3，意味着此例中，共有 6 个观察点，从 Viewshe_GRID 栅格的属性表可看到，没有可同时被 4 个或 4 个以上观察点看到的像元；可同时被 3 个观察点看到的像元有 255 个；可同时被 2 个观察点看到的像元有 8956 个；

可同时被 1 个观察点看到的像元有 35551 个，还有 18239 个像元不能被任何一个观察点看到。

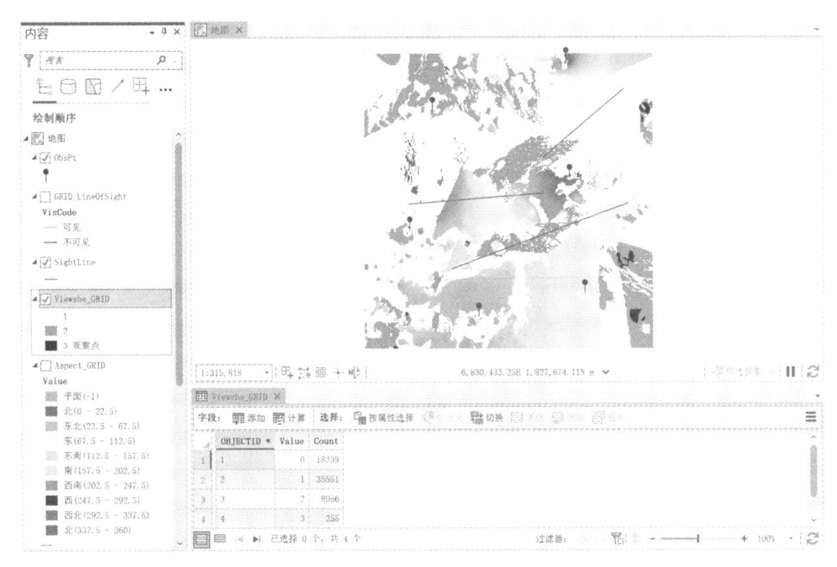

图 7.3.13　视域分析结果

3. 视点分析

视域分析得到的结果是哪些像元对观察点可见，视点分析的结果是像元可见哪些观察点。

Step1：在【地理处理】窗格中单击【工具箱】—【三维分析工具】—【可见性】—【视点分析】，打开【视点分析】窗格。

Step2：在窗格中，将【输入栅格】设置为 **GRID**，【输入观察点要素】设置为 **ObsPt**，【输出栅格】命名为 **Observe_GRID**，其它保持默认设置，如图 7.3.14 所示。

图 7.3.14　视点分析设置

Tips：视点分析限制视点数不能超过16个。

此处【输出地面以上的栅格】、【使用地球曲率校正】的意义和视域分析中的相同。

Step3：单击【运行】，完成视点分析，结果如图7.3.15所示。

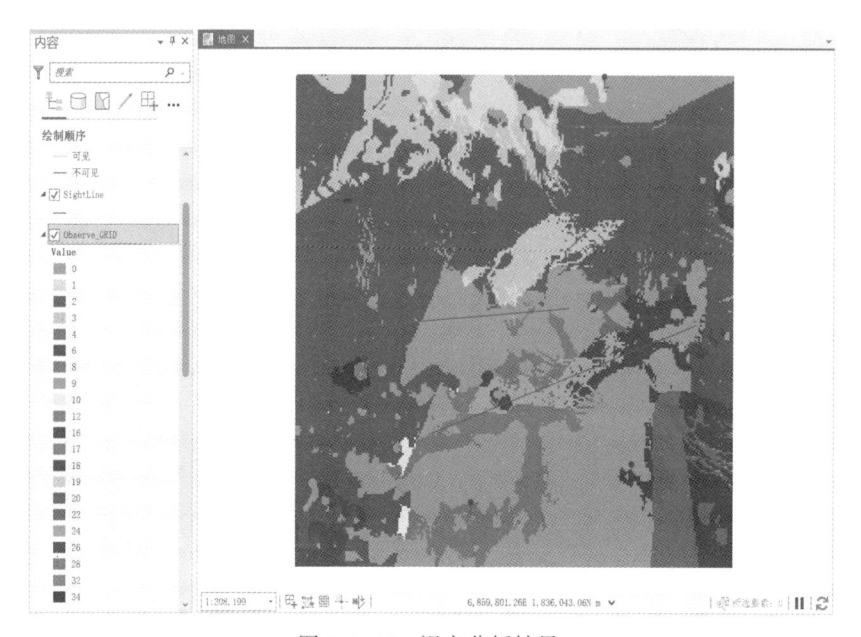

图7.3.15 视点分析结果

在输出栅格中，像元值表示可见观察点的不同组合，一共有21种组合。例如，属性表中Value值为3的像元能同时看到观察点1和观察点2，这样的像元有4559个。可在Observe_GRID的属性表中查看不同的像元值表示哪些观察点可见，如图7.3.16所示。

GeoScene Pro预设了一些保留字段用于控制可见性分析，见表7.3.1。如果输入图层属性表中设置了这些保留字段，则会得到更加精细的结果；若未设置，则在分析时使用默认值。

Tips：在可见性分析中，默认以观察点为中心，半径无限远的球形观察区域分析可见性。但如果采用一些默认字段则可以控制可见性分析的缺省参数，只要在参与分析图层的属性表中有默认字段，则默认字段的值将自动作为参数参与可见性分析。默认字段共9个，名称及含义见表7.3.1。方位角以正北方向为0度顺时针计算，值在0~360之间。垂直角以过观察点的水平方向为0度，向上为正值，向下为负值，值在-90~90之间。当属性表中未设置默认字段时则采用缺省值进行可见性分析。

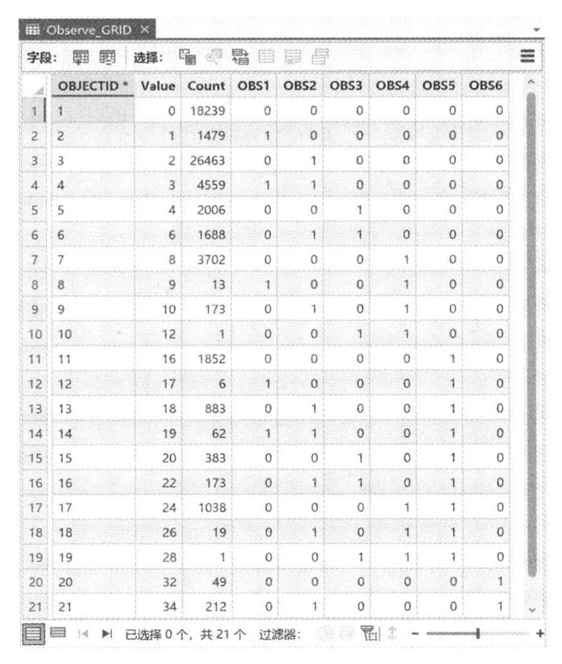
Observe_GRID

字段: 选择:

	OBJECTID *	Value	Count	OBS1	OBS2	OBS3	OBS4	OBS5	OBS6
1	1	0	18239	0	0	0	0	0	0
2	2	1	1479	1	0	0	0	0	0
3	3	2	26463	0	1	0	0	0	0
4	4	3	4559	1	1	0	0	0	0
5	5	4	2006	0	0	1	0	0	0
6	6	6	1688	0	1	1	0	0	0
7	7	8	3702	0	0	0	1	0	0
8	8	9	13	1	0	0	1	0	0
9	9	10	173	0	1	0	1	0	0
10	10	12	1	0	0	1	1	0	0
11	11	16	1852	0	0	0	0	1	0
12	12	17	6	1	0	0	0	1	0
13	13	18	883	0	1	0	0	1	0
14	14	19	62	1	1	0	0	1	0
15	15	20	383	0	0	1	0	1	0
16	16	22	173	0	1	1	0	1	0
17	17	24	1038	0	0	0	1	1	0
18	18	26	19	0	1	0	1	1	0
19	19	28	1	0	0	1	1	1	0
20	20	32	49	0	0	0	0	0	1
21	21	34	212	0	1	0	0	0	1

已选择 0 个，共 21 个 过滤器:

图 7.3.16 Observe_GRID 属性表

表 7.3.1 **可见性分析保留字段及其作用**

字段名称	说　明	缺省值
SPOT	观察点的表面高程	插值估计
OFFSETA	观察点距表面的偏移，如人眼高度就是距观察点的偏移	1
OFFSETB	目标点距表面的偏移	0
AZIMUTH1	可见性分析开始的方位角	0
AZIMUTH2	可见性分析结束的方位角	360
VERT1	可见性分析开始的垂直角	90
VERT2	可见性分析结束的垂直角	-90
RADIUS1	可见性分析的起始距离	0
RADIUS2	可见性分析的结束距离	无穷大

7.3.3 三维可视化

表面模型因存储了第三维的信息，可以很方便地通过设定各种参数给用户以三维视觉。

1. 山体阴影

山体阴影工具通过设定光源的方位角和高度角模拟光源，为栅格中每个像元计算假定照明度，生成地貌晕渲图。

Step1：在【地理处理】窗格中单击【工具箱】—【三维分析工具】—【栅格】—【表面分析】—【山体阴影】，打开【山体阴影】窗格。

Step2：在窗格中，将【输入栅格】设置为 **GRID**，【输出栅格】命名为 **HillSha_GRID**，其它保持默认设置，如图 7.3.17 所示。

图 7.3.17 山体阴影设置

默认的光源【方位角】为 315 度，【高度角】为 45 度，即光源从西北方向 45 度高度角照射。若勾选【模拟阴影】，输出栅格会同时考虑光源方位、高度以及地形阴影的影响计算像元的照明度；若不勾选，则只根据光源的方位和高度计算像元的照明度。

思 考

7-14：若需要特定地点、特定时间的山体阴影，如某地某天中午 12 点的山体阴影，应该如何实现？

Step3：单击【运行】，完成山体阴影，结果如图 7.3.18 所示。

山体阴影工具输出栅格的像元值为整数，取值 0~255，表示光照度，值越大，光照度越高。

Step4：将【GRID】栅格调整符号配色方案，置于【HillSha_GRID】山体阴影栅格之上，并在功能区的【栅格图层】—【外观】选项卡中使用【透明度】工具调整【GRID】栅格的透明度，可得到更美观的可视化效果，如图 7.3.19 所示。

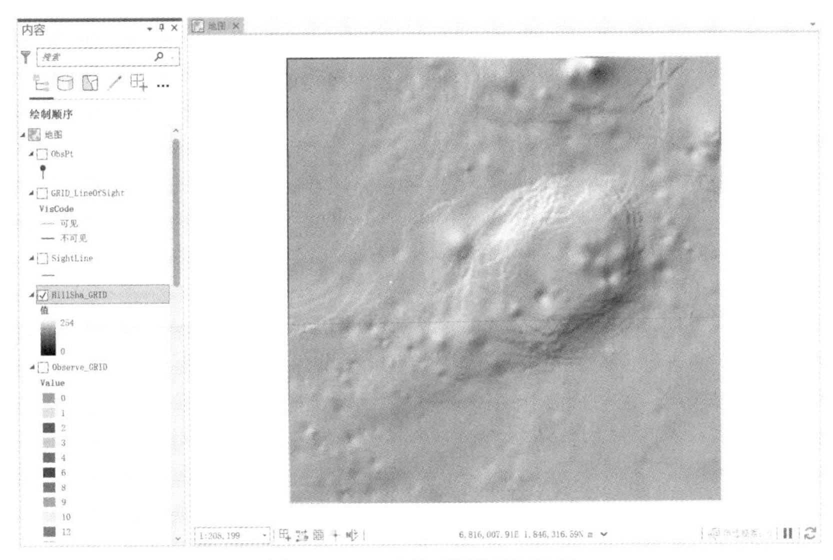

图 7.3.18　山体阴影晕渲结果

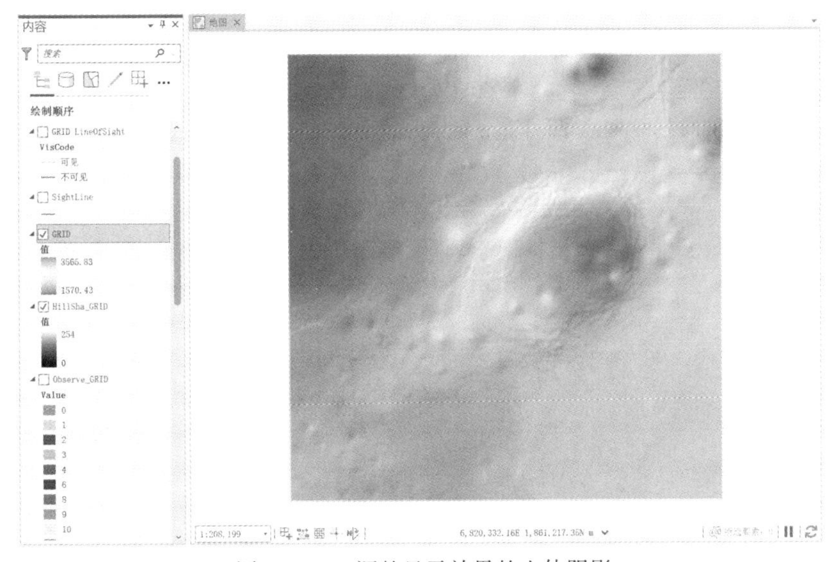

图 7.3.19　调整显示效果的山体阴影

Tips：还可以将其它图层，如道路、河流、建筑物等添加到视图，进一步丰富显示内容。

2. 局部场景

用山体阴影栅格叠加高程栅格得到立体的可视化效果，但其仍然是在 2D 平面上利用阴影和色彩完成的，使用局部场景能够以 3D 视角对其可视化。

Step1：在功能区单击【插入】选项卡，单击【新建地图】—【新建局部场景】，如图7.3.20所示。

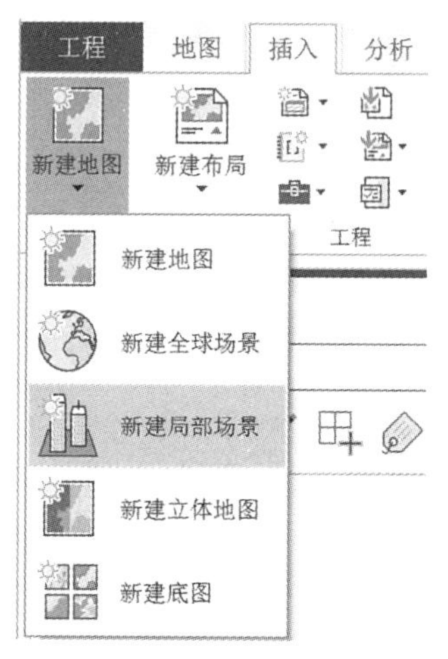

图7.3.20 新建局部场景

GeoScene Pro新建了一个【场景】窗格，默认有2个图层和1个图层组：3D图层、2D图层和高程表面图层组。如图7.3.21所示。

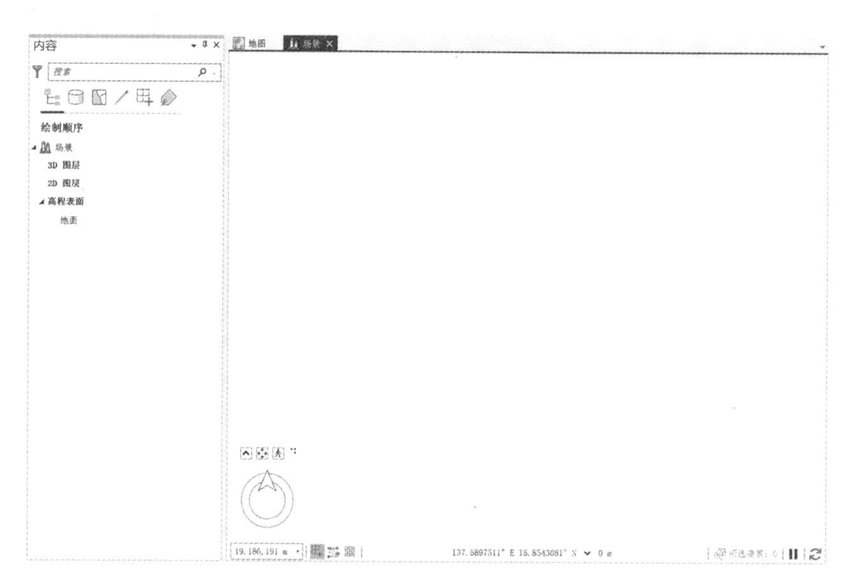

图7.3.21 默认局部场景

场景窗格左下角的导航器可与鼠标配合使用对模型进行浏览。鼠标和导航器各部分的功能如图7.3.22所示。

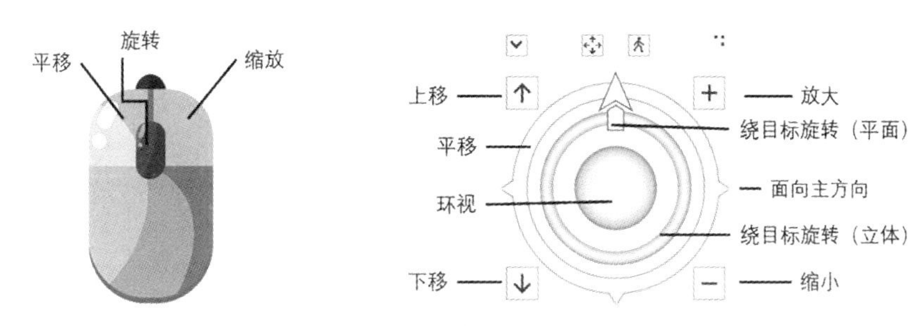

图 7.3.22 鼠标和导航器功能

Step2：添加 GRID 高程表面。在【内容】窗格中右键单击【高程表面】图层组名，在弹出菜单中单击【添加高程表面】，系统会在【高程表面】图层组中添加一个默认名为【表面 1】的图层。

Step3：在【内容】窗格中右键单击【表面 1】图层，在弹出菜单中单击【添加高程源】，打开【添加高程源】对话框。

Step4：在对话框中将高程源设置为本节地理数据库中的 **GRID** 表面栅格。

Step5：单击【确定】，完成 GRID 表面栅格的添加。

Tips：因添加到高程表面的高程源默认显示颜色均为白色，需要设置高程源的颜色。

Step6：单击【内容】窗格中的【表面 1】图层以激活该图层使【外观】选项卡出现在功能区。

Step7：在【外观】选项卡【绘制】组中将【表面颜色】设置为其它颜色，如图 7.3.23 所示。

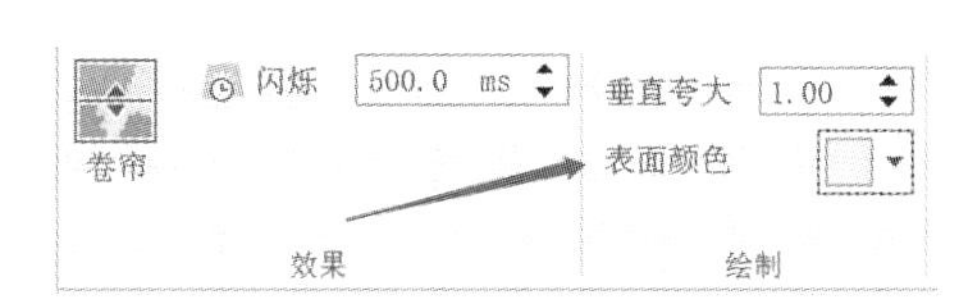

图 7.3.23 设置表面颜色

Tips：此时可能【场景】窗格中还是没有变化，在【内容】窗格中右键单击【GRID】图层，在弹出菜单中单击【缩放至高程源】就可以看到 GRID 高程栅格了。

Step8：在【外观】选项卡【绘制】组中将【垂直夸大】更改至 **5**，可看到地形起伏变化更显著，如图 7.3.24 所示。

可通过操作鼠标和导航器从不同角度查看地表高程模型。

在场景视图中，还可添加 2D 和 3D 图层，与高程表面叠加显示。

Step9：在【内容】窗格中右键单击【2D 图层】，在弹出菜单中单击【新建图层组】，然后右键单击【新建图层组】名，在弹出菜单中单击【添加数据】，打开【添加数据】对话框。

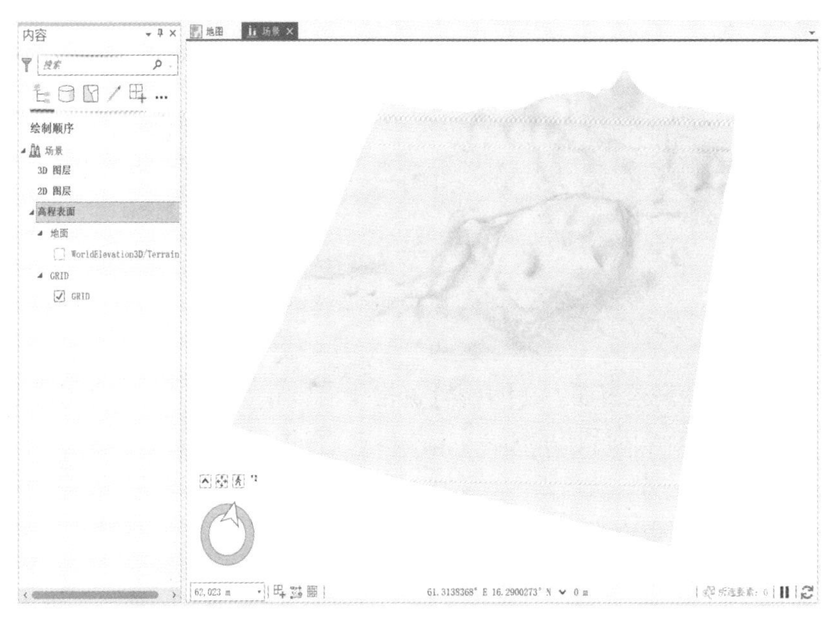

图 7.3.24 表面三维显示

Step10：在对话框中将数据源定位到本节地理数据库中的 **Contour_GRID**，单击【确定】，完成等高线的添加。

Tips：Contour_GRID 是 7.3.1 节的地形因子分析成果之一。

Step11：在【内容】窗格中右键单击【Contour_GRID】图层，在弹出菜单中单击【属性】，打开【属性】对话框。

Step12：在对话框中，单击【高程】项，将【要素为】设置为**在自定义高程表面上**，【自定义表面】设置为**表面 1**，如图 7.3.25 所示。

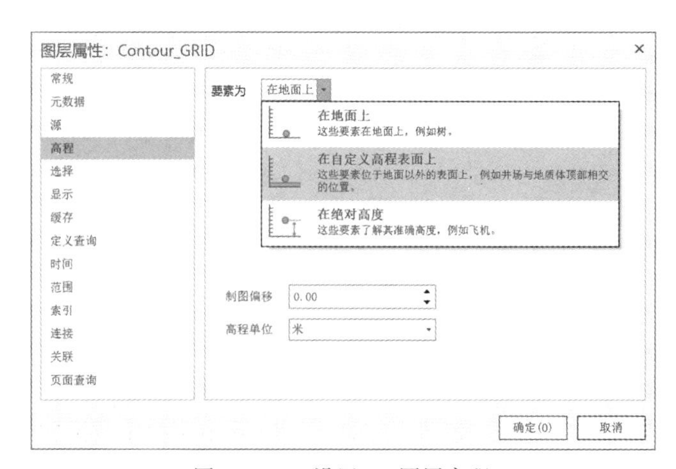

图 7.3.25 设置 2D 图层高程

Step13：单击【确定】，完成 Contour_GRID 等高线的叠加显示，结果如图 7.3.26 所示。

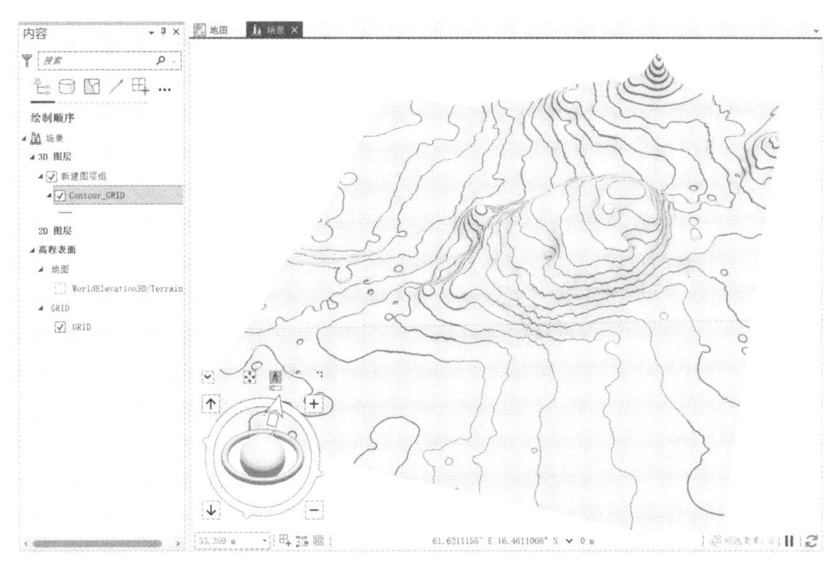

图 7.3.26　叠加 2D 图层的表面

可通过拖动左下角导航器进行平面导航或第一视角导航对三维景观进行可视化。

第8章 深度学习

GeoScene Pro 影像分析工具集提供了对影像从地图代数、数学分析、叠加、提取分析到变化检测、分割与分类以及深度学习等的工具。其中一些工具集，如地图代数、数学分析、提取分析等与空间分析工具箱中的工具集相同。本章主要介绍深度学习工具集的使用。

深度学习是一种机器学习人工智能，是一种具有特定体系结构的多层人工神经网络，通过一系列的数据处理层来抽象出数据的特征并进行复杂的抽象学习，从而实现对数据的分类、预测和生成等任务。GeoScene Pro 集成的基于计算机视觉技术的深度学习模型可用于对象分类、像素分类和对象检测等场景。

8.1 深度学习环境搭建

在开始利用深度学习模型完成任务之前，需要搭建深度学习环境，进行相关配置。

Tips：深度学习对计算机硬件要求比较高，对于个人用户，建议最低配置：4 核以上 CPU，16G 以上内存，250G 以上 SSD 固态硬盘，4G 以上显存的 NVIDIA 显卡。

8.1.1 更新显卡驱动

为了保证分析效率，需要将显卡驱动更新到最新版本。查看本机显卡型号，进入 NVIDIA 驱动程序官网（https：//www. nvidia. cn/Download/index. aspx？ lang = cn），搜索本机显卡对应的最新驱动，下载、安装最新的显卡驱动程序。安装完毕后界面如图 8. 1. 1 所示。

Tips：GeoScene Pro 3. 1 只支持 NVIDIA 显卡，不支持 AMD 显卡。若没有 GPU 也可以使用深度学习工具进行分析，只是耗费的时间更长。

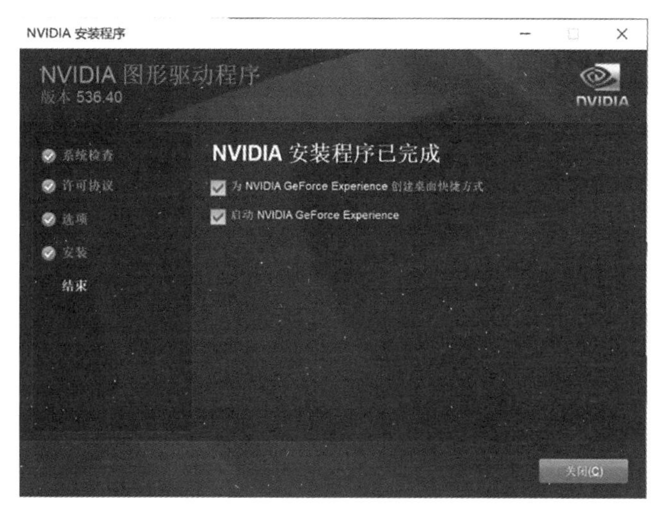

图 8.1.1　NVIDIA 驱动安装完毕界面

8.1.2　安装深度学习框架

进行深度学习需要另外安装深度学习包，在 GeoScene Pro 网站下载 GeoScene Pro 深度学习安装包。深度学习安装包对应的 GeoScene Pro 有 2.1 版和 3.1 版，根据本机使用的 GeoScene Pro 版本选择对应的深度学习安装包。本书使用 GeoScene Pro 3.1 版软件，对应的深度学习框架安装程序为 GeoScene_Deep_Learning_Libraries_for_Pro_31.exe。

Step1：双击深度学习框架安装程序进行深度学习框架安装，安装完毕后在 GeoScene Pro 中查看安装情况。

Step2：在 GeoScene Pro 打开页面中单击【设置】，如图 8.1.2 所示。

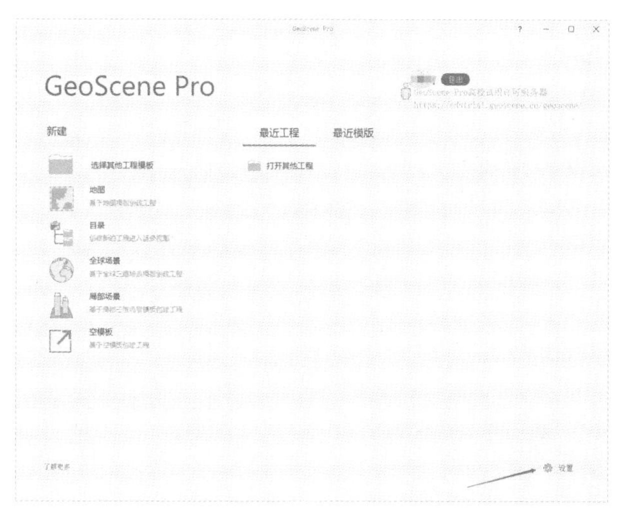

图 8.1.2　GeoScene Pro 打开界面

Step3：在【Python】—【已安装包】中查看是否已有 deep-learning-essentials 包。若有，说明深度学习包安装成功，如图 8.1.3 所示。

图 8.1.3　查看深度学习包

Tips：GeoScene_Deep_Learning_Libraries_for_Pro_31 深度学习框架会同时安装简化版的 CUDA Toolkit 11.1.1 和神经网络库 cuDNN8.1.0.77。CUDA 可对计算进行加速，cuDNN 可对深度神经网络进行 GPU 加速。若想支持更多的深度学习模型及应用场景，可安装 CUDA 和 cuDNN。

安装深度学习包后，GeoScene Pro 就可以调用第三方深度学习接口 Python API，支持完成像素分类、目标检测及对象分类任务。

8.1.3　深度学习模型选择

GeoScene Pro 3.1 提供了 23 个基于 ResNet、DenseNet、VGG、MobileNet、DarkNet 及 Reid 等骨干模型的深度学习模型。具体模型功能及其说明见表 8.1.1。

表 8.1.1　**深度学习模型说明**

模型功能	模　型	支持的元数据	应用场景示例
对象分类	FeatureClassifier	标注切片	建筑物分类、植物分类

续表

模型功能	模　型	支持的元数据	应用场景示例
像素分类	U-net	分类切片	土地覆盖提取、建筑物提取、道路提取等
	PSPNet		
	DeepLabV3		
	MMSegmentation		
	BDCNEdgeDetector		
	HEDEdgeDetector		
	MultiTaskRoadExtractor		
	ConnectNet		
	ChangeDetector		土地覆盖或建筑物变化
对象检测	MMDetection	PASCAL 视觉对象类矩形，KITTI 矩形	车、树木、游泳池、井盖等设施的提取
	FasterRCNN		
	RetinaNet		
	YOLOv3		
	SingleShotDetector		
	MaskRCNN	RCNN 掩膜	实例分割
视频对象跟踪	Siam Mask		
	深度排序	ImageNet	
影像转换	Pix2Pix	导出切片	为历史影像着色
	CycleGAN		
	超分辨率		提高影像分辨率
	Pix2PixHD		
	图像标题生成器	—	

在这些模型中，对象分类、像素分类、对象检测、目标检测类模型应用比较多，影像转换类模型通常用来提高影像分辨率或改变影像风格，对象跟踪器类模型用于对视频数据进行分析。

支持的元数据指样本数据形式，切片可理解为一小块影像。在对象分类模型的训练中，使用标注切片。在像素分类模型的训练中，使用分类切片，根据要分类对象的形状可以用矩形、圆形或不规则形状等进行标注。例如对建筑物分类适合用矩形，对树分类适合用圆形。在目标检测和对象检测模型的训练数据集标注中，最常用的是 PASCAL 视觉对象类矩形，可以理解为一个包围样本的矩形框。

8.1.4 深度学习处理流程

GeoScene Pro 中的深度学习模型为监督学习模型，若要利用这些模型进行像素分类、目标检测等工作，首先需要对模型进行训练，使之具有像素分类、目标检测等的能力。因此深度学习应用流程一般分为以下三步：采集样本数据创建训练数据集、利用训练数据集训练模型、使用训练好的模型对研究区域数据进行预测或分类。处理流程及用到的部分工具见图 8.1.4。

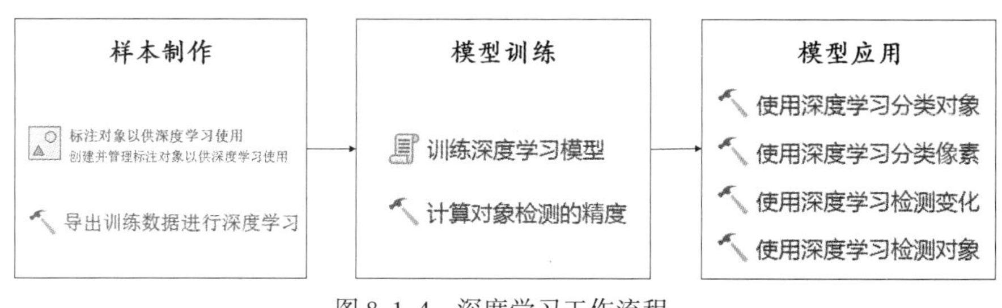

图 8.1.4 深度学习工作流程

样本数据集对模型训练非常重要。样本标注准确，样本数量适宜，训练后的模型精度就高。

Tips：对影像创建训练数据时，默认影像格式为 TIFF。除此之外，还支持 MRF、PNG 和 JPEG 格式的影像，对于后两种格式最高仅支持三波段影像。

GeoScene Pro 提供了内嵌的、半封装的深度学习分析工具，用户只需设置相应参数即可应用，大大降低了深度学习的门槛。

8.2 对象检测

对象检测指利用深度学习模型对卫星或无人机获取的影像进行识别和定位其中的目标物体(如车辆、树木、井盖等)，返回它们在影像中的位置和边界框。

现有某地的高精度影像一张，该区域种植了大量棕榈树，为了掌握棕榈树的种植情况，利用深度学习方法从影像中识别棕榈树及其位置。根据图 8.1.4 的流程，先对一张同类影像标注出棕榈树以制作训练样本数据集，然后利用样本数据集训练深度学习模型，最后将训练好的深度学习模型应用于区域影像以完成对该地区棕榈树的调查。

8.2.1 样本数据集制作

Step1：双击本节数据文件夹下的 Exe08_2.arpx，打开工程，如图 8.2.1 所示。

图 8.2.1　对象检测数据概览

SampleImage. tif 为制作样本数据集的影像，ResearchImage. tif 为研究区域影像，即预测区域影像。GeoScene Pro 对参与深度学习的影像格式有一定要求，只能是 TIFF、MRF、PNG 和 JPEG 这四种格式中的一种，并且 PNG 和 JPEG 格式最多只支持 3 个波段。

Step2：在功能区【地图】选项卡上单击【导航】组的【书签】，单击【样本影像】书签，将窗口定位至样本标注区域，同时使 ResearchImage 图层不可见，如图 8.2.2 所示。

图 8.2.2　SampleImage 数据全图

样本标注即在样本影像区域将棕榈树标注出来。

Step3：在【内容】窗格中单击 SampleImage. tif 图层以激活该图层，在功能区单击【影像】选项卡【影像分类】组【分类工具】中的【标注对象以供深度学习使用】工具，打开【影像分类—标注对象】窗格。

Step4：在窗格中，右键单击【新建方案】，在弹出菜单中单击【添加新类】，如图 8.2.3(a)所示，打开【影像分类—添加新类】窗格。

(a)添加新类 (b)新类设置 (c)选择形状

图 8.2.3 添加新类设置

Step5：在【影像分类—添加新类】窗格中，将【名称】命名为 **Palm**，【值】设置为 **1**，【颜色】设置为比较有区分度的颜色即可。如图 8.2.3(b)所示。

Tips：在有些深度学习模型中，将背景值默认为 0，因此新类的【值】建议从 1 开始，避免采用 0 作为新类的值。本例中只检测一种对象：棕榈树，因此只创建一个类，若在应用中需要检测多种对象，如棕榈树、松树、樟树等，则需要创建对应类别数的类，如棕榈树的类值为 1，松树的类值为 2，樟树的类值为 3。

思 考

8-1：在本例中，新类的【值】设置为 2，或者其他大于 0 的整数是否可以？

Step6：单击【确定】完成添加新类，返回【影像分类—标注对象】窗格。在窗格中单击【圆形】◯以确定标注样本的形状，如图 8.2.3(c)所示。

标注工具提供了矩形、多边形、圆形和任意多边形等几种标注样本的形状，通常根据被标注对象的基本形状来确定。在本例中，影像中的棕榈树接近于圆形，因此选择圆形标注。

Step7：在【地图】视图中将 SampleImage.tif 中的棕榈树用圆形圈出来进行标注，标注后的部分影像如图 8.2.4 所示。

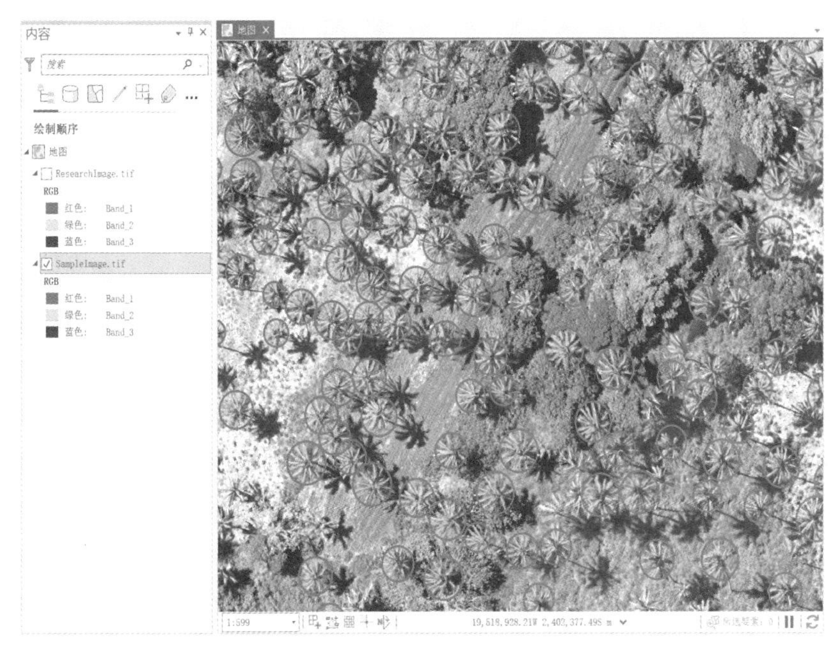

图 8.2.4　棕榈树样本标注

Tips：在【影像分类—标注对象】窗格中，用列表方式显示了每个标注对象的位置，单击列表中的某个标注，则其位置将在影像中高亮显示，如图 8.2.5 所示。若某个标注不太理想，可在此列表中选中该标注对象，单击列表上方的【删除】✖将其删除，重新标注。

Step8：标注完成后单击【影像分类—标注对象】窗格中的【保存】工具，打开【保存当前训练样本】窗格。

Step9：在窗格中，将标注样本命名为 **Palm**，保存在本节地理数据库 Exe08_2.gdb 中，如图 8.2.6 所示。

Tips：在深度学习应用过程中，因要调用第三方模型，建议所有的过程数据和结果数据命名以及保存路径都应使用英文，避免在模型调用过程中出错。

图 8.2.5 标注样本列表

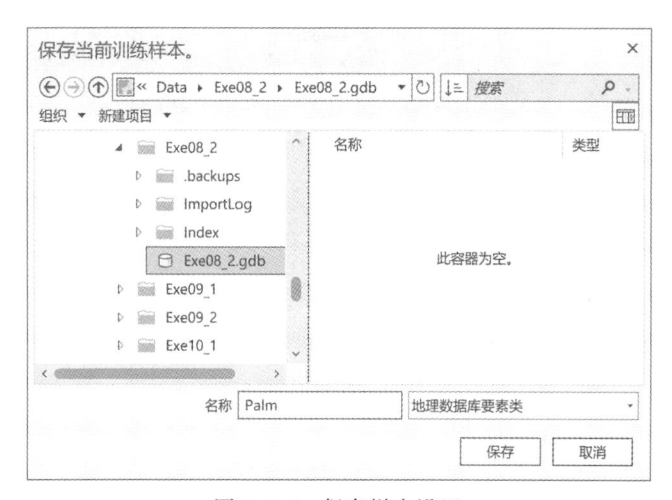

图 8.2.6 保存样本设置

Step10：单击【保存】，完成训练样本的保存，标注样本以要素类的形式存储在地理数据库中。

8.2.2 导出训练数据

训练数据指经过标注的影像数据。深度学习训练样本为影像切片，切片中包含一个或多个标注的对象。导出的训练数据为按照设定参数生成的影像切片，将用于支持第三方深度学习应用程序，如 TensorFlow、PyTorch 和 Keras 等。

Step1：单击【影像分类—标注对象】窗格中的【导出训练数据】，打开导出设置页面，如图 8.2.7 所示，将【输出文件夹】设置为本节数据文件夹下的 **Training_Sample** 文件夹，如图 8.2.8 所示。在图 8.2.7 中，将【图像格式】设置为 **TIFF 格式**，【分块大小 X】和【分块大小 Y】设置为 **256**，【步幅 X】和【步幅 Y】设置为 **128**，【旋转角度】设置为 **0**，【参考系统】设置为**地图空间**，【元数据格式】设置为 **PASCAL 可视化对象类**，其它保持默认设置。

图 8.2.7 导出训练数据设置

图 8.2.8 输出文件夹设置

【输出文件夹】是保存训练数据的位置，因为训练数据结果是包括影像切片、标签、模型参数等的一系列文件，所以保存在文件夹中比较好管理。【掩膜面要素】用于划定导出训练数据的范围，若不设置，则使用输入数据的范围。【图像格式】指输出的训练数据的格式。【分块大小 X】和【分块大小 Y】指影像切片的长和宽，单位为像素，默认设置为 256 像素。【步幅 X】和【步幅 Y】指下一张切片相对前一张切片的移动距离，单位为像素，默认为 128 像素。分块大小设为 256，步幅设为 128 时，下一张切片和上一张切片有 50%的重叠。【旋转角度】指在样本增强时影像旋转的角度间隔，若设置为 60°，则会将原始切片每隔 60°旋转生成新的切片，默认值为 0，表示不进行旋转，即不进行样本增强。【参考系统】应与被标注的影像一致，如果被标注影像具有空间参考，使用地图空间；不具有空间参考，使用像素空间。【元数据格式】用于设定标注样本的形式，不同的深度学习应用场景使用不同的元数据格式，可参考本章表 8.1.1 进行设置。针对对象检测和目标检测的应用使用 PASCAL 可视化对象类的元数据。

Step2：单击【运行】，完成训练数据导出。导出的训练数据包括 2 个文件夹和 4 个文件，存放在 Training_Sample 文件夹内，如图 8.2.9 所示。

名称	类型
images	文件夹
labels	文件夹
esri_accumulated_stats.json	JSON 文件
esri_model_definition.emd	EMD 文件
map.txt	文本文档
stats.txt	文本文档

图 8.2.9　导出的训练数据

images 文件夹中存储的是样本切片，lables 文件夹中存储的是标注，并且切片和标注的编号是一一对应的。

Tips：GeoScene Pro 提供 2 个导出训练数据的途径，另外一种是使用【地理处理】—【工具箱】—【影像分析工具】—【深度学习】—【导出训练数据进行深度学习】工具，设置与图 8.2.7 相同，本章 8.3 节的案例中将用此工具导出训练数据。

8.2.3　对象检测模型训练

利用深度学习框架训练深度学习模型。

Step1：在【地理处理】窗格中单击【工具箱】—【影像分析工具】—【深度学习】—【训练深度学习模型】，打开【训练深度学习模型】窗格。

Step2：在窗格中，将【输入训练数据】设置为训练数据所在文件夹 **Training_Sample**，【输出模型】设置为本节文件夹下的 **Model** 文件夹，【训练轮数】设置为 **30**。系统会根据标注数据的设置自动过滤和设置【模型参数】和【高级版】，除将【批量大小】设置为 **4** 外，在本例中，其他参数均采用默认设置，如图 8.2.10(a)所示。若计算机有 GPU，可在【环境】参数设置中将【处理器类型】设置为 **GPU**，同时将【并行处理因子】设置为 **80%**，以提高模型训练速度，该参数需要根据计算机性能设置，如图 8.2.10(b)所示。

【训练轮数】默认设置为 20，本例的影像比较大，因此设置为 30。【模型类型】指将要进行训练的深度学习模型。【批量大小】指一次处理的训练样本数，通常根据计算机的性能设定，GPU 功能越强大，可设置越高的值。【模型参数】用于设定深度学习模型的各项参数，通常采用默认设置。【学习率】指训练过程中信息的更新比率，通常是一个较小的值，如 0.000001~0.1 之间，若不设置，则系统在训练过程中根据学习曲线设定最佳学习率。

【骨干模型】用于指定具有一定架构、预设参数的模型。【预训练模型】可以是 GeoScene Pro 前期训练过的模型，本次训练可在预训练模型基础上微调，预训练模型采用的模型类型和骨干模型必须和本次训练一致。【验证百分比】用于设置验证数据集的比例，默认设置为 10%。当勾选了【当模型停止改进时停止】时，即使没有达到设置的训练轮次，模型停止改进时就会停止模型训练；当勾选了【冻结模型】时，在训练时将不会改变骨干模型的参数。

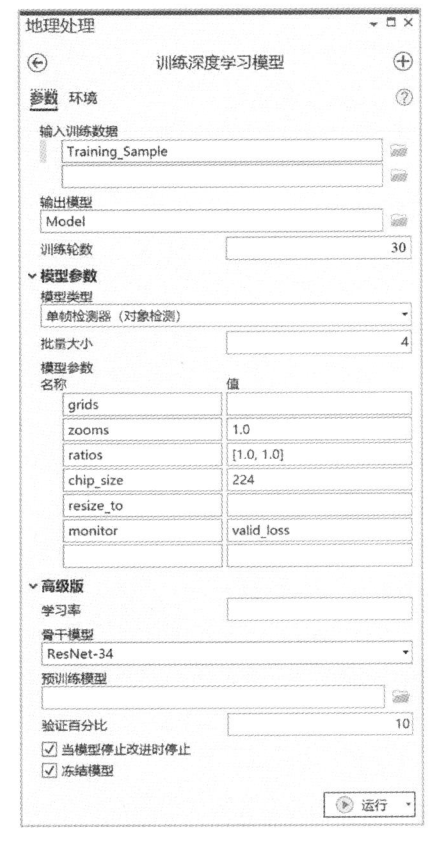

(a)模型参数设置

(b)模型环境设置

图 8.2.10　训练深度学习模型设置

对于本例，在【模型类型】中，系统过滤后保留 5 个模型供选择，这 5 个模型均为检测模型，如图 8.2.11(a)所示；系统提供了 ResNet、DenseNet、VGG、MobileNet、DarkNet 及 Reid 等 6 种【骨干模型】，如图 8.2.11(b)所示，模型后的数字代表神经网络的层数。

Step3：单击【运行】，进行深度学习模型训练。

这个过程可能会比较长，计算机配置越高速度越快。训练完毕后，在消息窗口会显示训练开始时间、学习率、每一轮训练完成后模型的训练损失、验证损失、精度、检测阈值、IOU 阈值和训练用时等信息，如图 8.2.12 所示。

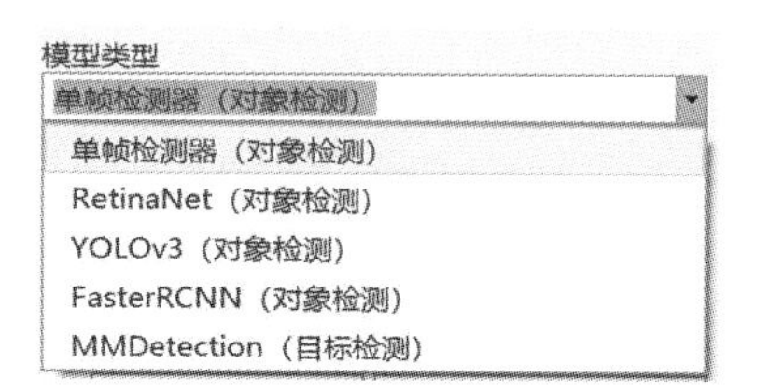

(a)模型类型设置

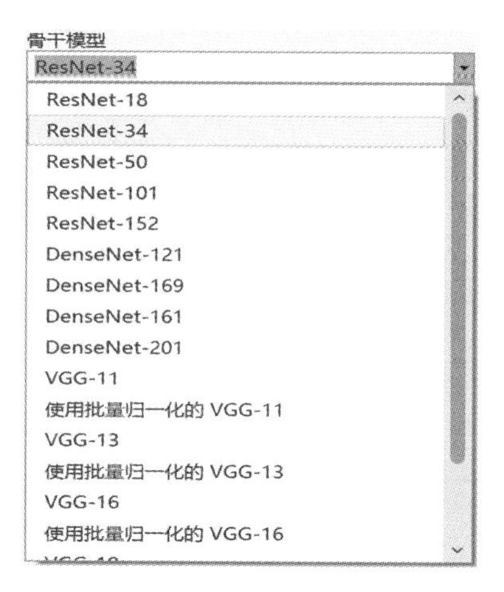

(b)骨干模型设置

图 8.2.11 模型类型和骨干模型设置

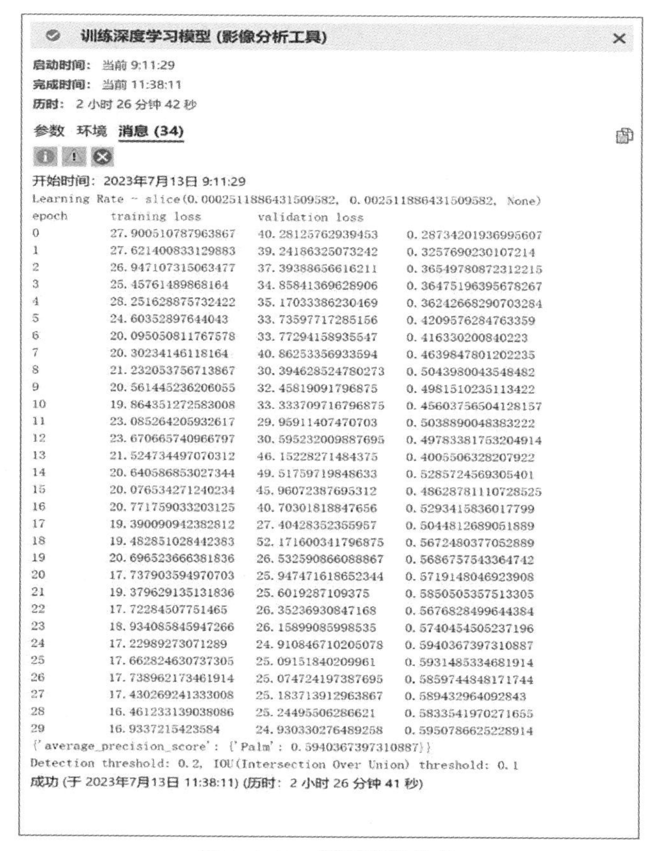

图 8.2.12 模型训练信息

可以看到随着训练轮次增加，训练损失和验证损失逐渐降低，精度逐渐升高。模型经过 2 小时 26 分钟 41 秒的训练，得到的模型精度约为 59.4%。对于本例数据来说，经过 30

轮训练模型还在改进，说明可以设置更多轮次或调整参数以提高模型精度。因本例目的仅为示例深度学习应用过程，读者可自行进一步训练模型。

Tips：由于标注的样本不完全相同，或者即使样本完全相同，训练模型时的设置也相同，训练过程中的训练损失和验证损失也不完全相同。

训练好的模型存储在 Model 文件夹下，包含 1 个 ModelCharacteristics 文件夹和 4 个相关文件，如图 8.2.13 所示。其中 .dlpk 和 .emd 为训练后的模型文件，可在应用中调用。

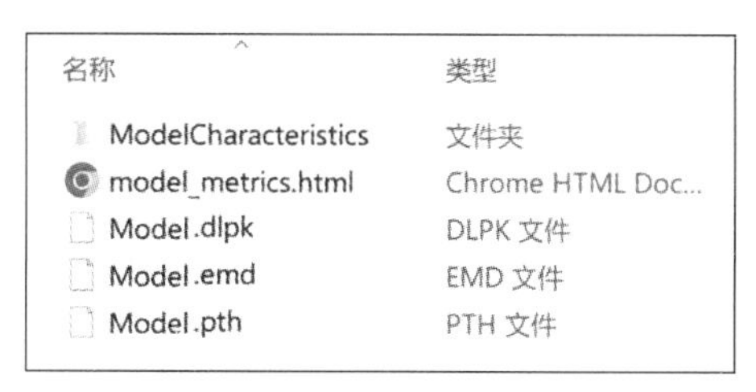

名称	类型
ModelCharacteristics	文件夹
model_metrics.html	Chrome HTML Doc...
Model.dlpk	DLPK 文件
Model.emd	EMD 文件
Model.pth	PTH 文件

图 8.2.13 模型相关文件

ModelCharacteristics 文件夹中存储了模型的训练损失和验证损失曲线图，以及检测结果切片，如图 8.2.14 所示。训练损失用于衡量模型在训练集上的拟合能力，验证损失用于衡量模型在验证集上的损失，体现模型的泛化能力。

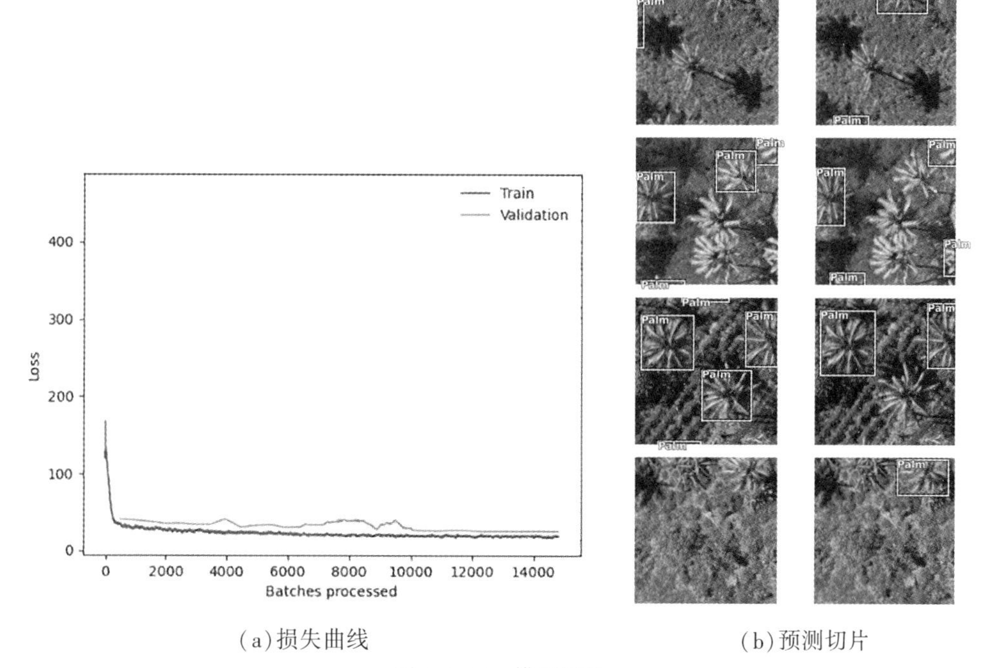

(a)损失曲线 (b)预测切片

图 8.2.14 模型评价

Tips：正常情况下训练损失和验证损失是逐渐变小的，且波动不大。如果出现波动很大的情况，可能是样本数据、参数设置出现了问题，要耐心进行检查。

8.2.4　应用模型检测对象

应用训练好的模型对 ResearchImage 中的棕榈树进行检测。

Step1：在【地理处理】窗格中单击【工具箱】—【影像分析工具】—【深度学习】—【使用深度学习检测对象】，打开【使用深度学习检测对象】窗格。

Step2：在窗格中，将【输入栅格】设置为 **ResearchImage. tif**，【输出检测到的对象】命名为 **DetectedPalm** 要素类存储在本节地理数据库 Exe08_2. gdb 中，【模型定义】设置为本节 **Model** 文件夹下的模型 **Model. emd**，其它保持默认设置，如图 8. 2. 15(a)所示，若想加速检测过程，可在【环境】页面中将【处理器类型】设置为 **GPU**，【处理范围】设置为与 **ResearchImage. tif** 相同，【并行处理因子】设置为 **80%**，如图 8. 2. 15(b)所示。

(a)参数设置

(b)环境设置

图 8. 2. 15　深度学习模型检测对象设置

Step3：单击【运行】，对 ResearchImage 图像上的棕榈树进行检测，检测结果如图 8.2.16 所示。

图 8.2.16 ResearchImage 棕榈树检测结果

检测到的棕榈树用矩形框出，放大可以看到存在漏检和重复检测的现象。这说明模型的精度还不够，需要从样本标注、样本数量、模型类型、模型参数设置、骨干模型选择、训练轮次等多个方面进行调整，直至取得满意的精度为止。

8.3 像素分类

深度学习中的像素分类指利用深度神经网络对像素进行分类，在地理、遥感领域中常用像素分类对影像进行土地覆盖提取、建筑物提取、道路提取等应用。本节以利用像素分类进行道路提取为例进行示范。

本节使用的数据为 2 张影像和 1 个面要素类，一张名为 SampleImageRoad 的影像，用于道路标注；一张名为 ResearchImageRoad 的影像，对其进行道路提取；RoadSample 面要素类为影像 SampleImageRoad 中的道路分布，数据见图 8.3.1。

进行道路提取的流程：首先在 SampleImageRoad 影像上对道路进行标注，生成样本数据，然后利用样本数据训练模型，最后将训练好的模型应用于 ResearchImageRoad 影像，提取出该影像中的道路。

8.3.1 样本数据集制作

Step1：双击本节数据文件夹下的 Exe08_3. arpx，打开工程。

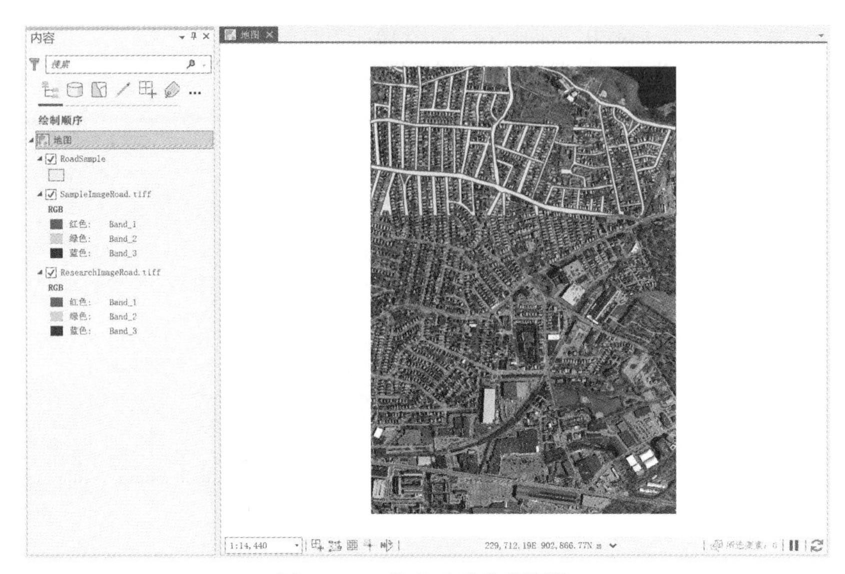

图 8.3.1　像素分类数据概览

Step2：在功能区单击【地图】选项卡【导航】组的【书签】，单击【样本影像】书签，将窗口定位至样本标注区域 SampleImageRoad，同时使 ResearchImageRoad 和 RoadSample 图层不可见，如图 8.3.2 所示。

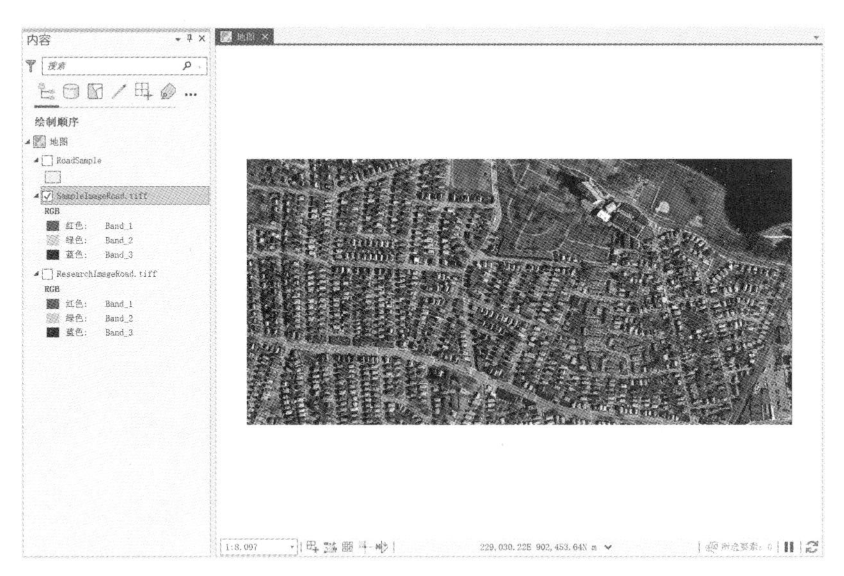

图 8.3.2　SampleImageRoad 数据

Step3：在【内容】窗格单击 SampleImageRoad.tiff 以激活该图层，在功能区单击【影像】选项卡【影像分类】组【分类工具】中的【标注对象以供深度学习使用】工具，打开【影像分类—标注对象】窗格。

在 GeoScene Pro 中，可以手工标注样本，也可以使用已标注好的样本。在 8.2 节中已详细示范了手工标注样本的过程，本节着重示例使用已有标注样本导出深度学习模型训练数据的操作。

1. 手工标注样本

Step4：在【影像分类—标注对象】窗格中，选择【面】作为标注形状，右键单击【新建方案】，在弹出菜单中单击【添加新类】，如图 8.3.3(a)所示，打开【影像分类—添加新类】窗格，将【名称】命名为 **Road**，【值】设置为 **1**，【颜色】设置为比较有区分度的颜色。如图 8.3.3(b)所示。

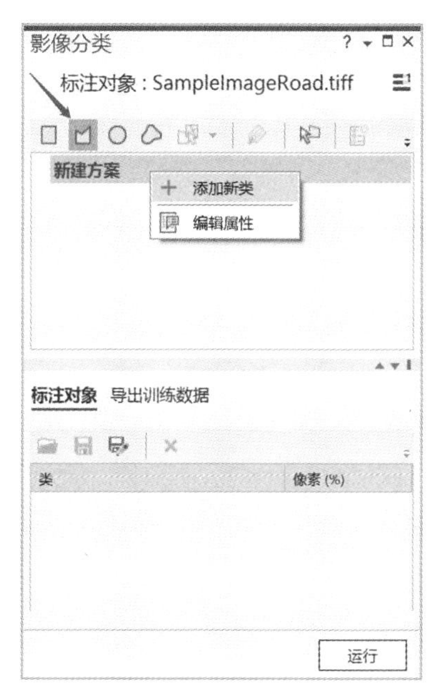

(a)添加新类

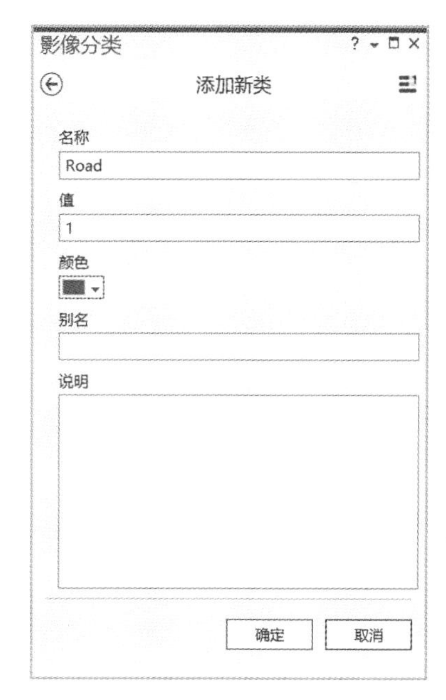

(b)新类设置

图 8.3.3　添加新类设置

Step5：在图 8.3.3(b)中单击【确定】，开始对 SampleImageRoad 影像中的道路进行标注，标注过程为勾画影像中道路覆盖区域，如图 8.3.4 所示。

Tips：标注时利用多边形圈出道路所在区域，其操作类似于对多边形进行数字化。

Step6：全部道路标注完毕后单击【影像分类—标注对象】窗格中的【保存】工具，将标注样本命名为 **RoadSampleSelf** 保存在本节地理数据库 Exe08_3. gdb 中。

标注样本是一个繁重又耗时的工作，有时可能无法一次完成全部样本的标注，需要保存部分标注的样本，或合并其他人标注的样本。本例提供了一个已标注好的道路样本进行后续的样本数据导出工作。

图 8.3.4　对道路进行标注

2. 使用已标注样本

接本节 Step3。

Step4：在【影像分类—标注对象】窗格中，单击【加载训练样本】，如图 8.3.5(a)所示，在打开的【训练样本】对话框中，选择本节地理数据库中的 **RoadSample** 要素类，如图 8.3.5(b)所示。

(a)加载样本

(b)选择样本文件

图 8.3.5　加载已有样本设置

Step5：单击【确定】，完成已有标注样本 RoadSample 的加载，加载样本后如图 8.3.6 所示。

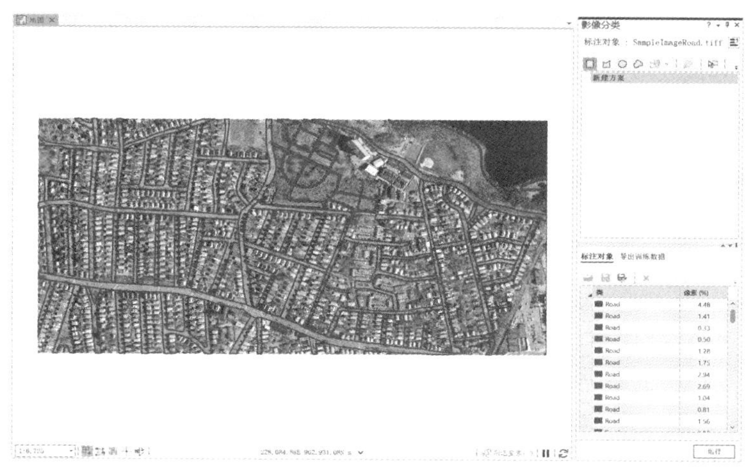

图 8.3.6　加载后的已标注样本

Tips：本例中的 RoadSample 要素类已完成全部样本的标注。若需要继续进行样本标注，则需要将分类方案导入再继续标注。在【影像分类—标注对象】窗格中单击方案下拉菜单，在弹出菜单中单击【从训练样本生成】，如图 8.3.7(a)所示，选择本节地理数据库中的已标注样本 RoadSample 的分类方案，如图 8.3.7(b)所示。系统会导入 RoadSample 的分类方案 Road，可以在此分类方案基础上选择【面】继续进行样本标注，标注完毕后，单击【保存】工具保存标注对象。

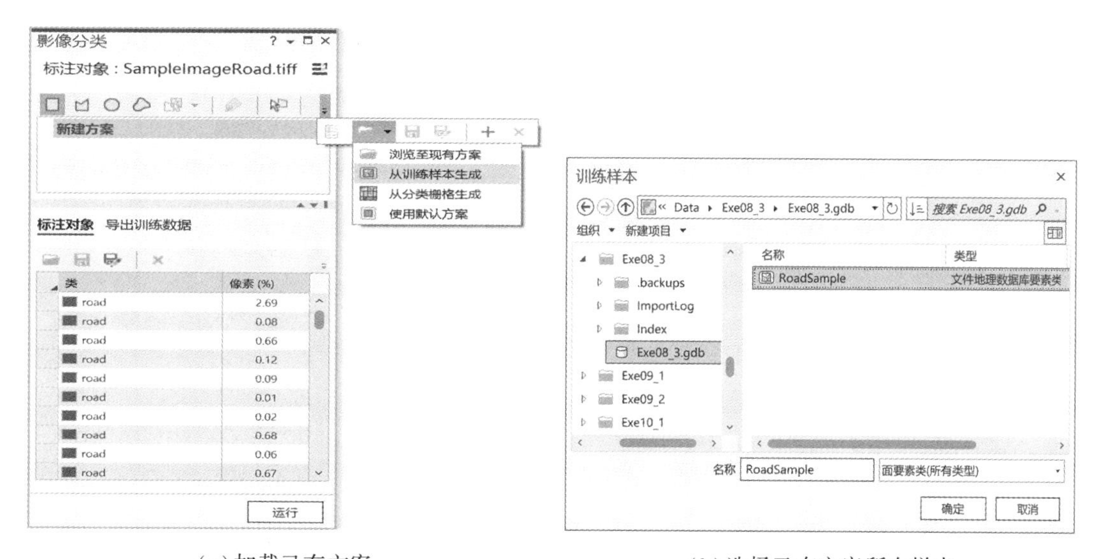

(a)加载已有方案　　　　(b)选择已有方案所在样本

图 8.3.7　加载后的样本

8.3.2　导出训练数据

样本标注好或导入已标注样本之后，需要将其导出为训练数据。GeoScene Pro 提供从【影像分类—标注对象】窗格中导出和利用地理处理工具导出两种方式。在 8.2 节中示例了从【影像分类—标注对象】窗格中导出训练数据的操作过程，本节示例利用地理处理工具导出训练数据的操作。

Step1：在【地理处理】窗格中单击【工具箱】—【影像分析工具】—【深度学习】—【导出训练数据进行深度学习】，打开【导出训练数据进行深度学习】窗格。

Step2：在窗格中将【输入栅格】设置为 **SampleImageRoad. tiff**，【输出文件夹】选择本节数据文件夹下的 TrainingSample 文件夹，【输入要素类或分类栅格或表】设置为 **RoadSample** 面要素类，【类值字段】设置为 **ClassValue**，【图像格式】采用默认的 **TIFF** 格式，【分块大小 X】和【分块大小 Y】设置为 **256**，【步幅 X】和【步幅 Y】设置为 **128**，【旋转角度】设置为 **0**，【参考系统】设置为**地图空间**，【元数据格式】设置为**已分类切片**，其它保持默认设置，如图 8.3.8(a)所示。为了保证样本切片的像元大小和原始样本一致，在【环境】页面将【像元大小】设置为 **SampleImageRoad. tiff**，将【处理范围】设置为与 **SampleImageRoad. tiff** 一致，如图 8.3.8(b)所示。

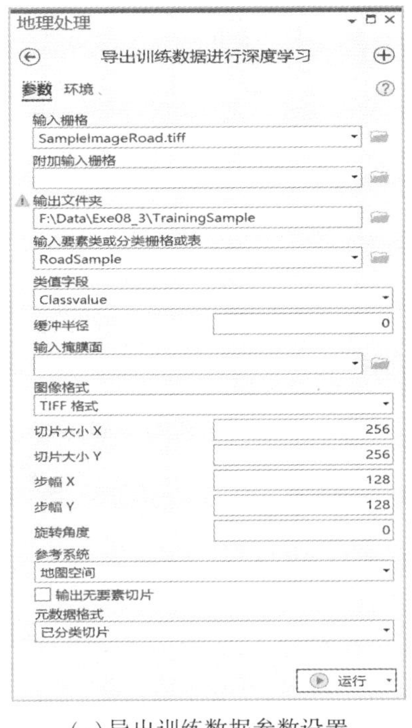

(a)导出训练数据参数设置

(b)导出训练数据环境设置

图 8.3.8　导出训练数据设置

Tips：此处设置的元数据格式决定了深度学习模型的类型，正如表 8.1.1 中列出的，像素分类模型使用已分类切片元数据，而在 8.2 节例子中的对象检测模型使用 PASCAL 可视化对象类元数据。

Step3：单击【运行】，完成训练数据导出。导出的训练数据包括 2 个文件夹和 4 个文件，存放在本节数据文件夹中的 TrainingSample 文件夹内，如图 8.3.9 所示。

名称	类型
images	文件夹
labels	文件夹
esri_accumulated_stats.json	JSON 文件
esri_model_definition.emd	EMD 文件
map.txt	文本文档
stats.txt	文本文档

图 8.3.9　导出的训练数据

8.3.3　像素分类模型训练

Step1：在【地理处理】窗格中单击【工具箱】—【影像分析工具】—【深度学习】—【训练深度学习模型】，打开【训练深度学习模型】窗格。

Step2：在窗格中，将【输入训练数据】设置为训练数据所在文件夹 **TrainingSample**，在【输出模型】编辑框中输入 **RoadModel**，系统将在本节数据文件夹下新建一个名为 RoadModel 的文件夹用于存放训练好的模型，【训练轮数】设置为 **5**。系统会根据标注数据的设置自动过滤和设置【模型参数】、【高级版】内容。将【模型类型】设置为**多任务道路提取器**，【批量大小】设置为 **2**，其它保持默认设置，如图 8.3.10(a)所示。若计算机有 GPU，则可在【环境】参数设置中将【处理器类型】设置为 **GPU**，同时可将【并行处理因子】设置为 **80%**以提高模型训练速度，该参数根据计算机性能设置，如图 8.3.10(b)所示。

在像素分类应用中，GeoScene Pro 3.1 提供了 U-Net、多任务道路提取器等 9 个模型，如图 8.3.11(a)所示。在本例中，选择了多任务道路提取器模型，也可以尝试选择其他像素分类模型进行道路提取。在像素分类应用中，GeoScene Pro 3.1 只支持 ResNet 作为骨干模型，如图 8.3.11(b)所示。

Step3：单击【运行】，开始进行遥感影像道路提取深度学习模型的训练。这个过程一般会花费比较长的时间，具体时间长短根据计算机的性能有所不同。训练完成后消息窗口中会列出每轮训练的训练损失、验证损失、精度、MIoU 和 Dice，如图 8.3.12 所示。

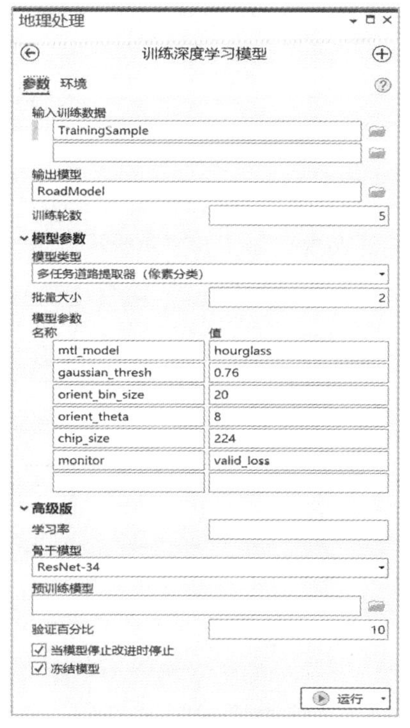

(a)训练模型参数设置　　(b)训练模型环境设置

图8.3.10　训练模型设置

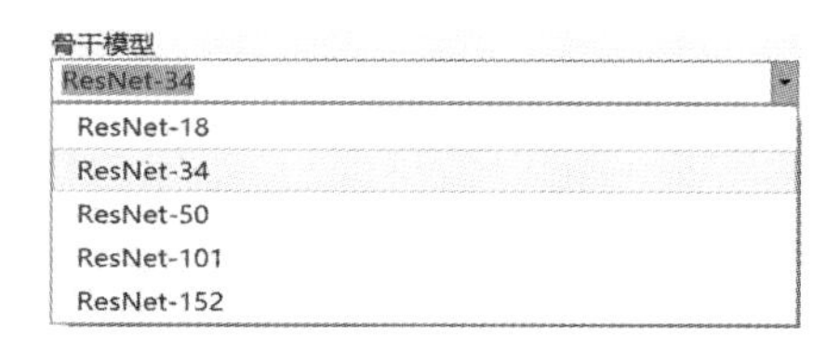

(a)模型类型　　(b)骨干模型

图8.3.11　像素分类模型设置

Tips：训练损失、验证损失、精度、MIoU和Dice都是评价像素分类模型的指标。MIoU(Mean Intersection over Union)指平均交并比，是在计算像素级别分割准确率时常用的一个指标。MIoU越高，分割的准确率越高。Dice指Dice系数，也是评价像素分割的指标，值越接近于1，分割效果越好。

模型文件夹RoadModel中保存了模型及模型相关特征，如损失曲线、预测对比，如图8.3.13所示。

训练深度学习模型 (影像分析工具)

启动时间：当前 19:06:27
完成时间：当前 20:51:08
历时：1 小时 44 分钟 41 秒

参数 环境 消息 (13)

开始时间：2023年7月19日 19:06:27
Learning Rate - 0.001202264434617413

epoch	training loss	validation loss	accuracy	MIoU	Dice
0	3.3160722255706787	3.332611083984375	0.7037091851234436	0.35185459681919645	0.0
1	58.803138732910156	65.5597915649414	0.7037091851234436	0.35185459681919645	0.0
2	9.519648551940918	10.567728996276855	0.6455121636390686	0.3713394989723409	0.1705373227596283
3	1.3872392177581787	1.3829947710037231	0.7906842827796936	0.5665621871247314	0.4688813090324402
4	1.6174533367156982	1.6504732370376587	0.7887856364250183	0.5482462907387686	0.4252531826496124
5	1.2211545705795288	1.1154271364212036	0.8407178521156311	0.6939169786769218	0.7166284918785095
6	1.1381349563598633	1.0160489082336426	0.8736354112625122	0.7517189544606351	0.7713670134544373
7	1.1963160037994385	1.0282175540924072	0.8689247965812683	0.751453607916577	0.7865332961082458
8	1.3175424337387085	1.0526888370513916	0.8702065348625183	0.7597750847259215	0.8000732064247131
9	1.3221834897994995	1.0512545108795166	0.871337890625	0.7625378678963604	0.8026664853096008

{'accuracy': '0.871337890625', 'mIoU': '0.7625378678963604'}
成功 (于 2023年7月19日 20:51:08) (历时：1 小时 44 分钟 41 秒)

图 8.3.12　像素分类模型设置

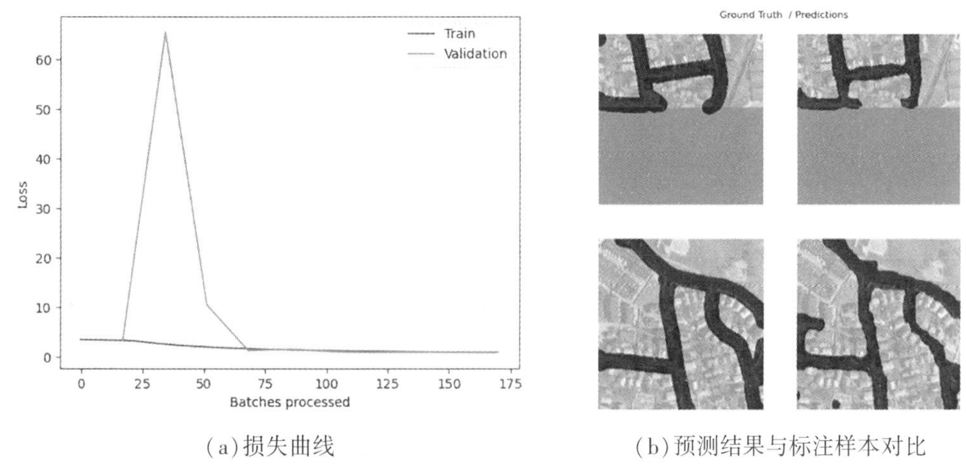

(a)损失曲线　　(b)预测结果与标注样本对比

图 8.3.13　像素分类模型特征

8.3.4　应用模型分类像素

Step1：在【地理处理】窗格中单击【工具箱】—【影像分析工具】—【深度学习】—【使用深度学习分类像素】，打开【使用深度学习分类像素】窗格。

Step2：在窗格中，将【输入栅格】设置为 **ResearchImageRoad. tiff**，【输出分类栅格】命名为 **ResearchImageRoad_ClassifyPi**，【模型定义】设置为本节 **RoadModel** 文件夹下的模型 **RoadModel. dlpk**，其它保持默认设置，如图 8.3.14(a)所示。在【环境】页面中，将【像元大小】设置为与 **ResearchImageRoad. tiff** 图层相同，若计算机有 GPU 处理器，将【处理器类型】设置为 **GPU**，【输出坐标】设置为 **ResearchImageRoad. tiff** 图层的坐标系，【处理范围】设置为与 **ResearchImageRoad. tiff** 相同，【并行处理因子】设置为 **80%**，如图 8.3.14

(b)所示。

Step3：单击【运行】，完成对 ResearchImageRoad. tiff 影像的道路提取，提取结果如图 8. 3. 15 所示。

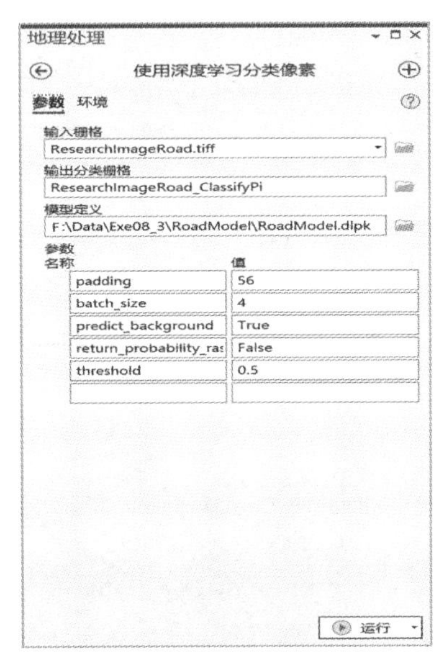

(a)像素分类模型参数设置　　(b)像素分类模型环境设置

图 8. 3. 14　像素分类模型设置

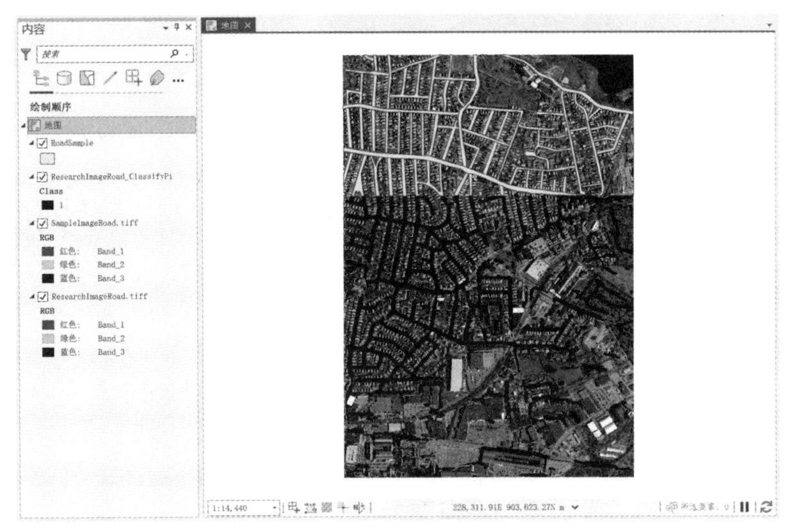

图 8. 3. 15　道路提取结果

利用深度学习模型提取的道路还需要进一步进行边缘平滑、连接等编辑才能精确表达道路分布。

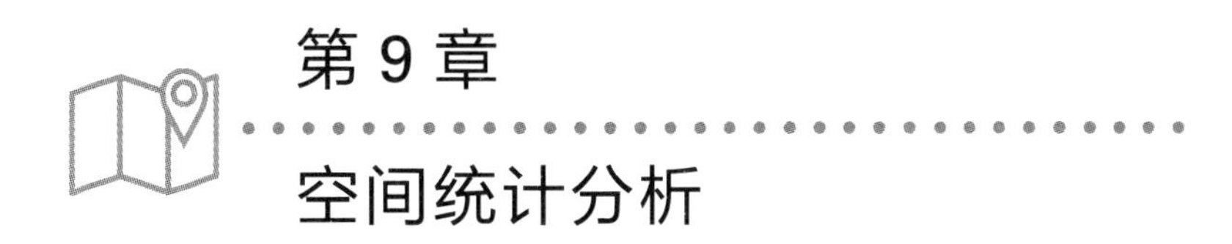

第9章 空间统计分析

GeoScene Pro 空间统计工具箱包含了一系列用于分析空间分布、空间模式、空间过程和空间关系的统计工具。不同于传统的非空间统计，空间统计方法在统计分析过程中将空间关系，如相邻、连通、区域等纳入统计模型。

利用空间统计工具能够获得空间要素分布的描述性统计特征、空间要素的分布趋势，识别空间要素是否存在空间聚集或空间异常，探索空间要素各因素之间的量化关系等。

9.1 度量地理分布

利用度量地理分布能够回答有关研究区域中地物要素的空间分布特征的问题，例如哪栋建筑位于研究区域中的中心地带？研究区域的地理中心在哪里？建筑物分布走向是什么样的？建筑物分散程度如何？道路网走向是什么样的？

本节使用的数据包括一个名为 O3 的点要素类，表示臭氧观测站；一个名为 Roads 的线要素类，表示主要道路，如图 9.1.1 所示。

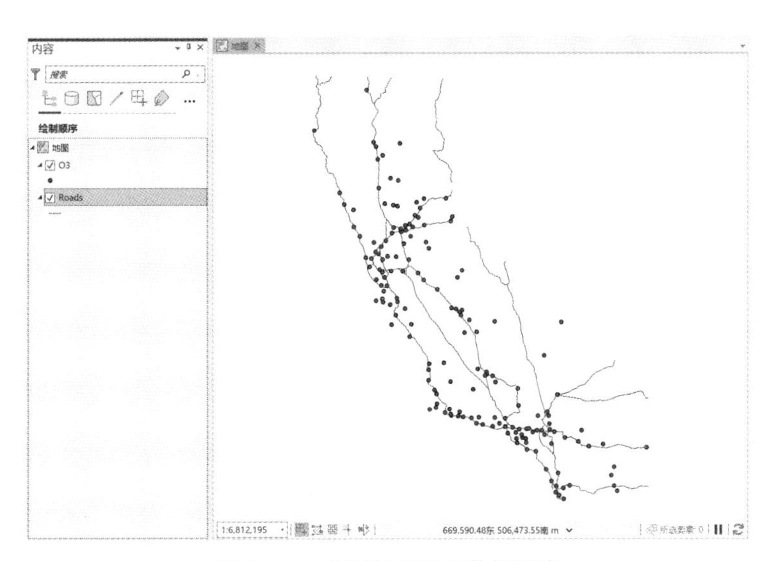

图 9.1.1　度量地理分布数据概览

9.1.1 标准距离

标准距离工具用于计算要素类中所有要素到中心的平均距离，描述要素相对于中心的分散程度。

Step1：双击本节数据文件夹下的工程文件 Exe09_1. arpx，打开工程。

Step2：在【地理处理】窗格中单击【工具箱】—【空间统计工具】—【度量地理分布】—【标准距离】，打开【标准距离】窗格。

Step3：在窗格中，将【输入要素类】设置为 **O3**，【输出标准距离要素类】命名为 **O3_StandardDistance**，其它保持默认设置，如图 9. 1. 2 所示。

> **Tips**：【圆大小】为表示要素分散程度的圆的半径，默认设置是 1 个标准差。如果设置了【权重字段】则将该字段作为权重参与加权标准距离计算。利用【案例分组字段】可以对要素分类计算标准距离，例如以区域字段分组可计算不同区域内要素的标准距离。

Step4：单击【运行】，完成标准距离的计算，O3_StandardDistance 要素类的属性表中存储标准距离圆的圆心坐标以及半径，即标准距离，如图 9. 1. 3 所示。

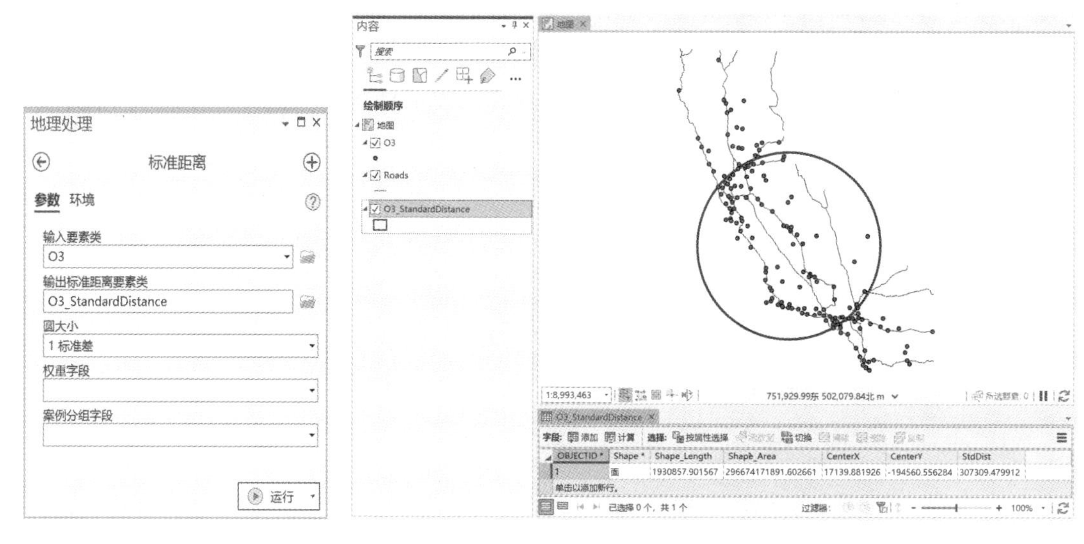

图 9. 1. 2　计算标准距离设置　　　　图 9. 1. 3　以标准距离为半径的圆

> **Tips**：如果输入要素到中心的距离大致为正态分布，则一个标准差圆大约覆盖 68% 的要素；两个标准差圆大约覆盖 95%的要素；三个标准差圆大约覆盖 99%的要素。

利用标准距离工具，可以对研究区域内点、线、面状地物的分布情况进行度量和比较。如针对某个区域内各消防站在几个月内接到的报警电话的分布情况进行度量和比较，以了解哪些消防站响应的区域较广。对医院接诊的各类病人位置进行分析，以了解不同疾病患者的分布特征，为疾病防治提供决策依据。

9.1.2 方向分布

该工具将创建一个椭圆以描述地理要素的中心趋势、离散程度和分布方向趋势。

Step1：在【地理处理】窗格中单击【工具箱】—【空间统计工具】—【度量地理分布】—【方向分布(标准差椭圆)】，打开【方向分布(标准差椭圆)】窗格。

Step2：在窗格中，将【输入要素类】设置为 **O3**，【输出椭圆要素类】命名为 **O3_DirectionalDistribution**，其它保持默认设置，如图 9.1.4 所示。

Tips：【椭圆大小】参数设置输出椭圆的大小，默认设置是 1 个标准差，含义和标准与距离工具中的圆大小参数相同。

Step3：单击【运行】，完成方向分布分析，即标准差椭圆的计算和绘制，属性表中存储了标准差椭圆的中心坐标(CenterX、CenterY)、长半轴长度(XStdDist)、短半轴长度(YStdDist)、长轴方位角(Rotation)等数据，如图 9.1.5 所示。

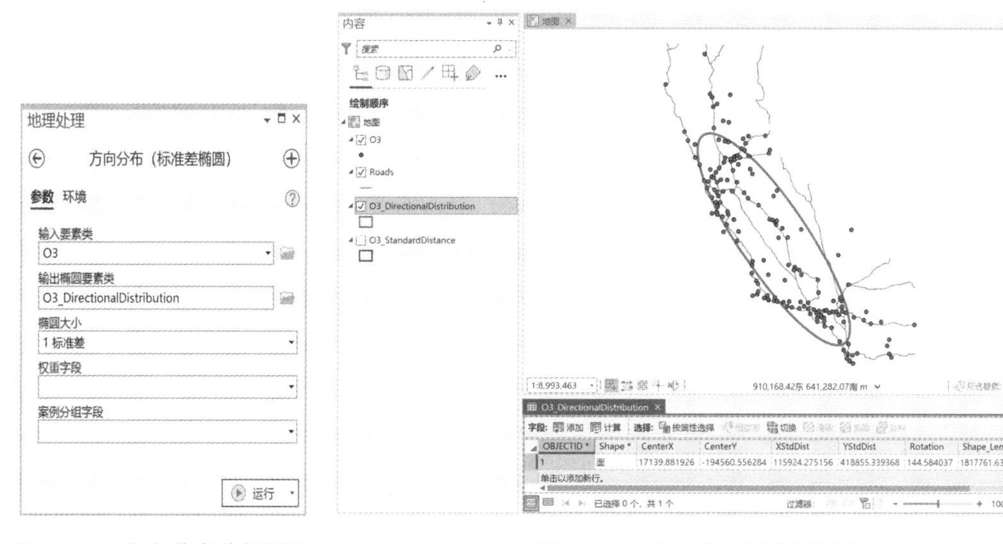

图 9.1.4 方向分布分析设置

图 9.1.5 方向分布标准差椭圆

椭圆的中心表示要素的中心位置；椭圆长轴延伸方向表示数据分布的方向，即从北方向顺时针旋转到长轴的角度；短轴表示数据分布的范围，短轴越短，数据的聚集程度越高；短轴越长，数据的离散程度越大。椭圆扁率越大，数据的方向性越明显；扁率越小，方向特征越不明显。

9.1.3　邻域汇总统计数据

该工具用于对邻域内所有要素的一个或多个数字型字段进行汇总统计。此例对每个臭氧观测站统计其周围 10 千米范围内所有观测站的平均高程。

Step1：在【地理处理】窗格中单击【工具箱】—【空间统计工具】—【度量地理分布】—【邻域汇总统计数据】，打开【邻域汇总统计数据】窗格。

Step2：在窗格中，将【输入要素】设置为 **O3**，**勾选** ELEVATION 作为【分析字段】，表示对该字段进行统计，【输出要素】命名为 **O3_NeighborhoodsSummaryStatistics**，【局部汇总统计数据】设置为**平均值**，【邻域类型】设置为**距离范围**，【距离范围】设置为 **10 千米**，其它保持默认设置，如图 9.1.6 所示。

Tips：【局部汇总统计数据】可设置为平均值、中值、标准差、四分位距、偏度和不平衡分位数，【邻域类型】可设定为距离范围、相邻要素数目、Delaunay 三角测量和通过文件获取空间权重。

Step3：单击【运行】，完成邻域汇总统计数据的计算，属性表中存储了 O3 要素类中每个点 10 千米邻域范围内所有要素的平均高程(Mean for ELEVATION)、邻域内参与平均高程计算的点数(Number of neighbors for ELEVATION)、邻域内其它点到中心点的平均距离(Mean for Distance to Neighbors)、邻域点数目(Number of neighbors for Distance to Neighbors)，结果如图 9.1.7 所示，系统根据平均高程自动对结果进行分级色彩显示。

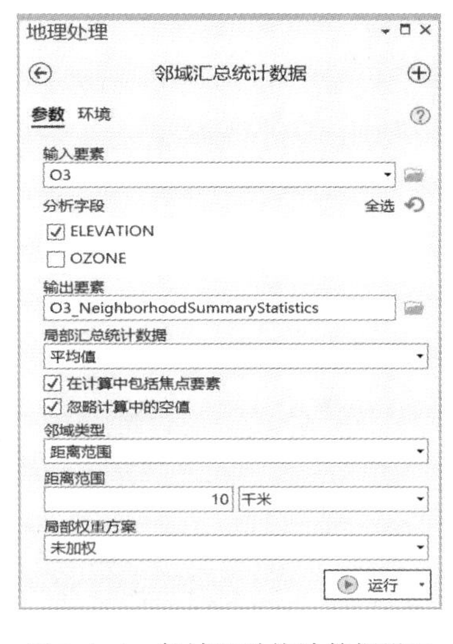

图 9.1.6　邻域汇总统计数据设置

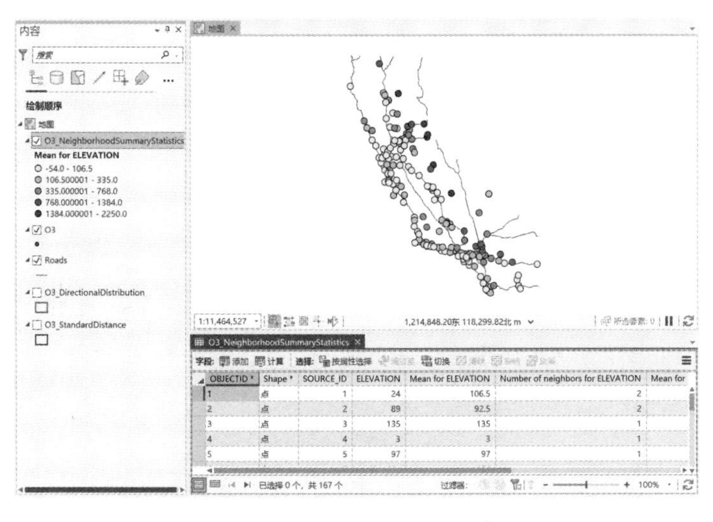

图 9.1.7　邻域汇总统计结果

思 考

9-1：取消勾选【在计算中包括焦点要素】意味着什么？取消勾选【忽略计算中的空值】意味着什么？结果图层属性表中的哪几项将发生变化？发生怎样的变化？

9.1.4 平均中心

该工具主要识别一组要素的地理中心或密度中心。

Step1：在【地理处理】窗格中单击【工具箱】—【空间统计工具】—【度量地理分布】—【平均中心】，打开【平均中心】窗格。

Step2：在窗格中，将【输入要素类】设置为 **O3**，【输出要素类】命名为 **O3_MeanCenter**，【权重字段】设置为 **OZONE**，其它保持默认设置，如图 9.1.8 所示。

Tips：【尺寸字段】将对指定的数字字段计算平均值，并将平均值记录在输出要素的属性表中。需要注意的是，如果在窗格中指定了权重字段，此平均值计算的将是加权平均值。

Step3：单击【运行】，完成平均中心的计算，结果如图 9.1.9 所示。

Tips：若未指定【权重字段】，计算的平均中心为输入要素的质心，即由平均 x 值，平均 y 值（若输入要素有 z 值，则还有平均 z 值）构造的点，且这个中心点和相同参数设置下得到的标准距离圆和标准差椭圆的圆心重合。

图 9.1.8 求平均中心设置

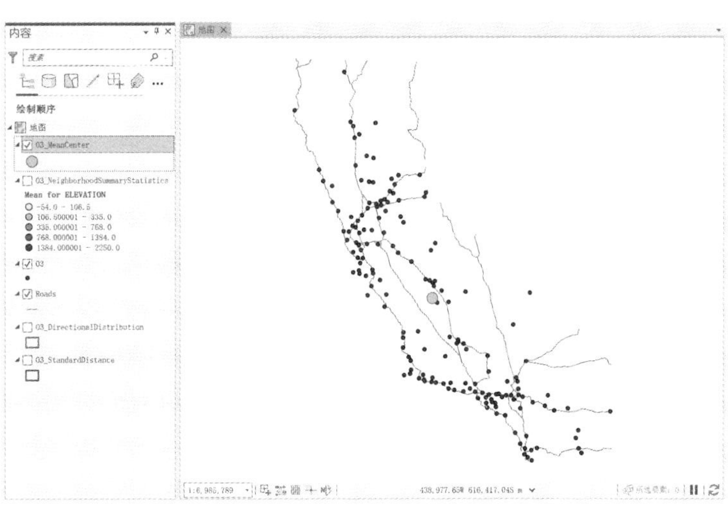

图 9.1.9 计算得到的平均中心

9.1.5　线性方向平均值

该工具通过计算一组线的平均角度发现这组线的方向或方位趋势，对于有多个折点的线，在计算方向平均值时只使用起点和终点，即只计算起点和终点连线的方向。

GIS创建折线时，每条线都根据输入顺序默认了起点和终点，在使用线性方向平均值工具前请确保所有线的起点和终点顺序是正确的，例如表示动物迁徙路线的线要素起点应为动物迁出地，终点应为动物迁入地。

Step1：在【地理处理】窗格中单击【工具箱】—【空间统计工具】—【度量地理分布】—【线性方向平均值】，打开【线性方向平均值】窗格。

Step2：在窗格中，将【输入要素类】设置为 **Roads**，【输出要素类】命名为 **Roads_DirectionalMean**，**勾选**【仅方向】，其它保持默认设置，如图9.1.10所示。

Tips：此工具的【输入要素类】只能是线要素类。【仅方向】表示计算结果为方向还是方位。针对动态要素计算时考虑起点和终点得到的是平均**方向**，如计算飓风的移动；针对静态要素计算时不考虑起点和终点得到的是平均**方位**，如道路线、断层线。勾选该选项时仅计算平均方向，不勾选则计算平均方位和平均方向。设置【案例分组字段】则会对不同类要素计算方向或方位，例如将道路等级设置为案例分组字段将得到不同等级道路的平均方向。

Step3：单击【运行】，完成线性方向平均值的计算，结果如图9.1.11所示。

图9.1.10　求线性方向平均值设置

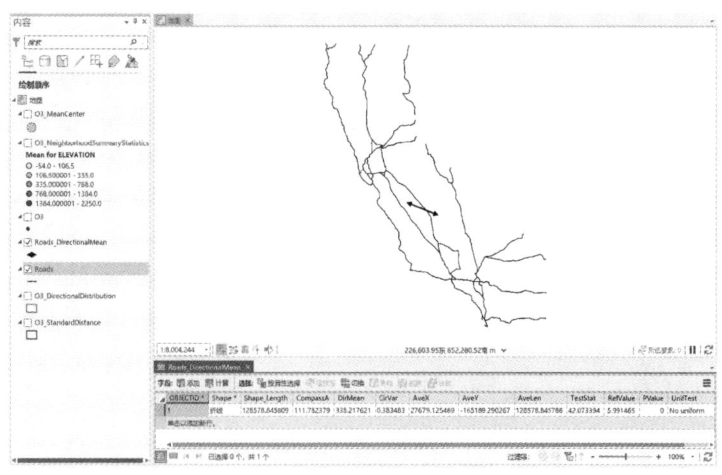

图9.1.11　线性方向平均值

在结果图层属性表中，罗盘角(CompassA)表示线段以正北为基准方向顺时针旋转的角度，即计算的平均方位；平均方向(DirMean)表示线段以正东为基准方向逆时针旋转的角度；圆方差(CirVar)用于指示线段相对于平均方向的偏离程度，若所有输入线要素方向一致，则圆方差值为0；AveX 和 AveY 表示平均中心的 X 和 Y 坐标；AveLen 表示输入线要素的平均长度；TestStat、RefValue、PValue 和 UnifTest 字段为统计检验相关指标，用于判断输入线要素的方向是否具有圆周均匀性，当 UnifTest 的值为 No uniform 时，拒绝圆周均匀性的零假设，即方向平均值不具有均匀性，得到的方向平均值可以说明道路的平均方向。

9.1.6 中位数中心

该工具采用迭代算法来确定到数据集中所有要素的总欧氏距离最小的位置点。不同于平均中心工具，中位数中心工具受异常值的影响较小。

Step1：在【地理处理】窗格中单击【工具箱】—【空间统计工具】—【度量地理分布】—【中位数中心】，打开【中位数中心】窗格。

Step2：在窗格中，将【输入要素类】设置为 **O3**，【输出要素类】命名为 **O3_MedianCenter**，【属性字段】设置为 **ELEVATION**，其它保持默认设置，如图 9.1.12 所示。

Tips：中位数中心工具可同时计算多个【属性字段】的中位数，并将其作为输出要素的属性。若不设置则只计算位置的中位数。

Step3：单击【运行】，完成中位数中心计算，属性表中 XCoord 和 YCoord 为中位数中心的 X、Y 坐标，ELEVATION 字段为 O3 图层所有要素 ELEVATION 字段的中位数，如图 9.1.13 所示。

图 9.1.12　中位数中心计算设置

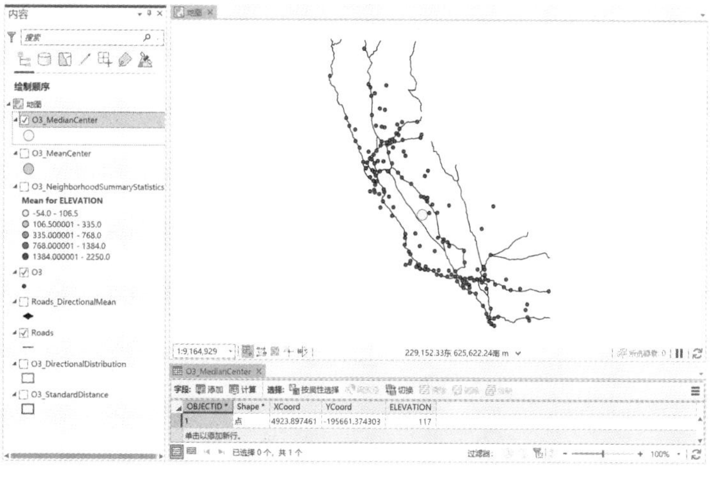

图 9.1.13　中位数中心计算结果

9.1.7　中心要素

该工具主要用于识别点、线或面要素类中位于最接近区域几何中心的那个要素。

Step1：在【地理处理】窗格中单击【工具箱】—【空间统计工具】—【度量地理分布】—【中心要素】，打开【中心要素】窗格。

Step2：在窗格中，将【输入要素类】设置为 **O3**，【输出要素类】命名为 **O3_CentralFeature**，【距离法】选择**欧氏**，其它保持默认设置，如图 9.1.14 所示。

思　考

9-2：【距离法】里面的两个参数“欧氏”和“曼哈顿”有何区别？

Step3：单击【运行】，完成中心要素计算，结果如图 9.1.15 所示。

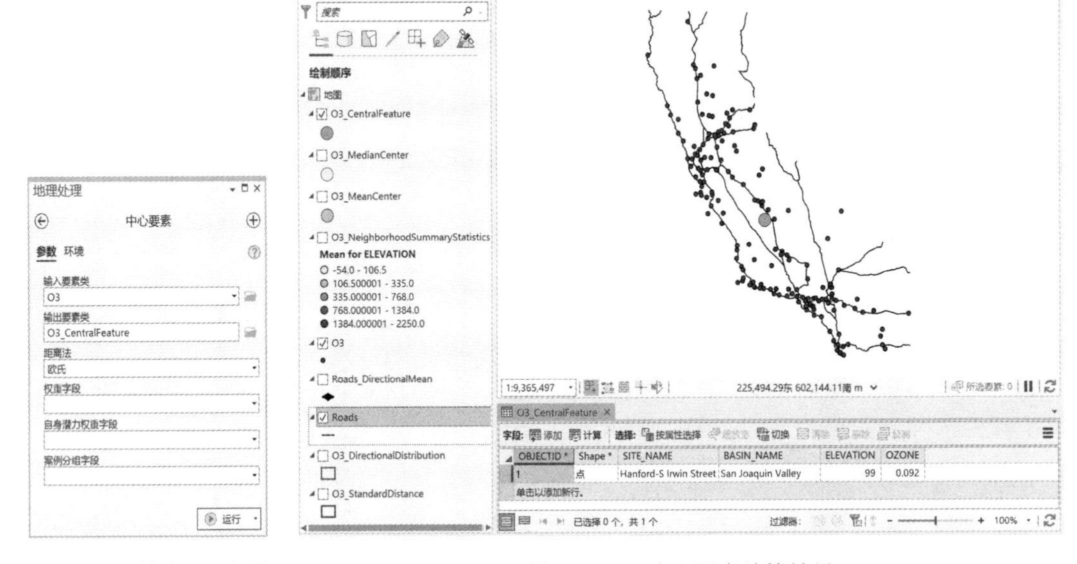

图 9.1.14　计算中心要素设置

图 9.1.15　中心要素计算结果

思　考

9-3：平均中心和中心要素是一样的吗？如果不一样，区别是什么？

9.2　空间分布模式分析

在很多空间分析中，研究者希望能探索感兴趣的要素在研究区内是否存在聚集的趋势，如果存在聚集又是怎样的聚集态势。对于这类问题我们通常要借助分析模式工具集和聚类分布制图工具集中的工具来解决。

在这两个工具集中有多个工具可用于判断感兴趣要素的分布是呈聚集分布、离散分布还是随机分布，本节介绍常用的基于密度的聚类、空间自相关、高/低聚类、热点分析、多距离空间聚类分析、聚类和异常值分析等工具的使用。

本节使用的数据为一个名为 TractPoints 的点要素类，是以点表示的社区；一个名为 Tracts 的面要素类，表示社区范围，如图 9.2.1 所示。

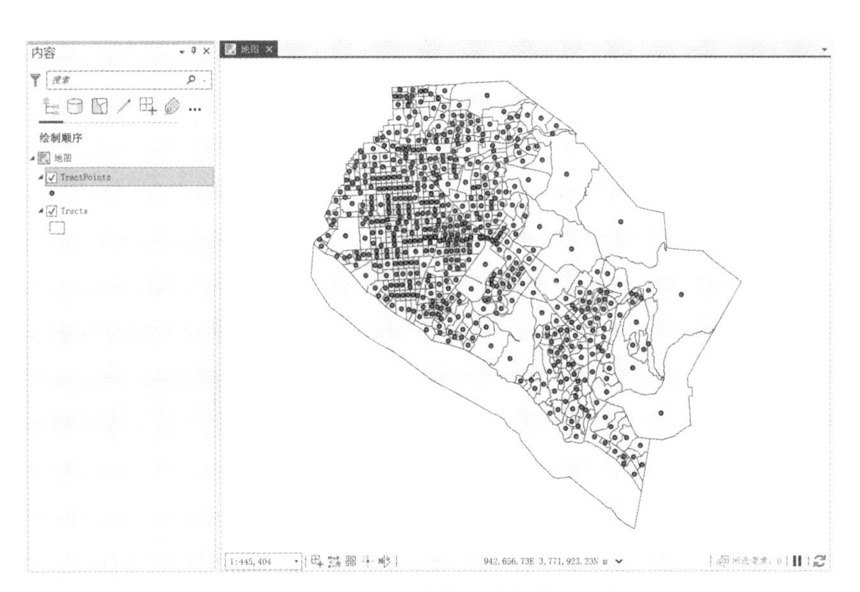

图 9.2.1　空间分布模式分析数据概览

9.2.1　基于密度的聚类

基于密度的聚类工具使用非监督机器学习算法进行点聚类分析，并标识无法聚入任何一类的噪点。本例为探索社区的空间分布是怎样聚集的。

Step1：双击本节数据文件夹下的工程文件 Exe09_2. arpx，打开工程。

Step2：在【地理处理】窗格中单击【工具箱】—【空间统计工具】—【聚类分布制图】—【基于密度的聚类】，打开【基于密度的聚类】窗格。

Step3：在窗格中，将【输入点要素】设置为 **TractPoints**，【输出要素】命名为 **TractPoints_DensityBasedClustering**，【聚类方法】设置为**定义的距离(DBSCAN)**，【每个聚类的最小要素数】设置为 **8**，其它保持默认设置，如图 9.2.2 所示。

系统提供了三种【聚类方法】：DBSCAN、HDBSCAN 和 OPTICS，对应不同的机器学习算法。【每个聚类的最小要素数】通常由用户指定，该参数设置越小，可被检测到的聚类数量越多，反之亦然。对于 DBSCAN 和 OPTICS 算法，可以定义【搜索距离】以确定噪点，若未定义，则默认搜索距离为数据集中剔除前 1%后的最大核心距离。对于 DBSCAN 和 OPTICS 算法，该工具可结合【时间字段】的设置完成时空聚类。

Step4：单击【运行】，完成基于密度的聚类，结果为一个直方图和要素类，如图 9.2.3 和图 9.2.4 所示。

图 9.2.2　基于密度的聚类设置

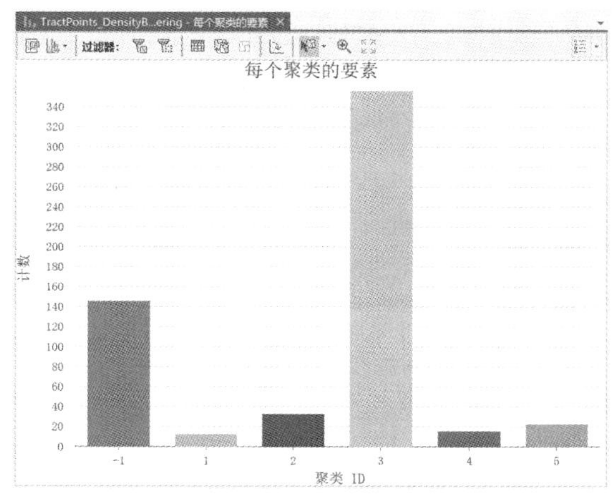

图 9.2.3　基于密度聚类结果直方图

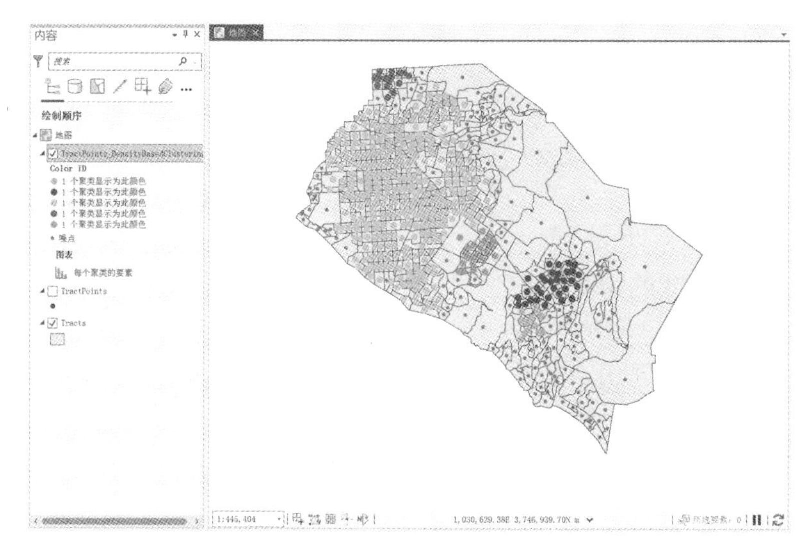

图 9.2.4　基于密度聚类结果图

从直方图中可以看出，在最后生成的聚类中，第3类所包含的点要素最多，ID为-1的类表示未被归为任意一类的点，称为噪点。

图9.2.4中以唯一值方式显示了各类点的空间分布，即各类点在哪些位置发生了聚类。

Tips：基于密度聚类仅仅根据一定范围内的点位置进行聚类，不涉及点的属性。结果只能说明点在空间位置上的聚集方式。

9.2.2　空间自相关

空间自相关工具使用全局莫兰指数(Global Moran's I)来判断要素的某一属性在研究区域是否存在空间聚集。

全局Moran's I指数是一个构造的统计量，其零假设为所分析的属性在空间上是随机分布的。当空间自相关工具返回的P值不具有统计学意义的显著性(通常为>0.1，>0.05或>0.01)时，则接受零假设，即观测要素属性的空间模式是随机的。当空间自相关工具返回的P值具有统计学意义的显著性(通常为<0.1，<0.05或<0.01)时，则拒绝零假设，即观测要素属性的空间分布模式是非随机的。进一步通过Z得分的值判断空间分布模式是聚集还是离散，若Z得分为正值，说明观测要素属性的空间分布模式是聚集的；若Z得分为负值，则说明观测要素属性的空间分布模式是离散的。

本例中我们希望分析65岁以上人口居住的社区是否存在空间聚集。

Step1：在【地理处理】窗格中单击【工具箱】—【空间统计工具】—【分析模式】—【空间自相关(Global Moran's I)】，打开【空间自相关(Global Moran's I)】窗格。

Step2：在窗格中，将【输入要素类】设置为**Tracts**，【输入字段】设置为**Pop65Up**，此字段表示社区65岁以上人口数量，**勾选**【生成报表】，其它保持默认设置，如图9.2.5所示。

图9.2.5　空间自相关分析设置

【输入字段】是设置对哪个属性字段进行空间自相关分析。勾选【生成报表】会同时生成 HTML 格式的图形汇总文件。【空间关系的概念化】用于确定要素邻域及空间权重确定方法，系统共提供了 8 种方法。【距离法】用于确定计算要素与邻近要素的距离时采用的算法，系统提供了欧氏和曼哈顿两种距离计算方法。【标准化】指定是否对空间权重进行标准化处理，默认采用行标准化。

Step3：单击【运行】，完成空间自相关分析，结果为一个消息窗口和一个 HTML 文件，如图 9.2.6 和图 9.2.7 所示。

图 9.2.6　空间自相关消息窗口

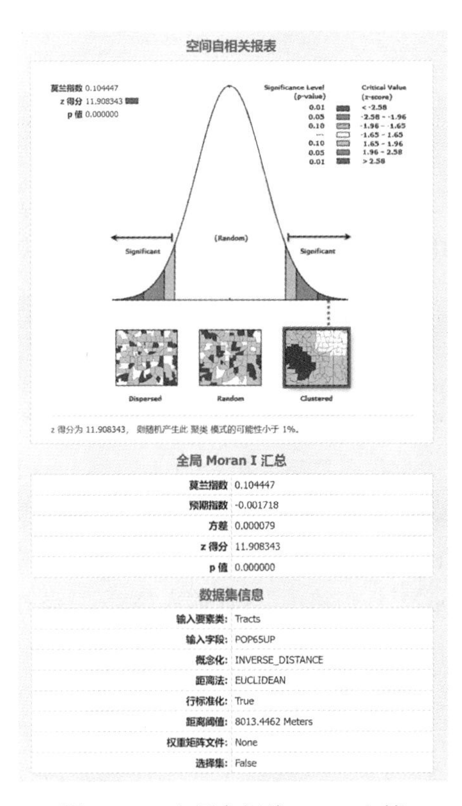

图 9.2.7　空间自相关 HTML 文档

Tips：空间自相关分析不会产生空间数据的输出。

在消息窗口中返回了 Moran's I 指数(索引)、*Z* 得分、*P* 值(PValue)以及报表文件的存储路径，HTML 文件则以图和表的形式显示相关结果。

分析结果中 *P* 值为 0，拒绝零假设，说明 65 岁以上人口居住社区的空间分布模式是非随机的；再根据 *Z* 得分 11.959543，为正，说明 65 岁以上人口居住社区呈空间聚集模式。Moran's I 指数为 0.104447，表示数据呈现较弱的空间正自相关，即数据呈一定程度的聚集，但不明显。

Tips：在统计学中，P 值的本质是一个概率值，通常不会为零，本例消息窗口中 P 值显示为 0 是受限于显示的小数位数，而在 HTML 格式报表中可以看到 P 是一个小于 0.000001 的值。

9.2.3 高/低聚类

基于 Moran's I 指数的空间自相关可以判断数据是否有聚集特征，高/低聚类工具能进一步分析是哪一类数据发生了聚集，是高值发生了聚集还是低值发生了聚集。高/低聚类使用 General G 指数进行统计推断，其零假设为数据不存在聚类现象。工具返回的 P 值意义同空间自相关。当拒绝零假设时，若 Z 得分为正，表明属性的高值在空间中存在聚集；若 Z 得分为负，表明属性的低值在空间中存在聚集。

本例中我们希望分析 65 岁以上人口居住的社区是否在空间上存在高值聚集或低值聚集。

Step1：在【地理处理】窗格中单击【工具箱】—【空间统计工具】—【分析模式】—【高/低聚类(Getis-Ord General G)】，打开【高/低聚类(Getis-Ord General G)】窗格。

Step2：在窗格中，将【输入要素类】设置为 **Tracts**，【输入字段】设置为 **Pop65Up**，**勾选**【生成报表】，其它保持默认设置，如图 9.2.8 所示。

图 9.2.8 空间自相关分析设置

Step3：单击【运行】，完成高/低聚类分析，结果如图 9.2.9 和图 9.2.10 所示。

该分析结果的 P 值为 0，拒绝零假设，说明 65 岁以上人口居住的社区有空间聚集特征，具有统计学意义；根据 Z 得分 5.770945，为正，说明 65 岁以上人口多的社区呈空间聚集模式。

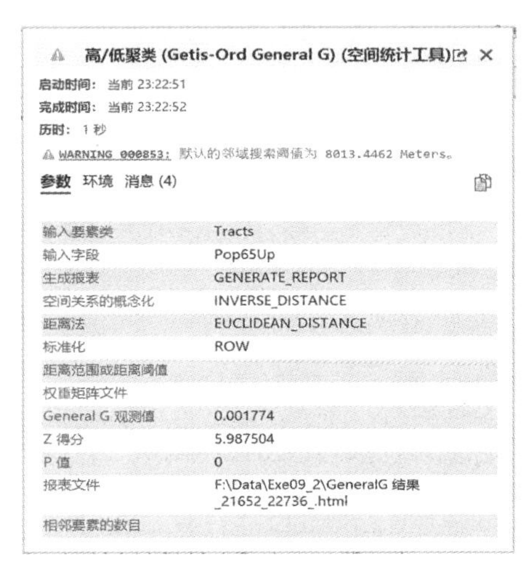

图 9.2.9　高/低聚类消息窗口

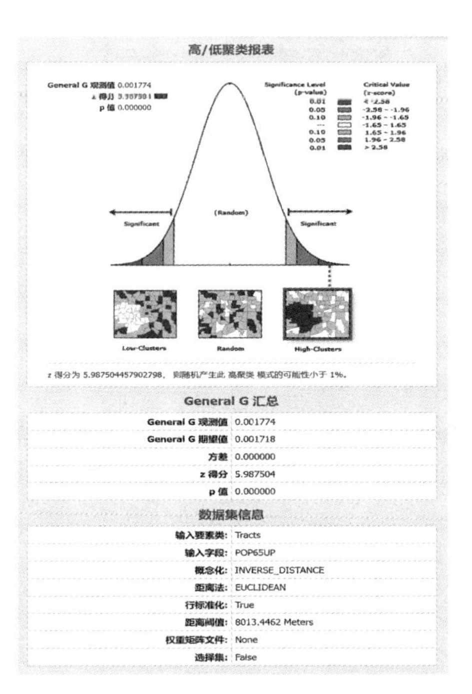

图 9.2.10　高/低聚类 HTML 文档

思　考

9-4：若想探索 65 岁以上人口占比的空间模式应该怎样分析？

9.2.4　热点分析

热点分析工具通过对数据集中的每一个要素计算 Getis-Ord Gi* 统计量来识别具有统计显著性的高值(热点)和低值(冷点)在空间上发生聚集的位置。在分析结果中，*P* 值通过显著性检验且 *Z* 得分为正时，表示存在高值空间聚集；*P* 值通过显著性检验且 *Z* 得分为负时，表示存在低值空间聚集。*Z* 得分的绝对值越大，说明空间聚集程度越大；*Z* 得分接近零，表示不存在明显的空间聚集。

本例中我们希望分析 65 岁以上人口居住的社区是否在空间上存在高值聚集和低值聚集。

Step1：在【地理处理】窗格中单击【工具箱】—【空间统计工具】—【聚类分布制图】—【热点分析(Getis-Ord G*)】，打开【热点分析(Getis-Ord G*)】窗格。

Step2：在窗格中，将【输入要素类】设置为 **Tracts**，【输入字段】设置为 **Pop65Up**，【输出要素类】命名为 **Tracts_HotSpots**，其它保持默认设置，如图 9.2.11 所示。

【自身潜力字段】指计算 Getis-Ord Gi* 统计量的要素与邻域要素距离时采用的权重字段。勾选【应用错误发现率(FDR)校正】时将基于 FDR 校正评估统计显著性，兼顾多重测试和空间依赖性确定 *P* 值，可能会比未勾选此项计算的 *P* 值低。

Step3：单击【运行】，完成热点分析，结果为一个直方图和结果图层。图 9.2.12 绘制了【输入字段】Pop65Up 的直方图。图 9.2.13 中的热点表示高值聚集的区域，冷点表示低值聚集的区域。颜色的深浅表示不同的统计显著性。

在输出要素类 Tracts_HotSpots 的属性表中列出了每个要素【输入字段】的 *Z* 得分（GiZScore Fixed 8013）、*P* 值（GiPValue Fixed 8013）、邻域要素数量（NNeighbors Fixed 8013）和置信区间（Gi_Bin Fixed 8013）。置信区间为-3 或 3 的要素反映置信度为 99%的统计显著性，置信区间为-2 或 2 的要素反映置信度为 95%的统计显著性，置信区间为-1 或 1 的要素反映置信度为 90%的统计显著性，置信区间为 0 的要素不具有统计意义上的聚集。字段名中的 Fixed 8013 指固定距离范围为 8013 米。

图 9.2.11　热点分析设置

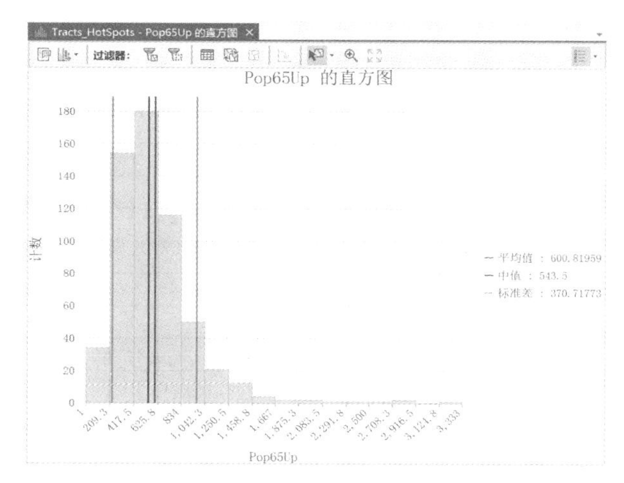

图 9.2.12　热点分析直方图

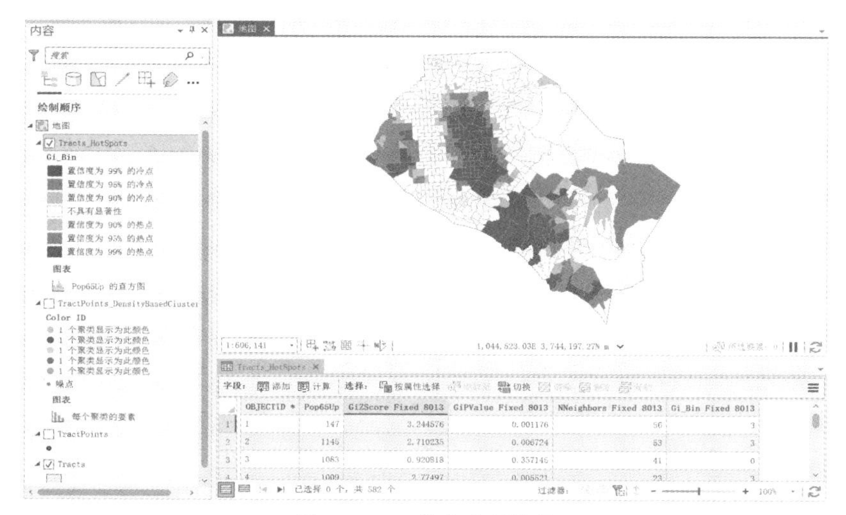

图 9.2.13　热点分析结果

思 考

9-5：尝试操作“优化的热点分析”工具，与“热点分析”工具进行对比。

9.2.5 多距离空间聚类分析

多距离空间聚类分析工具基于Ripley's K函数分析要素的某一属性的空间模式。不同于空间自相关和热点分析只对一定范围内数据进行分析，该工具可同时对多个距离范围内的空间模式进行分析，从而发现不同尺度下的空间模式。

本例中我们希望分析65岁以上人口居住的社区是否在5个不同的空间范围上存在空间聚集。

Step1：在【地理处理】窗格中单击【工具箱】—【空间统计工具】—【分析模式】—【多距离空间聚类分析(Ripley's K函数)】，打开【多距离空间聚类分析(Ripley's K函数)】窗格。

Step2：在窗格中，将【输入要素类】设置为**Tracts**，【输出表】命名为**Tracts_MultiDistanceSpatialClustering**，【距离段数量】设置为**5**，其它保持默认设置，如图9.2.14所示。

Tips：此工具必须使用投影坐标系的输入数据。

Tips：Ripley's K函数是一种点数据模式的聚类分析方法，对于线或面类型的输入要素，会先计算线或面的质心，使用质心进行分析。

【距离段数量】指明将要进行几个尺度的聚类分析。【计算置信区间】用于确定在研究区域内使用多少组随机值来创建置信区间，共有4个区间选项，默认选项为不创建置信区间。【权重字段】用于设置每个位置要素的权重。【起点距离】用于指定多距离空间聚类分析的起始分析距离，【距离增量】用于确定每一距离段的差值。若未指定这两个参数，系统将根据输入要素类的范围和距离段数量计算默认值。【边界校正方法】用于确定在计算研究区域边界附近要素的K函数时使用何种方法校正统计缺漏偏差，若未使用边界校正，则缺漏引起的偏差会随分析距离的增大而增加。【研究区域方法】指定研究区域的范围。

Step3：单击【运行】，完成多距离空间聚类分析，结果为一个独立表，如图9.2.15所示。

表中列出了各距离段内的期望*K*值(ExpectedK)，观测*K*值(ObservedK)和二者差值(DiffK)。若观测*K*值大于期望*K*值，即差值为正，说明在该区域范围内数据是聚集的；若观测*K*值小于期望*K*值，即差值为负，说明在该区域范围内数据是离散的。本例的差值均为正值，说明65岁以上人口居住的社区在5个空间范围上均存在具有统计学意义的聚集。

图 9.2.14　多距离空间聚类分析设置

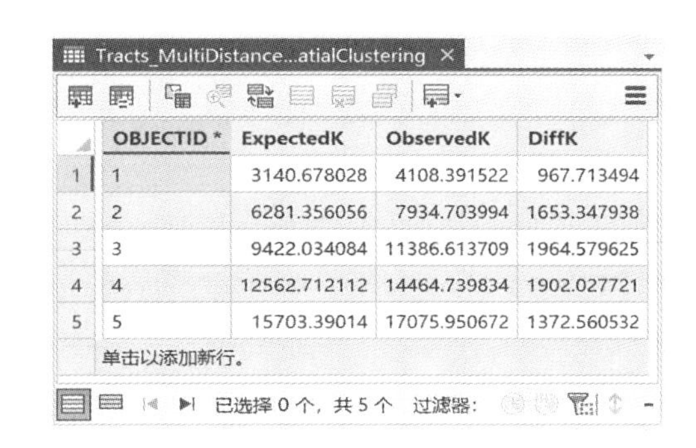
Tracts_MultiDistance...atialClustering

	OBJECTID *	ExpectedK	ObservedK	DiffK
1	1	3140.678028	4108.391522	967.713494
2	2	6281.356056	7934.703994	1653.347938
3	3	9422.034084	11386.613709	1964.579625
4	4	12562.712112	14464.739834	1902.027721
5	5	15703.39014	17075.950672	1372.560532

单击以添加新行。

已选择 0 个，共 5 个　过滤器：

图 9.2.15　多距离空间聚类分析结果

9.2.6　聚类和异常值分析

聚类和异常值分析工具使用 Anselin Local Moran′s I 统计量识别输入要素的某一属性是否具有统计显著性的热点、冷点和空间异常值。热点被标识为高/高聚类，即高值聚类区域；冷点被标识为低/低聚类，即低值聚类区域；空间异常值被标识为高/低异常值和低/高异常值，即高值被低值包围的区域和低值被高值包围的区域。

本例中我们希望分析 65 岁以上人口居住的社区在空间分布中具有统计学意义的热点、冷点和异常值。

Step1：在【地理处理】窗格中单击【工具箱】—【空间统计工具】—【聚类分布制图】—【聚类和异常值分析(Anselin Local Moran′s I)】，打开【聚类和异常值分析(Anselin Local Moran′s I)】窗格。

Step2：在窗格中，将【输入要素类】设置为 **Tracts**，【输入字段】设置为 **Pop65Up**，【输出要素类】命名为 **Tracts_ClustersOutliers**，【标准化】设置为无，其它保持默认设置，如图 9.2.16 所示。

【置换检验次数】为计算 *P* 值时使用的随机排列数。默认设置为 499，表示最小伪 *P* 值为 0.002，其它所有伪 *P* 值将是该值的倍数。若设置为 0，则会计算标准 *P* 值。置换检验将计算值与一组随机生成的值进行比较，目的是确定分析值实际空间分布的可能性。在置换检验中根据生成的 Local Moran′s I 值的比例计算伪 *P* 值，如果伪 *P* 值小于设置的显著性水平，则拒绝零假设，即数据具有统计显著性的聚集。

图 9.2.16　聚类和异常值分析设置

Step3：单击【运行】，完成聚类和异常值分析，结果为 1 个要素类和 2 个图表，如图 9.2.17 和图 9.2.18 所示。

图 9.2.17 中输出要素类 Tracts_ClustersOutlers 的要素被分为五类：高/高聚类、高/低异常值、低/高异常值、低/低聚类和不具有显著性。高/高聚类表示 65 岁以上人口较多的社区聚集的区域；高/低异常值表示被 65 岁以上人口较少的社区包围的 65 岁以上人口较多的社区区域；低/高异常值表示被 65 岁以上人口较多的社区包围的 65 岁以上人口较少的社区区域；低/低聚类表示 65 岁以上人口较少的社区聚集的区域。

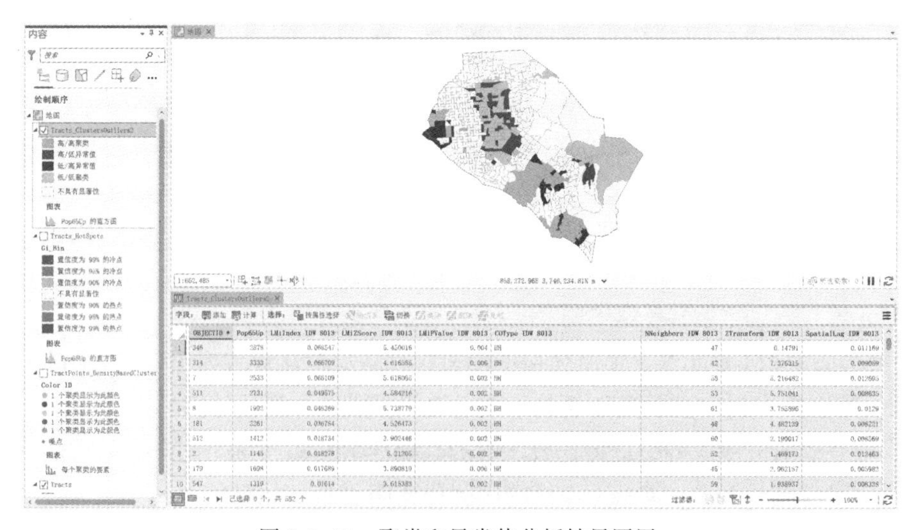

图 9.2.17　聚类和异常值分析结果图层

图 9.2.18 是输出的图表，图 9.2.18(a)是直方图，表示输入字段值的分布；图 9.2.18(b)是 Anselin Local Moran's I 统计量的散点图。

Tracts_ClustersOutlers 要素类属性表存储了 Local Moran's I 指数(LMiIndex IDW 8013 RS)、Z 得分(LMiZScore IDW 8013 RS)、伪 P 值(LMiPValue IDW 8013 RS)、聚类/异常类型(COType IDW 8013 RS)、邻域要素数(NNeighbors IDW 8013)等信息。通常，Z 得分大于 3.96 且 P 值小于设置的显著性水平(默认为 0.05)时，表示该区域存在具有统计学意义的空间聚集。聚类/异常类型为 HH 表示高值聚集，聚类/异常类型为 LL 表示低值聚集。Z 得分小于-3.96 且 P 值小于设置的显著性水平(默认为 0.05)时，表示该区域存在具有统计学意义的空间数据异常，即该区域为 HL 或 LH，若聚类/异常类型为 HL 表示低值要素围绕高值要素，聚类/异常类型为 LH 表示高值要素围绕低值要素。

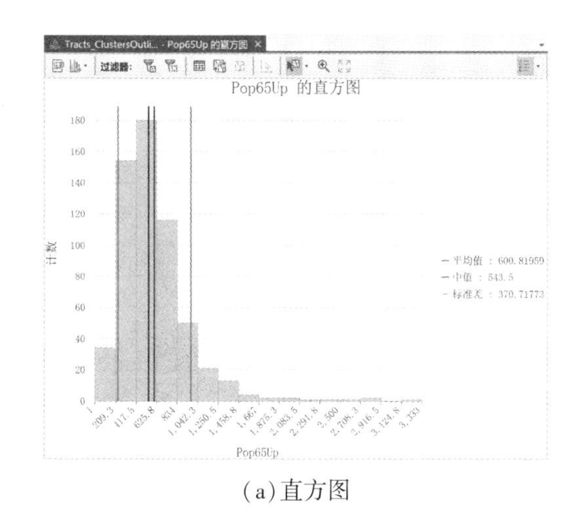

(a)直方图

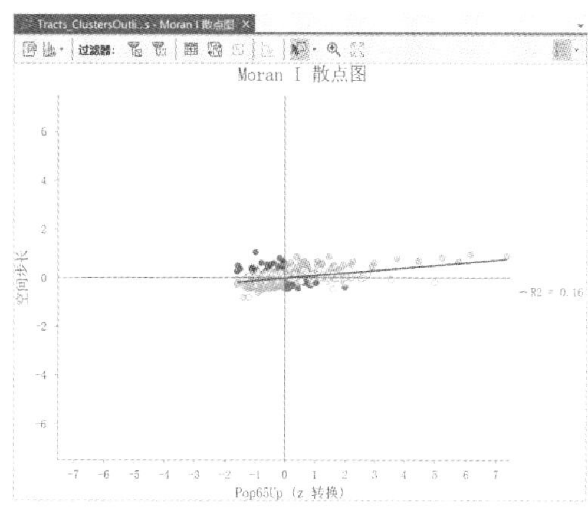

(b)Local Moran's I 散点图

图 9.2.18　聚类和异常值分析结果图表

聚类和异常值分析工具不仅可以像热点分析工具那样对高值聚集区和低值聚集区进行识别，还可以对空间数据的异常值进行识别。两个工具在高值和低值聚集区的识别大致相同，但由于使用的统计量不同，包含在高值聚集区和低值聚集区的要素不完全相同。读者可将图 9.2.17 和图 9.2.13 进行对比观察。

第 10 章

可视化与地图制图

空间信息可视化指将空间位置数据和与之关联的属性数据、时间数据等通过可视化技术呈现，以便帮助用户更容易发现空间数据中的模式、趋势和关系，从而提取有价值的信息和知识。空间信息可视化通常使用地图、图表、图形和动画等方式实现。

10.1 图层可视化设置

当图层加载到地图窗格后，读者可以通过对外观设置的调整，得到更好的显示效果。本节将对几个较常用的外观设置进行介绍。

本节使用三个图层数据：一个名为 Roads 的线要素类，表示道路分布；一个名为 Contours 的线要素类，为等高线；一个名为 Buildings 的多边形要素类，表示建筑物轮廓。如图 10.1.1 所示。

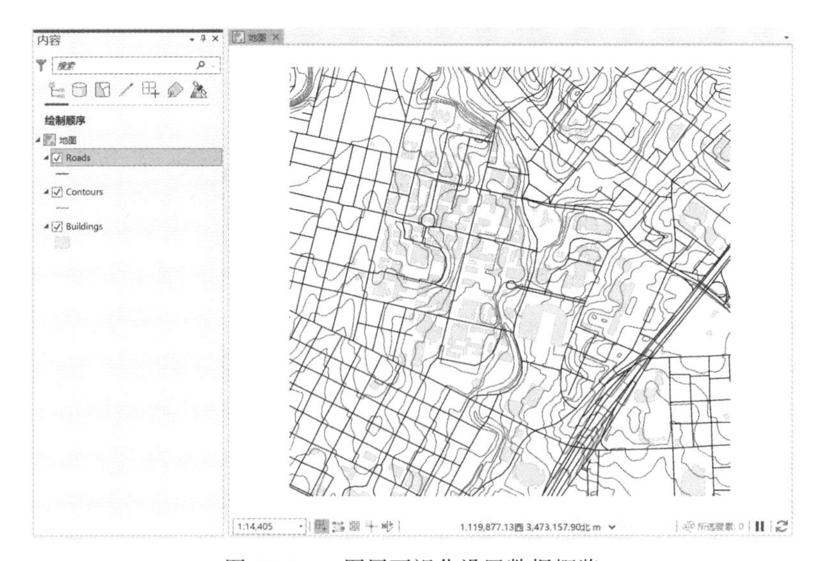

图 10.1.1　图层可视化设置数据概览

10.1.1 可见范围设置

当地图窗格中有多个图层时，对于有些图层，缩小视图时可能很难显示详细信息，而对于有些图层，放大视图时显示的信息可能变得过于粗糙。此时可以设置这些图层的可见比例范围，便于更快速地从地图中获取信息。

下面以对等高线图层的显示范围控制为例进行示范。

Step1：双击本节数据文件夹下的工程文件 Exe10_1.arpx，打开工程。

Step2：在【内容】窗格单击 Contours 图层以激活该图层，在功能区的【要素图层】—【外观】选项卡【可见范围】组中将可见范围设置为 **1：24000~1：10000**，如图 10.1.2 所示。

设置完毕后，对地图窗格中的图层进行放大、缩小操作时，Contours 图层只在 1：24000~1：10000 比例尺之间可见，其它比例范围将不可见。

图 10.1.2 设置显示比例范围

10.1.2 透明度设置

当多个图层叠加显示时，若某个图层为面状要素或分布密集的其它要素，会遮挡下面的图层要素。此时，可通过设置图层的透明度消除遮挡。

Step1：在【内容】窗格单击 Contours 图层以激活该图层，在功能区的【要素图层】—【外观】选项卡【效果】组中调整【透明度】值设定合适的图层透明度，调整后的 Contours 图层如

图 10. 1. 3 所示。

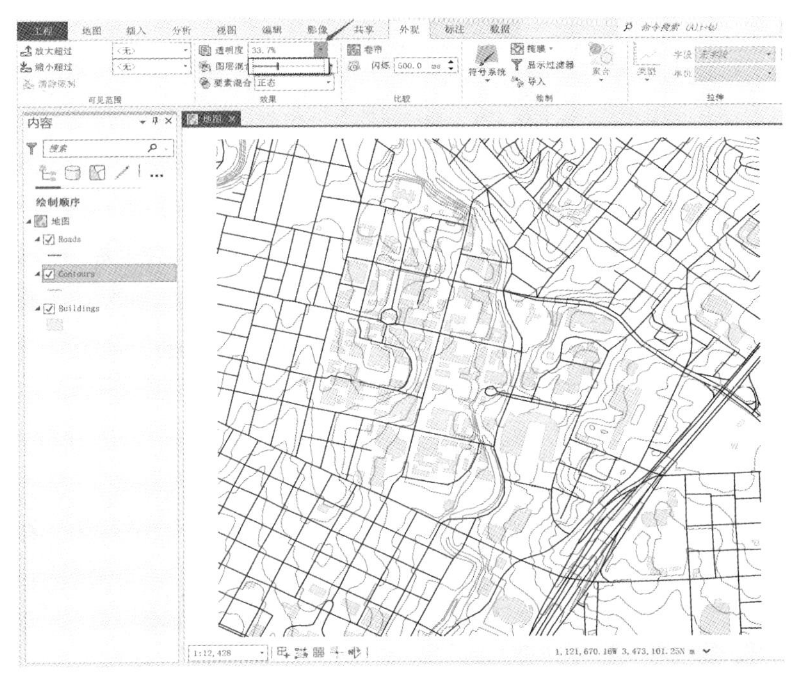

图 10. 1. 3　设置显示透明度

10. 1. 3　卷帘和闪烁

卷帘工具和闪烁工具可对同一区域的不同图层进行对比可视化。

Step1：在功能区的【要素图层】—【外观】选项卡【比较】组中单击【卷帘】工具，此时鼠标变为黑色三角形。

Step2：在【地图】窗格的任意位置单击左键，然后移动鼠标，可见卷帘效果，如图 10. 1. 4 所示。

Tips：在地图窗格中移动鼠标时，三角形的顶角方向会随鼠标位置发生改变，三角形顶角方向为卷帘方向。

Step3：在功能区的【要素图层】—【外观】选项卡【比较】组中单击【闪烁】工具，选中的图层会按照设置的时间间隔闪烁显示。

10. 1. 4　掩膜

图层在地图窗格中显示的时候是按照内容窗格中的图层顺序绘制的。在本例中，初始的图层顺序从上到下依次是 Roads、Contours 和 Buildings，当放大地图时，可见等高线压盖建筑的现象(取消设置等高线图层的可见范围)，如图 10.1.5 所示。

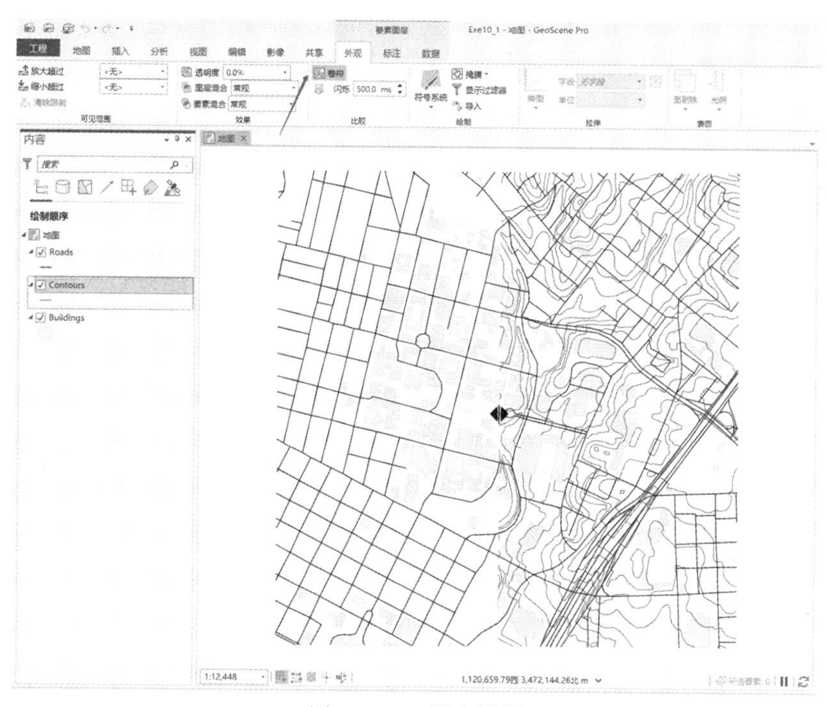

图 10.1.4　卷帘效果

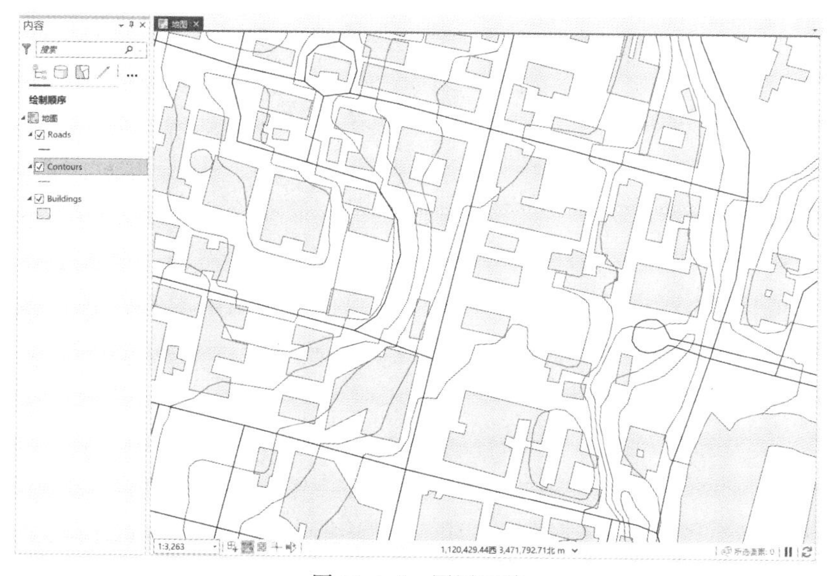

图 10.1.5　图层压盖

消除压盖现象，一种方式是在【内容】窗格中将 Contours 图层拖拽至 Buildings 图层之下，这种方式比较简单，但依赖图层的绘制顺序；另一种方式是通过掩膜工具设置掩膜图层，这种方式一旦设置不受图层绘制顺序的限制。

Step1：在功能区的【要素图层】—【外观】选项卡【绘制】组中单击【掩膜图层】工具，在下拉窗口中**勾选** Buildings 图层，鼠标单击界面任意位置，Buildings 图层已在等高线图层上显示，如图 10.1.6 所示。

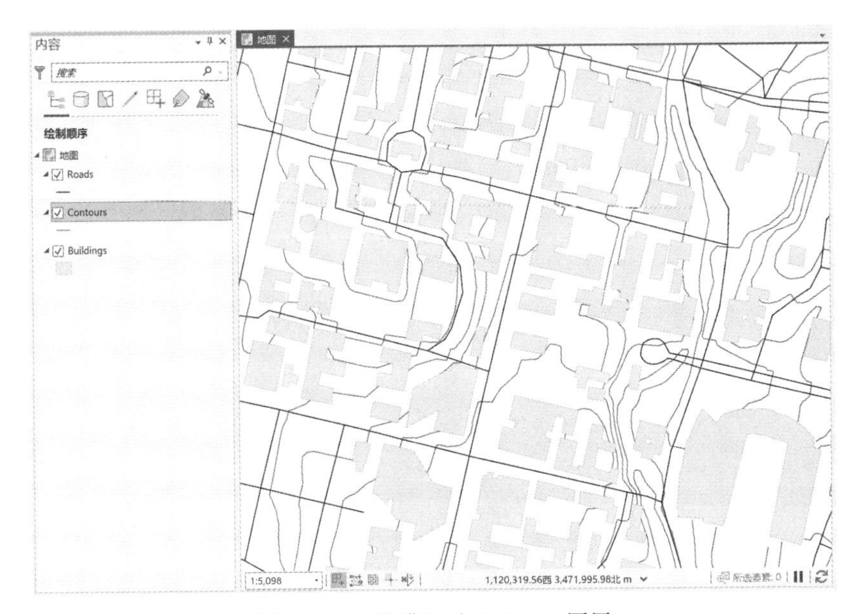

图 10.1.6 掩膜显示 Buildings 图层

10.2 符号和样式

在 GeoScene Pro 地图制图中，使用不同形式、大小、颜色、纹理、方向等的地图**符号**表示制图对象的位置、数量、形状、大小等信息。**样式**是存储符号、颜色、配色方案、标注放置和布局项目的容器。我们可以将一个工程中的符号设置、颜色配置、配色方案及标注方案纳入样式进行管理，当多个小组协同完成工程的时候，可通过共享样式实现地图、场景和布局制图的标准化。

GeoScene Pro 中根据被表达要素的类型将符号分为点、线、面、网格和文本五种类型，这五种类型的符号又是由不同的组件构成的。标记组件用于控制符号绘制的位置和形状；笔画组件用于控制符号的图形特征；填充组件用于设定符号的填充形式。这三种组件的各种组合可构建丰富的符号表达形式，如表 10.2.1 所示。

符号由标记、笔画或填充等三种组件或其组合构成，点符号只由标记组件构成；线符号由标记组件和笔画组件构成；面符号由三个组件构成；网格符号是应用于多面体图层和

3D 对象场景图层的符号，仅由笔画组件和填充组件构成；文本符号只有属性，不包含任何组件。

表 10.2.1 符号类型及其组件图层

组件	类型				
	点符号	线符号	面符号	网格符号	文本符号
标记组件					
笔画组件					
填充组件					

本节以矢量要素类为例介绍地图符号和样式的设置和使用，本节使用一个名为 Elevation 的高程点要素类；一个名为 Contours 的等高线线要素类；一个名为 Buildings 的建筑物面要素类。Roads 道路线要素类作为底图不参与应用。如图 10.2.1 所示。

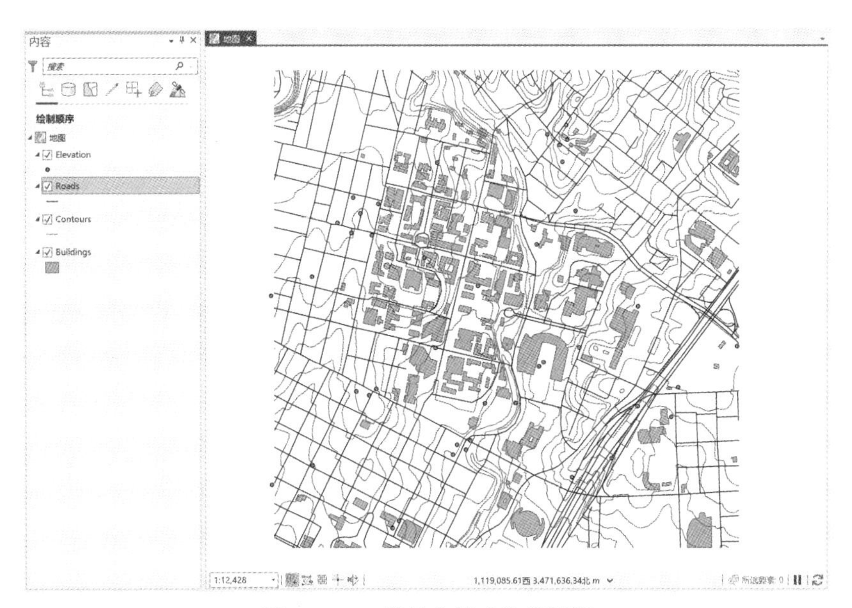

图 10.2.1 符号和样式数据概览

10.2.1 编辑符号

当图层加载到地图视图时，系统会使用默认的符号对图层进行显示，通过对构成符号的组件进行修改可改变符号的显示。

Step1：双击本节数据文件夹下的工程文件 Exe10_2.arpx，打开工程。

Step2：在【内容】窗格中右键单击 Buildings 图层，在弹出菜单中单击【符号系统】，打开【符号系统】窗格。

Step3：在窗格中，单击【符号】右侧的色块，如图 10. 2. 2 所示，打开【格式化面符号】窗格。

Step4：在【格式化面符号】窗格的【图库】属性页中选择合适的符号替换当前符号，如图 10. 2. 3 所示。

Step5：在【格式化面符号】窗格中单击【属性】属性页，对符号的外观、尺寸、效果等进行更改，如图 10. 2. 4 所示。

在【符号】子属性页中，可改变符号的填充颜色、轮廓颜色和轮廓宽度。

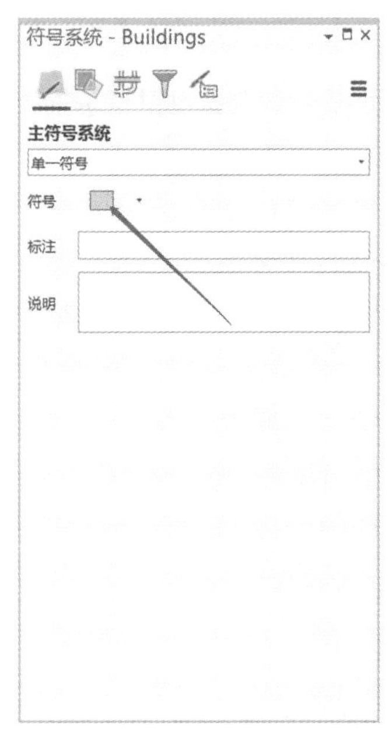

图 10. 2. 2　开始格式化符号

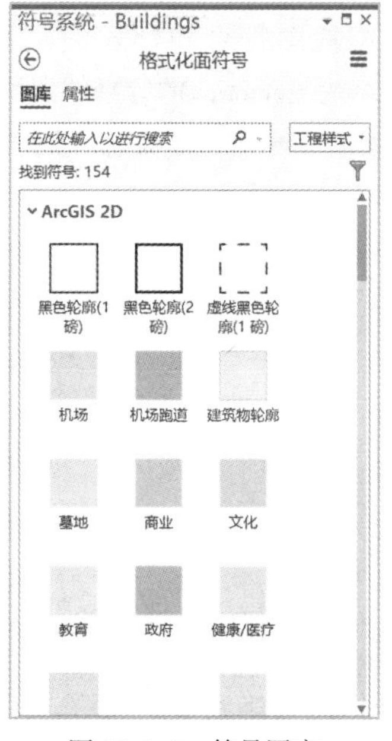

图 10. 2. 3　符号图库

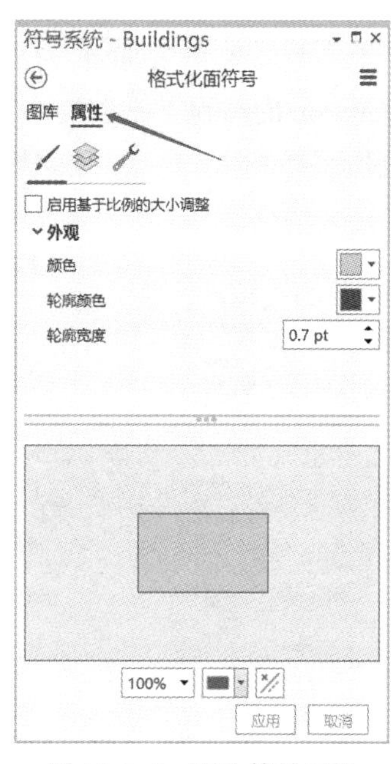

图 10. 2. 4　更改符号属性

Step6：单击【图层】子属性页，可对组成符号的笔画组件图层和填充组件图层进行编辑，也可对符号的外观、尺寸、效果等进行更改，如图 10. 2. 5 所示。

笔画组件通常用于绘制线符号和面符号轮廓，可以用单色、图像或渐变笔画绘制线或轮廓。填充组件通常是在轮廓内填充面符号的，可用实心、影线、渐变、图片填充，还可以通过程序和动画填充。

Step7：单击【结构】子属性页，对组成符号的结构图层进行编辑，单击【图层】—【添加符号图层】—【标记图层】，默认添加一个点图层，此时，Buildings 图层的符号在原符号基础上添加了点填充，如图 10. 2. 6 所示。

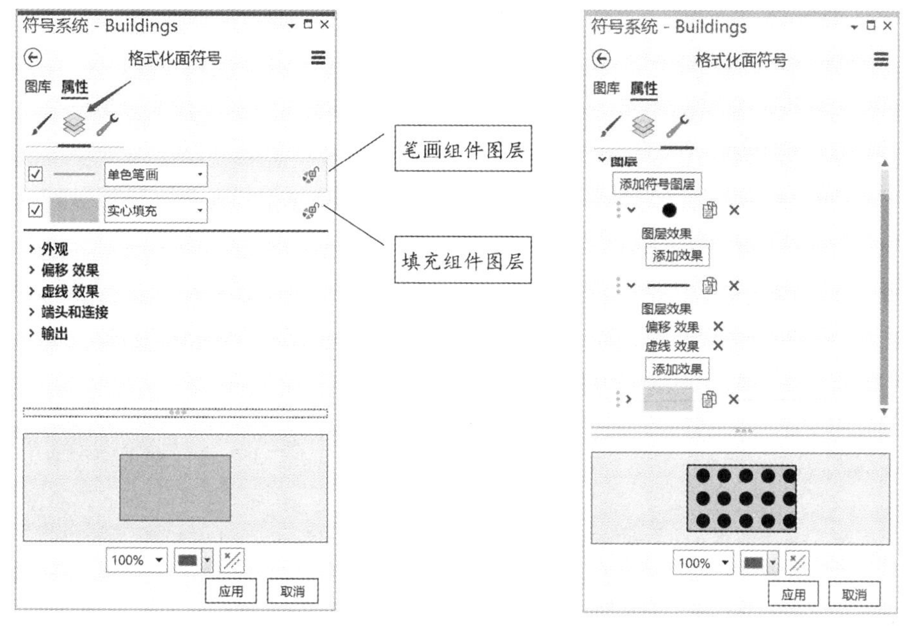

图 10.2.5 修改符号图层　　图 10.2.6 修改符号图层结构

Step8：单击【应用】，Buildings 图层按设置符号显示效果如图 10.2.7 所示。

Tips：GeoScene Pro 支持将 .svg，.emf，.bmp，.jpeg，.png 和 .gif 格式的文件作为标记符号。

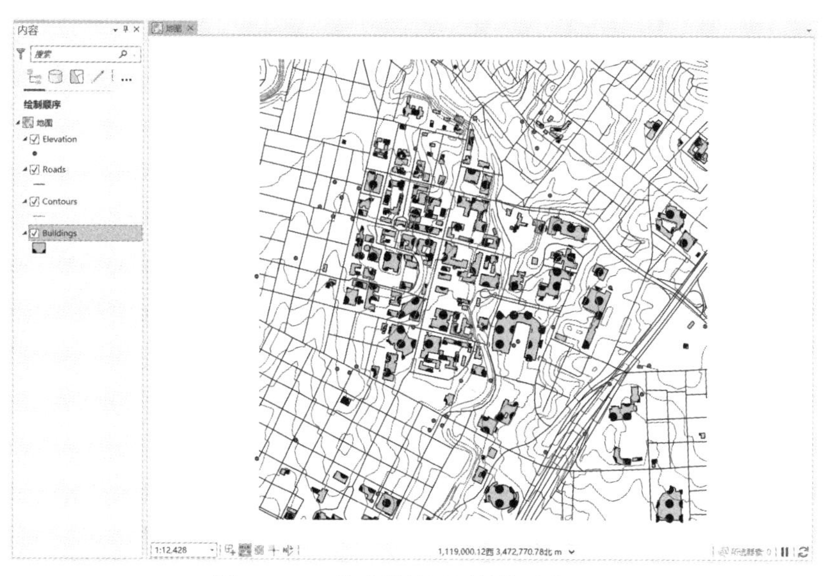

图 10.2.7 修改符号图层结构后的地图

10.2.2　符号系统

对于一个要素图层，GeoScene Pro 提供了多种符号化的方法，主要分为四大类：按字段唯一值符号化、按字段值类别符号化、按字段值数量符号化和使用符号属性符号化。

以 Buildings 图层为例对四类符号化方法进行示例。

1. 唯一值

按照 Buildings 图层的 BuildingCategory 字段进行唯一值符号化，即按建筑物类型进行符号化。唯一值符号化方式适合类别较少的字段。

Step1：在【内容】窗格中右键单击 **Buildings** 图层，在弹出菜单中单击【符号系统】，打开【符号系统】窗格。

> **Tips**：通过功能区的【要素图层】选项卡也可以打开【符号系统】窗格，操作为：【要素图层】—【外观】—【绘制】组中的【符号系统】工具。

Step2：符号系统默认按单一符号显示属性，在窗格中将【主符号系统】下拉选项设置为**唯一值**，单击【类】属性页上的【添加所有值】，将【字段 1】设置为 **BuildingCategory**，为每一类建筑物对应一个颜色符号，如图 10.2.8 所示，设置后的 Buildings 图层显示符号如图 10.2.9 所示。

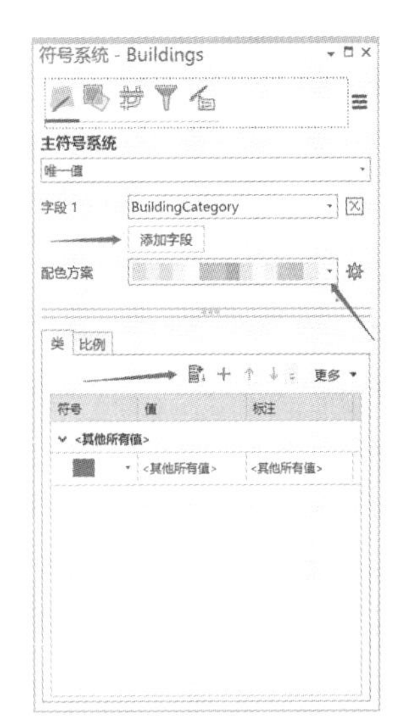

图 10.2.8　唯一值符号设置

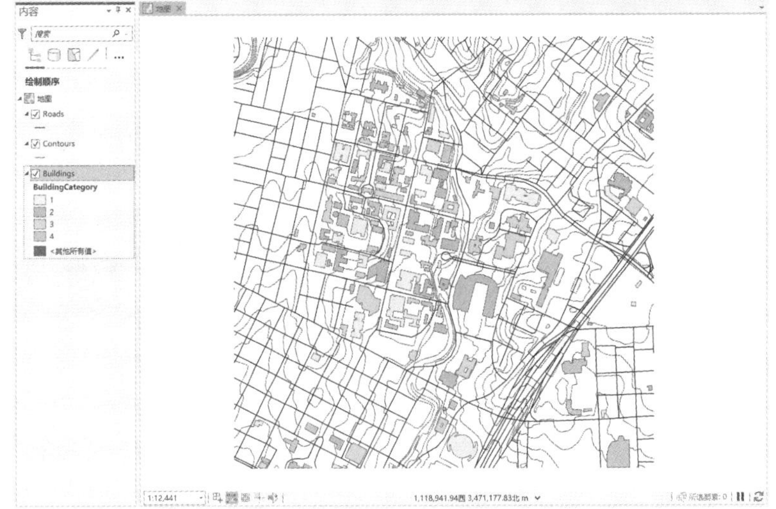

图 10.2.9　唯一值符号表达

> **Tips**：可通过单击【配色方案】下拉箭头改变配色方案，可单击【添加字段】增加参与唯一值符号化的字段，系统将按照两个字段的组合分配符号颜色。唯一值符号系统最多可对三个字段进行其各组合的唯一值显示。

2. 分级色彩

分级色彩符号系统用符号颜色的差异来表达字段值的定量差异。设定一定规则将定量数据划分为不同的级别，每个级别对应配色方案中的一种颜色。在分级色彩符号系统中，只以颜色区分定量数据的等级，跟符号大小无关。

以对 Contours 图层的 Elevation 字段进行分级色彩显示为例进行示范。

Step1：在【内容】窗格中右键单击 **Contours** 图层，在弹出菜单中单击【符号系统】，打开【符号系统】窗格。

Step2：在窗格中将【主符号系统】设置为**分级色彩**，【字段】设置为 **Elevation**，【方法】采用系统默认的**自然间断点分级法**，【类】设置为 **7**，其它保持默认设置，如图 10.2.10 所示。

根据分析的要求，利用【字段】后的【设置表达式】工具☒设置字段值的表达式。可通过设置字段的【归一化】方式对字段值归一化后再进行符号化。系统提供了 7 种分级【方法】，见图 10.2.11，默认使用自然间断点分级法。在【配色方案】设置时，通常将较大值设置为较深的颜色，较小值设置为较浅的颜色。

图 10.2.10　分级色彩设置图

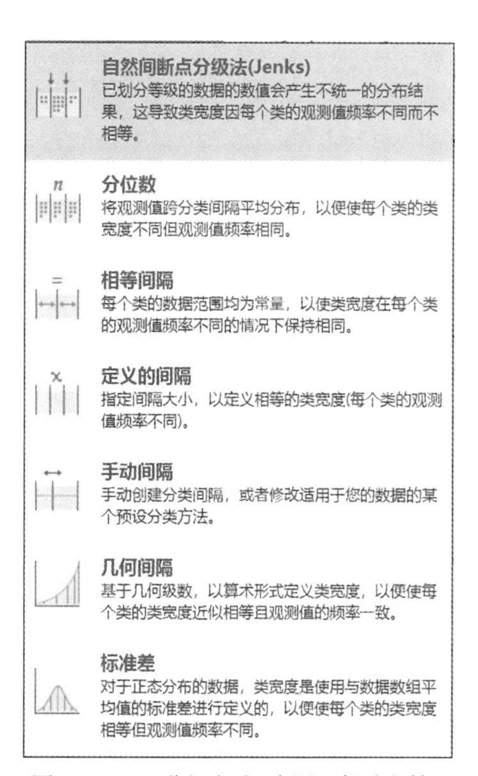

图 10.2.11　分级方法(来源于帮助文档)

在符号化时，可参考字段值的【直方图】设置分类间隔。通过上下拖动直方图左侧的分隔标识调整分隔值，如图 10.2.12 所示。

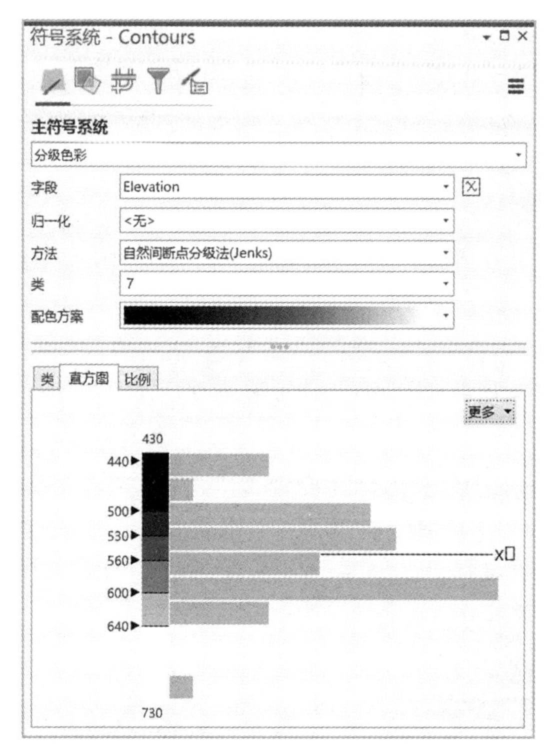

图 10. 2. 12　各等级分布直方图

设置好分级色彩符号的 Contours 如图 10. 2. 13 所示。

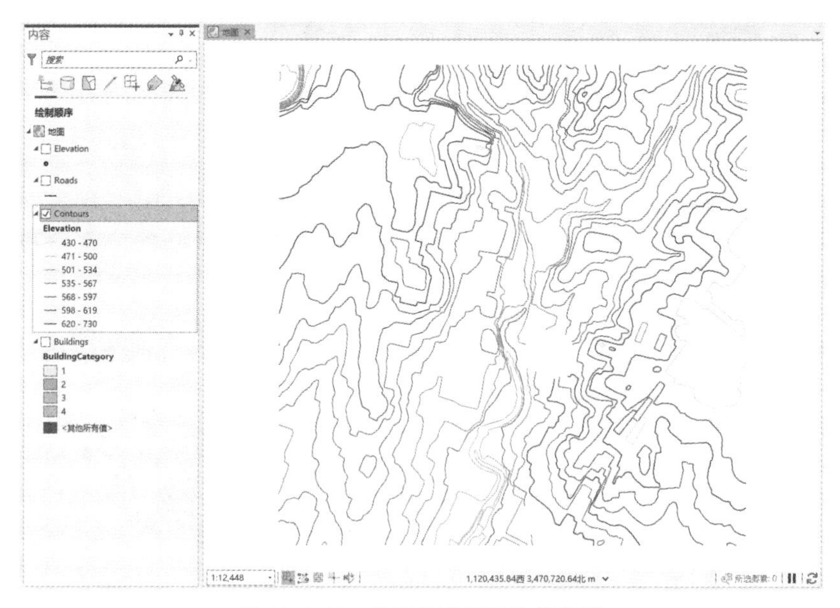

图 10. 2. 13　分级色彩显示的等高线

Tips：虽然在使用分级色彩符号时，可以选择将字段值分为多达 32 个类，但实际上普通人很难对这么多的颜色进行区分，尤其是当颜色是连续的渐变色时。因此，不建议读者分太多的类，通常分为 5~7 类。对于地图符号来说，通常 7 种颜色是人眼能够轻松区分的上限。

3. 二元色彩

二元色彩符号对一个要素图层中的两个变量的组合进行显示。该符号系统对两个变量的每种组合都分配一种颜色，根据变量值由小到大赋以由浅到深的配色。比较适用于突出显示二元数据的低值和高值的场景。

本例以对 Buildings 图层的 BuildingCategory 和 BuildingClass 两个字段进行二元色彩显示进行示范。

Step1：在【内容】窗格中右键单击 **Buildings** 图层，在弹出菜单中单击【符号系统】，打开【符号系统】窗格；

Step2：在窗格中将【主符号系统】设置为**二元色彩**，【字段 1】设置为 **BuildingCategory**，【字段 2】设置为 **BuildingClass**，其它保持默认设置，如图 10.2.14 所示，设置二元色彩符号的 Buildings 如图 10.2.15 所示。

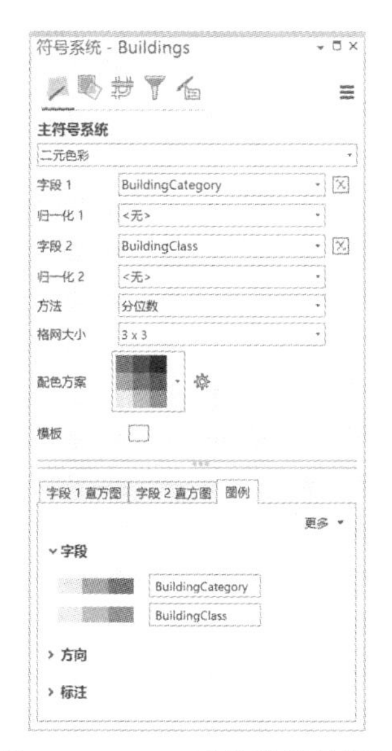

图 10.2.14　二元色彩符号设置

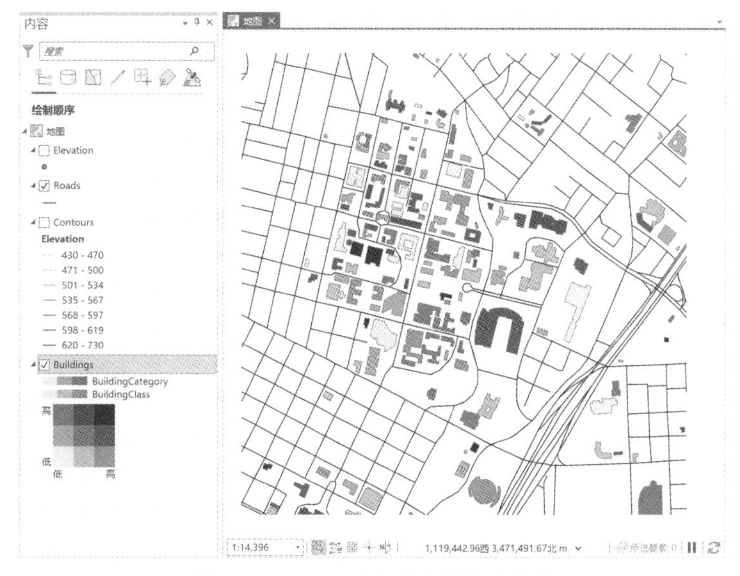

图 10.2.15　二元色彩显示的建筑物

在设置中，【格网大小】最大可设置为 4×4，表示对两个字段划分类的数量。可通过单击【配色方案】工具设置应用于填充和轮廓的配色方案。可通过更改【图例】属性页的【方向】设置字段值排序与颜色深浅的关系。

Tips：虽然唯一值符号系统也可对两个变量的组合进行显示，但与二元色彩符号系统不同的是：①唯一值对两个变量所有组合的遍历进行显示，即对每一种组合分配一种颜色，而二元色彩是先对变量进行分类，再对变量的分类进行组合，大大减少了组合数量，提高了地图的可读性；②唯一值符号系统中对变量组合的显示是无序的，二元色彩符号系统对变量的组合是有序的。

思　考

10-1：若两个字段的唯一值大于 4 个，是否可以使用二元色彩符号系统对其进行可视化？

4. 未归类的颜色

未归类的颜色符号系统与分级色彩符号系统在形式上有些类似，区别在于后者使用分类方法把变量划分为离散的类，而前者根据变量原始值将配色方案均匀分配至要素。

为与分级色彩符号系统进行对比，仍以对 Contours 图层的 Elevation 字段进行未归类的颜色符号显示为例进行示范。

Step1：在【内容】窗格中右键单击 **Contours** 图层，在弹出菜单中单击【符号系统】，打开【符号系统】窗格。

Step2：在窗格中将【主符号系统】设置为**未归类的颜色**，【字段】设置为 **Elevation**，其它保持默认设置，如图 10. 2. 16 所示，设置未归类颜色符号的 Contours 如图 10. 2. 17 所示。

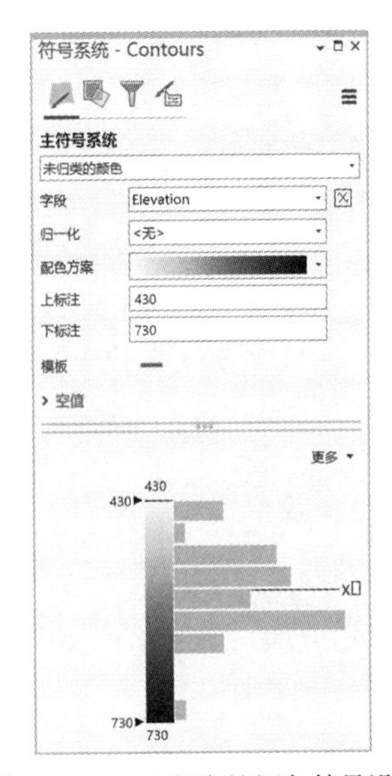

图 10. 2. 16　未归类的颜色符号设置

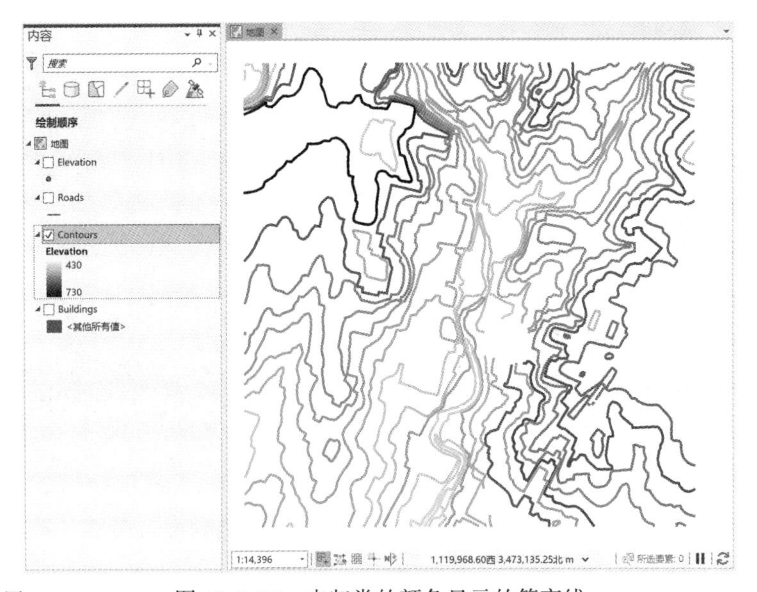

图 10. 2. 17　未归类的颜色显示的等高线

Tips：单击【模板】右侧的符号，打开【符号化模板】窗格，在窗格中可设置符号的形式、颜色、尺寸、偏移效果、虚线效果、端头类型、连接类型、符号效果等。

5. 分级符号

与前面几种符号系统仅通过颜色区分定量特征不同，分级符号主要是通过设定符号大小来表达属性的定量特征。与分级色彩类似，分级符号先将变量按照一定的方法分类，每类分配不同大小的符号。

以对 Contours 图层的 Elevation 字段进行分级符号显示为例进行示范。

Step1：在【内容】窗格中右键单击 **Contours** 图层，在弹出菜单中单击【符号系统】，打开【符号系统】窗格。

Step2：在窗格中将【主符号系统】设置为**分级符号**，【字段】设置为 **Elevation**，【类】设置为 **5**，其它保持默认设置，如图 10.2.18 所示，设置好分级符号的 Contours 如图 10.2.19 所示。

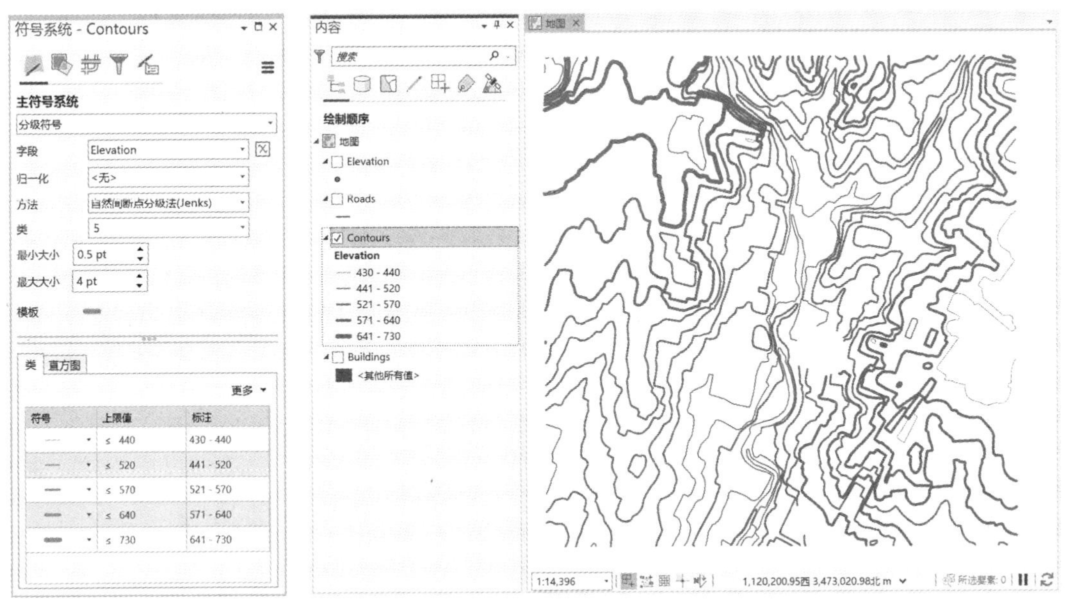

图 10.2.18　分级符号设置　　图 10.2.19　分级符号显示的等高线

每条等高线根据其高程属性所在类以对应宽度的线绘制。

Tips：可单击【类】属性页中每一类的【上限值】来调整每一类的阈值。

6. 比例符号

比例符号与分级符号的差异可类比未分类色彩与分级色彩的差异，分级符号将变量进行分类，比例符号则依据属性的原始值确定符号的大小。

仍以 Contours 图层的 Elevation 字段为例进行比例符号的显示。

Step1：在【内容】窗格中右键单击 **Contours** 图层，在弹出菜单中单击【符号系统】，打开【符号系统】窗格。

Step2：在窗格中将【主符号系统】设置为**比例符号**，【字段】设置为 **Elevation**，将【最小大小】设置为 **0.5**，【最大大小】设置为 **10.0**，将【类】属性页中的【图例计数】设置为 **5**，其它保持默认设置，如图 10.2.20 所示，设置比例符号的 Contours 如图 10.2.21 所示。

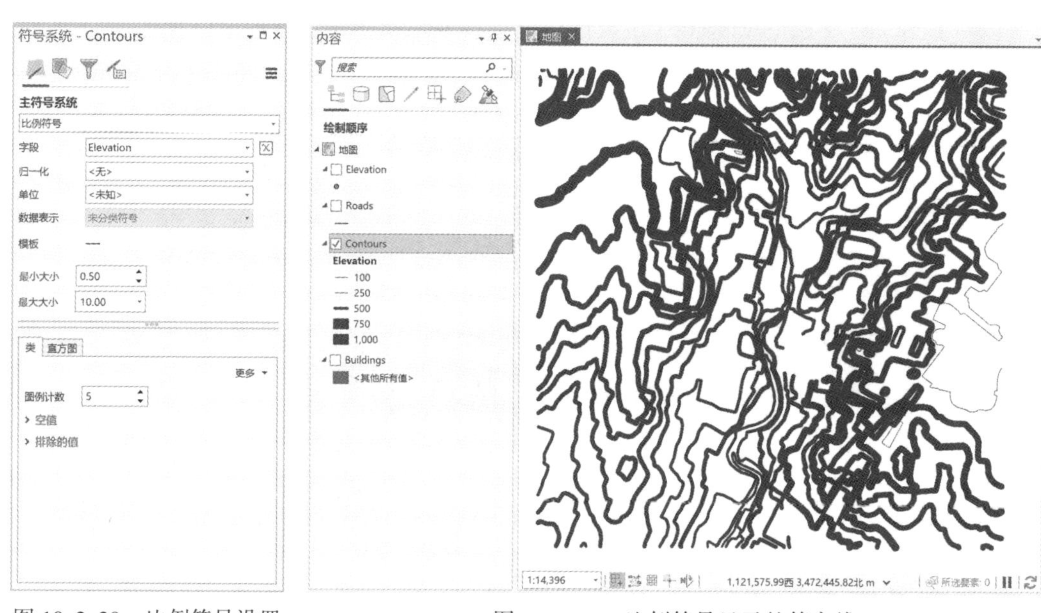

图 10.2.20　比例符号设置　　　　图 10.2.21　比例符号显示的等高线

7. 点密度

点密度符号系统只适用于对面要素进行表达，根据面要素属性的值在面区域内按照设定的对应方式绘制一定数量的点。

以对 Buildings 图层的 Population 字段进行点密度符号显示为例进行示范。

Step1：在【内容】窗格中右键单击 **Buildings** 图层，在弹出菜单中单击【符号系统】，打开【符号系统】窗格。

Step2：在窗格中将【主符号系统】设置为**点密度**，【字段】设置为 **Population**，其它保持默认设置，如图 10.2.22 所示，设置点密度符号的 Buildings 如图 10.2.23 所示。

此处【点值】设为 700，表示 1 个点代表大约 700 人，根据每个面要素的 Population 字段值计算在面要素内绘制的点的数量。如果设置了多个字段，则系统根据这些字段值和设置的点值来计算需要绘制的点数。每个多边形中的点是随机放置的，【点放置】中的【种子值】用于设置生成随机点的种子值。种子值相同时，生成的随机点分布是相同的。

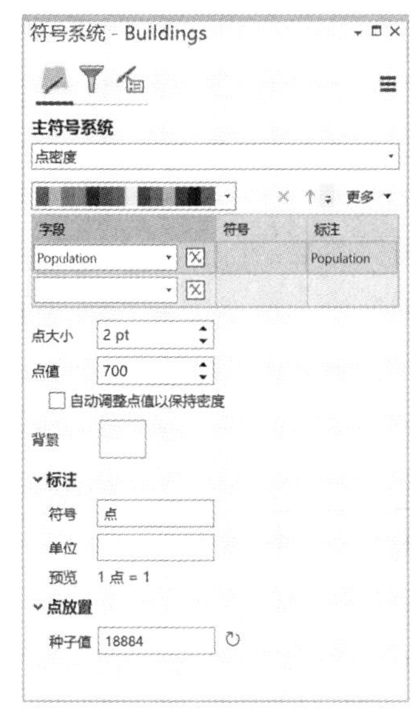

图 10.2.22　点密度设置

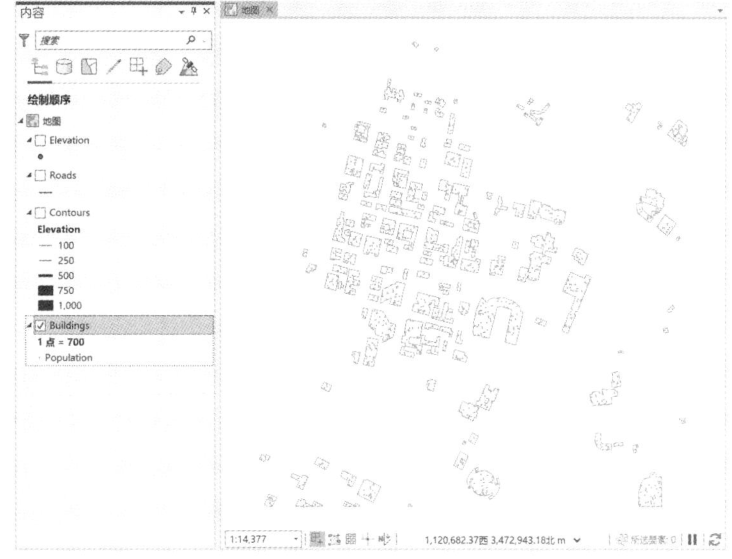

图 10.2.23　按点密度显示的建筑物

在点密度符号化中，所有的点大小一致，配色方案中的每一种颜色对应下方设置的每个字段。本例中只设置了一个【字段】，因此所有的点都是一种颜色。若设置两个、三个字段则每个多边形内的点就会有两种或三种颜色。可单击【字段】右侧的【符号】内容更改符号特征。

8. 图表

图表符号可以用条形图、饼图或堆叠图等统计图表示一个或多个字段的定量值。图表符号可用于点、线、面要素。

以对 Elevation 点要素类的 Elevation 字段进行图表符号显示为例进行示范。

Step1：在【内容】窗格中右键单击 **Elevation** 图层，在弹出菜单中单击【符号系统】，打开【符号系统】窗格。

Step2：在窗格中将【主符号系统】设置为**图表**，【图表类型】设置为**条形图**，【字段】设置为 **Elevation**，其它保持默认设置，如图 10.2.24 所示，设置条形图符号的 Elevation 如图 10.2.25 所示。

对于绘图要素不超过 30 个时，用图表符号系统的效果最佳。当绘图要素超过 30 个时，为了避免图表发生压盖，系统会使用【牵引线】连接图表和要素。但由于牵引线和图表同时存在，会使图面显示较乱，可通过设置牵引线的样式、颜色等进行改善。

9. 热点图

热点图只应用于点要素类的符号化。当存在大量点要素，尤其是点要素有重叠、不易区分时，使用热点图方式可以更好地表示点分布的相对密度。

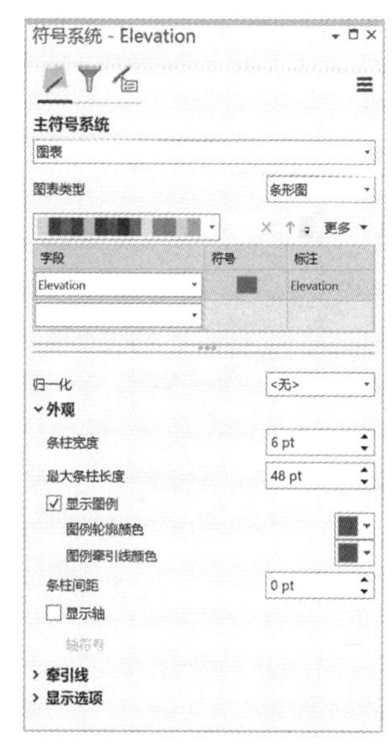

图 10.2.24　图表设置

图 10.2.25　按条形图显示的高程

以对 Elevation 高程采样点图层进行热点图符号化显示为例进行示范。

Step1：在【内容】窗格中右键单击 **Elevation** 图层，在弹出菜单中单击【符号系统】，打开【符号系统】窗格。

Step2：在窗格中将【主符号系统】设置为**热点图**，其它保持默认设置，如图 10.2.26 所示，设置热点图符号的 Elevation 如图 10.2.27 所示。

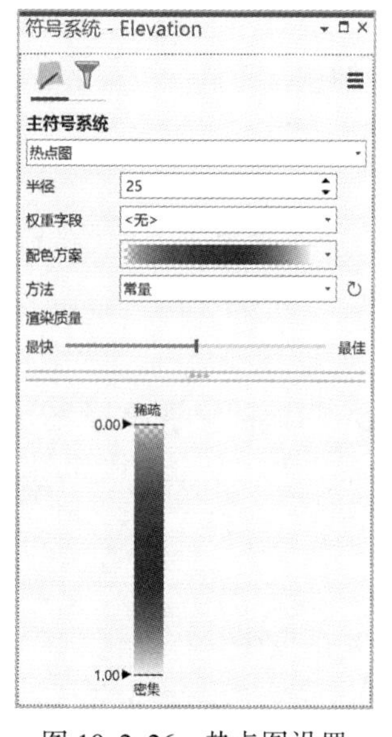

图 10.2.26　热点图设置

图 10.2.27　热点图显示的高程点

热点图使用核密度方法计算密度值，【半径】指核密度计算时设定的半径。通过将属性字段设置【权重字段】计算加权密度。【方法】指生成符号时的渲染方法，有【常量】和【动态】两种方式，选择动态时将根据视图显示范围动态生成渲染效果。

Tips：热点图符号只根据点的密度生成热点图，跟任何字段及其值无关，密度值使用核密度方法计算。由于热点图在后台要经过生成栅格、插值、掩膜等处理过程，生成热点图花费的时间明显比其它符号要长。

10.2.3 使用和管理样式

在 GeoScene Pro 中，样式保存在一个以 .sytlx 为扩展名的文件中。默认情况下，一个工程包含 4 种样式，这 4 种样式被称为系统样式，如图 10.2.28 所示。除此之外，用户还可以向工程添加自己的样式，也可以兼容 ArcGIS 的 .style 样式。

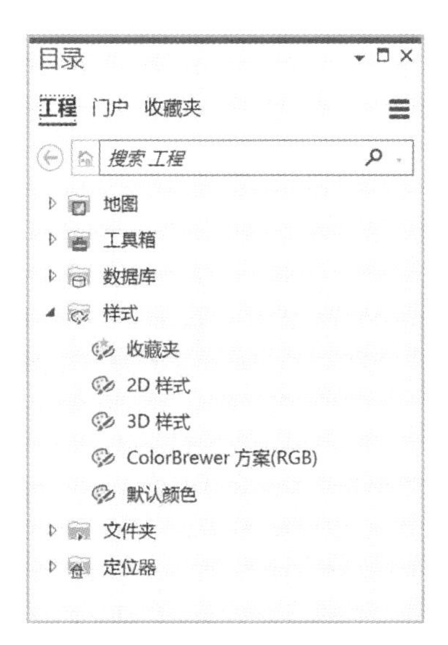

图 10.2.28 系统样式

从制图应用角度来看，样式可以看作一个符号库。例如在分组完成某区域的制图工作时，先建立一个统一的样式，在样式中保存完成该制图任务需要的各种符号，包括针对该任务的特殊符号，然后将这个样式分发给各制图小组，可以达到统一的制图效果。

1. 新建样式

Step1：在【目录】窗格中右键单击【样式】—【新建】—【新建样式】，如图 10.2.29 所示，打开【创建新样式】对话框。

Step2：在对话框中将新样式【名称】命名为 **MyStyle**，如图 10. 2. 30 所示。

Step3：单击【保存】，完成新样式创建。新创建的样式会显示在【目录】窗格的【样式】目录下。

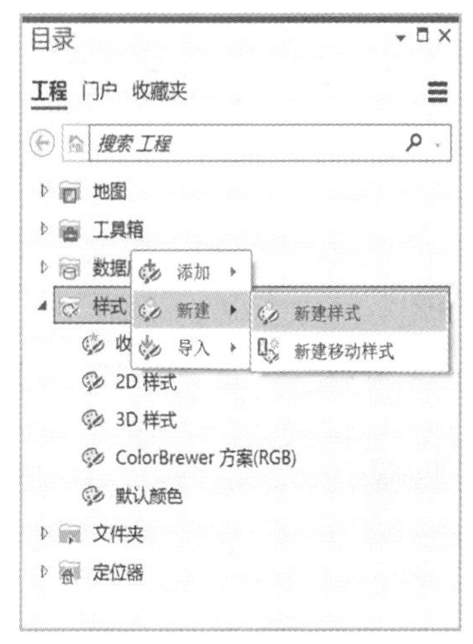

图 10. 2. 29　新建样式

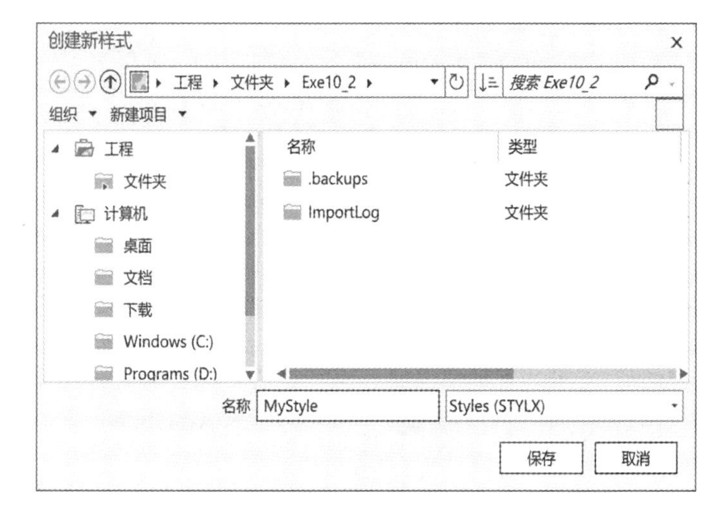

图 10. 2. 30　命名新样式

2. 添加符号

目前 MyStyle 样式还是一个空容器，可理解为空的符号库。需要向其中添加符号才有意义。通常使用两种样式：2D 样式，可容纳二维点符号、二维线符号、二维面符号、文本符号、标注、指北针、比例尺、格网、地图整饰要素、尺寸注记样式等；3D 样式，可容纳三维点符号、三维线符号、三维面符号和网格符号。

下面以为 MyStyle 样式添加二维点符号为例进行示范。

Step1：在【目录】窗格中右键单击【样式】—【MyStyle】—【管理样式】，打开【目录】视图。

Tips：当前视图为【目录】视图时，【内容】窗格中列表内容也相应改变。注意【目录】窗格和【目录】视图的区别。

Step2：在【目录】视图中单击【2D 样式】—【样式类】—【点符号】，如图 10. 2. 31 所示，打开系统点符号样式类。

Step3：在【目录】视图中选择一个要导入到 MyStyle 样式的符号。右键单击该符号，在弹出菜单中单击【复制】，如图 10. 2. 32 所示。

Step4：在【内容】窗格中右键单击【样式】—【MyStyle】，在弹出菜单中单击【粘贴】，如图 10. 2. 33 所示。

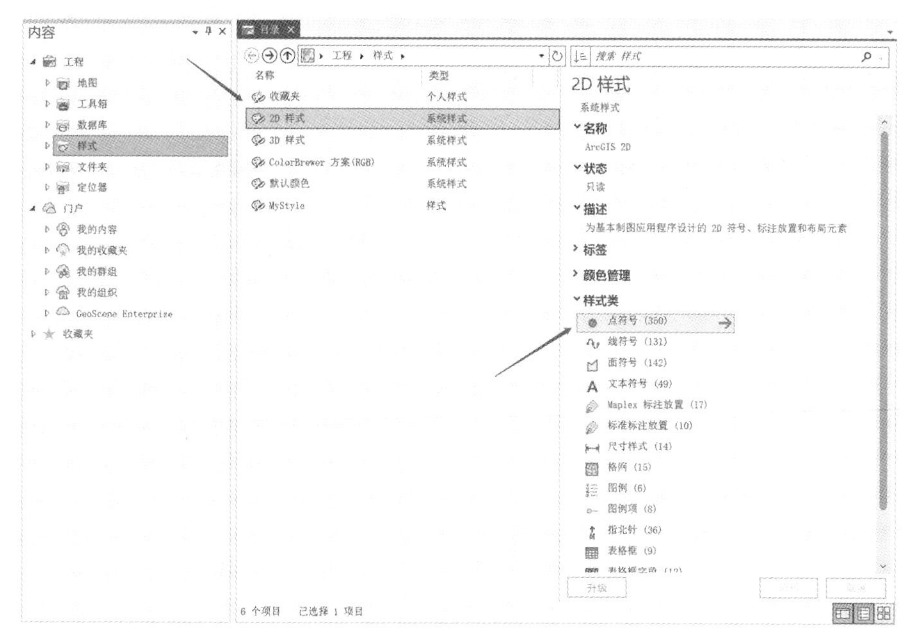

图 10.2.31　打开系统 2D 点符号样式类

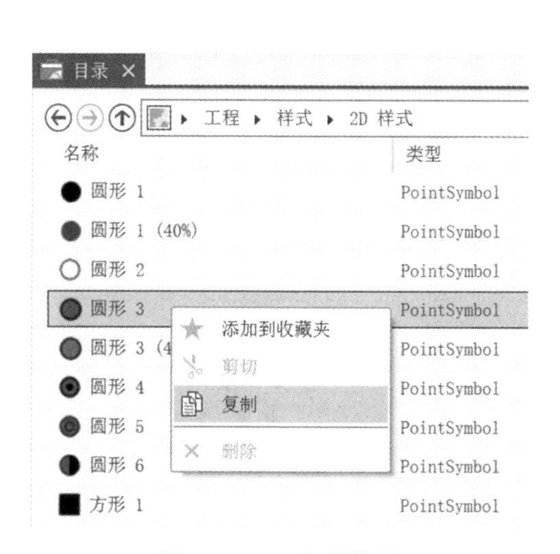

图 10.2.32　复制符号

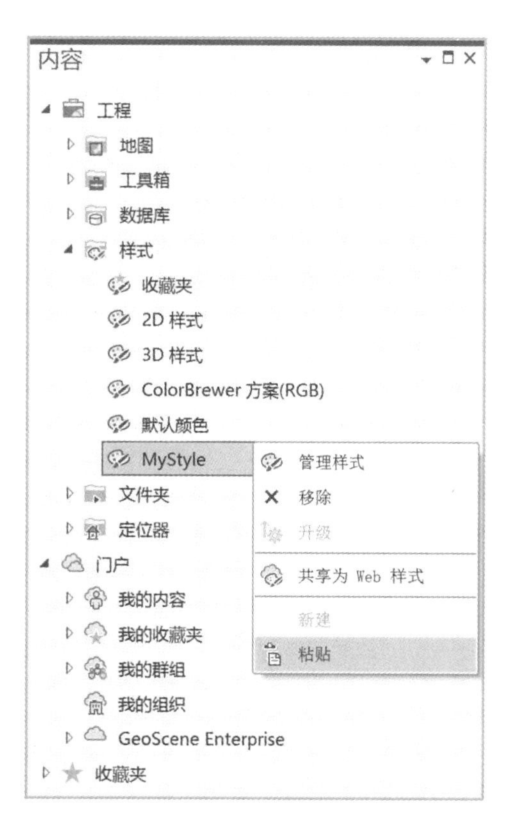

图 10.2.33　粘贴符号

Step5：在【目录】视图中单击【后退】㊀，返回到样式列表，单击【MyStyle】—【样式类】—【点符号】，如图 10.2.34 所示，打开 MyStyle 样式的点样式类。

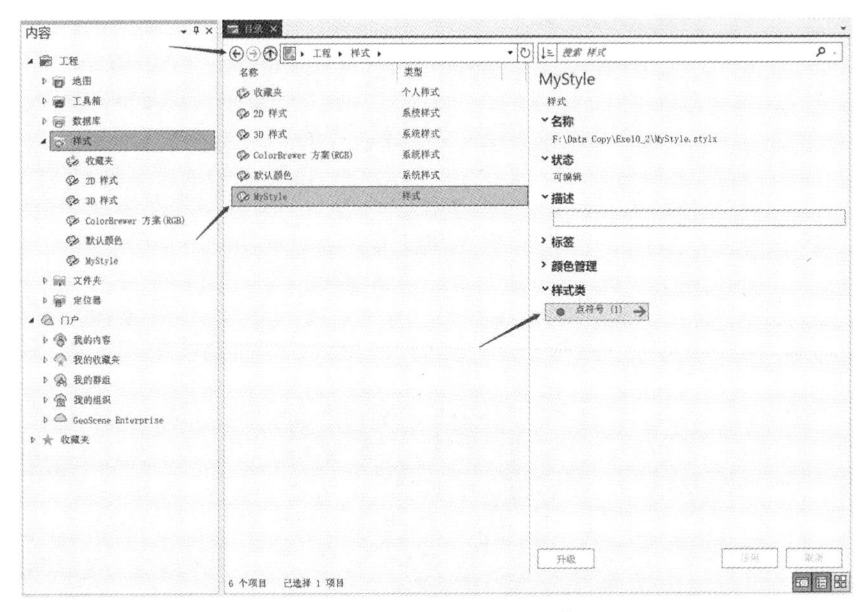

图 10.2.34　打开 MyStyle 点符号

Step6：在【目录】视图中单击【圆形 3】符号，可在右侧的【属性】页中修改符号的形状、颜色、尺寸等属性，如图 10.2.35 所示。

图 10.2.35　编辑符号

3. 新建符号

此处以在样式 MyStyle 中新建一个图片标记符号为例进行示范。

Step1：在【内容】窗格中，右键单击【MyStyle】样式名，在弹出菜单中单击【管理样式】，打开【目录】视图。

Step2：在【目录】窗格中双击【MyStyle】样式，进入符号页面，在空白区域单击鼠标右键，在弹出菜单中单击【新建】，如图 10.2.36 所示。

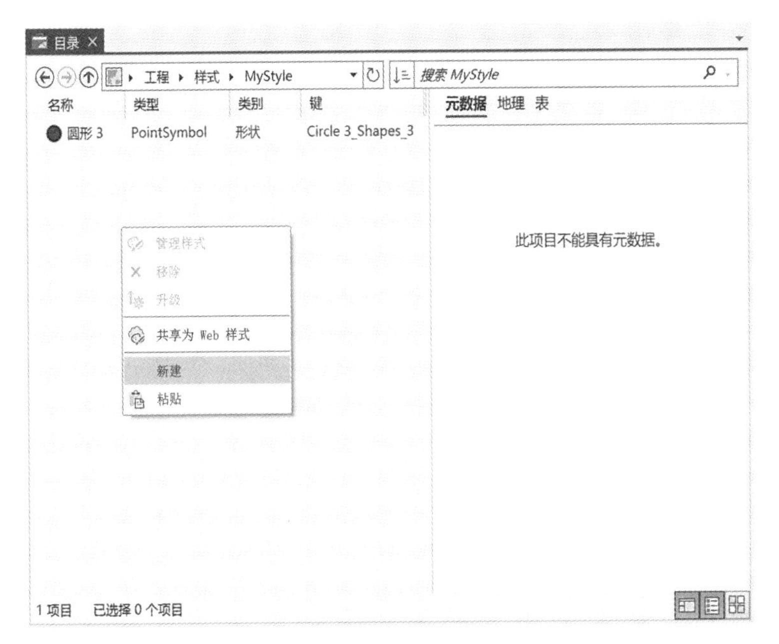

图 10.2.36 新建符号

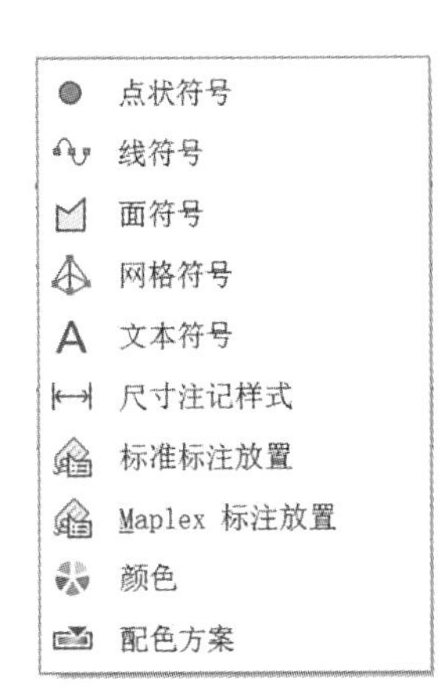

图 10.2.37 新建符号类型

Step3：MyStyle 样式中默认会新建一个点符号，单击这个新的点符号，【目录】视图右侧会显示点符号的描述、属性和预览。

Tips：用右键点击新建符号时只能默认新建点符号，如需新建其它形式的符号，在功能区单击【样式】选项卡，【创建】组的【新建】下拉列表，选择需要新建符号的类型，如图 10.2.37 所示。

Step4：在【描述】属性页中将符号【名称】设置为 **Cloud**，【键】设置为**点符号**，如图 10.2.38(a)所示。在【属性】设置中，将【图层】设置为【图片标记】，单击【文件】，如图 10.2.38(b)所示，打开【浏览图片文件】对话框。

Step5：在对话框中，选择本工程下的 **Cloud.png** 图片作为符号，如图 10.2.39 所示，设置好后依次单击【确定】和【应用】完成图片符号设置。

(a)新符号描述设置　　(b)新符号属性设置

图 10.2.38　设置新符号

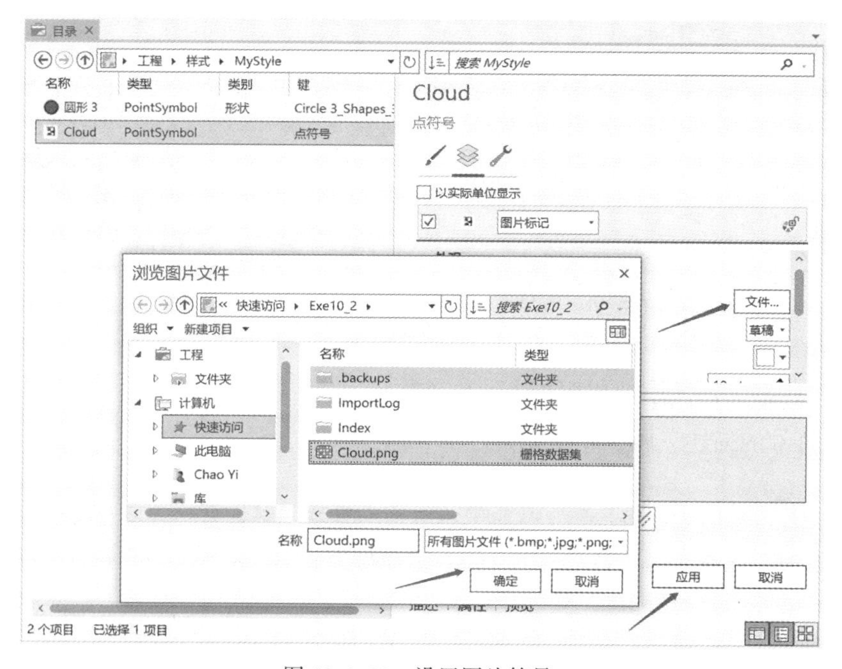

图 10.2.39　设置图片符号

Step6：将高程点符号设置为图片符号。在【内容】窗格中单击 **Elevation** 图层下的点符号，打开【符号系统—格式化点符号】窗格。在窗格中选择【Cloud】，设置后的 Elevation 图层如图 10.2.40 所示。

对于新符号，还可在属性页中设置大小、位置、旋转、偏移及输出效果。

图 10.2.40　用图片符号显示的 Elevation 图层

10.3　图　　表

图表是数据可视化最基本的形式之一，有助于人们更加容易地理解和分析数据。GeoScene Pro 提供了条形图、折线图、散点图、数据时钟、日历热点图等图表工具，用于表达关于数据的趋势、比较、分布等信息。

本节主要对 QQ 图、箱形图、日历热点图和矩阵热点图等的应用进行示例。使用数据为一个带有多个属性的面要素类 Counties，一个独立表 PresByDay，如图 10.3.1 所示。本例部分数据为虚拟数据，仅为示范图表工具使用。

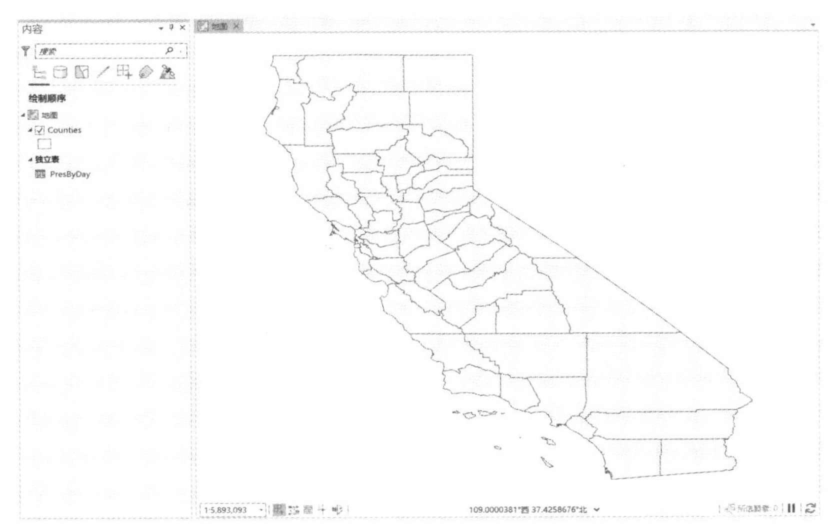

图 10.3.1　生成图表数据概览

10.3.1　QQ 图

QQ 图即分位数-分位数图(Quantile-Quantile Plot)，也称正态概率图。用于检查数据是否服从正态分布，其本质是评估数据的分布与正态分布之间的相似性。QQ 图的横坐标是标准正态分布的分位数，纵坐标是数据分布的分位数。如果数据符合正态分布，则 QQ 图中的点将大致沿斜率为 1 的直线分布。

以利用 QQ 图探索 58 个县 2000 年的 $PM_{2.5}$ 观测数据是否呈正态分布为例。

Step1：双击本节数据文件夹下的工程文件 Exe10_3. arpx，打开工程。

Step2：右键单击【内容】窗格中的 **Counties** 图层，在弹出菜单中单击【创建图表】—【QQ 图】，打开【QQ 图】窗格和【图表属性】窗格。

Step3：在【图表属性】窗格中将【请比较以下内容的分布】设置为 **2000**，其它保持默认设置，如图 10. 3. 2(a)所示，同时在【QQ 图】窗格中生成 QQ 图，如图 10. 3. 2(b)所示。

(a)QQ 图设置

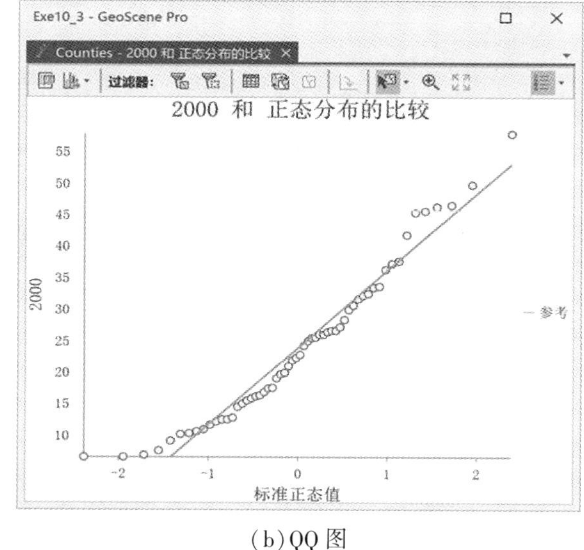

(b)QQ 图

图 10. 3. 2　生成 QQ 图

通过【存在变换】可指定对数据的变换，默认不变换，设定为**无**，工具还提供了**对数**和**平方根**两种变换方式，当原始数据呈非正态分布时，可尝试对其进行对数或平方根变换，变换后通常为正态分布。【至】选项可设置另一数值型属性，生成两属性字段的散点图。

10.3.2　箱形图

箱形图也称箱线图，用于比较数据的分布与集中趋势。箱形图通常展示数据的 5 个统计特征：最小值、上四分位数、中位数、下四分位数、最大值，同时显示异常值。

以利用箱形图对比 4 类县平均收入为例。

Step1：在【内容】窗格中右键单击 **Counties** 图层，在弹出菜单中单击【创建图表】—【箱形图】，打开【箱形图】窗格和【图表属性】窗格。

Step2：在【图表属性】窗格中将【数值字段】设置为 **AVG_SALE07**，表示平均收入，将【类别】设置为 **Type**，其它保持默认设置，如图 10.3.3(a)所示，同时生成箱形图，如图 10.3.3(b)所示。

该箱形图的意义：4 类县中，平均收入最高的为第 3 类县；第 2 类县的平均收入差距最大，高收入人口更多；第 1 类县的平均收入差距最小。

Tips：用户可设置多个数值字段生成不同类型县的多个数据的箱形图，在不同类型县进行数据对比的同时，对同一类型县的不同特征进行对比。可根据【分割依据】对要素进行分类，对每一类分别生成箱形图。

(a)箱形图设置

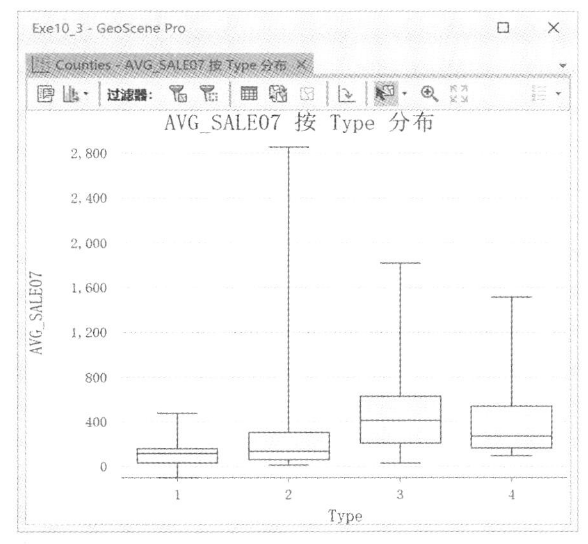

(b)箱形图

图 10.3.3 生成箱形图

10.3.3 日历热点图

日历热点图可将数据聚合到日历网格中，用于显示事件模式在一年内、一月内或一周内如何波动。

以利用日历热点图对某地 2019 年 8 月份的每日气压进行显示为例，数据文件为 PresByDay，记录了 2019 年 8 月 1 日到 2019 年 8 月 31 日每天的平均气压和平均温度，如图 10.3.4 所示。

	OBJECTID *	mean_presure	Date	Temperature	PresureType	TempType
1	1	100710.7578	2019/8/1	23.277551	3	4
2	2	100861.2813	2019/8/2	21.29928	3	3
3	3	100889.1016	2019/8/3	24.732019	3	5
4	4	100811.5391	2019/8/4	23.535516	3	4
5	5	100644.6953	2019/8/5	23.691522	3	4
6	6	100450.1172	2019/8/6	23.61181	2	4
7	7	100427	2019/8/7	22.843469	2	4
8	8	100503.1953	2019/8/8	25.734491	3	5
9	9	100314.1875	2019/8/9	23.486932	2	4
10	10	100283.2891	2019/8/10	22.856165	2	4
11	11	99917.94531	2019/8/11	23.524194	1	4
12	12	99855.5625	2019/8/12	22.412439	1	4
13	13	100165.6484	2019/8/13	23.144342	2	4
14	14	100109.8203	2019/8/14	20.82464	2	3

图 10.3.4　PresByDay 数据表(部分)

Step1：在【内容】窗格中右键单击 **PresByDay** 独立表，在弹出菜单中单击【创建图表】—【日历热点图】，打开【日历热点图】窗格和【图表属性】窗格。

Step2：在【图表属性】窗格中将【日期型】设置为 **Date**，【类型】设置为**月份和日期**，【聚合】设置为**平均值**，【数值】设置为 **mean_pressure**，【方法】设置为**自然间断点分级法**，其它保持默认设置，如图 10.3.5(a)所示，同时生成日历热点图，如图 10.3.5(b)所示。

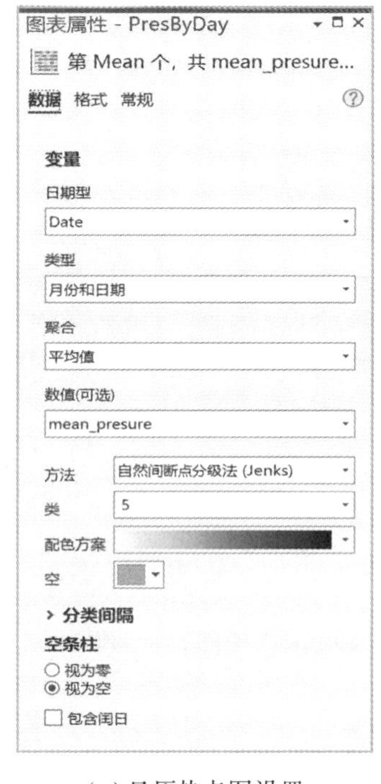

(a)日历热点图设置

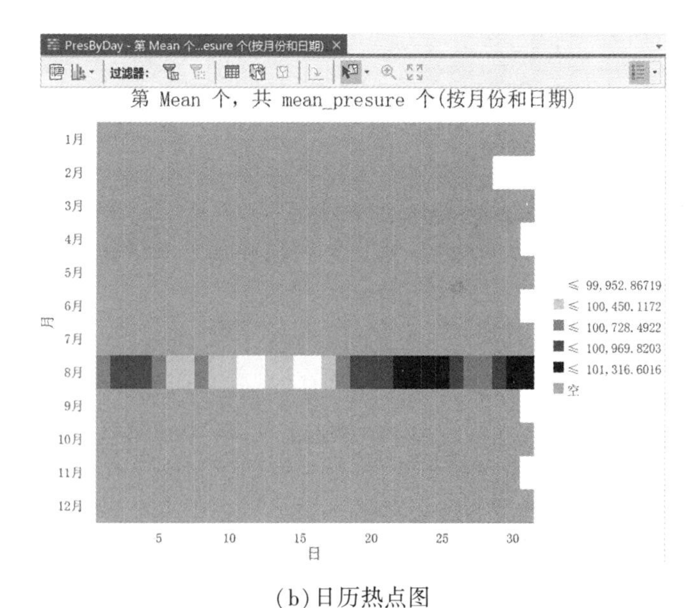

(b)日历热点图

图 10.3.5　生成日历热点图

Tips：有数据类型为日期型的字段是生成日历热点图的前提。当【类型】选月份和日期时，会按日按月显示整年的数据，若【类型】设置为星期和时，则会按时按日显示整周的数据。可视化【方法】可按相等间隔、几何间隔、自然间断点分级法等分级。【聚合】指按时间段汇总数据的方法，本例中每天只有一个观测数据，因此设置为平均值和总和对成图没有影响；若每天有多个观测数据，聚合方式的设置就很重要了。

10.3.4 矩阵热点图

矩阵热点图用于显示两个分类字段之间的关系。两个分类字段组合的频数为每个格网的值。

以对某地 2019 年 8 月份的气压类型和温度类型之间的关系显示为例。

Step1：在【内容】窗格中右键单击 PresByDay 独立表，在弹出菜单中单击【创建图表】—【矩阵热点图】，打开【矩阵热点图】窗格和【图表属性】窗格。

Step2：在【图表属性】窗格中将【列类别】设置为 **PresureType**，【行类别】设置为 **TempType**，【聚合】设置为**总和**，【数值】设置为 **mean_presure**，其它保持默认设置，如图 10.3.6(a)所示，同时生成矩阵热点图，如图 10.3.6(b)所示。

矩阵热点图中每个格网的值为对应类型 TempType 和 PresureType 记录中 mean_presure 字段的总和值。空表示没有该类型的 TempType 和 PresureType 组合。

(a)矩阵热点图设置

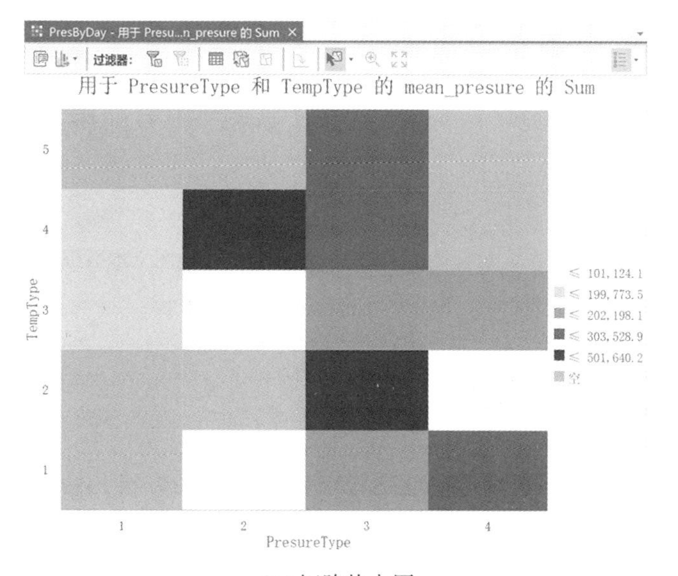

(b)矩阵热点图

图 10.3.6 生成矩阵热点图

10.4　地图文本

在地图中，除了利用地图符号表达要素的位置和属性信息，也可利用文本信息提高地理信息的传达效率。地图上的文本信息通常有两大类，一类是对要素进行说明的文本，可与要素位置共现，用于传达要素信息，如道路名称、宗地面积等；另一类是对整个地图进行描述性说明的文本，通常在制图时添加，与要素位置无关，如制图人、制图时间、地图坐标系等信息。

本节主要对第一类地图文本的使用进行说明和示例，包括标注、Maplex 标注和注记。本节使用的数据为一个名为 Elevation 的点要素类，表示高程点；一个名为 Contours 的线要素类，表示等高线，如图 10.4.1 所示。

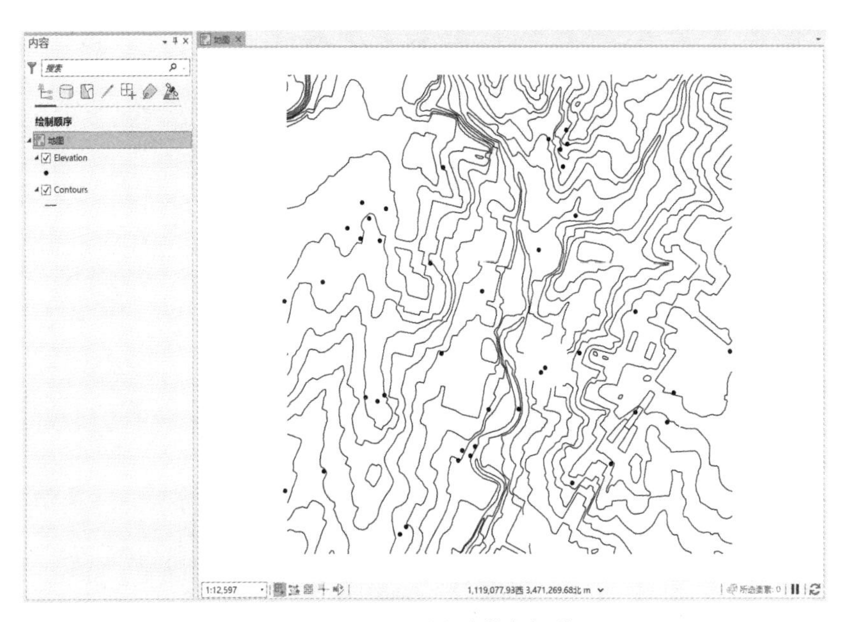

图 10.4.1　地图文本数据概览

10.4.1　标注

标注是一种快速向地图添加说明文本的方法，标注的文本内容来源于要素类的属性表。标注使用标准标注引擎将文本动态地放置于地图上，每次刷新地图时都会重新计算标注显示位置，如平移、放大、缩小地图时。对于同一要素类中的要素，标注是统一的，包括其形式、文本类型，以及与要素的相对位置。

以为高程点要素类 Elevation 添加高程标注为例进行示范。

Step1：双击本节数据文件夹下的工程文件 Exe10_4. arpx，打开工程。

Step2：在【内容】窗格中单击【Elevation】图层以激活该图层，在功能区单击【要素图层】—【标注】，打开【标注】选项卡。

Step3：将【标注】选项卡【标注分类】组的【类】设置为**类 1**，【字段】设置为 **Elevation**，如图 10. 4. 2 所示。

Tips：在 GeoScene Pro 中可同时标注多个属性字段。通过创建新类并设置标注属性来区分不同的标注显示特性，还可以通过【SQL 查询】设置只标注部分要素，设置【表达式】根据字段计算标注文本。

Step4：单击【标注】选项卡【图层】组的【标注】工具，每个高程点的高程值被标注在高程点旁，如图 10. 4. 3 所示。

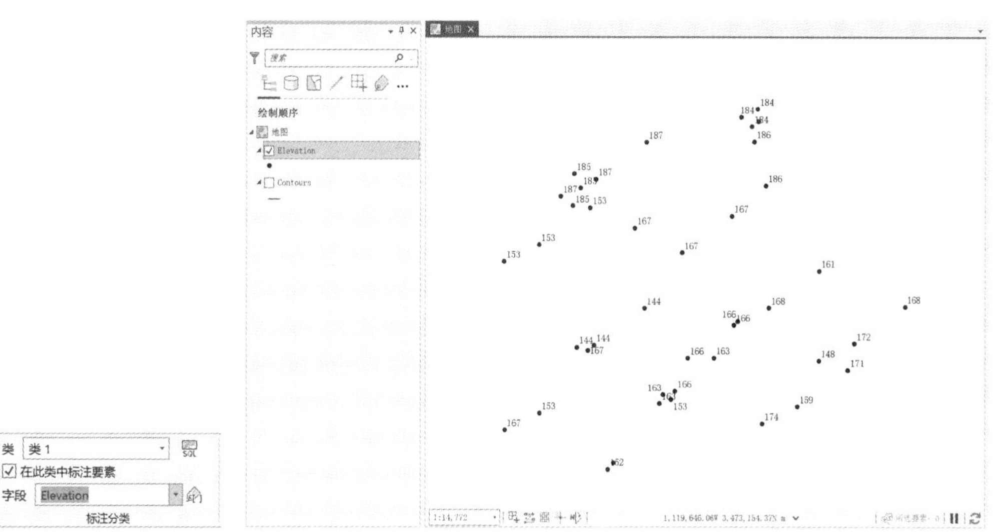

图 10. 4. 2　标注设置　　图 10. 4. 3　高程标注

在默认设置中，如果标注文本没有压盖被标注要素，标注文本位于要素的东北方向。通过设置标注属性可更改标注相对于要素的位置，标注的外观、字体、方向、旋转角度，甚至可以利用表达式生成复杂形式的标注。

Step5：在【内容】窗格中右键单击 Elevation 图层，在弹出菜单中单击【标注属性】，打开【标注分类】窗格。

Step6：在窗格中，单击【符号】，可对标注文本的常规和格式进行设置，如图 10. 4. 4 所示。

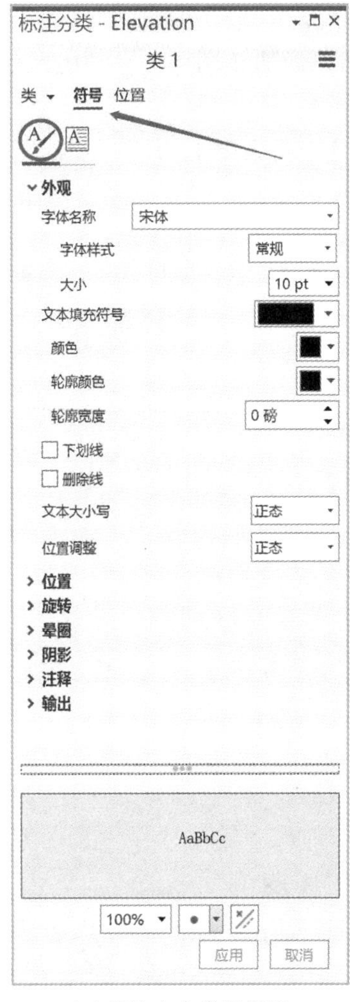

(a)标注文本常规设置

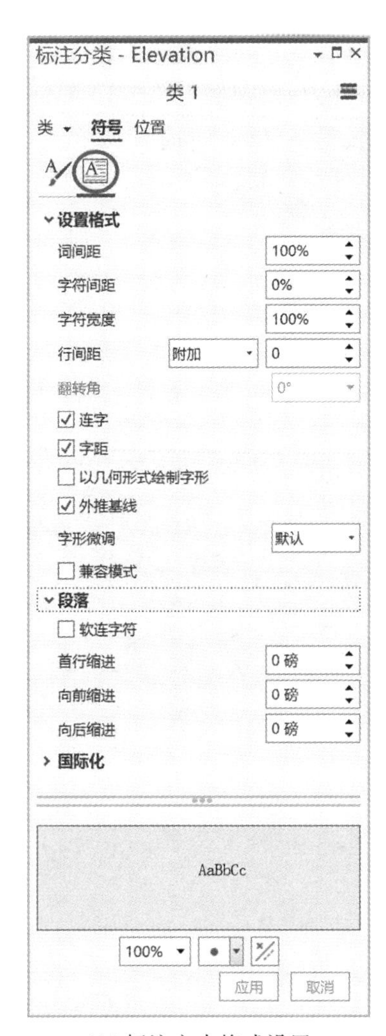

(b)标注文本格式设置

图 10.4.4　设置标注文本外观和格式

Step7：在窗格中，单击【位置】，可对标注文本位置、自适应策略和冲突解决进行设置，如图 10.4.5 所示。

在图 10.4.5(a)中，可通过更改扇形中方格内的数字来改变标注文本放置位置的优先次序。

Tips：本例示例标准标注引擎进行标注，读者操作时可能看到的界面与图 10.4.5 不一样，这是因为 GeoScene Pro 默认使用 Maplex 标注。读者可在【标注】选项卡【地图】组中单击【更多】，取消勾选【使用 Maplex 标注引擎】。

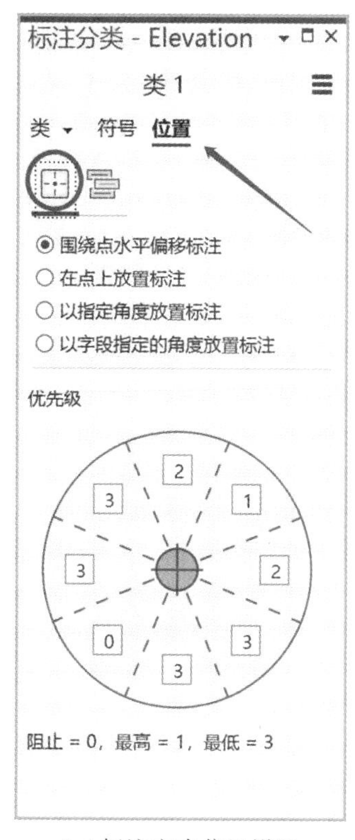

(a)标注文本位置设置

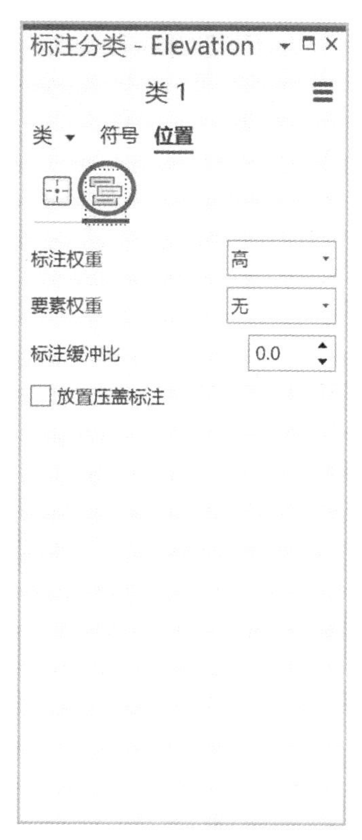

(b)冲突解决设置

图 10.4.5　设置标注位置

10.4.2　Maplex 标注

Maplex 标注是使用 Maplex 标注引擎放置在地图上的文本。Maplex 标注主要解决标准标注无法智能自适应设置标注位置、优化地图标注布局的问题。GeoScene Pro 默认使用 Maplex 标注。

Maplex 标注引擎对文本位置提供了更多优化和自适应策略以及标注冲突解决策略，这些策略的应用将使地图更美观且更易读。

Step1：在【标注】选项卡的【地图】中单击【更多】，**勾选**【使用 Maplex 标注引擎】。

Step2：参考 10.4.1 节的步骤对 Elevation 图层进行高程标注。

在符号位置的优化设置中 Maplex 标注提供了更多选择，如图 10.4.6 所示。读者在制图时可自行调整各设置参数，以达到最优的目的。

Tips：相对于标准标注引擎，Maplex 标注引擎不仅在位置和冲突解决中提供了更多方案，还提供了自适应策略。

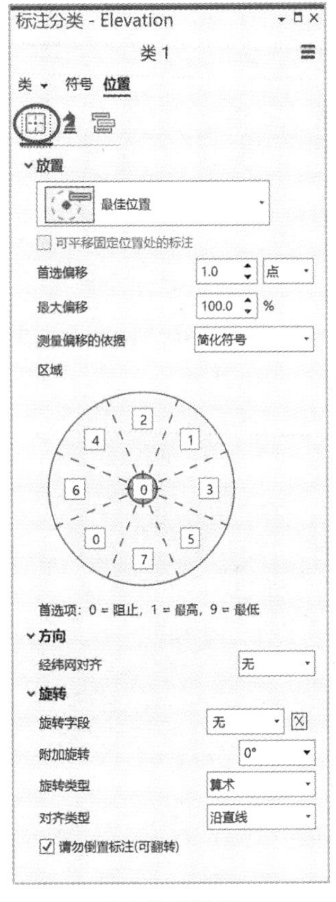

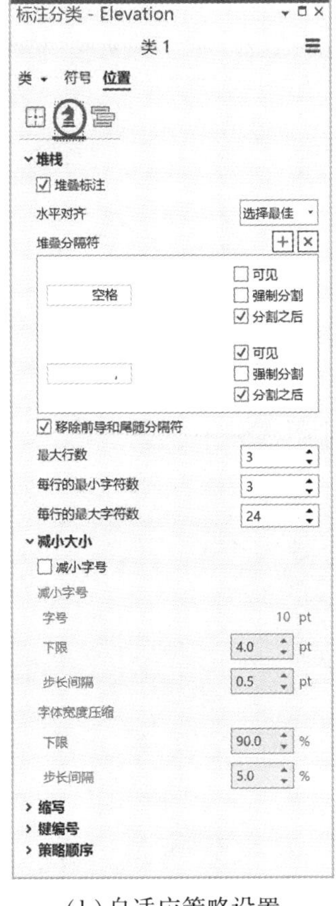

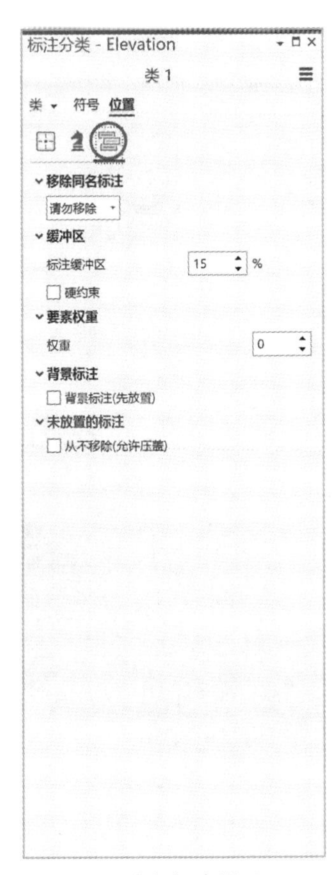

(a)位置设置　　(b)自适应策略设置　　(c)冲突解决设置

图 10.4.6　Maplex 标注引擎设置标注

在高程点密集的区域，Maplex 标注不仅能够完全显示所有要素的标注，还能够优化标注位置及显示。如图 10.4.7 所示，圈中的标注相对于图 10.4.3 进行了优化。

10.4.3　注记类

在 GeoScene Pro 中，注记和点要素类、线要素类等一样，是一种数据类型——注记要素类，以下简称注记类。注记要素类中的所有要素不仅存储要表达的文本及其属性，还存储注记的位置，这就使得注记可脱离其标注的要素类而独立存在，并且每个注记要素都可以单独设置字体、大小、颜色，以及文本符号属性等。

注记类既可以作为标准注记独立存储在地理数据库中，也可与要素类关联起来作为要素关联的注记存储在地理数据库中。如地图中的山脉是没有特定要素可以表达的，只能用文字标示出该山脉的位置及走向，通常用标准注记。与要素关联的注记在表现形式上与标注类似，使用要素类属性表中的字段作为注记文本。

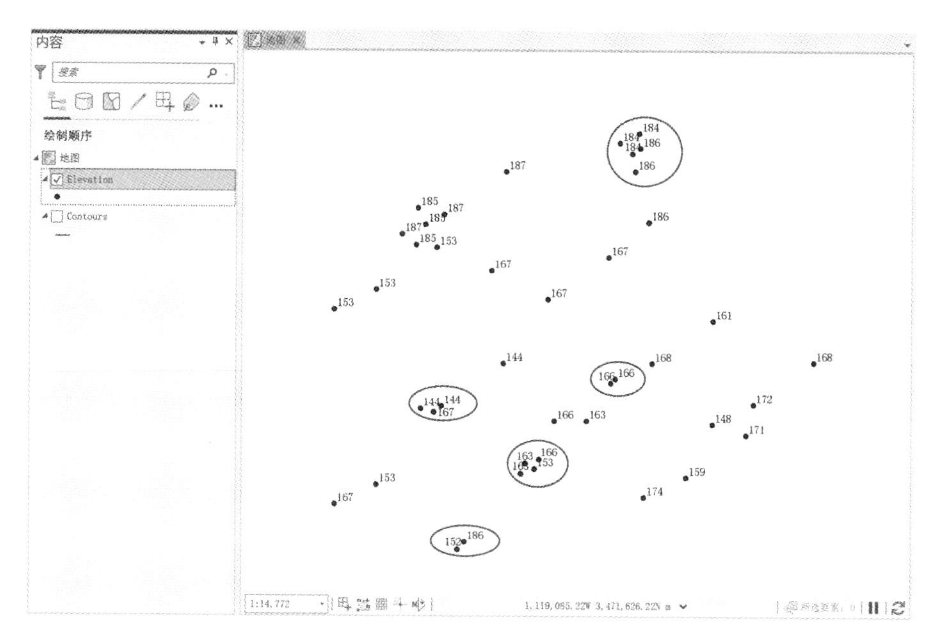

图 10.4.7 Maplex 标注

GeoScene Pro 提供 2 种创建注记类的方法：一种是在地理数据库中创建，创建方法和创建点、线、面等要素类相同，具体操作参考 2.1.1 节中新建矢量图层的操作，注意在新建时将【要素类类型】设置为**注记**；另一种是从标注生成注记类。本节以后一种为例。

1. 为山脉创建注记类

Step1：在【目录】窗格中右键单击【Exe10_4.gdb】地理数据库，在弹出菜单中单击【新建】—【要素类】，打开【创建要素类】窗格。

Step2：在窗格【定义】页中，将【名称】命名为 **Mountain_Name**，将【要素类类型】设置为**注记**，如图 10.4.8 所示，后续步骤根据实际情况设置，在本例中均保持默认设置，单击【完成】，完成创建 Mountain_Name 注记类。

Step3：在功能区单击【编辑】选项卡中的【创建要素】，打开【创建要素】窗格。

Step4：在窗格中单击 Mountain_Name 下的【Aa 类 1】，单击【平直注记】，然后在下方编辑框中输入山脉名称**长长山脉**，如图 10.4.9 所示。

Step5：单击【Aa 类 1】右侧的【打开活动目标】，打开【活动模板】窗格，在窗格中将字体设置为**黑体**，字号设置为 **6**，颜色设置为**生褐色**(R：168，G：112，B：0)，单击窗格下方的【完成】，完成字体和格式设置，如图 10.4.10 所示。

Step6：将鼠标移至【地图】窗格，沿图中山脊线位置绘制放置注记的斜线，山脉名称注记如图 10.4.11 所示。

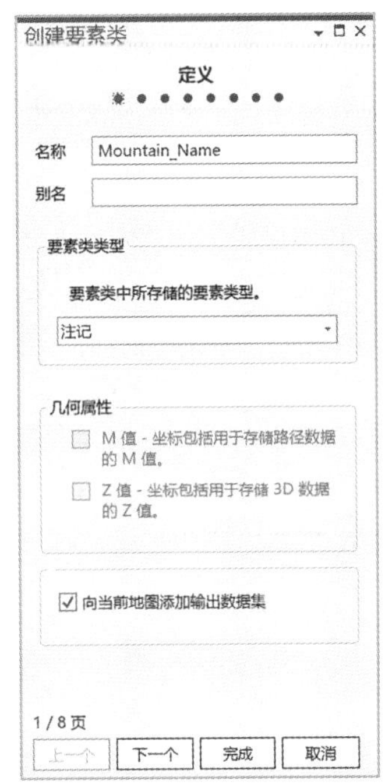

图 10.4.8　创建注记类

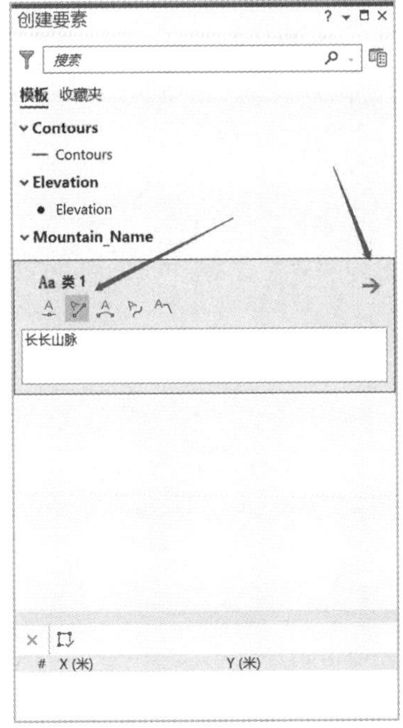

图 10.4.9　设置注记文本

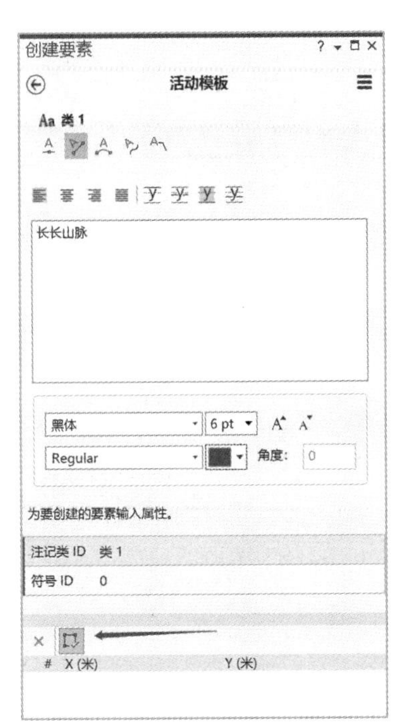

图 10.4.10　设置注记格式

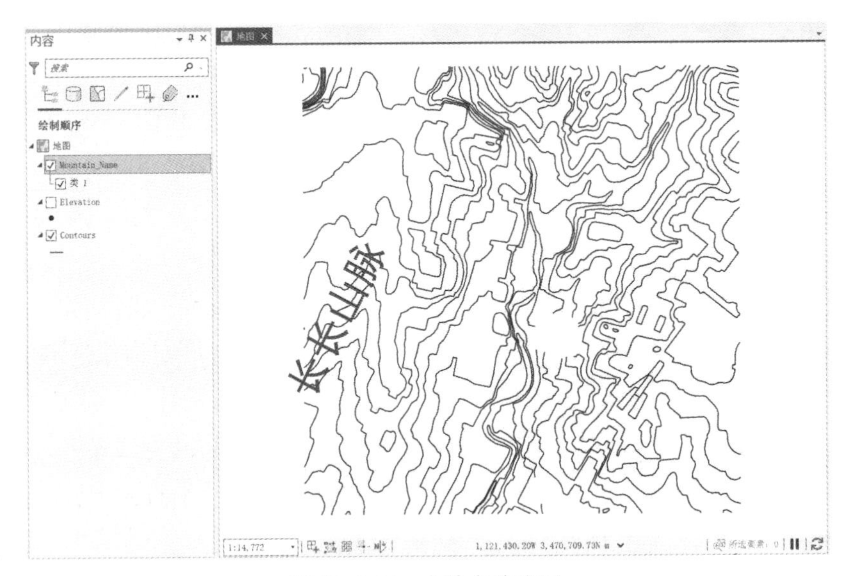

图 10.4.11　山脉名称注记

注记类可以独立存在，即使不显示或移除 Contours 图层，注记仍然在该位置存在。

2. 为高程点创建注记类

在 10.4.2 节中，即使使用 Maplex 标注仍然有部分文本发生压盖，这种情况就需要用注记来解决。参照 10.4.1 节添加标注方法，为 Elevation 图层添加高程标注后继续进行以下操作。

Step1：在【内容】窗格中右键单击【Elevation】图层名，在弹出菜单中单击【转换标注】—【将标注转换为注记】，打开【将标注转换为注记】窗格。

Step2：在窗格中将【输出地理数据库】设置为本节的 **Exe10_4. gdb** 地理数据库，其它保持默认设置，如图 10. 4. 12 所示。

Step3：单击【运行】，完成标注到注记的转换。转换完成后可在【内容】窗格中看到新生成的注记图层组 **GroupAnno**，其下有一名为 **Elevation 注记**的要素类。

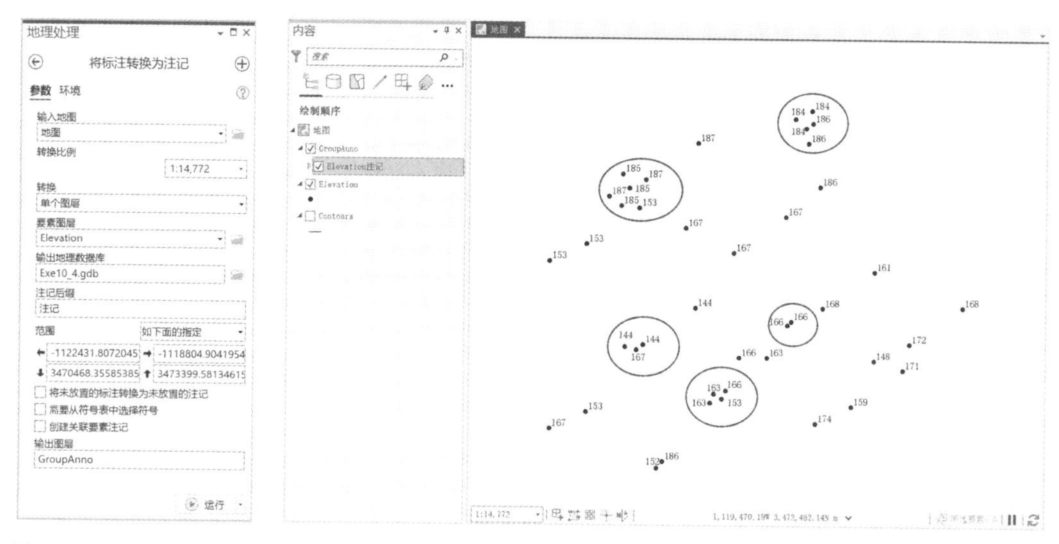

图 10. 4. 12　标注转注记

图 10. 4. 13　调整后注记位置

Step4：在【内容】窗格中，单击【Elevation 注记】图层以激活该图层，然后在功能区单击【编辑】选项卡【工具】组的【移动】工具，用鼠标拖动压盖的注记以调整最佳放置位置，调整后的注记如图 10. 4. 13 所示，圈中部分注记位置进行了调整。读者可与图 10. 4. 7 对比相应位置的注记。

10. 5　地 图 制 图

GIS 的重要功能之一就是地图制图与可视化，可视化指利用符号、颜色、线型等以图形、图像、图标等形式对地理数据进行展示，严格讲地图制图也是一种可视化方式。本书仅以普通地图制图应用为例介绍可视化过程。

GeoScene Pro 中，地图制图页面设计在页面布局中完成，地图由若干地图元素构成，包括地图标题、地图框、比例尺、指北针、图例和描述性文本等，如图 10. 5. 1 所示。

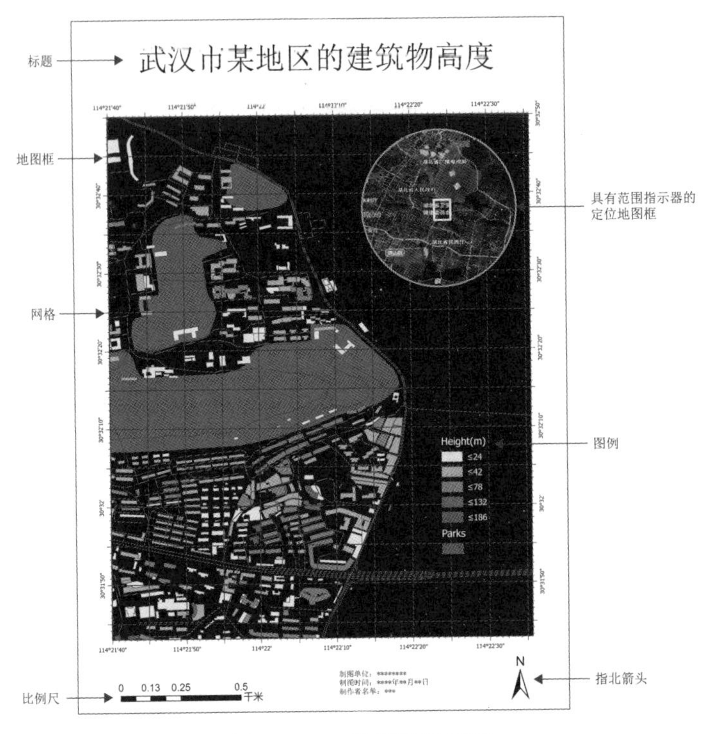

图 10.5.1　地图制图元素

本节使用的数据为一个名为 Elevation 的点要素类，表示高程分布；一个名为 Contours 的线要素类，表示等高线，如图 10.5.2 所示。

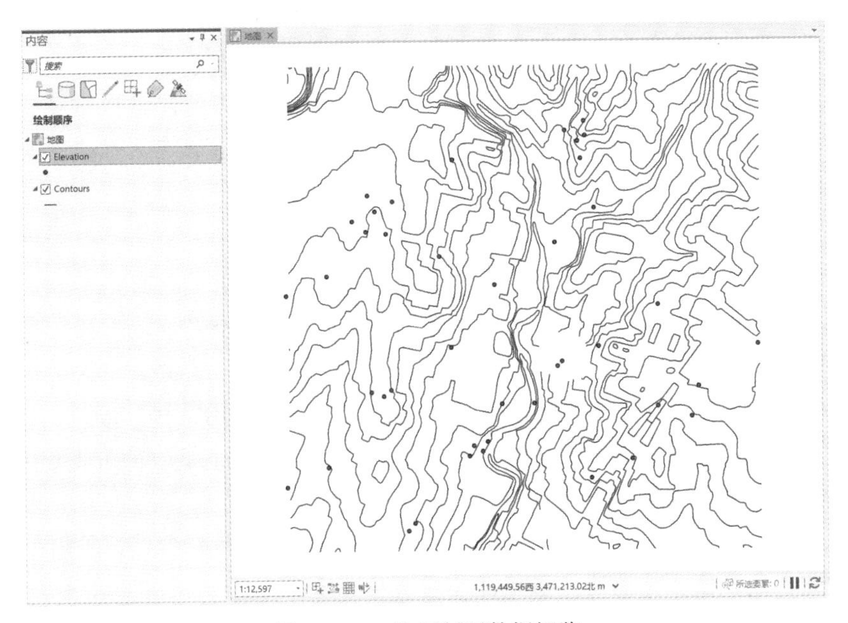

图 10.5.2　地图制图数据概览

10.5.1 创建页面布局

Step1：双击本节文件夹下的 Exe10_5. arpx 文件，打开工程。

Step2：在功能区单击【插入】选项卡【工程】组的【新建布局】，选择其中的【ISO-纵向】—【A4】选项，将输出地图纸张大小设置为纵向的 A4 纸大小，如图 10. 5. 3 所示。

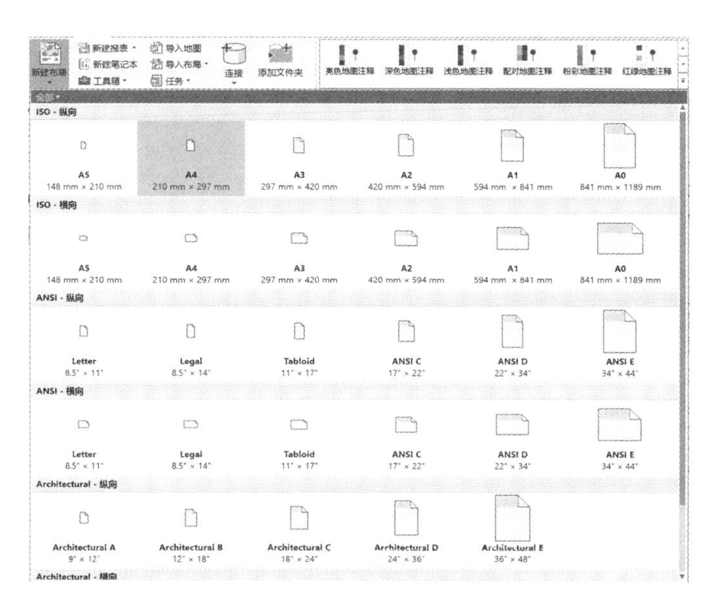

图 10. 5. 3 选择布局页面

此时创建的是一个空白的布局画布，需要添加元素，布局元素包括地图框、范围指示器、格网、指北针、比例尺、图例、图表框、表格框、文本、动态文本、点、线、面、图片等。需要注意的是布局元素中的点、线、面为几何元素，而非要素类。

Tips：创建好布局后，也可通过在【布局】窗格激活下的【内容】窗格中右键单击【布局】，在弹出菜单中单击【属性】，来编辑更改页面大小、方向、配色模型等属性。

10.5.2 添加布局元素

1. 添加地图框

地图框是布局画布上的地图容器，地图框中可以放置地图、局部场景或全球场景。

Step1：在功能区单击【插入】选项卡【地图框】组中的【地图框】，单击【地图】中右侧的已加载地图，如图 10. 5. 4 所示，该地图将加载到布局的地图框中。

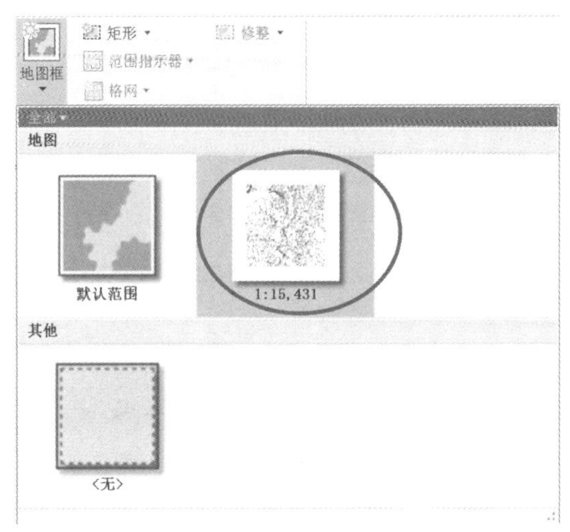

图 10.5.4　插入地图框

Tips：只有当前视图为【布局】窗格时，【插入】选项卡上才有【地图框】选项。地图框的默认形状是矩形，还可以将地图框设置为圆形、椭圆、任意多边形或套索。

Step2：在布局窗口用鼠标绘制矩形以确定地图框位置和大小，创建地图框后的布局如图 10.5.5 所示。

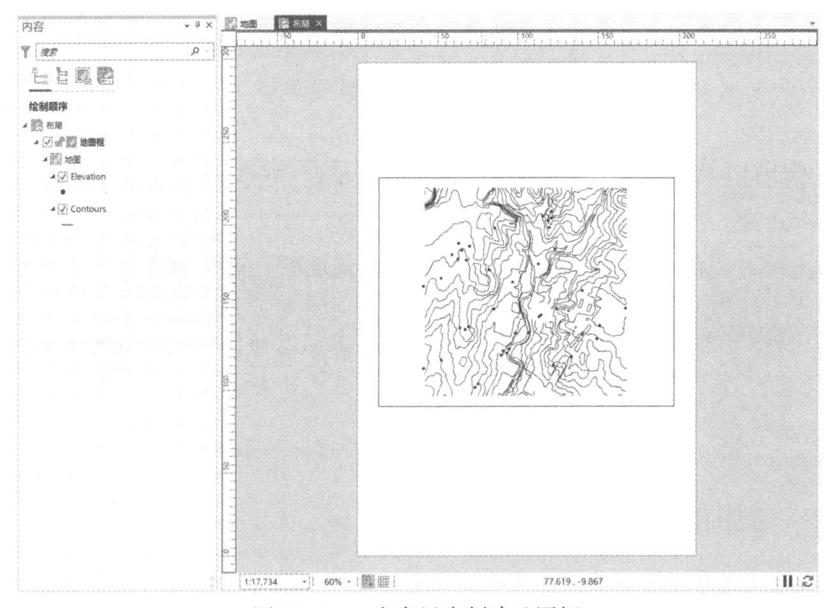

图 10.5.5　在布局中创建地图框

2. 添加范围指示器

范围指示器通常用于指示研究区域在大区域中的位置，通常用作鹰眼或定位图。

Step1：将【布局】窗格底部的比例尺改为 **1：5000**，地图框中的地图将被放大至设定比例尺。

Step2：在功能区单击【插入】选项卡【地图框】组的【地图框】，单击【地图】中右侧的已加载地图，在页面上绘制一个较小的地图框，在【内容】窗格中以**地图框 1** 显示。

Step3：在【内容】窗格中单击【地图框 1】以激活该图层，在功能区单击【插入】选项卡【地图框】组中的【范围指示器】，单击【地图框】，此时【内容】窗格中的地图框 1 下加载了【范围指示器】。

Step4：在【内容】窗格中单击【地图框 1】—【范围指示器】—【地图框的范围】以激活该图层，在功能区单击【地图框】选项卡【符号】组的【笔画】下拉箭头，将笔画颜色改为**火星红**(R：255，G：0，B：0)。

Step5：在【内容】窗格中右键单击【地图框 1】—【地图】—【Contours】，在弹出菜单单击【缩放至图层】，将地图框 1 中的地图缩放至全图范围。

Step6：在【内容】窗格中右键单击【地图框 1】—【范围指示器】—【地图框的范围】，在弹出菜单中单击【添加牵引线】，布局窗口自动添加缩略图和主图的牵引线，如图 10.5.6 所示。

Tips：可右键单击【地图框的范围】，在弹出菜单中单击【属性】，在弹出的【地图框的范围】窗格中编辑范围指示器和牵引线的符号、形状、样式和颜色，如图 10.5.7 所示。

当布局窗格中至少有 2 个地图框，且 2 个地图框中都有地图数据的时候，范围指示器才可用。

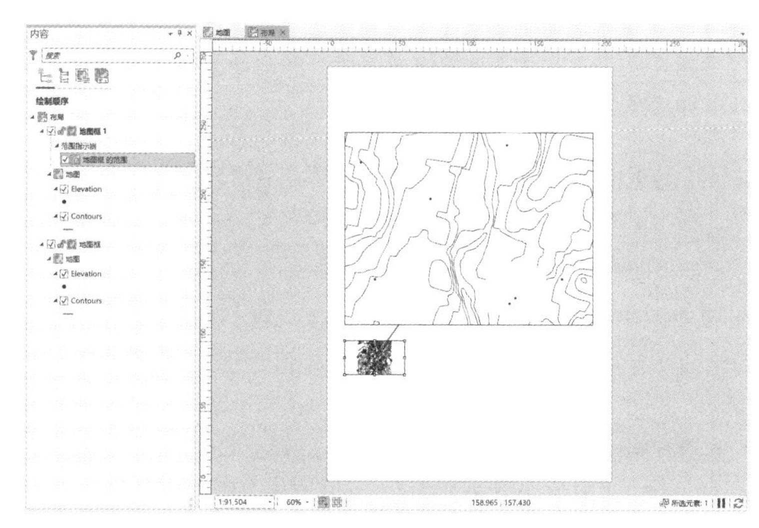

图 10.5.6　范围指示器

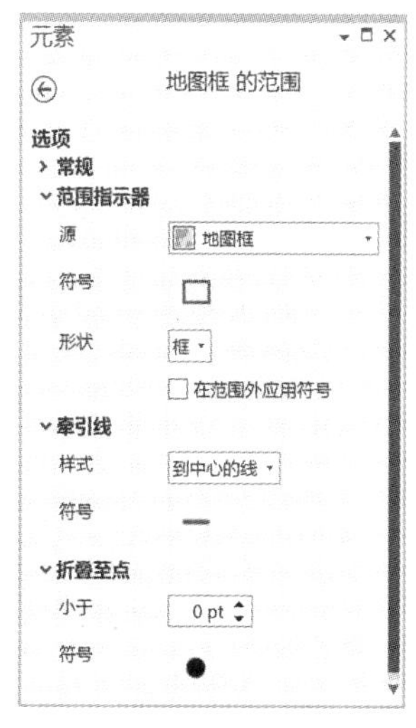

图 10.5.7　地图框范围属性设置

3. 添加地图整饰要素

地图整饰要素包括指北针、比例尺、图例、表格和图表。

Step1：在功能区单击【插入】选项卡【地图整饰要素】组的【指北针】，在【布局】窗格画布的合适位置放置指北针，以同样的方式插入【比例尺】和【图例】，结果如图 10. 5. 8 所示。

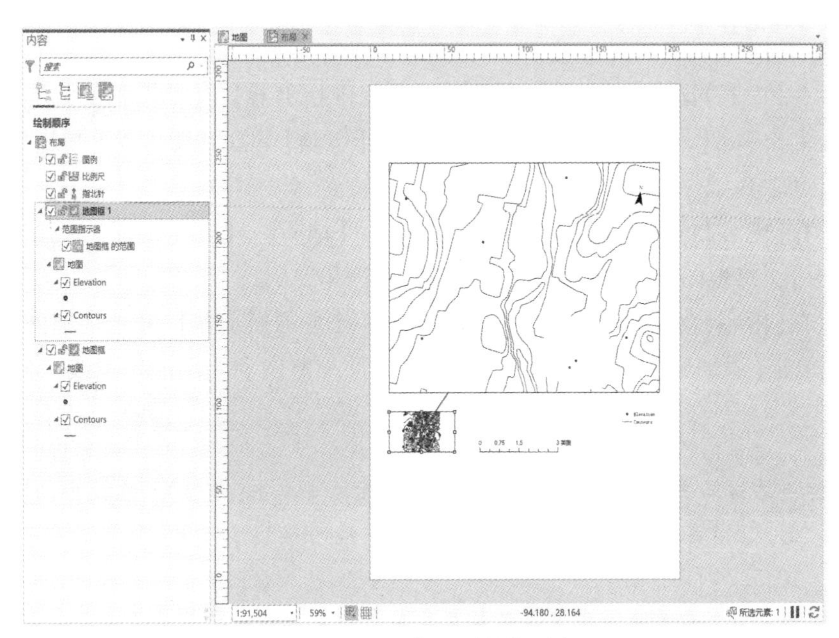

图 10. 5. 8　添加地图整饰要素

Tips：整饰要素添加后可通过右键单击整饰要素，在弹出菜单中单击【属性】来修改要素的属性、显示及放置等参数。另外，激活要素时，功能区也会显示相应元素的格式、设计等的选项卡。

读者可以按照同样的方法在布局页面中插入图表、表格、文本、图形等要素。

4. 添加地图布局文本

地图布局文本包括地图标题和说明性文本。

Step1：添加地图标题。在功能区单击【插入】选项卡【图形和文本】组的【平直文本】A，然后在布局页面的上部确定地图标题的位置，输入文本**长长地区地图**，调整文本字体和字号，结果如图 10. 5. 9 所示。

除标题外，地图上通常还需要有制图单位、制图时间、制图人等文本说明。

Step2：在功能区单击【插入】选项卡【图形和文本】组的【矩形文本】，然后在布局页面的右下部确定说明性文本框的位置，输入相关文本内容，如图 10. 5. 10 所示。

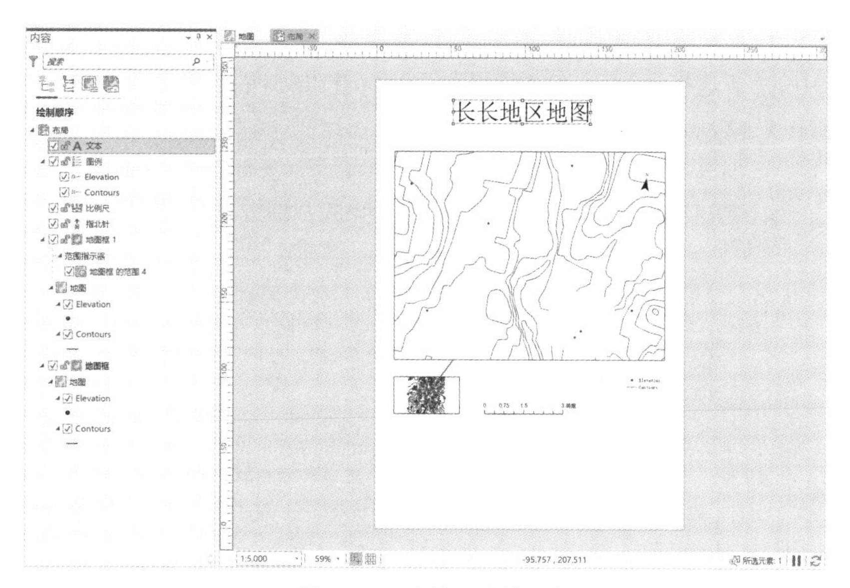

图 10.5.9 添加地图标题

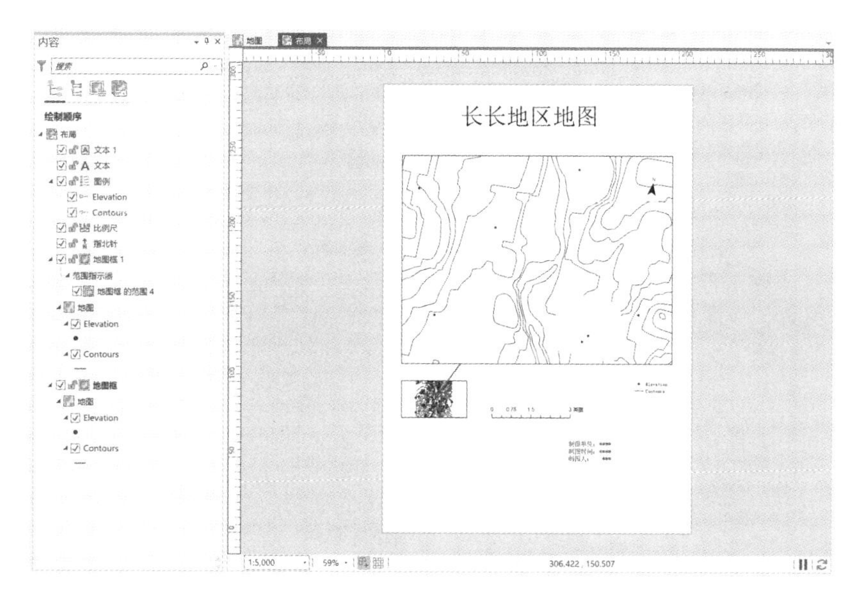

图 10.5.10 添加说明性文本

5. 添加格网

格网用以显示坐标并划分地图框。GeoScene Pro 中可以添加 4 种默认类型的格网：经纬网、方里格网、参考格网和 MGRS 格网。其中经纬网用于显示地理坐标系中的位置；方里格网用于显示投影坐标系中的位置，是最为常用的 2 种格网；参考格网不含坐标系概念，只是从视觉上划分地图，以便进行简单的位置参考；MGRS 格网是军事格网参考系格网，用于 UTM 坐标系中，我国不常使用。

Step1：在【内容】窗格中单击【地图框】以激活该图层，在功能区单击【插入】选项卡【地图框】组中的【新建格网】，选择【黑色垂直标注经纬网】，如图 10. 5. 11 所示，添加后结果如图 10. 5. 12 所示。

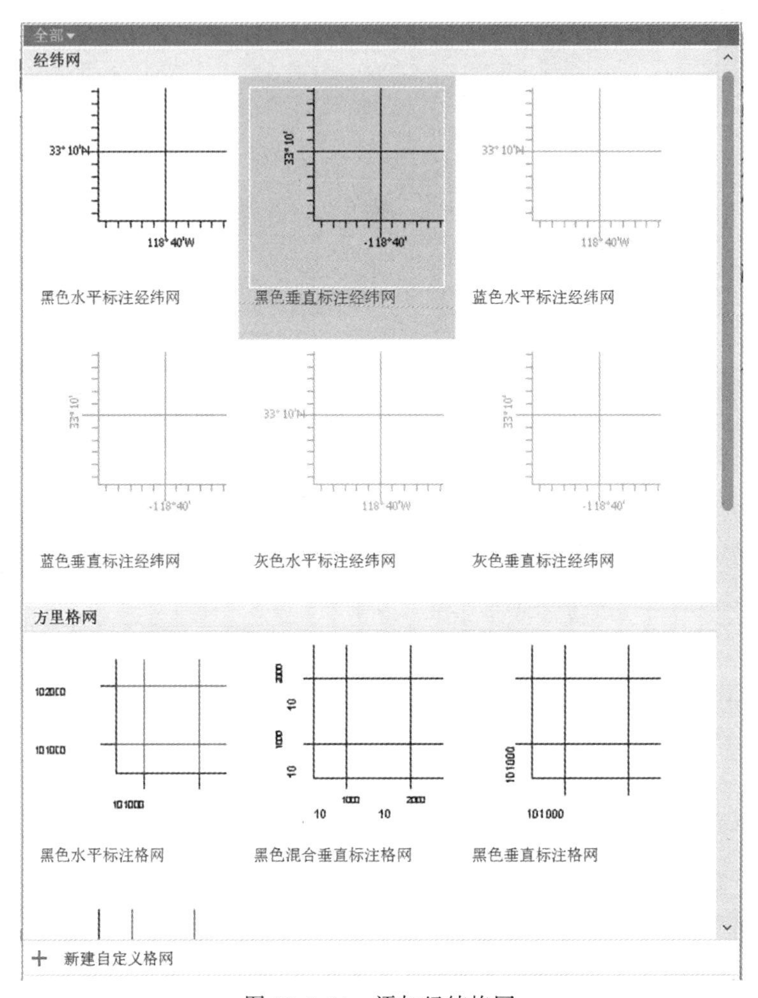

图 10. 5. 11　添加经纬格网

布局页面上所有要素都可以通过右键单击该要素对【属性】进行重新设置，或者单击该要素后，激活功能区选项卡对属性、样式或格式进行重新设置。

10. 5. 3　制图输出

制图输出是地图制图的最后一个步骤，GeoScene Pro 可将制图结果输出为布局文件、硬拷贝地图或图像等多种形式。

Step1：在功能区单击【共享】选项卡【输出】组的【导出布局】，在打开的【布局】窗格中将【文件类型】设置为 PDF，【名称】命名为本节数据文件夹下的**长长地区地图.pdf**，其它保持默认设置，如图 10.5.13 所示，单击【导出】完成地图输出。

图 10.5.12　添加经纬格网后的地图框

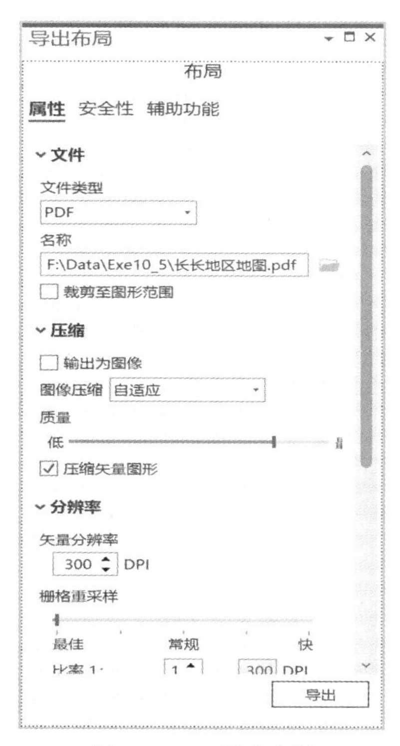

图 10.5.13　导出布局

如果需要硬拷贝地图，可通过单击【共享】—【输出】—【打印布局】设置打印机及相关打印设置，打印地图的方法和打印其它文件没有什么区别。

GeoScene Pro 可以输出 12 种类型的文件，矢量格式包含 AIX、EMF、EPS、PDF、SVG 和 SVGZ，它们支持矢量和栅格数据的混合。栅格格式包含 BMP、JPEG、PNG、TIFF、TGA 和 GIF，仅为栅格导出格式，可自动栅格化地图或布局中的所有矢量数据。其中 PDF 格式还提供了增强的**安全性**和**辅助功能**选项。

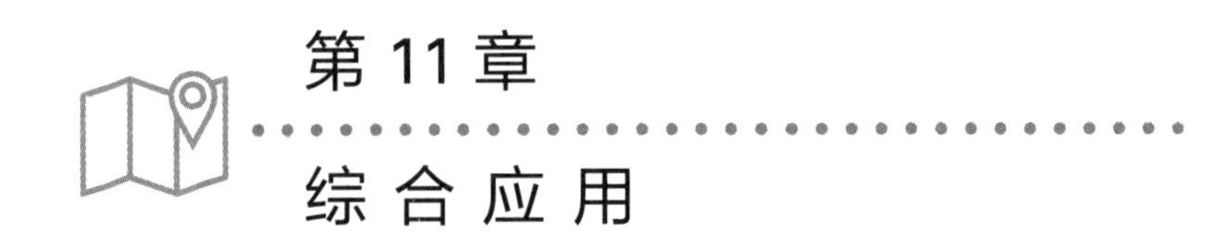

前面的章节分模块对 GeoScene Pro 在某种处理或特定类型的分析方面进行了介绍，但在实际应用中通常面对的是复杂的问题，需要综合多种功能解决问题。本章就以几个实例来介绍 GeoScene Pro 在解决问题时的综合应用。

11.1 地图更新

在空间分析和科研中，地图是必不可少的资料，为了保持地图的现势性，必须对地图进行更新。当前遥感影像和互联网地图易于获取，为科研底图的更新提供了便利。本节以基于互联网地图网站的遥感影像为例介绍地图更新的操作过程。

11.1.1 数据和问题分析

某地区对三栋建筑物进行了拆除并重建了一栋新的建筑物，现需要对该地区建筑物矢量地图进行更新。

本节使用数据说明如表 11.1.1 所示。

表 11.1.1 地图更新数据说明

数据名称	坐标系	数据说明
Buildings	NAD_1983_UTM_Zone_13N	旧的建筑物地图
OldImage	NAD_1983_UTM_Zone_13N	旧的遥感影像
NewImage	无	新的遥感影像

本节使用的数据如图 11.1.1 所示。

此时，视图范围为 OldImage 图层范围，因为 NewImage 并未配准至正确位置，在视图中是看不到 NewImage 图层的。

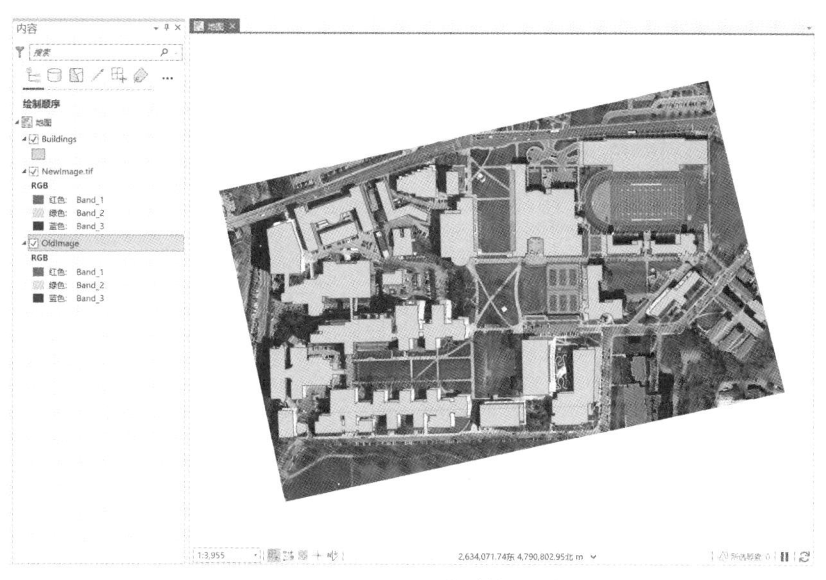

图 11.1.1　地图更新数据概览

对旧遥感影像 OldImage 和新遥感影像 NewImage 进行对比，图 11.1.2(a)的方框内是拆除的建筑物，图 11.1.2(b)的圈内是新建的建筑物。

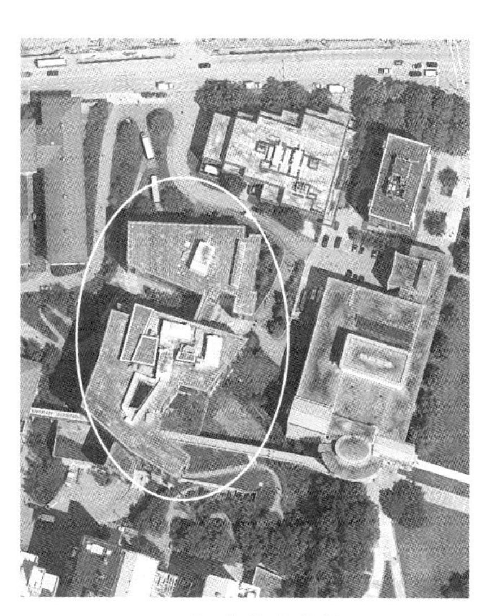

(a)拆除的建筑物　　(b)新建的建筑物

图 11.1.2　OldImage 和 NewImage 对比

在此例中，对建筑物矢量地图进行更新需要经过影像配准—矢量化—地图更新等环节。影像配准的目的是将 NewImage 放置在正确的位置；矢量化的目的是采集新建筑物轮廓；地图更新的目的是生成具有现势性的地图。

11.1.2 影像配准

由于 NewImage 图层没有被赋予坐标系，导致不能和 OldImage 套合显示。必须将其放置在正确位置才能得到正确的矢量地图。以旧影像为基准对新影像进行地理配准完成新影像的定位。

Step1：双击本节文件夹下的 Exe11_1. aprx 文件，打开工程。

Step2：在【内容】窗格中右键单击 **NewImage. tif**，在弹出菜单中单击【缩放至图层】，将显示区域调整到 NewImage 范围。

Step3：在功能区单击【地图】选项卡【配准】组的【地理配准】工具，打开【地理配准】选项卡。

Step4：选择控制点。控制点选择的标准为能够在两张影像中比较容易确定位置的同名点，本例中选择 NewImage 中的房屋角点或道路交叉点作为控制点，共选取了 8 个控制点，如图 11. 1. 3 所示。

Tips：OldImage 影像和 Buildings 要素类都有正确的空间参考，理论上都可以作为目标控制点图层使用，但 Buildings 要素类中建筑物轮廓拐点为建筑物基底拐点，而在 NewImage 中建筑物的屋顶拐点更好确认，因此选用 OldImage 影像作为目标控制点图层。对于影像来说，由于不同期影像的拍摄参数不同，建筑物顶面的拐点作为控制点会产生误差，但本例中可用于确定位置的地面点，如道路交叉点、独立地物等过少，因此选择部分拍摄视角偏差不大的建筑物顶面拐点和可见的建筑物底面拐点作为控制点。

Step5：在【地理配准】选项卡上单击【校正】组的【添加控制点】，依次在 NewImage 和 OldImage 上单击添加 8 个控制点的起点(源)和终点(目标)，更详细的操作方法参考 2. 1. 2 节，地理配准后的 OldImage 部分区域和 NewImage 如图 11. 1. 3 所示。

Tips：在添加控制点过程中，可利用【缩放至图层】工具以及动态调整 OldImage 图层和 NewImage 的可见性辅助精确定位控制点。

思 考

11-1：此处若采用 Buildings 要素类作为目标控制点，操作时应注意什么？

添加完所有控制点后，部分区域新影像和旧影像并未完全重合，主要原因可能是：由于传感器、拍摄角度、影像像素等不同，导致影像不能完全一致；影像在预处理的过程中可能会改变建筑物边界的锐度和长度；手动添加控制点导致的误差不可避免。

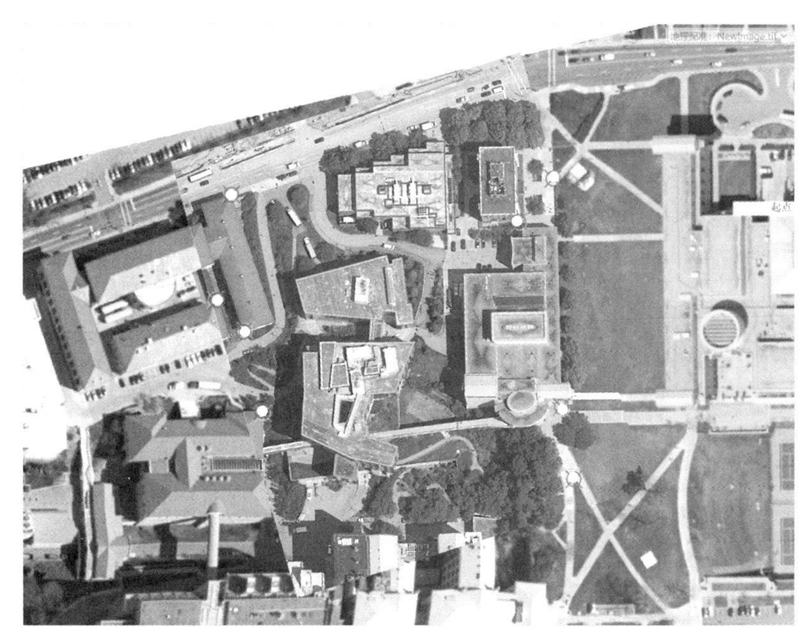

图 11.1.3 OldImage 和添加控制点后的 NewImage

Step6：保存配准后的影像。在【地理配准】选项卡上单击【保存】组的【另存为】，打开【导出栅格】对话框。

Step7：在对话框中，将【输出栅格数据集】命名为本节数据文件夹下的 **NewImage_1.tif**，【坐标系】设置为 **NAD_1983_UTM_Zone_13N**，其它采用默认设置，如图 11.1.4 所示。

在另存影像的同时为配准后的影像赋予了目标控制点图层的空间参考，省去了定义投影的步骤。

Step8：单击【导出】，完成 NewImage 的地理配准与保存。

思 考

11-2：为什么导出的影像四周会有黑色区域？

Step9：在功能区的【地理配准】选项卡上单击【关闭】组的【关闭地理配准】项，关闭地理配准选项卡。

11.1.3　矢量化

新建面要素类用于放置新建建筑物轮廓。

Step1：在本节地理数据库中新建一个名为NewBuildings的面要素类，采用与Buildings图层相同的坐标系：NAD_1983_UTM_Zone_13N，方法参考本书2.1.1节。

Step2：在功能区单击【编辑】选项卡【要素】组的【创建】，打开【创建要素】窗格。

Step3：在创建要素窗格中单击NewBuildings图层名，单击面图标，如图11.1.5所示。

Step4：矢量化新建建筑物边界。具体方法参考2.1.5节。

图11.1.4　另存配准后的NewImage

图11.1.5　创建要素选项

11.1.4 地图更新

当前 NewBuildings 要素类只有一个新建筑物的要素，针对绘制新地图的要求，需要在 NewBuildings 图层中绘制所有现存建筑物。

Step1：通过对比，Buildings 图层中 ID 为 6、22、23 的建筑物被拆除，其他建筑物被保留。可利用追加、合并等工具完成保留建筑物复制到 NewBuildings 图层。

思 考

11-3：还有什么途径和工具可以将旧建筑物和新建筑物要素放置在一个图层中？

Step2：更新后的 NewBuildings 图层见图 11.1.6。

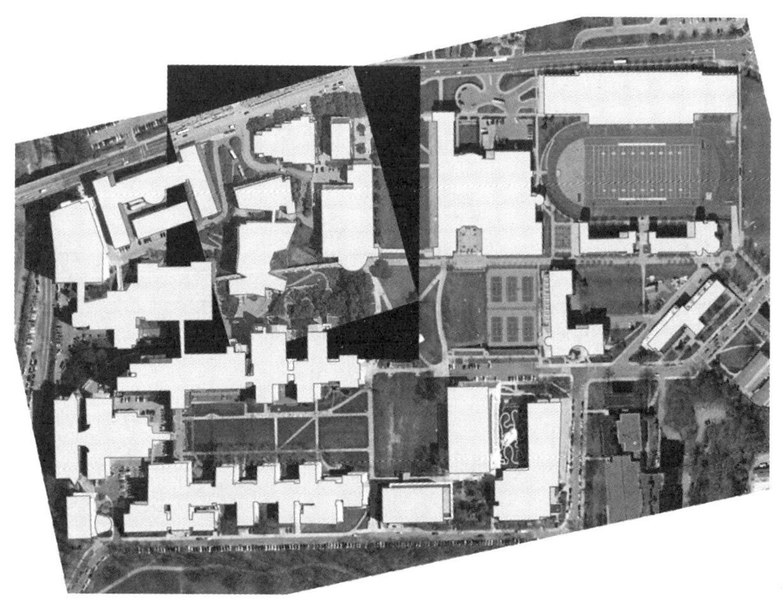

图 11.1.6 更新后的 NewBuildings 图层

思 考

11-4：为什么在 NewBuildings 要素类中，已有的建筑物要素边界和遥感影像上的建筑物顶部边界并不重合？

11.2 工厂选址

某地要新建一家农产品加工厂，考虑到生产需求、建造成本、运输成本以及公共环境等条件，工厂的选址要求如下：

①工厂所在地坡度不小于 3 度，并且不大于 18 度；

②工厂应位于阳坡上；

③用地类型选在现为林地或湿地的区域；

④工厂应位于 ST 类型道路 1500 米范围内；

⑤工厂应位于市场 1500 米范围内；

⑥工厂应位于学校 5000 米之外。

11.2.1 数据和问题分析

本例使用的数据：一个名为 Schools 的学校点要素类，一个名为 Markets 的市场点要素类，一个名为 Roads 的道路线要素类，一个名为 Landuse 的土地利用栅格数据集，一个名为 Elevation 的高程栅格。数据说明见表 11.2.1，数据概览如图 11.2.1 所示。

表 11.2.1 工厂选址数据说明

名称	坐标系	说　明
Schools	NAD 1983 StatePlane Vermont FIPS 4400（Meters）	学校分布
Markets	NAD 1983 StatePlane Vermont FIPS 4400（Meters）	市场分布
Roads	NAD 1983 StatePlane Vermont FIPS 4400（Meters）	道路分布，其中 STREET_TYP 字段表示道路类型，共七种类型
Landuse	NAD_1983_StatePlane_Vermont_FIPS_4400	土地利用类型 共七种类型
Elevation	NAD_1983_Transverse_Mercator	高程分布

首先，应将所有数据统一在同一坐标系下；然后，根据选址条件，利用高程图层生成坡度、坡向图层提取满足条件的区域，从土地利用图层提取满足用地类型的区域，根据道路图层提取特定类型道路获得道路一定范围内的区域，根据学校图层获得远离学校一定范围的区域，根据市场图层获得市场一定范围内的区域；最后，通过叠加分析得到满足所有条件的选址区域。

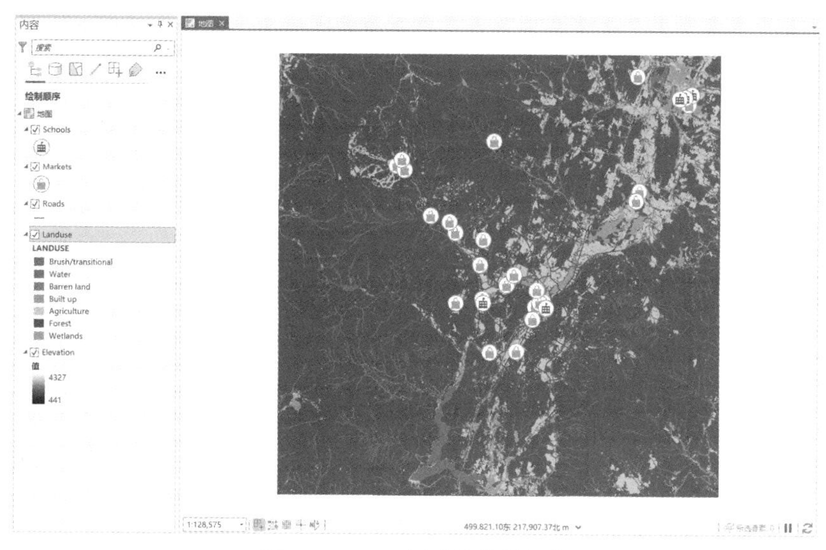

图 11.2.1　工厂选址数据概览

在对道路、学校、市场提取一定范围区域时，大多数分析人员首先想到的是利用缓冲区工具完成，实际上，栅格分析工具同样可以完成这样的任务。本节就分别利用矢量分析方法和栅格分析方法完成工厂选址。

11.2.2　矢量分析方法

1. 统一坐标系

Step1：双击本节文件夹下的 Exe11_2.aprx 文件，打开工程。

Step2：在【地理处理】窗格中单击【工具箱】—【数据管理工具】—【投影和变换】—【栅格】—【投影栅格】，打开【投影栅格】窗格。

Step3：在窗格中，将【输入栅格】设置为 **Elevation**，【输出栅格数据集】采用默认命名 **Elevation_ProjectRaster**，单击【输出坐标系】输入框右侧的下拉按钮，选择 **Schools** 图层，将输出坐标系设置为与 Schools 图层一致，其它保持默认设置，如图 11.2.2 所示。

Tips：因 Schools、Markets、Roads、Landuse 四个图层的坐标系一致，且为投影坐标系，所以将工程中的所有图层统一为此坐标系。在选择输出坐标系时，可以选这四个图层中的任意一个。

Step4：单击【运行】，完成 Elevation 图层的投影转换。

2. 提取满足坡度条件区域

Step5：在【地理处理】窗格中单击【工具箱】—【空间分析工具】—【表面分析】—【坡度】，打开【坡度】窗格。

Step6：在窗格中将【输入栅格】设置为 **Elevation_ProjectRaster**，【输出栅格】命名为 **Slope_Elevat**，其它保持默认设置，如图 11.2.3 所示。

Step7：单击【运行】，完成坡度图生成，结果如图 11.2.4 所示。

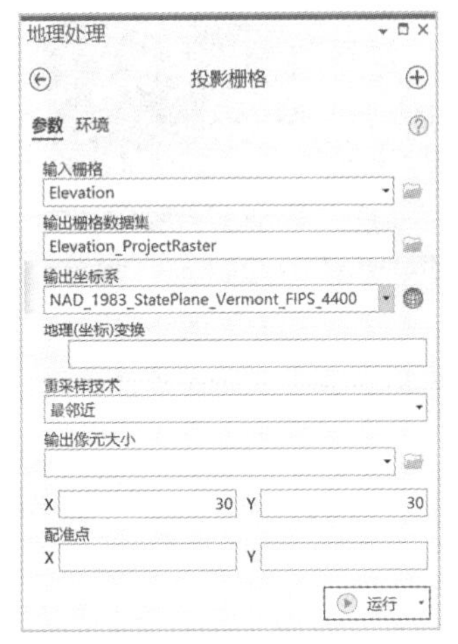

图 11.2.2 对 Elevation 图层的投影设置

图 11.2.3 求取坡度设置

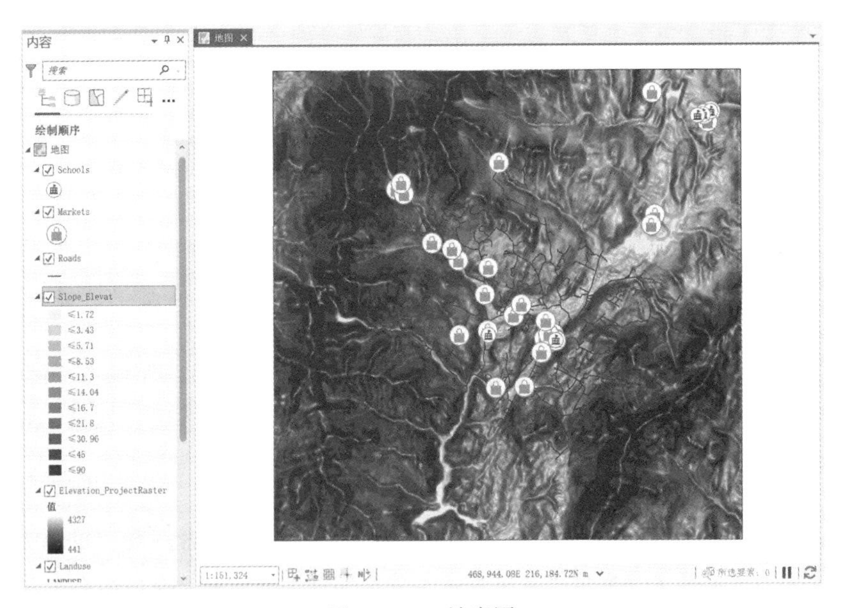

图 11.2.4 坡度图

Step8：提取坡度大于等于 3 度的区域。在【地理处理】窗格中单击【工具箱】—【空间分析工具】—【地图代数】—【栅格计算器】，打开【栅格计算器】窗格。

Step9：在窗格中将【地图代数表达式】设置为**"Slope_Elevat" >=3**，【输出栅格】命名为 **Slope_Great3**，其它保持默认设置，如图 11.2.5(a)所示。

Step10：单击【运行】，完成满足坡度大于等于 3 度的区域提取，结果如图 11.2.5(b)所示。

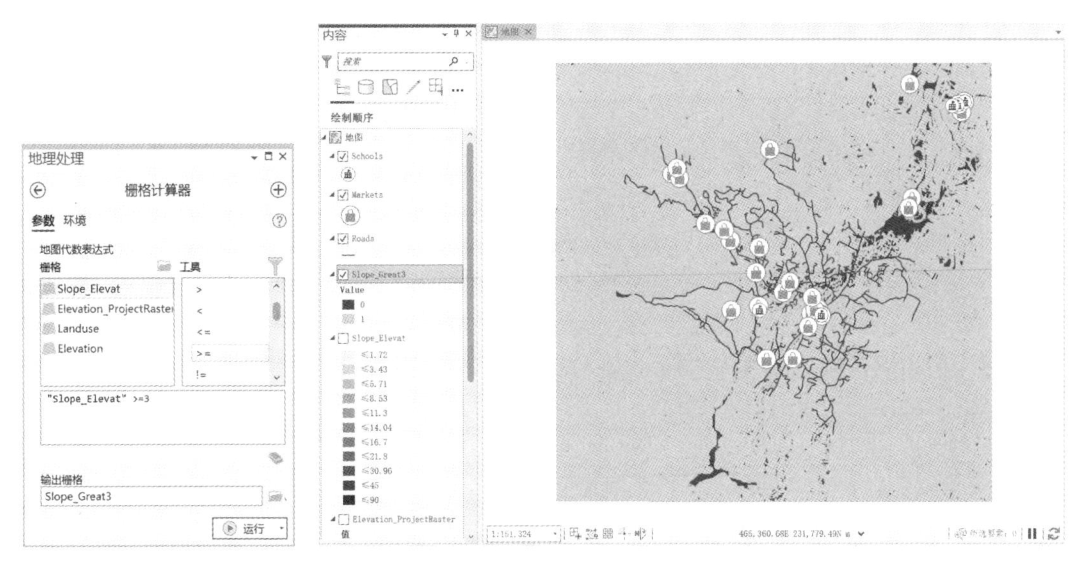

(a)栅格计算器设置　　(b)提取坡度大于等于 3 度的区域结果

图 11.2.5　提取满足坡度大于等于 3 度的区域

Step11：重复第 9 步和第 10 步，提取坡度小于等于 18 度的区域，命名为 **Slope_Less18**，其它保持默认设置，设置如图 11.2.6(a)所示，提取结果如图 11.2.6(b)所示。

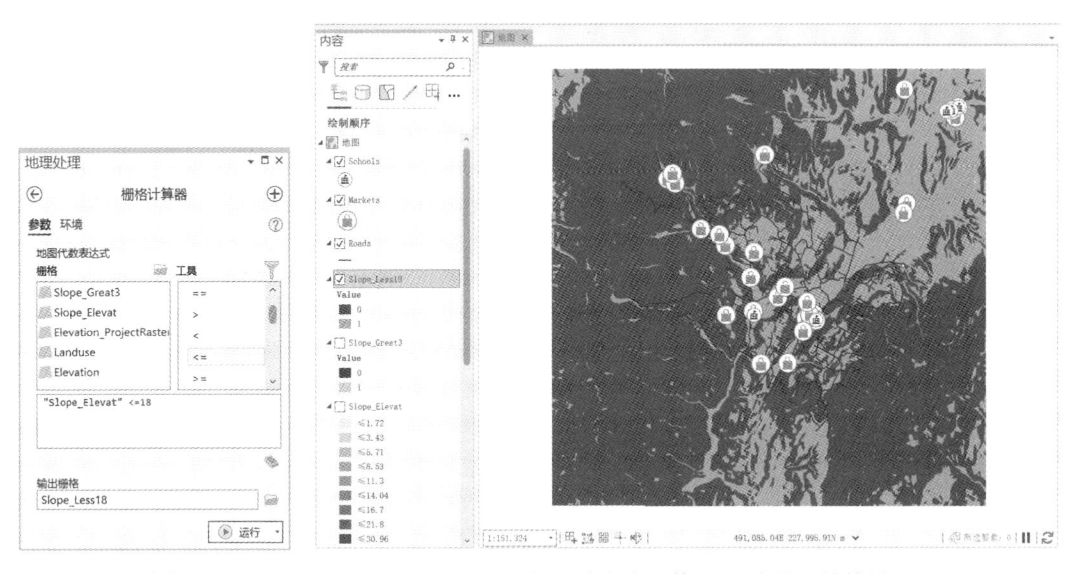

(a)栅格计算器设置　　(b)提取坡度小于等于 18 度的区域结果

图 11.2.6　提取满足坡度小于等于 18 度的区域

Step12：提取满足坡度条件区域。在【地理处理】窗格中单击【工具箱】—【空间分析工具】—【地图代数】—【栅格计算器】，打开【栅格计算器】窗格。

Step13：在窗格中将【地图代数表达式】设置为 **"Slope_Great3" &"Slope_Less18"**，【输出栅格】命名为 **Select_Slope**，其它保持默认设置，如图 11. 2. 7(a)所示。

Step14：单击【运行】，完成满足坡度条件区域的提取，如图 11. 2. 7(b)所示。

Tips：提取满足坡度条件区域除了【栅格计算器】工具外，利用【按属性提取】、【重分类】、【条件函数】等工具也可以完成。

思 考

11-5：【栅格计算器】与其它三种工具提取的结果差异是什么？

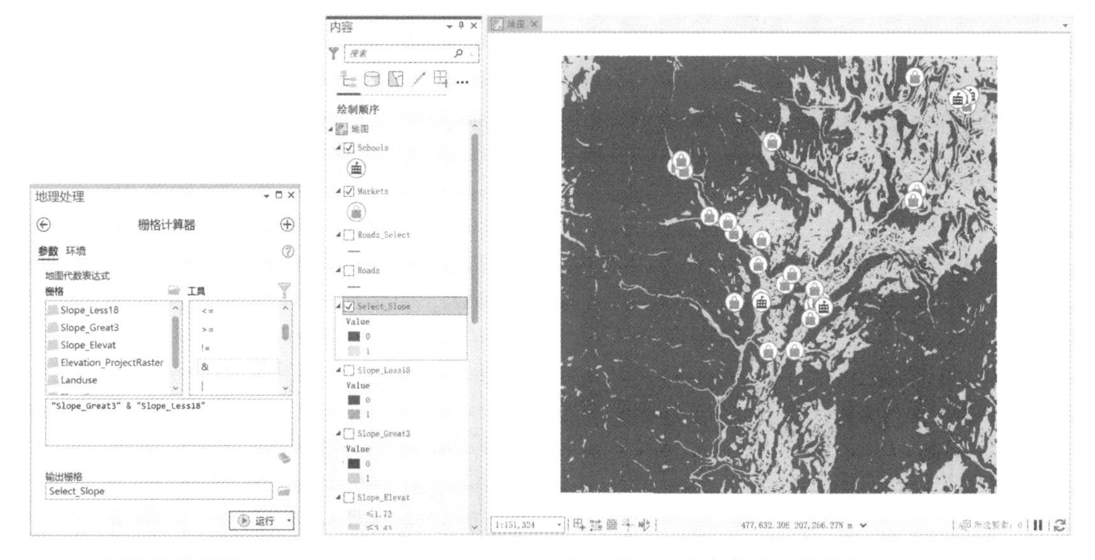

(a)栅格计算器设置　　　　(b)提取满足坡度条件的区域结果

图 11. 2. 7　满足坡度条件的区域

Step15：在【地理处理】窗格中单击【工具箱】—【空间分析工具】—【重分类】—【重分类】，打开【重分类】窗格。

Step16：在窗格中，将【输入栅格】设置为 **Select_Slope**，将重分类表中【值】为 1 的像素重分类为 **1**，其它值都重分类为 **NODATA**，【输出栅格】命名为 **Last_Slope**，其它保持默认设置，如图 11. 2. 8 所示。

Tips：也可以在栅格计算器中设置表达式("Slope_Elevat" >= 3) & ("Slope_Elevat" <= 18)一次性完成满足坡度条件区域提取和重分类。

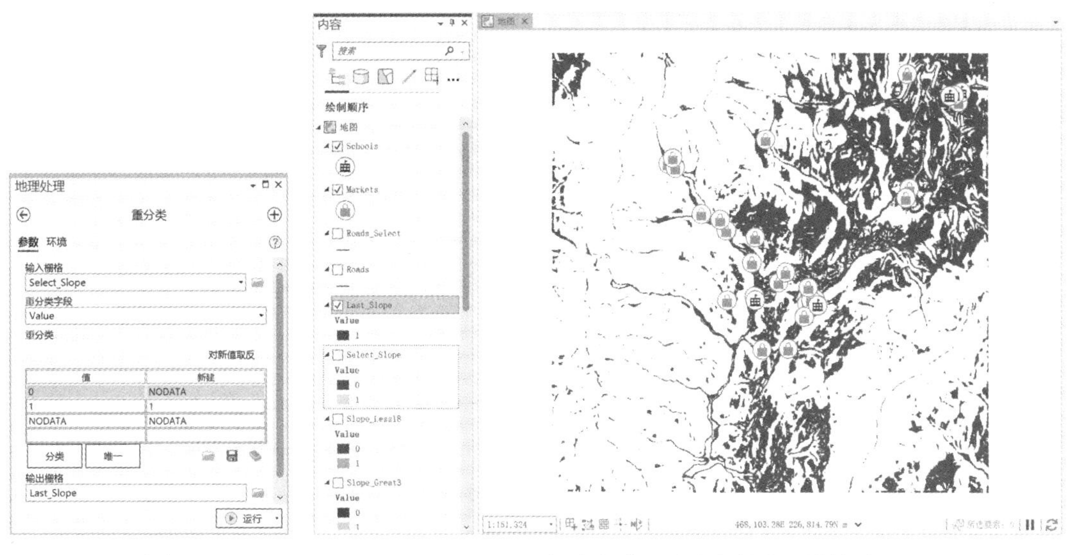

(a)重分类设置

(b)提取仅满足坡度条件的区域结果

图 11.2.8　仅满足坡度条件的区域

3. 提取满足坡向条件区域

Step17：在【地理处理】窗格中单击【工具箱】—【空间分析工具】—【表面分析】—【坡向】，打开【坡向】窗格。

Step18：在窗格中，将【输入栅格】设置为 **Elevation_ProjectRaster**，【输出栅格】命名为 **Aspect_Elevat**，其它保持默认设置，如图 11.2.9 所示。

Step19：单击【运行】，完成坡向图生成，结果见图 11.2.10。

图 11.2.9　生成坡向图设置

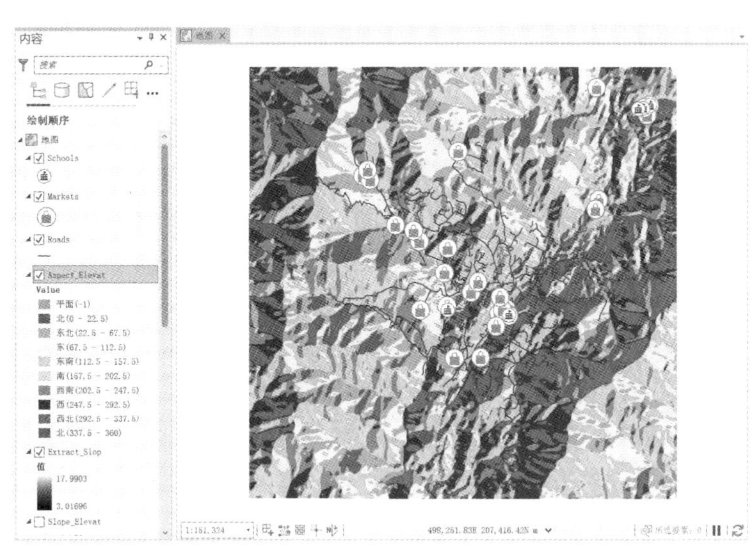

图 11.2.10　坡向图

题目要求阳坡区域，在本例中认为东南、南、西南向的坡均为阳坡。

Step20：对坡向图重分类。在【地理处理】窗格中单击【工具箱】—【空间分析工具】—【重分类】—【重分类】，打开【重分类】窗格。

Step21：在窗格中，将【输入栅格】设置为 **Aspect_Elevat**，将重分类值对应表中【新建】字段值为 5、6、7 的像元赋值为 **1**，其它值都赋为 **NODATA**，【输出栅格】命名为 **Last_Aspect**，其它保持默认设置，如图 11.2.11 所示。

Step22：单击【运行】，完成坡向图的重分类，结果如图 11.2.12 所示。

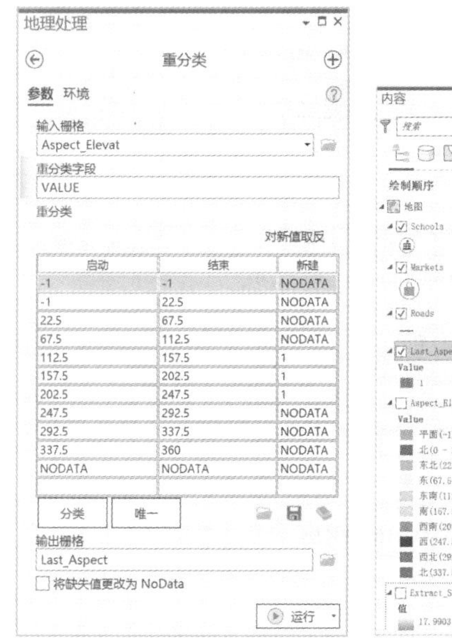

图 11.2.11　坡向重分类设置

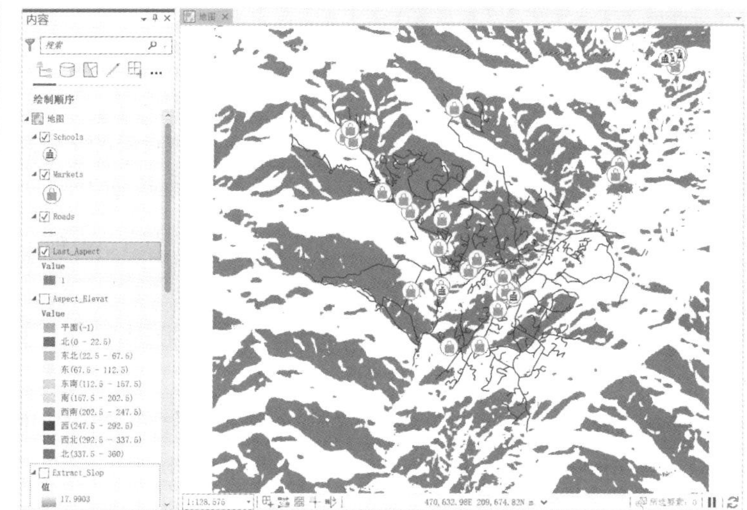

图 11.2.12　提取阳坡结果

4. 提取满足用地类型条件区域

Landuse 栅格数据集表示土地利用类型，一共有 7 种用地类型，每种用地类型对应一个类型码，打开 Landuse 的属性表可见，如图 11.2.13 所示。其中 VALUE 为 6 的像元表示林地，VALUE 为 7 的像元表示湿地，为需要提取的用地类型。

Step23：在【地理处理】窗格中单击【工具箱】—【空间分析工具】—【重分类】—【重分类】，打开【重分类】窗格。

Step24：在窗格中将【输入栅格】设置为 **Landuse**，【重分类字段】设置为 **LANDUSE**，将【值】字段为 Forest 和 Wetlands 的像元【新值】重分类为 **1**，其它像元重分类为 **NODATA**，【输出栅格】命名为 **Last_Landuse**，其它保持默认设置，如图 11.2.14 所示。

Step25：单击【运行】，完成林地和湿地区域提取，结果如图 11.2.15 所示。

5. 提取满足道路条件区域

道路要素类中的 STREET_TYP 字段表示道路类型。需要提取类型为 ST 的道路周围

1500 米区域。

Step26：在【地理处理】窗格中单击【工具箱】—【分析工具】—【提取分析】—【选择】，打开【选择】窗格。

Step27：在窗格中将【输入要素】设置为 **Roads** 要素类，【输出要素类】命名为 **Roads_Select**，设置表达式：**STREET_TYP 等于 ST**，其它保持默认设置，如图 11.2.16 所示。

OBJECTID *	VALUE	COUNT	LANDUSE
1	1	294	Brush/transitional
2	2	62187	Water
3	3	28	Barren land
4	4	36034	Built up
5	5	85054	Agriculture
6	6	671722	Forest
7	7	12241	Wetlands

图 11.2.13　用地类型及代码图

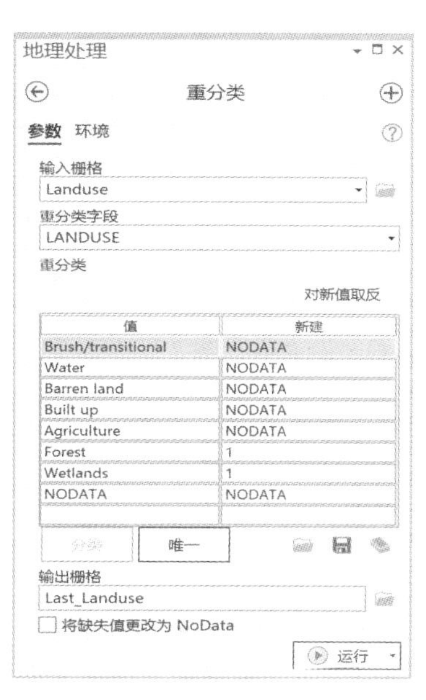

图 11.2.14　土地利用重分类设置

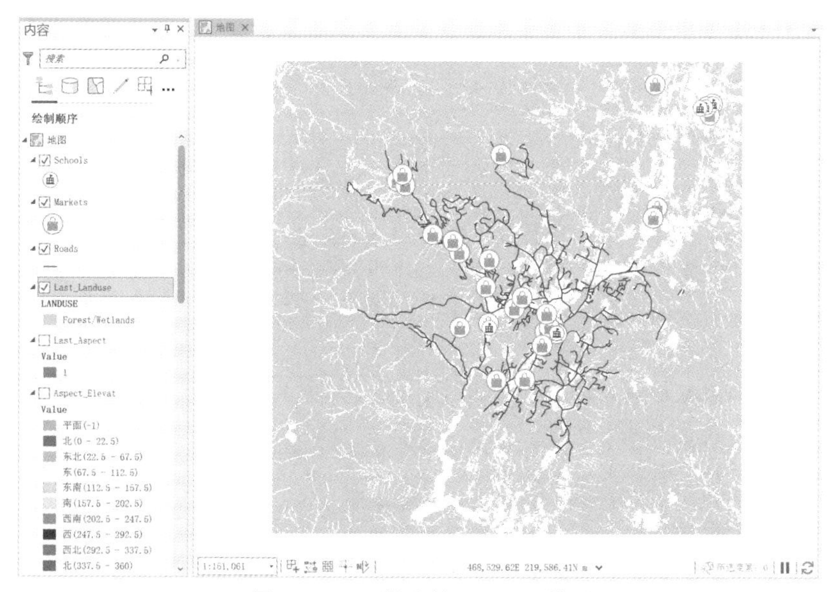

图 11.2.15　提取林地和湿地结果

图 11.2.16　提取 ST 类型道路设置

Step28：单击【运行】，完成 ST 类型道路的提取，结果如图 11.2.17 所示。

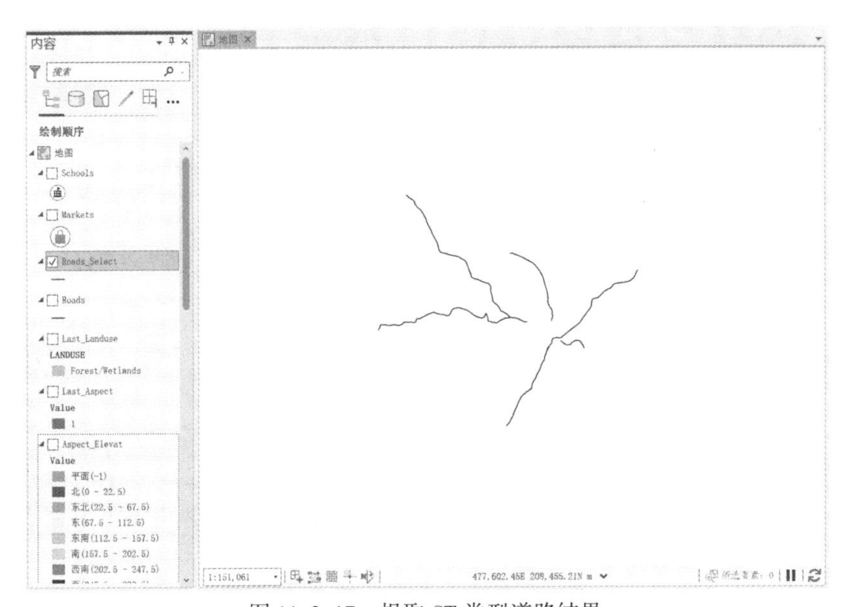

图 11.2.17　提取 ST 类型道路结果

Tips：此步骤也可以利用【地图】选项卡【选择】组中的【按属性选择】工具进行提取，使用方法参考 5.1.2 节。

思考

11-6：用【选择】和【按属性选择】这两个工具的提取结果有何不同？

Step29：在【地理处理】窗格中单击【工具箱】—【分析工具】—【邻近分析】—【缓冲区】，打开【缓冲区】窗格。

Step30：在窗格中，将【输入要素】设置为 **Roads_Select**，【输出要素类】命名为 **Roads_Select_Buffer**，【距离】设置为 **1500 米**，【融合类型】设置为**将全部输出要素融合为一个要素**，其它保持默认设置，如图 11.2.18 所示。

思 考

11-7：融合类型为什么要这样设置？这样设置和其他设置有什么不同？不同的设置会怎样影响后续的操作？

Step31：单击【运行】，生成 ST 道路的缓冲区，结果如图 11.2.19 所示。

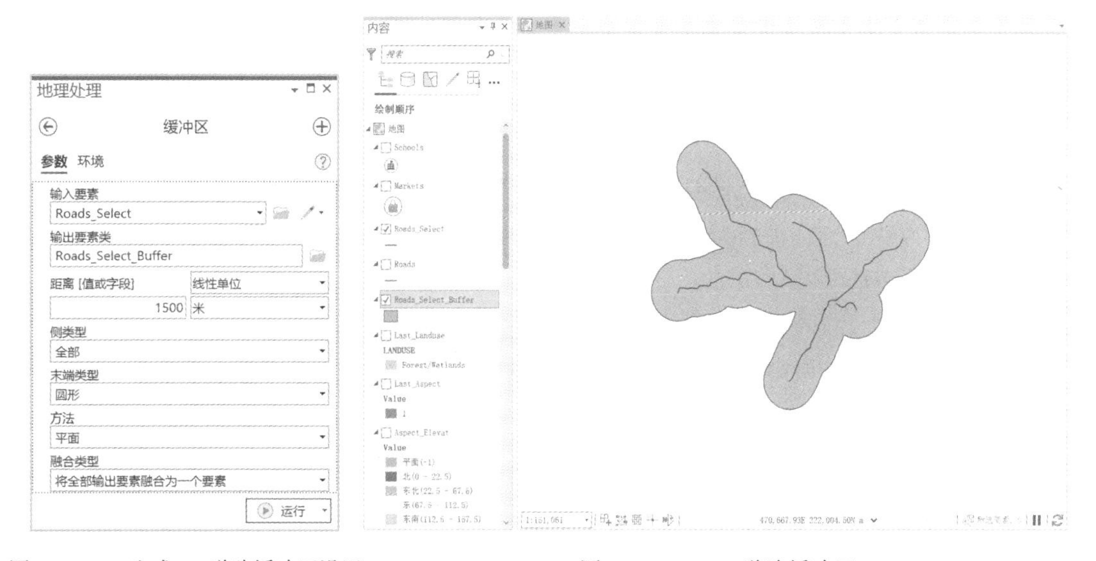

图 11.2.18 生成 ST 道路缓冲区设置

图 11.2.19 ST 道路缓冲区

6. 提取满足市场条件区域

选址要求在市场 1500 米范围之内，利用缓冲区工具完成。

Step32：在【地理处理】窗格中单击【工具箱】—【分析工具】—【邻近分析】—【缓冲区】，打开【缓冲区】窗格。

Step33：在窗格中，将【输入要素】设置为 **Markets**，【输出要素类】采用默认命名 **Markets_Buffer**，【距离】设置为 **1500 米**，【融合类型】设置为**将全部输出要素融合为一个要素**，其它保持默认设置，如图 11.2.20 所示。

Step34：单击【运行】，生成市场的缓冲区，结果如图 11.2.21 所示。

图 11.2.20 生成市场缓冲区设置

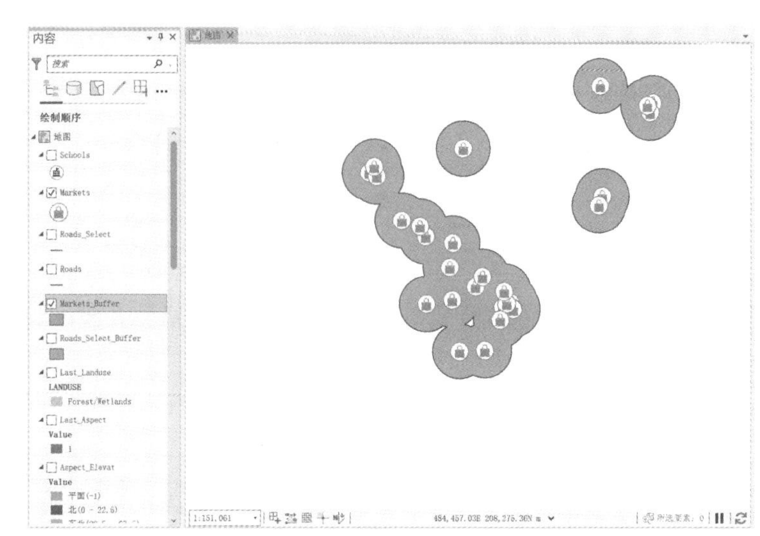

图 11.2.21 市场缓冲区

7. 提取满足学校条件区域

选址要求在学校 5000 米范围之外，用缓冲区工具先获得学校 5000 米范围内的区域，然后利用其它工具获得满足条件的区域。

Step35：在【地理处理】窗格中单击【工具箱】—【分析工具】—【邻近分析】—【缓冲区】，打开【缓冲区】窗格。

Step36：在窗格中，将【输入要素】设置为 **Schools**，【输出要素类】命名为 **Schools_Buffer**，【距离】设置为 **5000 米**，【融合类型】设置为**将全部输出要素融合为一个要素**，其它保持默认设置，如图 11.2.22 所示。

Step37：单击【运行】，生成学校的缓冲区，结果如图 11.2.23 所示。

8. 栅格数据转换为矢量数据

利用矢量分析工具求取满足综合条件的区域，首先要统一数据格式，将栅格数据转换为矢量数据。

Step38：在【地理处理】窗格中单击【工具箱】—【转换工具】—【由栅格转出】—【栅格转面】，打开【栅格转面】窗格。

Step39：在窗格中，将【输入栅格】设置为 **Last_Slope**，【字段】设置为 **Value**，【输出面要素】命名为 **Last_Slope_Vector**，其它保持默认设置，如图 11.2.24 所示。

Step40：单击【运行】，完成栅格到矢量的转换，结果如图 11.2.25 所示。

Step41：坡向栅格转换为矢量。在【地理处理】窗格中单击【工具箱】—【转换工具】—【由栅格转出】—【栅格转面】，打开【栅格转面】窗格。

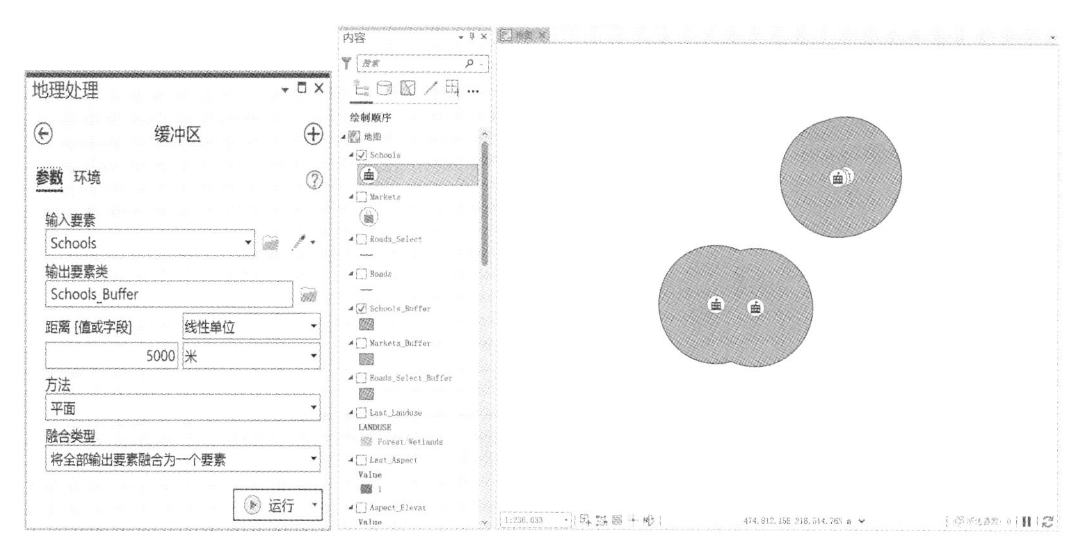

图 11.2.22　生成学校缓冲区设置　　　　图 11.2.23　学校缓冲区

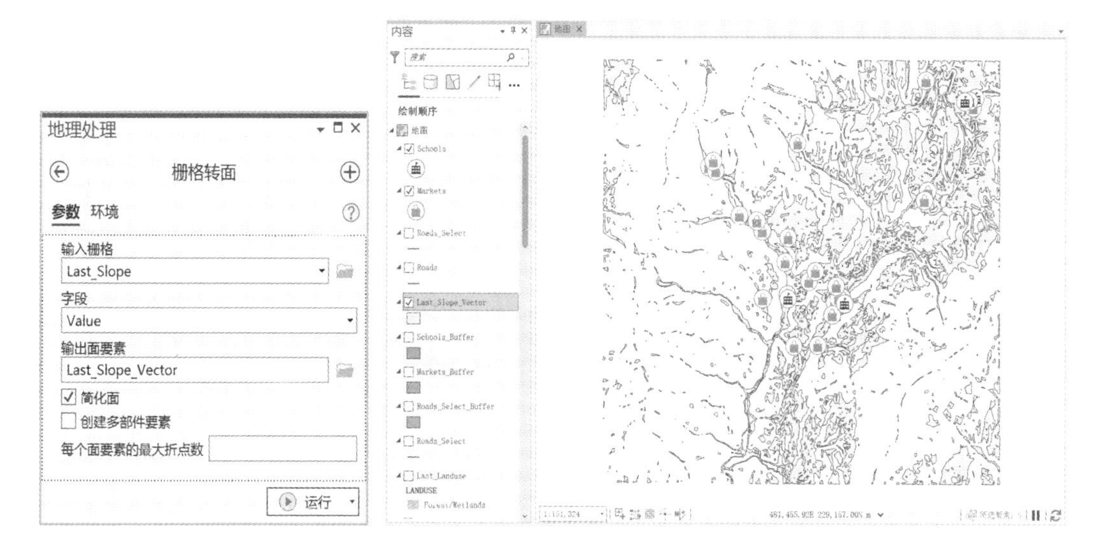

图 11.2.24　坡度栅格转换为矢量设置　　　　图 11.2.25　坡度栅格转换为矢量结果

Step42：在窗格中，将【输入栅格】设置为 **Last_Aspect**，【字段】设置为 **Value**，【输出面要素】命名为 **Last_Aspect_Vector**，其它保持默认设置，如图 11.2.26 所示。

Step43：单击【运行】，完成坡向栅格到矢量的转换，结果如图 11.2.27 所示。

Step44：土地利用栅格转换为矢量。在【地理处理】窗格中单击【工具箱】—【转换工具】—【由栅格转出】—【栅格转面】，打开【栅格转面】窗格。

Step45：在窗格中，将【输入栅格】设置为 **Last_Landuse**，【字段】设置为 **VALUE**，【输出面要素】命名为 **Last_Landuse_Vector**，其它保持默认设置，如图 11.2.28 所示。

Step46：单击【运行】，完成土地利用提取栅格到矢量的转换，结果如图 11.2.29 所示。

图 11.2.26　坡向栅格转换为矢量设置

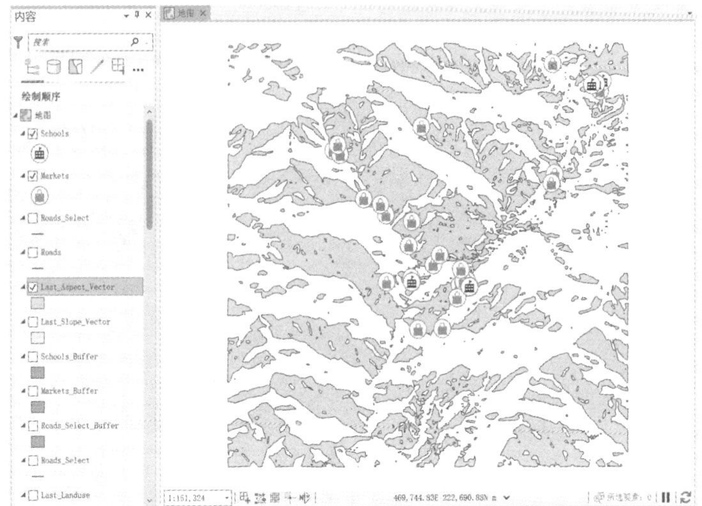

图 11.2.27　坡向栅格转换为矢量结果

图 11.2.28　土地利用栅格转换为矢量设置

图 11.2.29　土地利用栅格转换为矢量结果

9. 提取满足综合条件区域

Step47：利用叠加相交获得满足坡度、坡向、用地类型、道路和市场条件的区域。在【地理处理】窗格中单击【工具箱】—【分析工具】—【叠加分析】—【相交】，打开【相交】窗格。

Step48：在窗格中，将【输入要素】设置为 **Last_Slope_Vector**、**Last_Aspect_Vector**、**Last_Landuse_Vector**、**Roads_Select_Buffer**、**Markets_Buffer**，【输出要素类】命名为 **Last_SALRM_Intersect**，其它保持默认设置，如图 11.2.30 所示。

Step49：单击【运行】，完成 5 个图层的相交，结果如图 11.2.31 所示。

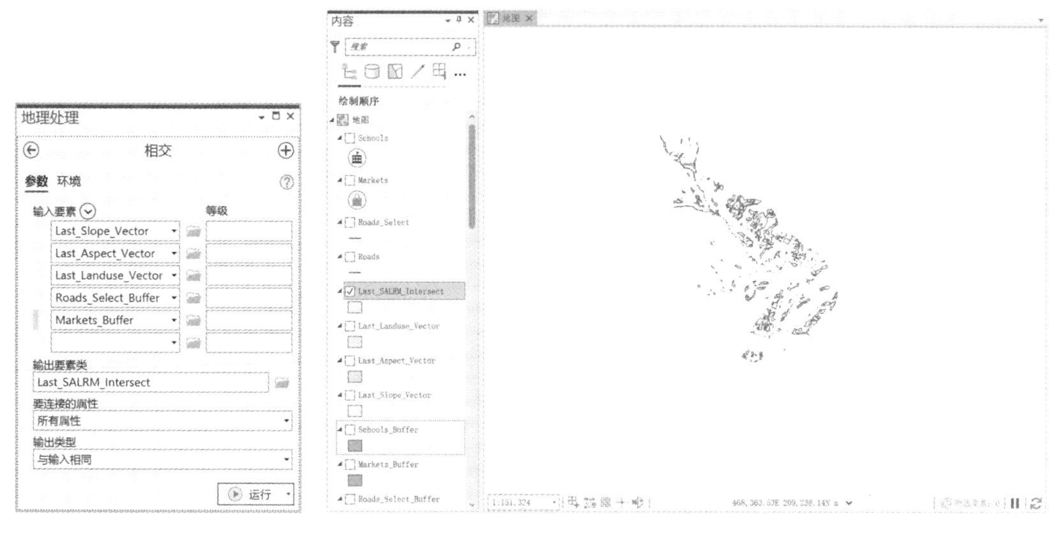

图 11.2.30 相交条件设置

图 11.2.31 图层相交结果

Step50：在【地理处理】窗格中单击【工具箱】—【分析工具】—【叠加分析】—【擦除】，打开【擦除】窗格。

Step51：在窗格中，将【输入要素】设置为 **Last_SALRM_Intersect**，【擦除要素】设置为 **Schools_Buffer**，【输出要素类】命名为 **Last_SALRM_Intersect_Erase**，其它保持默认设置，如图 11.2.32 所示。

Step52：单击【运行】，完成对学校缓冲区的擦除，结果如图 11.2.33 所示。

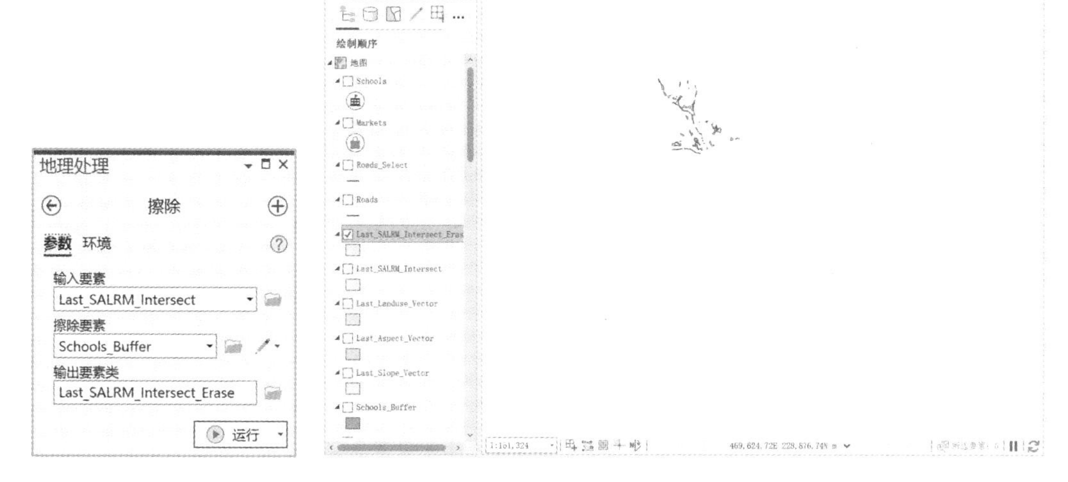

图 11.2.32 图层擦除设置

图 11.2.33 擦除结果

最终的 Last_SALRM_Intersect_Erase 图层有 83 个满足全部条件的要素，在实际应用中可以结合土地面积、土地价格、土地形状、其它成本等条件进一步筛选，确定最佳选址位置。

11.2.3 栅格分析方法

利用栅格进行工厂选址前半部分的操作与 11.2.2 节的 Step1～Step25 相同，本节不再重复，从 Step26 开始。

5. 提取满足道路条件区域

Step26：在【地理处理】窗格中单击【工具箱】—【空间分析工具】—【距离】—【距离累积】，打开【距离累积】窗格。

Step27：在窗格中，将【输入栅格或要素源数据】设置为 **Roads_Select**，【输出距离累积栅格】设置为 **Distance_Roads**，其它保持默认设置，如图 11.2.34 所示；【环境】参数页中，将【处理范围】设置为与 **Landuse** 相同，如图 11.2.35 所示。

Tips：处理范围可设置为任一全图范围的数据，如果未设置处理范围，则默认会按照输入要素类的范围生成栅格距离图，对于此例，采用默认设置会造成数据损失。

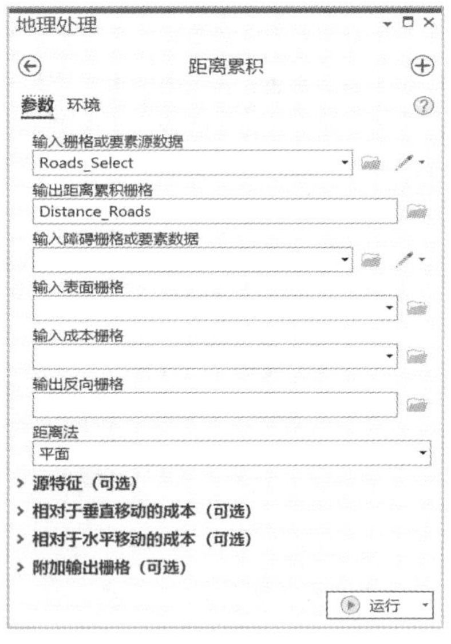

图 11.2.34 道路距离累积设置

图 11.2.35 道路距离累积处理范围设置

思 考

11-8：此处是否需要设置【输入表面栅格】、【输入成本栅格】等参数？什么情况下需要设置？

Step28：单击【运行】，完成道路距离累积，结果如图 11.2.36 所示。

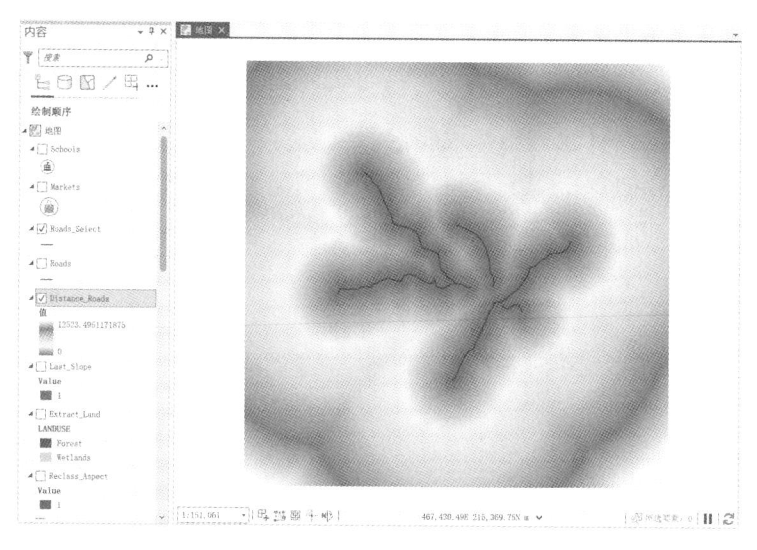

图 11.2.36　道路距离累积结果

Step29：提取道路周围 1500 米区域。在【地理处理】窗格中单击【工具箱】—【空间分析工具】—【重分类】—【重分类】，打开【重分类】窗格。

Step30：在窗格中，将【输入栅格】设置为 **Distance_Roads**，【重分类字段】设置为 **VALUE**，单击【分类】项，将【类数目】设置为 **2**，将旧值 0~1500 重分类为 **1**，其它值重分类为 **NODATA**，将【输出栅格】命名为 **Last_Roads**，其它保持默认设置，如图 11.2.37 所示。

Step31：单击【运行】，完成重分类，结果如图 11.2.38 所示。

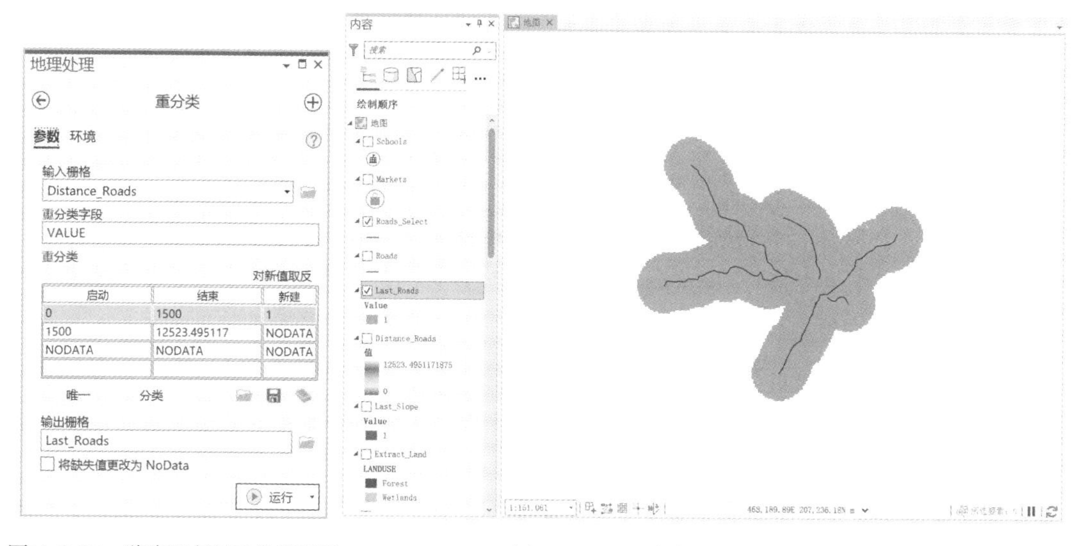

图11.2.37　道路距离图重分类设置　　　　图 11.2.38　道路距离累积重分类结果

6. 提取满足市场条件区域

选址要求在市场 1500 米范围之内，操作和提取满足道路条件区域类似。

Step32：在【地理处理】窗格中单击【工具箱】—【空间分析工具】—【距离】—【距离累积】，打开【距离累积】窗格。

Step33：在窗格中，将【输入栅格或要素源数据】设置为 **Markets**，【输出距离累积栅格】设置为 **Distance_Markets**，其它保持默认设置，【环境】参数页中，将【处理范围】设置为与 **Landuse** 相同，如图 11.2.39 所示。

Step34：单击【运行】，完成市场距离累积，结果如图 11.2.40 所示。

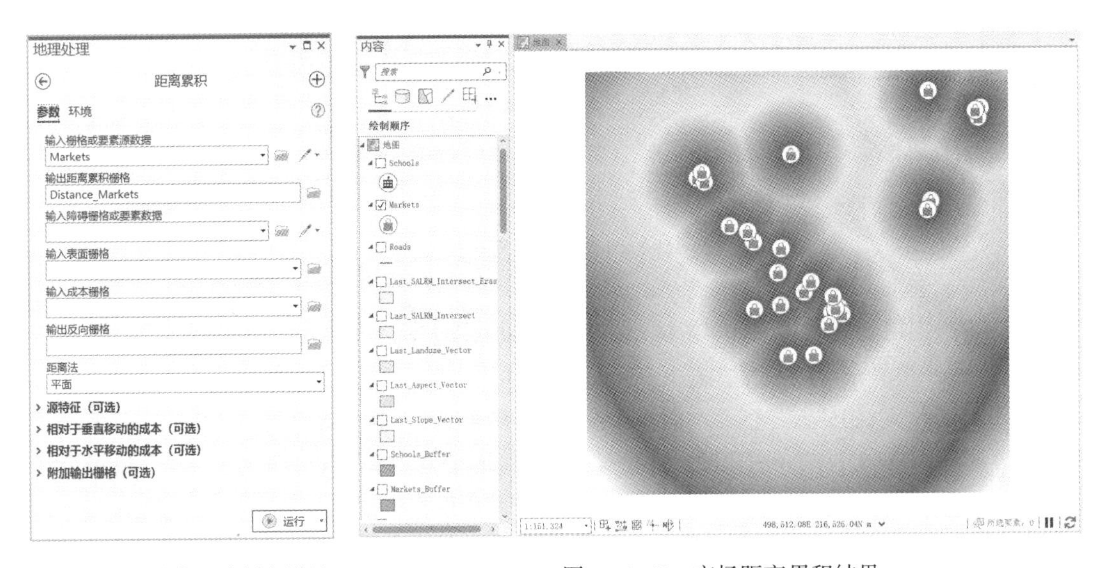

图 11.2.39 市场距离累积设置

图 11.2.40 市场距离累积结果

Step35：提取市场周围 1500 米区域。在【地理处理】窗格中单击【工具箱】—【空间分析工具】—【重分类】—【重分类】，打开【重分类】窗格。

Step36：在窗格中将【输入栅格】设置为 **Distance_Markets**，【重分类字段】设置为 **VALUE**，单击【分类】项，将【类数目】设置为 **2**，将旧值 0~1500 重分类为 **1**，其它值重分类为 **NODATA**，将【输出栅格】命名为 **Last_ Markets**，如图 11.2.41 所示。

Step37：单击【运行】，完成重分类，结果如图 11.2.42 所示。

7. 提取满足学校条件区域

选址要求在学校 5000 米范围之外，操作与提取满足道路条件区域类似。

Step38：在【地理处理】窗格中单击【工具箱】—【空间分析工具】—【距离】—【距离累积】，打开【距离累积】窗格。

Step39：在窗格中，将【输入栅格或要素源数据】设置为 **Schools**，【输出距离累积栅格】命名为 **Distance_Schools**，其它保持默认设置，【环境】参数页中，将【处理范围】设置

为与 **Landuse** 相同，如图 11.2.43 所示。

Step40：单击【运行】，完成学校距离累积，结果如图 11.2.44 所示。

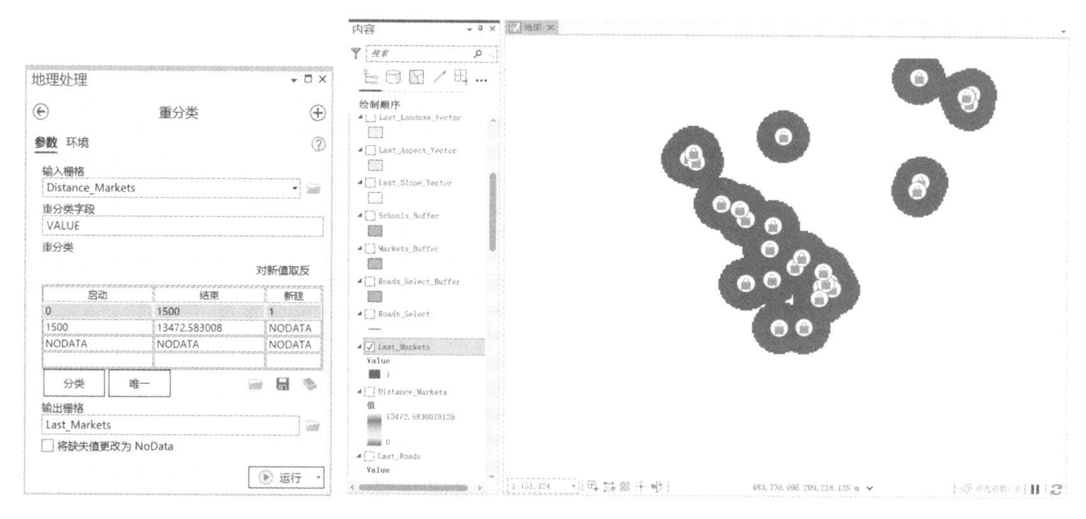

图11.2.41 市场距离图重分类设置　　图 11.2.42 市场距离图重分类结果

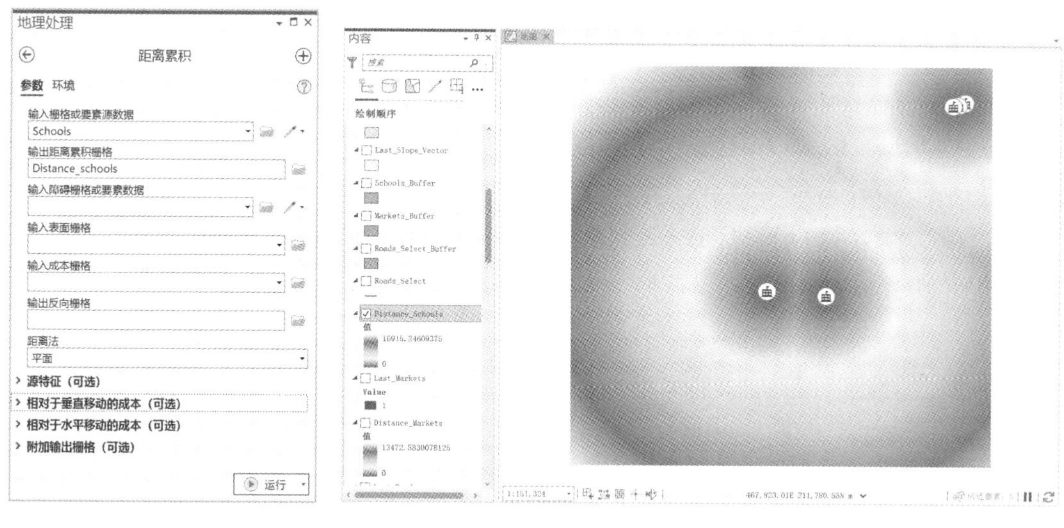

图 11.2.43 学校距离累积设置　　图 11.2.44 学校距离累积结果

Step41：提取学校 5000 米以外区域。在【地理处理】窗格中单击【工具箱】—【空间分析工具】—【重分类】—【重分类】，打开【重分类】窗格。

Step42：在窗格中将【输入栅格】设置为 **Distance_ Schools**，【重分类字段】设置为 **VALUE**，单击【分类】项，将【类数目】设置为 **2**，旧值 0~5000 赋值为 **NODATA**，5000 到最大值赋为 **1**，【输出栅格】命名为 **Last_ Schools**，如图 11.2.45 所示。

Step43：单击【运行】，完成重分类，结果如图 11.2.46 所示。

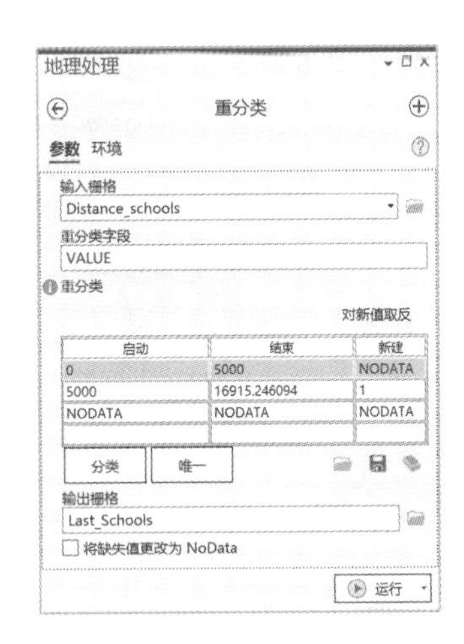

图 11.2.45　学校距离图重分类设置

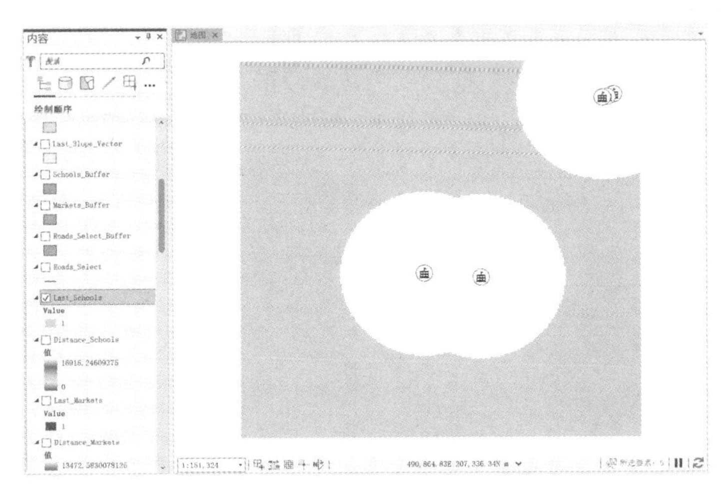

图 11.2.46　学校距离累积重分类结果

8. 提取满足综合条件区域

目前对于各类型图层来说，满足条件的区域像元值都为 1，因此将所有图层相加，和为 6 的像元就是满足综合条件的区域。

Step44：在【地理处理】窗格中单击【工具箱】—【空间分析工具】—【地图代数】—【栅格计算器】，打开【栅格计算器】窗格。

Step45：在窗格中，将【地图代数表达式】设定为"**Last_Slope**"+"**Last_Aspect**"+"**Last_Landuse**"+"**Last_Roads**"+"**Last_Markets**"+"**Last_Schools**"，【输出栅格】命名为 **Last_Site**，如图 11.2.47 所示。

Step46：单击【运行】，完成栅格图层的相加运算得到最终候选位置，结果如图 11.2.48 所示。

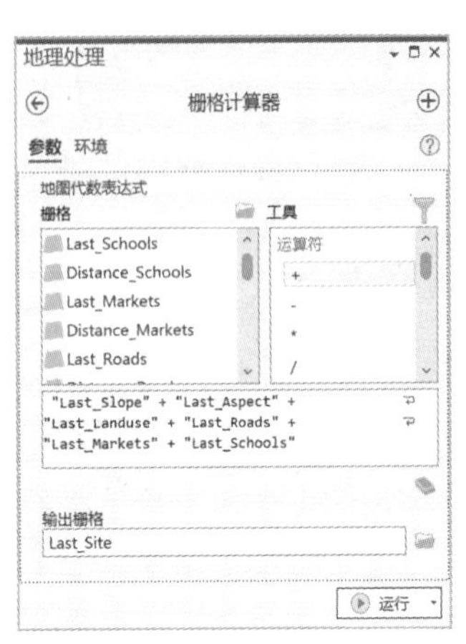

图 11.2.47　综合选址条件计算设置

图 11.2.48　工厂候选位置

将 Last_Site 与矢量方法选址结果 Last_SALRM_Intersect_Erase 进行对比，可以看到位置基本一致，只是栅格数据和矢量数据在分析时由于计算单元和算法略有区别，具体位置会有微小差别。

11.3 水文分析

水文分析指对水文现象、水文过程及水文观测资料进行物理、化学和数理统计的分析，以研究水文变化规律。在 GIS 领域，水文分析多指在 DEM 数据基础上进行的径流分析、水流方向、河流网络生成、汇流累积量计算、流域确定等工作。

本节水文分析使用的数据为某区域的数字高程模型，名为 Elevation。以河网提取为核心目标，示范流向、填洼、流量、盆域、流量计算等工具的应用。

11.3.1 问题分析

利用 DEM 提取河网的原理：在位置较低的像元处会形成水的汇集，根据像元的高程，计算每个像元的累积汇水量，当累积汇水量达到一定的阈值，则认为该像元是河流的一部分，提取出所有高于累积流量阈值的像元，这些像元的集合就是河流覆盖的区域，然后基于此区域提取河网。

然而，在生成 DEM 的过程中，受数据四舍五入及采样算法的影响，生成的 DEM 可能会存在如图 11.3.1 所示的洼地和突起。在水文分析中，与实地地形不相符的洼地和突起会对流向分析、流量计算及河网提取结果带来偏差。因此河网提取应该建立在无洼地 DEM 基础之上。

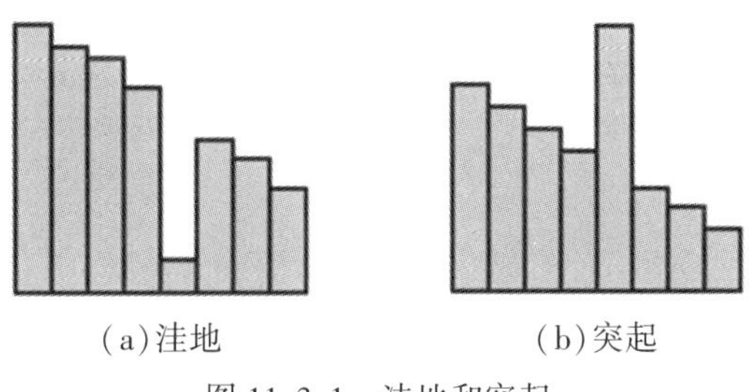

(a)洼地　　(b)突起

图 11.3.1　洼地和突起

在进行河网提取时，理论上需要进行检查洼地、填洼、计算流量、提取河网的工作。在填洼操作中，需要甄别哪些是真实存在的洼地，哪些是由于数据处理误差形成的洼地。通常进行河网提取的流程如图 11.3.2 所示。

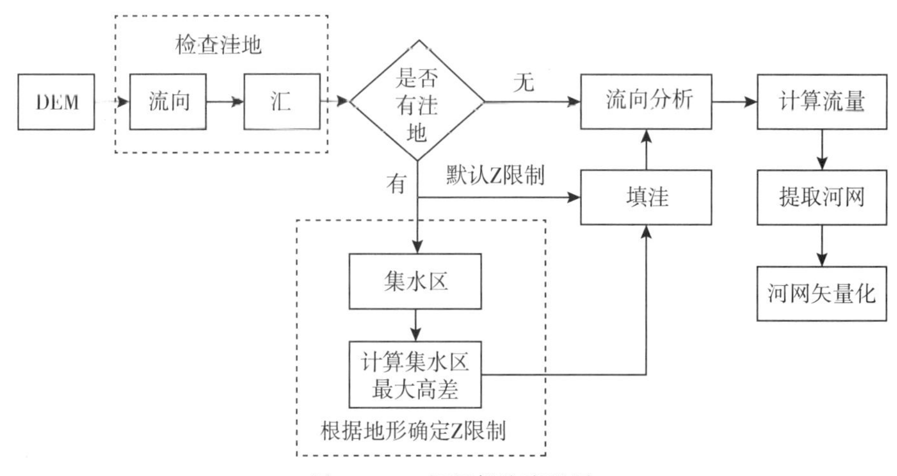

图 11.3.2 河网提取流程图

Z 限制指洼地与集水区倾泻点之间的最大高差，倾泻点为一个集水区的出水口，即集水区边界的最小高程。

下面将按以上步骤进行河网提取的操作。

11.3.2 检查洼地

如果 DEM 存在洼地的话，需要判断该洼地是地表真实形态还是由数据误差造成的。洼地像元的高程低于周围邻域所有的像元，只有流入，没有流出；同理，突起像元只有流出，没有流入。因此需要先根据 DEM 生成一个流向栅格，此时的流向栅格可能含有洼地，还不能直接用于河网提取，仅作检查洼地用。在 GeoScene Pro 中，汇指高程低于周围像元高程的像元。

1. 生成流向栅格

Step1：双击本节文件夹下的 Exe11_3. aprx 文件，打开工程。

Step2：在【地理处理】窗格中单击【工具箱】—【空间分析工具】—【水文分析】—【流向】，打开【流向】窗格。

Step3：在窗格中，将【输入表面栅格】设置为 **Elevation**，将【输出流向栅格】命名为 **FlowDir_Elev**，其它保持默认设置，如图 11. 3. 3 所示。

因栅格边缘的像元不能保证有足够的邻域像元参与流向计算，当勾选【强制所有边缘像元向外流动】时，边缘处的所有像元的流向都是向栅格外，因此通常不勾选此项。如果命名了一个【输出下降率栅格】，则在流向分析的同时输出一个下降率栅格，此栅格的每个像元值为沿流向的高程变化率。【流向类型】为计算流向的算法，通常用默认的 D8 算法。GeoScene Pro 提供了三种流向算法，在帮助文档中，有对三种算法的详细说明。

Step4：单击【运行】，完成流向计算，结果如图 11. 3. 4 所示。

图 11.3.3 流向工具设置

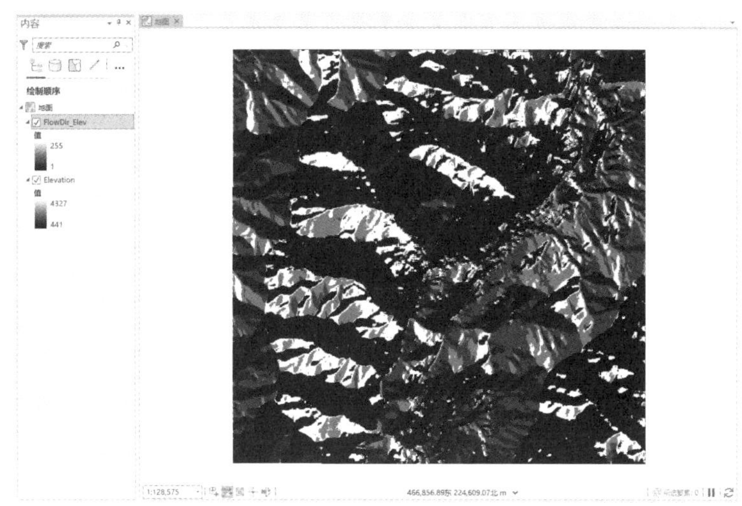

图 11.3.4 流向计算结果

2. 提取汇

在计算流向时，汇所在像元的高程低于周围所有邻域像元，无法定义流向。要精确计算流向及其产生的累积流量，应当尽量使用不含汇的数据集。因此首次生成流向栅格后，需要判断是否有汇存在。

Step1：在【地理处理】窗格中单击【工具箱】—【空间分析工具】—【水文分析】—【汇】，打开【汇】窗格。

Step2：在窗格中，将【输入 D8 流向栅格】设置为 **FlowDir_Elev**，【输出栅格】命名为 **Sink_FlowDir**，如图 11.3.5 所示。

Tips：由于【汇】工具算法限制，输入栅格只能是采用 D8 方法计算的流向栅格。

Step3：单击【运行】，完成汇提取，结果如图 11.3.6 所示。

从提取结果可以看出，DEM 中含有多个汇。若要填充汇，需要设置合适的 Z 限制。Z 限制可使用默认值，也可以根据集水区的最大最小高程确定 Z 限制。当没有其它地形资料辅助确定 Z 限制时，通常会采用默认 Z 限制，直接从 11.3.3 节开始进行河网提取。

3. 生成集水区

集水区是被分水岭包围的小流域，集水区边界上最低高程的像元为倾泻点，理论上集水区中的水都由该点排出。对于一般地貌地区(非冰川或喀斯特地貌)，通常高程低于倾泻点的汇都认为是需要被填充的，但实际应用时，会设置一个倾泻点与汇的高差阈值，高差大于阈值的汇才被填充。这个阈值在 GeoScene Pro 填洼工具中被称为 Z 限制。

Step1：在【地理处理】窗格中单击【工具箱】—【空间分析工具】—【水文分析】—【集水区】，打开【集水区】窗格。

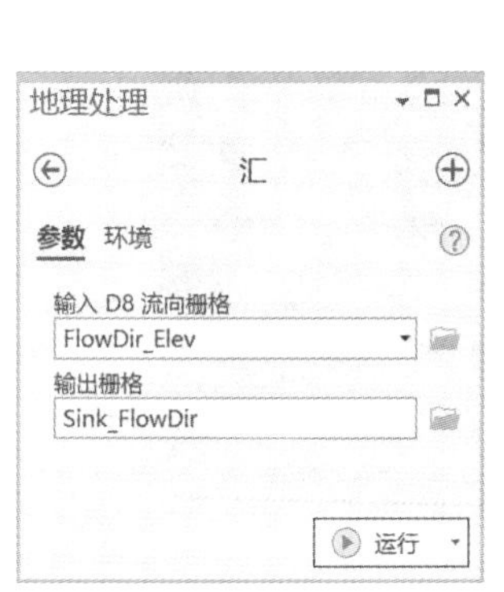

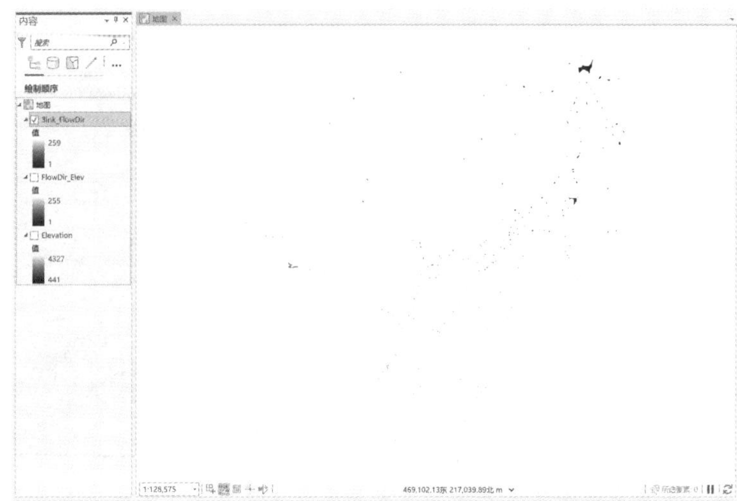

图 11. 3. 5　汇工具设置　　　　图 11. 3. 6　汇提取结果

Step2：在窗格中，将【输入 D8 流向栅格】设置为 **FlowDir_Elev**，将【输入栅格数据或要素倾泻点数据】设置为 **Sink_FlowDir**，【倾泻点字段】设置为 **Value**，【输出栅格】命名为 **Watersh_Flow**，如图 11. 3. 7 所示。

Step3：单击【运行】，完成集水区提取，结果如图 11. 3. 8 所示。

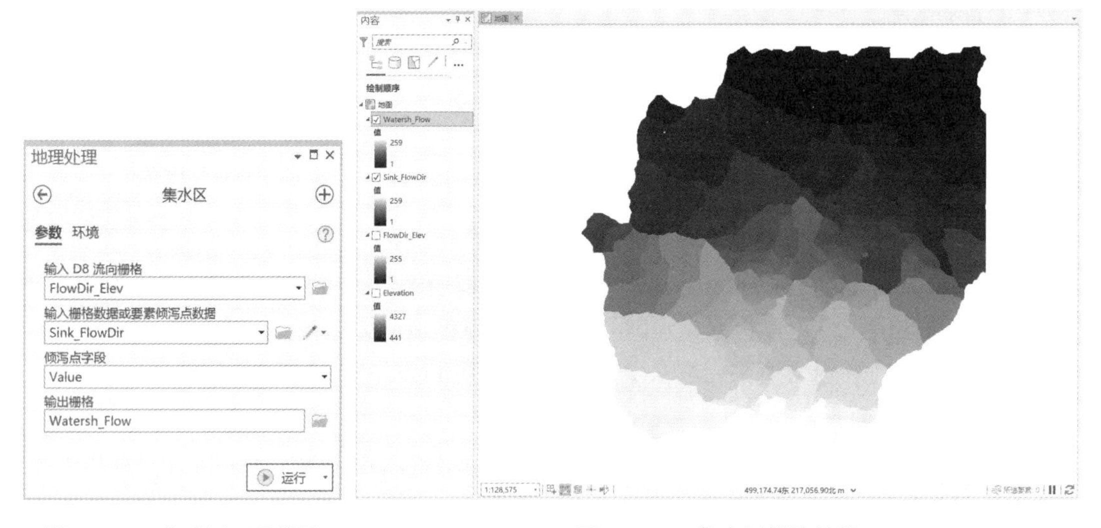

图 11. 3. 7　集水区工具设置　　　　图 11. 3. 8　集水区提取结果

4. 计算汇深度

首先依据汇的高程创建集水区最小高程栅格。

Step1：在【地理处理】窗格中单击【工具箱】—【空间分析工具】—【区域分析】—【分区

统计】，打开【分区统计】窗格。

Step2：在窗格中，将【输入栅格数据或要素区域数据】设置为 **Watersh_Flow**，【区域字段】设置为 **Value**，【输入赋值栅格】设置为 **Elevation**，【输出栅格】命名为 **Zonal_Min**，【统计类型】设置为**最小值**，其它保持默认设置，如图 11.3.9 所示。

Step3：单击【运行】，完成依据汇的最小高程的分区统计，结果如图 11.3.10 所示。

图 11.3.9 分区统计工具设置

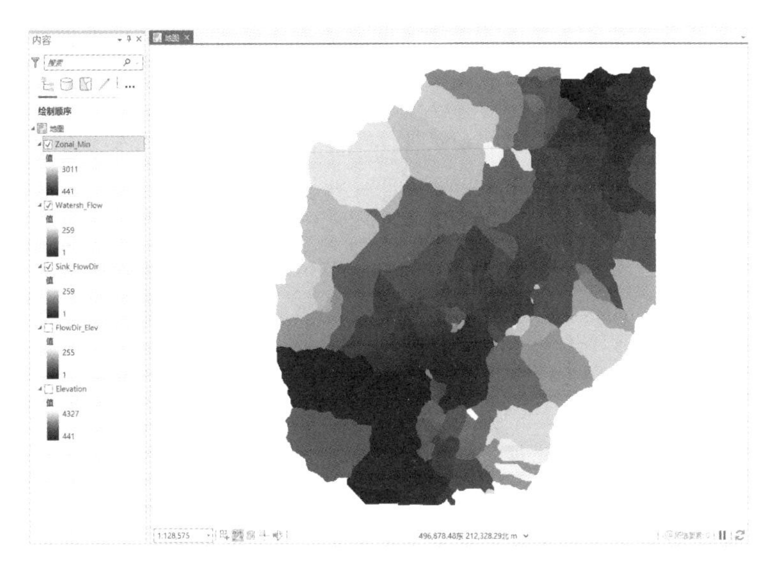

图 11.3.10 分区统计计算结果

然后依据倾泻点高程创建集水区最小高程栅格。

Step4：在【地理处理】窗格中单击【工具箱】—【空间分析工具】—【区域分析】—【区域填充】，打开【区域填充】窗格。

Step5：在窗格中，将【输入区域栅格数据】设置为 **Watersh_Flow**，【输入权重栅格】设置为 **Elevation**，【输出栅格】命名为 **Zonal_Max**，如图 11.3.11 所示。

思 考

11-9：为什么计算倾泻点最小高程栅格不使用分区统计工具，而使用区域填充工具？

Step6：单击【运行】，完成依据倾泻点的最小高程的计算，结果如图 11.3.12 所示。

最后，计算以上二者差值，探查汇最小高程和倾泻点最小高程的高差。

Step7：在【地理处理】窗格中单击【工具箱】—【空间分析工具】—【地图代数】—【栅格计算器】，打开【栅格计算器】窗格。

Step8：在窗格中，输入表达式“**Zonal_Max**”—“**Zonal_Min**”，将【输出栅格】命名为 **Threshold**，如图 11.3.13 所示。

Step9：单击【运行】，完成高差探测，结果如图 11.3.14 所示。

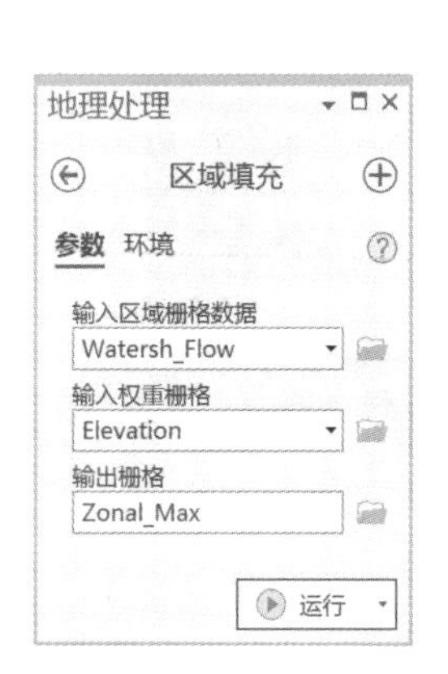

图 11.3.11 区域填充工具设置

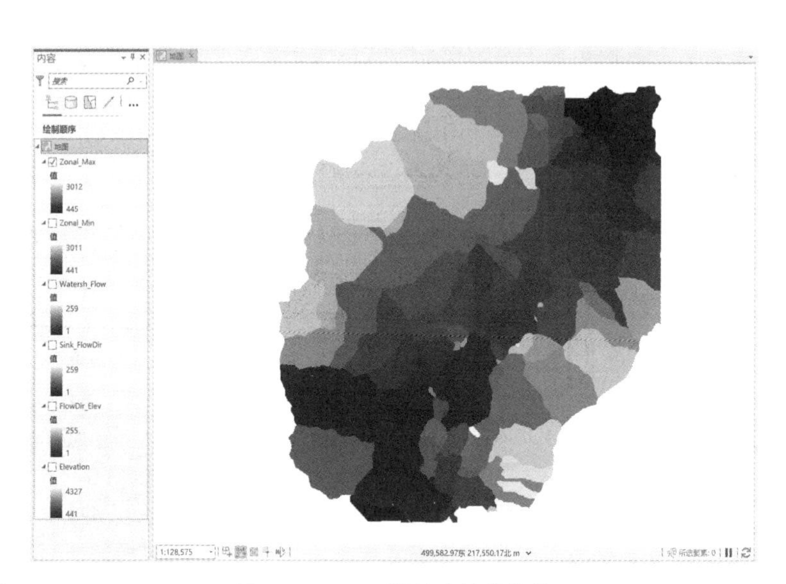

图 11.3.12 区域填充计算结果

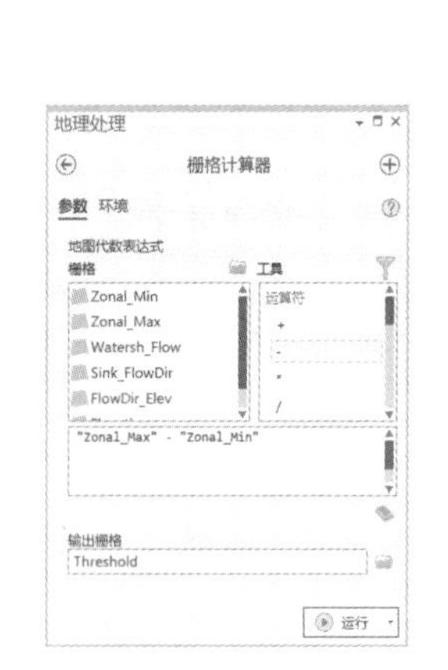

图 11.3.13 栅格计算器设置

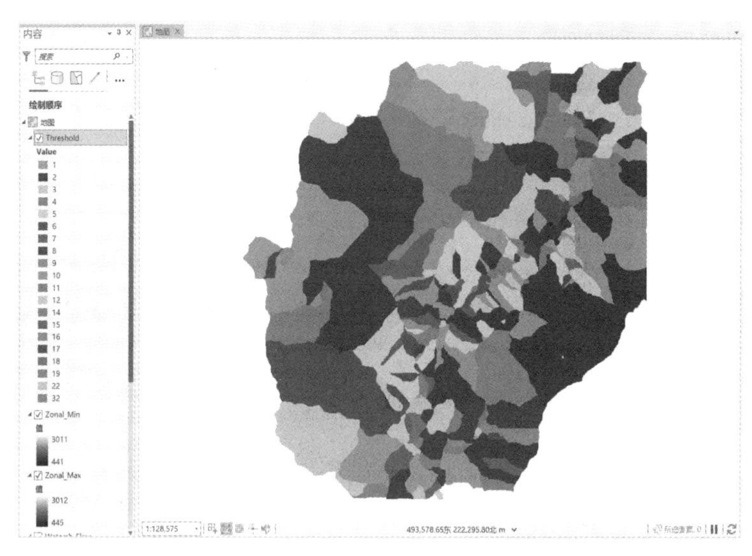

图 11.3.14 集水区最大高差计算结果

最大高差栅格 Threshold 是填洼工具 *Z* 限制参数设置的依据。用 Threshold 栅格的区域高差与其它地形资料进行对比，确定哪些是真实地貌，哪些是由数据误差产生的洼地，然后由此确定洼地填充的 *Z* 限制。要精确填充洼地可能要进行多轮洼地探测。

11.3.3 填洼

当我们没有其它地形资料参考精确确定 Z 限制时，可以采用默认设置进行填洼。

Step1：在【地理处理】窗格中单击【工具箱】—【空间分析工具】—【水文分析】—【填洼】，打开【填洼】窗格。

Step2：在窗格中，将【输入表面栅格】设置为 **Elevation**，【输出表面栅格】命名为 **Fill_Elevation**，【Z 限制】采用默认设置，如图 11.3.15 所示。

输出表面栅格为无洼地的 DEM。Z 限制指错误的洼地与倾泻点的最大高差阈值，如果洼地和倾泻点的高差小于 Z 限制，则填充该洼地；如果洼地和倾泻点的高差大于 Z 限制，则认为该洼地是正确洼地，予以保留。如果设置 Z 限制，该值必须大于零。此处保持空白，采用默认设置，即认为所有洼地都将被认为是错误洼地，都将被填充。

Step3：单击【运行】，完成填洼，得到无洼地的 DEM，如图 11.3.16 所示。

基于无洼地的 DEM 就可以进行河网提取。

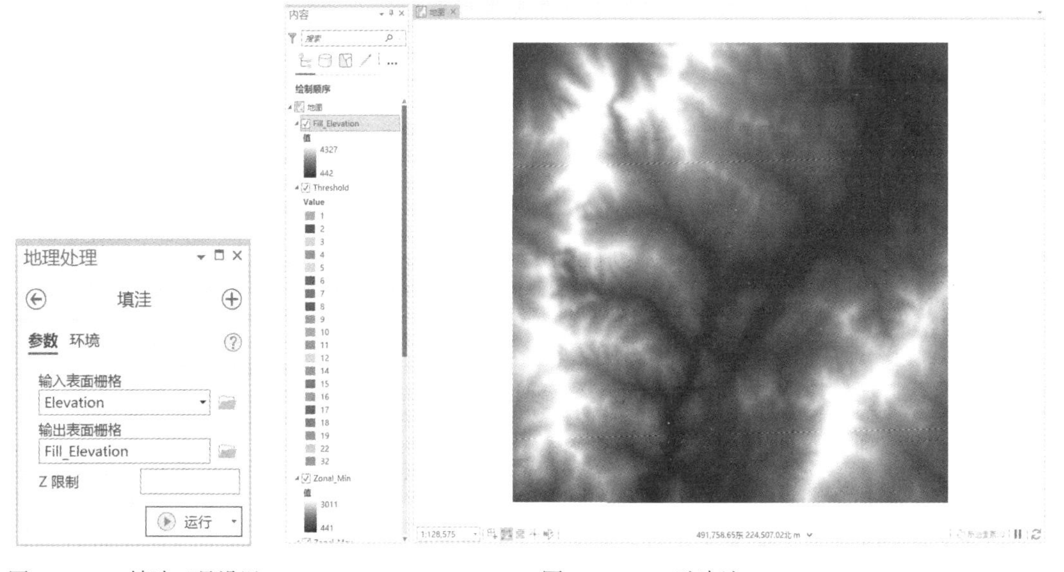

图 11.3.15　填洼工具设置　　图 11.3.16　无洼地 DEM

11.3.4 流向分析

Step1：在【地理处理】窗格中单击【工具箱】—【空间分析工具】—【水文分析】—【流向】，打开【流向】窗格。

Step2：在窗格中，将【输入表面栅格】设置为填洼后的表面 **Fill_Elevation**，将【输出流向栅格】命名为 **FlowDir_Fill**，【流向类型】设置为 **D8**，其它保持默认设置，如图 11.3.17 所示。

Step3：单击【运行】，完成流向计算，结果如图 11.3.18 所示。

图 11.3.17　流向工具设置图　　　　图 11.3.18　无洼地 DEM 计算流向结果

11.3.5　计算流量

利用流量工具计算每个像元的累积流量。如果不加权重，流量栅格像元值表示累积有多少个像元流入该像元。流量为 0 的像元是局部地形高点。

Step1：在【地理处理】窗格中单击【工具箱】—【空间分析工具】—【水文分析】—【流量】，打开【流量】窗格。

Step2：在窗格中，将【输入流向栅格】设置为 **FlowDir_Fill**，将【输出蓄积栅格数据】命名为 **FlowAcc**，其它保持默认设置，如图 11.3.19 所示。

如果不设置【输入权重栅格】，则每个像元本身蕴含的流量为 1；【输出数据类型】可设置流量栅格像元值的类型；用户应根据输入流向栅格的计算方法设置相应的【输入流向类型】。

Step3：单击【运行】，完成流量计算，结果如图 11.3.20 所示。

由于默认显示设置的原因，此时从流量栅格中仅能看到一条主流，接下来需要设定流量阈值以提取河网。

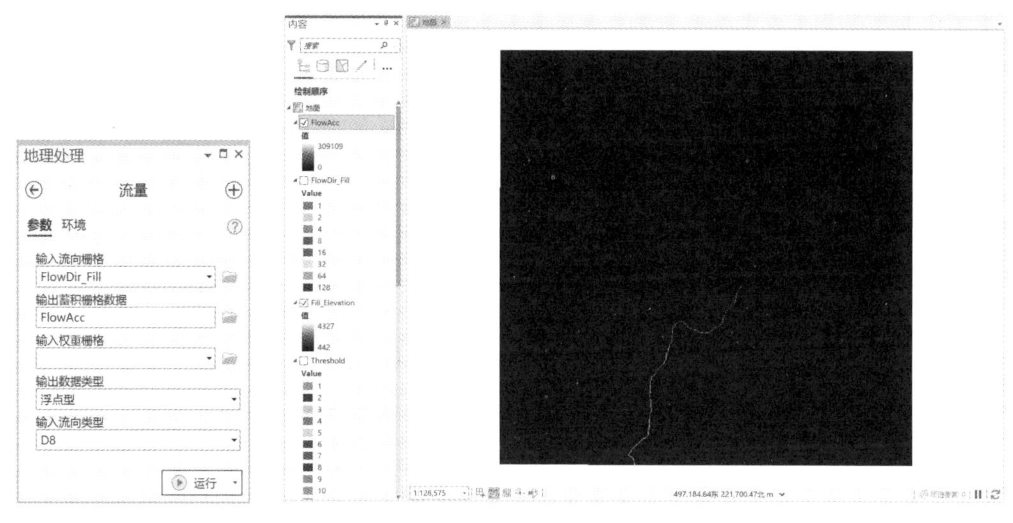

图 11.3.19 流量工具设置

图 11.3.20 流量栅格

11.3.6 提取河网

在流量栅格的基础上，设置合适的阈值，选取累积流量高于阈值的像元，就认为这些像元是河流区域，因此阈值的设置很关键。如果设置过小，则可能生成类似湖泊的大片区域，无法形成网络；如果设置过大，则可能仅提取部分干流。在实际应用中，应考虑流域级别、区域状况，结合区域其它地形地貌资料，并经过实验确定符合该地区的合理阈值。

Step1：在【地理处理】窗格中单击【工具箱】—【空间分析工具】—【条件分析】—【条件函数】，打开【条件函数】窗格。

Step2：在窗格中，将【输入条件栅格】设置为 **FlowAcc**，设置表达式：**VALUE 大于或等于 1000**，意为将累积流量大于 1000 的像元认为是河流区域，将【输入条件为真时所取的栅格数据或常量值】设置为常量 **1**，将【输入条件为假时所取的栅格数据或常量值】保持空白，满足此条件的像元在输出栅格中为 NoData，将【输出栅格】命名为 **River_Raster**，如图 11.3.21 所示。

Step3：单击【运行】，完成河流提取，结果如图 11.3.22 所示。

在实际应用中，大多使用矢量形式的河网，接下来利用栅格河网矢量化工具生成矢量河网。

11.3.7 河网矢量化

Step1：在【地理处理】窗格中单击【工具箱】—【空间分析工具】—【水文分析】—【栅格河网矢量化】，打开【栅格河网矢量化】窗格。

图 11.3.21　提取河流设置

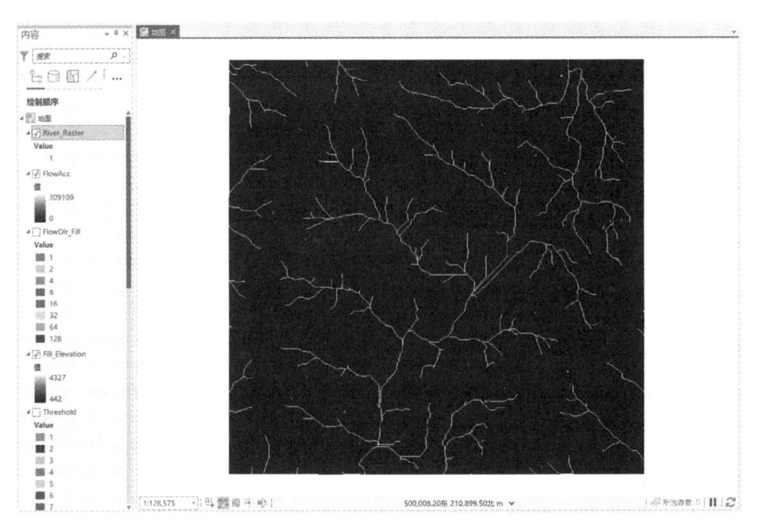

图 11.3.22　提取出的栅格河网

Step2：在窗格中，将【输入河流栅格】设置为 **River_Raster**，将【输入流向栅格数据】设置为 **FlowDir_Fill**，将【输出折线要素】命名为 **River_Vector**，其它保持默认设置，如图 11.3.23 所示。

Tips：此工具在使用时，要求输入河流栅格的背景为 NoData，河流区域为值大于等于 1 的像元。

Step3：单击【运行】，完成栅格河网矢量化，结果如图 11.3.24 所示。

图 11.3.23　栅格河网矢量化设置

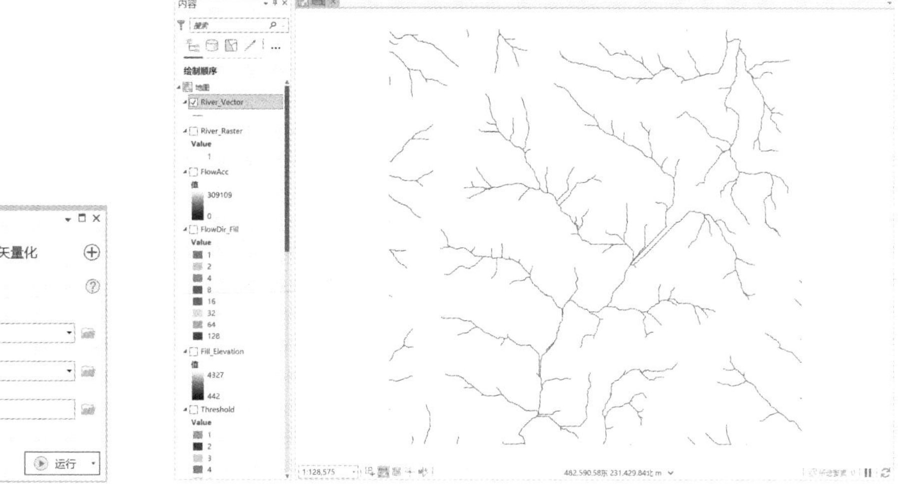

图 11.3.24　矢量河网

由于算法原因，在一些较平缓的地区可能提取出平行的两条或多条河段，对于这样的情况，需要手工进行矢量编辑来修正。矢量编辑工具主要在编辑工具箱和编辑选项卡中，工具的使用示例读者可参考本书第 3 章的内容。关于河网编辑的操作本节不做示范。

思　考

11-10：为什么不用【栅格转折线】工具将栅格河网转换为矢量河网呢？使用【栅格河网矢量化】工具得到的矢量河网和使用【栅格转折线】工具得到的河网有什么不同？

在河网的基础上，可以完成相关的水文分析，如提取河段、河网分级、确定流域等。

11.3.8　河网分级

河网分级是指根据河段的支流数对河段进行分类，这样就可以根据河段的级别推断出河流的某些特征。如一条河段没有支流，级别为 1 级，可以推断出该河段位于河流上游，可能落差较大，水流较急。

Step1：在【地理处理】窗格中单击【工具箱】—【空间分析工具】—【水文分析】—【河网分级】，打开【河网分级】窗格。

Step2：在窗格中，将【输入流栅格】设置为 **River_Raster**，将【输入流向栅格】设置为 **FlowDir_Fill**，将【输出栅格】命名为 **River_Level**，其它保持默认设置，如图 11.3.25 所示。

Tips：输入河流栅格和输入流向栅格最好是从同一个无洼地 DEM 获得，这样得到的河网分级质量更高。此工具仅支持用 D8 法计算的流向栅格。

河网分级工具默认使用放射状分级方法，另一种分级方法是 Shreve 法，两种方法的区别在帮助文档中有详细的说明。

Step3：单击【运行】，完成河网分级，河网被分为 4 个级别，如图 11.3.26 所示。

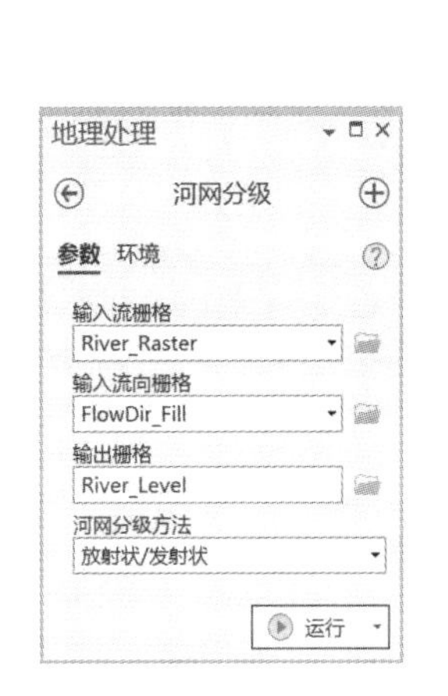

图 11.3.25　河网分级设置

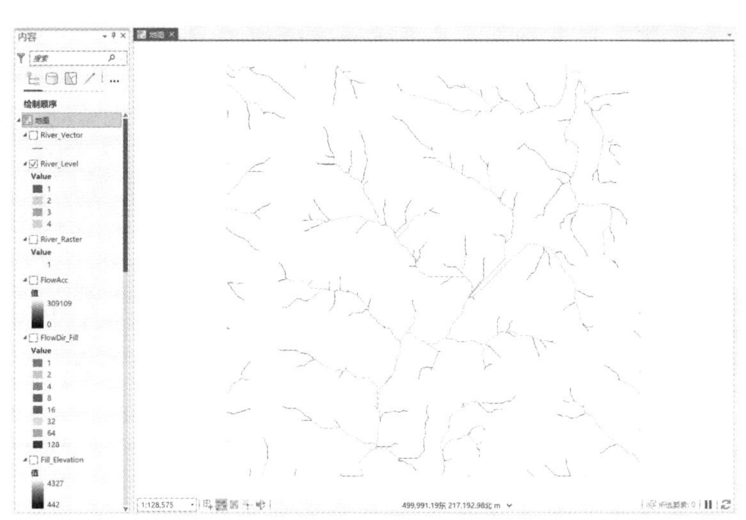

图 11.3.26　分级河网

11.3.9　流域划分

流域指由分水线所包围的河流集水区，例如我们经常听到的长江流域，就是指所有的径流最终都汇集到长江的区域，流域面积是水文地理研究中极重要的数据。GeoScene Pro 中可利用盆域工具或集水区工具进行流域划分。本节以盆域工具为例进行示范。

Step1：在【地理处理】窗格中单击【工具箱】—【空间分析工具】—【水文分析】—【盆域】，打开【盆域】窗格。

Step2：在窗格中，将【输入 D8 流向栅格】设置为 **FlowDir_Fill**，将【输出栅格】命名为 **Basin**，如图 11.3.27 所示。

Tips：这里的 FlowDir Fill 为 11.3.4 节的流向分析结果。

Step3：单击【运行】，完成盆域划分，一共划分了 131 个流域，结果如图 11.3.28 所示。

图 11.3.27　盆域划分设置

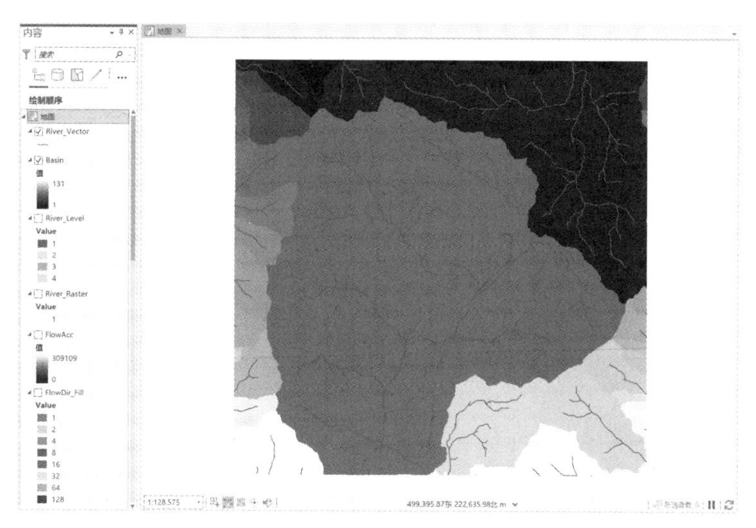

图 11.3.28　盆域划分

根据【盆域】工具划分的盆域，可进一步合并小盆域，确定较大的流域范围。

思　考

用集水区工具和用盆域工具进行流域划分的过程和结果有何异同?

11.4　变电站选址分析

某市政府要在市区内新建一个变电站，需要使用由测量人员补测的地块数据更新土地利用图层。

请根据以下要求，选择出最适合建变电站的位置：

①变电站应建在距离道路 200m 以内；

②变电站应建在距离河流 300m 以外；

③变电站必须建在未分配用地上；

④变电站地块面积应大于 50 万平方米；

⑤变电站周围 1000m 覆盖范围内的居民尽可能少。

11.4.1　数据和问题分析

已有数据及其说明见表 11.4.1。

表 11.4.1　　　　　　　　　　变电站选址数据说明

名称	数据类型	空间参考	说明
Communities	点要素类	WGS 1984	社区中心点
Streets	线要素类	WGS 1984	街道
Rivers	面要素类	WGS 1984	河流
Landuse	面要素类	WGS 1984	土地利用
MeasurePoints	独立表	WGS 1984 UTM Zone 17N	测量点数据
Population	独立表	无	社区人口统计表

图形数据见图 11.4.1。

图 11.4.1　变电站选址数据概览

首先，查看已有数据的坐标系并将其统一在同一坐标系下，根据选址要求后期需要进行缓冲区分析，因此应将所有数据统一在 WGS 1984 UTM Zone 17N 投影坐标系下。根据选址条件，需要进行缓冲区分析、按属性选择、叠加分析等操作。

11.4.2　统一坐标系

Step1：在【地理处理】窗格中单击【工具箱】—【数据管理工具】—【投影和变换】—【批量投影】，打开【批量投影】窗格。

Step2：在窗格中，将【输入要素类】设置为 **Communities**、**Landuse**、**Rivers** 和 **Streets** 图层，将【输出工作空间】设置为本节地理数据库 **Exe11_4.gdb**，单击【输出坐标系】编辑框右侧的【选择坐标系】，选择【投影坐标系】—【UTM】—【WGS 1984】—【Northern Hemisphere】—【WGS 1984 UTM Zone 17N】，其它保持默认设置，如图 11.4.2 所示。

Tips：UTM 投影是一种分带投影。UTM 投影一般按照 6°的经度差进行分带，但与高斯投影不同的是，UTM 投影带从东经(西经)180°起算，自西向东对各带从 1 开始按顺序编号。本例使用的数据分布在西经 79°附近，因此在 UTM 投影中为第 17 带。

Step3：单击【运行】，完成批量投影。可通过查看投影后各图层属性的坐标系是否为 WGS 1984 UTM Zone 17N 检查投影是否成功。

Tips：批量投影工具不会改变原始数据，生成输出坐标系下的新数据。读者可刷新 Exe11_4. gdb 地理数据库查看投影后数据。

Step4：将投影坐标系下的数据加载到【内容】窗格，将地理坐标系下的数据从【内容】窗格中移除，结果如图 11.4.3 所示。

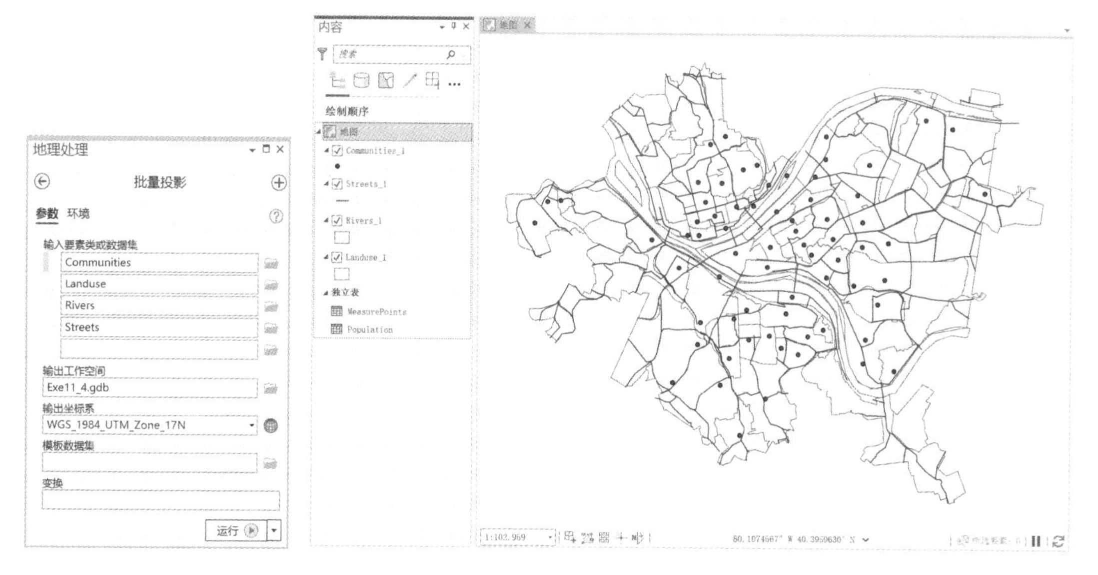

图 11.4.2　批量投影转换设置

图 11.4.3　加载投影后数据

11.4.3　数据更新

由于部分土地利用地块边界数据缺失，通过野外测量方式获得了地块边界拐点坐标，利用测量数据对缺失地块边界进行补充。测量数据以表格形式提供，表格名为

MeasurcPoints，表格内容如图 11.4.4 所示。

表中【POINT_X】和【POINT_Y】为点在 WGS 1984 UTM Zone 17N 坐标系下的坐标，【点顺序】为组成某一地块边界的拐点顺序，【landuse】为拐点表示地块的土地利用类型，【编号】为拐点所在地块的编号。

数据更新的目的是补全 Landuse_1 图层的缺失地块。先从测量点坐标表生成闭合边界线，然后将其转为面要素类，根据测量数据为面要素添加土地利用类型，最后将其补充到 Landuse_1 图层中。

1. 从表格数据生成点

Step1：在【地理处理】窗格中单击【工具箱】—【数据管理工具】—【要素】—【XY 表转点】，打开【XY 表转点】窗格。

Step2：在窗格中，将【输入表】设置为 **MeasurePoints**，【输出要素类】命名为 **MeasurePoints_XYTableToPoint**，【X 字段】设置为 **POINT_X**，【Y 字段】设置为 **POINT_Y**，【坐标系】设置为 **WGS 1984 UTM Zone 17N**，其他保持默认设置，如图 11.4.5 所示。

OBJECTID	POINT_X	POINT_Y	点顺序	landuse	编号
1	589319.7431	4479957.5793	1	居住地	7
2	589422.2406	4479938.9093	2	居住地	7
3	589516.8047	4479921.0066	3	居住地	7
4	589621.525	4479905.3988	4	居住地	7
5	589770.4498	4479883.5722	5	居住地	7
6	589863.0793	4479869.8425	6	居住地	7
7	589924.2093	4479860.0344	7	居住地	7
8	589984.0372	4479863.5828	8	居住地	7
9	590166.5763	4479879.244	9	居住地	7
10	590280.2033	4479885.7304	10	居住地	7
11	590221.6969	4479685.7744	11	居住地	7
12	590199.0776	4479691.6131	12	居住地	7
13	590194.6116	4479632.956	13	居住地	7
[illegible]	[illegible]	[illegible]	[illegible]	[illegible]	[illegible]

图 11.4.4 测量数据(部分)

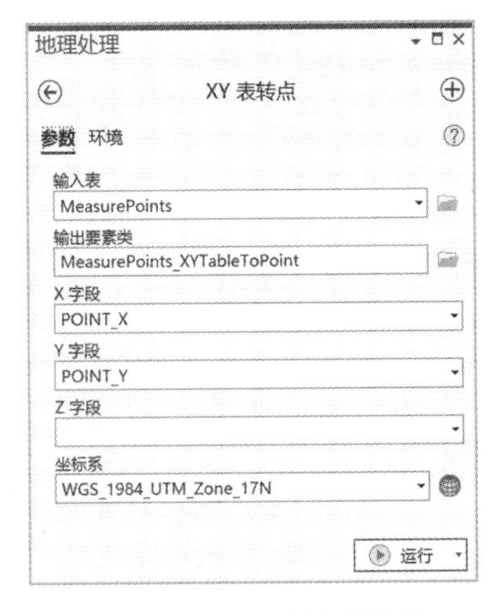

图 11.4.5 XY 表转点设置

Step3：单击【运行】，完成 XY 表转点，结果如图 11.4.6 所示。

2. 从点生成地块边界线

Step4：在【地理处理】窗格中单击【工具箱】—【数据管理工具】—【要素】—【点集转线】，打开【点集转线】窗格。

Step5：在窗格中，将【输入要素】设置为 **MeasurePoints_XYTableToPoint**，【输出要素类】命名为 **NewParcel**，【线字段】设置为**编号**，【排序字段】设置为**点顺序**，**勾选**【闭合线】，如图 11.4.7 所示。

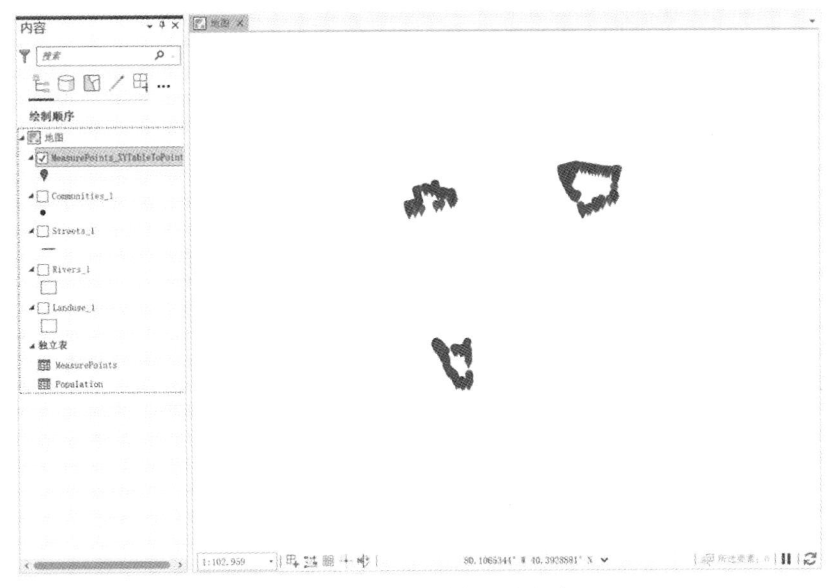

图 11.4.6　测量数据生成的点

Tips：【点集转线】工具用于从点要素创建线要素。【线字段】用于标识生成同一条线要素的点；【排序字段】指定点的连接顺序；【闭合线】用于指示创建的线要素是否闭合，在本例中，由于最终目的是要生成面，因此勾选上闭合线选项能够简化操作过程。

Step6：单击【运行】，完成点集转线，结果如图 11.4.8 所示。

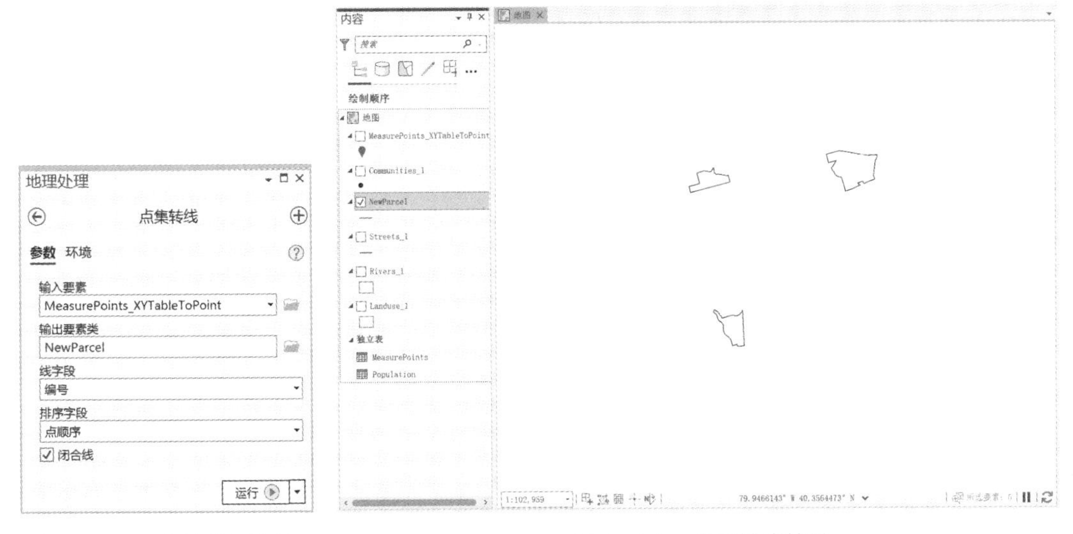

图 11.4.7　点集转线设置

图 11.4.8　点集转线结果

3. 从地块边界线生成地块面

Step7：在【地理处理】窗格中单击【工具箱】—【数据管理工具】—【要素】—【要素转面】，打开【要素转面】窗格。

Step8：在窗格中，将【输入要素】设置为 **NewParcel**，【输出要素类】命名为 **NewParcel_FeatureToPolygon**，其它保持默认设置，如图 11.4.9 所示。

Step9：单击【运行】，完成要素转面，结果如图 11.4.10 所示。

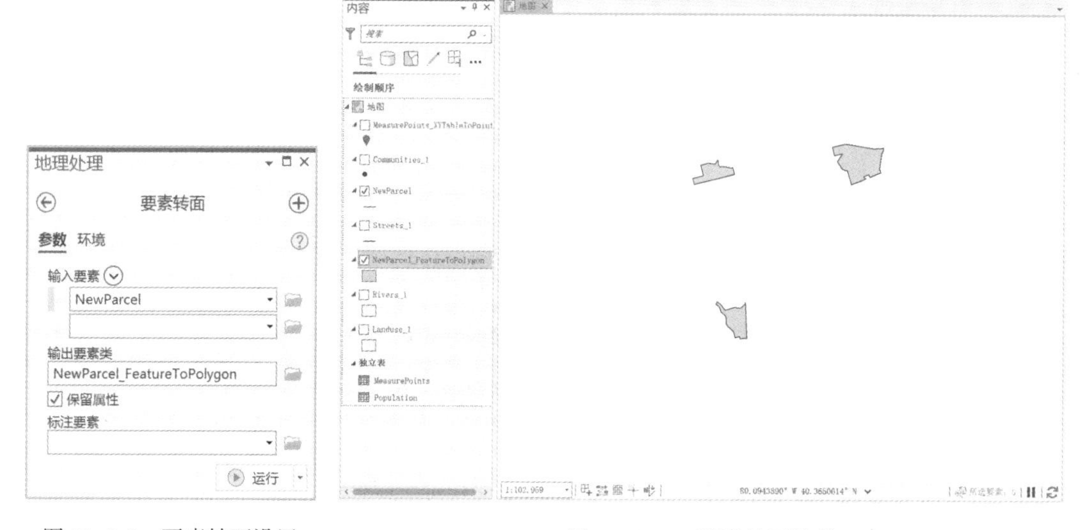

图 11.4.9　要素转面设置　　图 11.4.10　要素转面结果

Tips：由测量点集生成多边形除了上述方法外，还可以利用【要素】工具箱中的【最小边界几何】工具实现，该工具不常用，效率更高。需要注意【几何类型】的选择，若选择错误则无法生成正确的多边形。

4. 为新生成的地块添加用地类型属性

Step10：为 NewParcel_FeatureToPolygon 的属性表添加两个字段：landuse 和编号，然后对照 MeasurePoints 文件中中点的属性为对应的多边形添加属性，添加字段及编辑的操作参考本书 2.2.1 节，保存所作编辑，添加结果如图 11.4.11 所示。

Tips：添加字段时，注意字段名称和类型应该与 Landuse_1 要素类属性表中的相应字段名称和类型一致，否则无法正确完成数据追加。

5. 更新土地利用要素类

Step11：在【地理处理】窗格中单击【工具箱】—【数据管理工具】—【常规】—【追加】，打开【追加】窗格。

Step12：在窗格中，将【输入数据集】设置为 **NewParcel_FeatureToPolygon**，为追加的数据集，【目标数据集】设置为 **Landuse_1**，为被追加数据的目标数据集，【字段匹配类型】设置为**输入字段必须与目标字段匹配**，如图 11.4.12 所示。

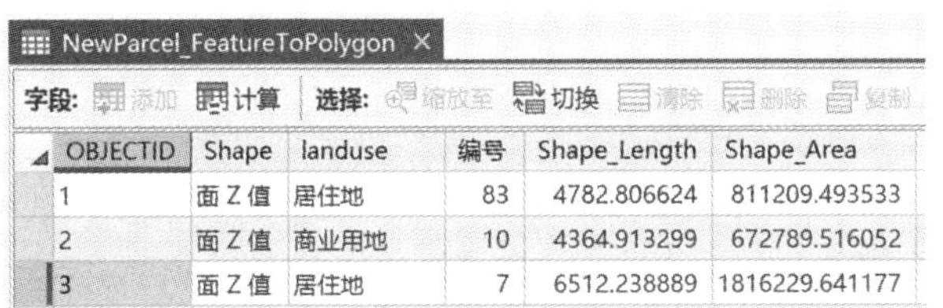

NewParcel_FeatureToPolygon

字段：添加 计算 选择：缩放至 切换 清除 删除 复制

OBJECTID	Shape	landuse	编号	Shape_Length	Shape_Area
1	面 Z 值	居住地	83	4782.806624	811209.493533
2	面 Z 值	商业用地	10	4364.913299	672789.516052
3	面 Z 值	居住地	7	6512.238889	1816229.641177

图 11.4.11 为新多边形添加属性

图 11.4.12 追加数据设置

Tips：采用【输入字段必须与目标字段匹配】方案的前提是输入数据集与目标数据集具有相同的属性结构。之前 Step10 的操作就是为了确保选择此选项时分析可正确进行。

思 考

11-11：如果采用【使用字段映射协调方案差异】方案该如何准备数据，如何设置字段映射？

Step13：单击【运行】，完成数据追加，数据更新结果如图 11.4.13 所示，其中图 11.4.13(a)为追加数据前的 Landuse_1 要素类，图 11.4.13(b)为追加三个多边形后的 Landuse_1 要素类。

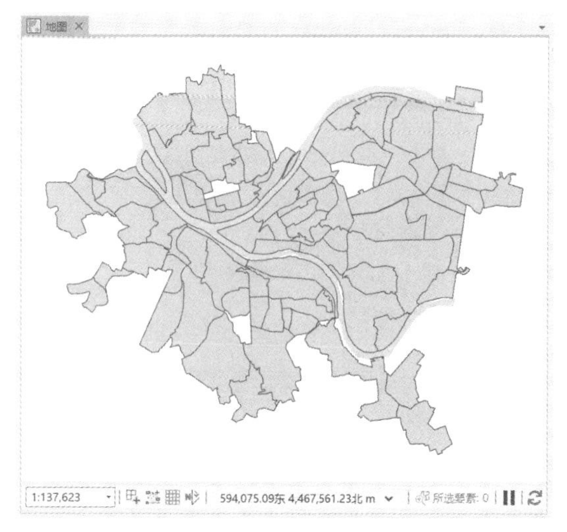

(a)追加数据前

(b)追加数据后

图 11.4.13　Landuse_1 追加数据前后对比

Tips：数据更新也可以使用【常规】工具箱中的【合并】工具完成。

思 考

11-12：使用【合并】工具应该怎样操作才能在空间位置和属性两个方面都正确完成数据更新?

11.4.4　提取未分配用地

Step1：在功能区上单击【地图】选项卡【选择】组的【按属性选择】，打开【按属性选择图层】对话框。

Step2：在对话框中，将【输入图层】设置为 **Landuse_1**，【选择类型】设置为**新建选择内容**，设置【表达式】为 **landuse 等于未分配用地**，如图 11.4.14 所示。

Step3：单击【应用】，完成未分配用地地块的提取，如图 11.4.15 所示，图中高亮显示的为满足提取条件的地块。

Tips：选择出的未分配用地参与后续分析有两种形式：一种是保持未分配用地的被选择状态，另一种是将选择出的未分配用地导出为新的要素类保存。本例采用前一种方式。

图 11.4.14　选择未分配用地设置

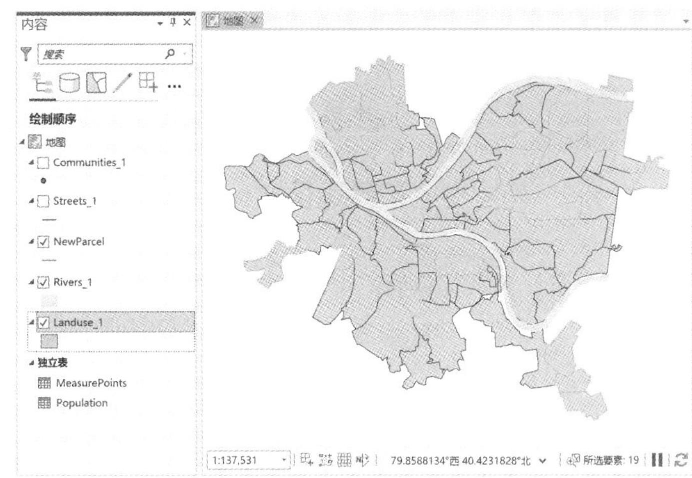

图 11.4.15　选择出的未分配用地

11.4.5　社区人口赋值

由于变电站选址要求尽可能少地影响周围居民生活，因此需要为社区点要素类 Communities_1 添加人口数量属性，用于计算变电站可能影响的人口数。

Step1：在【内容】窗格中右键单击 Communities_1 要素类，在弹出菜单中单击【连接和关联】—【添加连接】，打开【添加连接】对话框。

Step2：在对话框中，将【输入表】设置为 **Communities_1**，【输入连接字段】设置为 **HOOD**，【连接表】设置为 **Population**，【连接表字段】设置为 **Hood**，**勾选**【保留所有目标要素】，如图 11.4.16 所示。

Step3：单击【确定】，完成对社区点的人口数量属性连接，连接后的 Communities_1 属性表如图 11.4.17 所示。

添加连接
输入表
Communities_1
输入连接字段
HOOD
连接表
Population
连接表字段
Hood
保留所有目标要素
创建连接字段索引
验证连接
确定

图 11.4.16　添加连接设置

OBJECTID	Shape	HOOD	OBJECTID	Hood	population
1	点	Summer Hill	1	Summer Hill	34
2	点	Northview Heights	2	Northview Heights	12
3	点	Perry South	3	Perry South	27
4	点	East Liberty	4	East Liberty	40
5	点	Garfield	5	Garfield	35
6	点	Fineview	6	Fineview	37
7	点	Bloomfield	7	Bloomfield	51
8	点	Friendship	8	Friendship	50
9	点	Central Northside	9	Central Northside	72
10	点	North Oakland	10	North Oakland	96

图 11.4.17　连接人口属性后的 Communities_1 表(部分)

Tips：属性连接并未真正为 Communities_1 属性表添加新的字段和内容，若需要将连接的内容保存在 Communities_1 属性表中，需要将 Communities_1 要素类导出为新的要素类，方法详见 2.2.3 节。

11.4.6　确定变电站候选区域

变电站选址对其与道路、河流的距离都有要求。

Step1：创建道路 200 米缓冲区。在【地理处理】窗格中单击【工具箱】—【分析工具】—【邻近分析】—【缓冲区】，打开【缓冲区】窗格。

Tips：主菜单中【分析】选项卡【要素分析】下的【创建缓冲区】工具也可完成缓冲区分析。

Step2：在窗格中，将【输入要素】设置为 **Streets_1**，【输出要素类】命名为 **Streets_1_Buffer**，【距离】设置为**线性单位 200 米**，【融合类型】设置为**将全部输出要素融合为一个要素**，其它保持默认设置，如图 11.4.18 所示。

思　考

11-13：此处如果对生成的缓冲区不融合，是否会简化后续的操作？如果不融合，后续需要怎样操作？

Step3：单击【运行】，完成道路 200 米缓冲区创建，结果如图 11.4.19 所示。

图 11.4.18　提取道路缓冲区设置

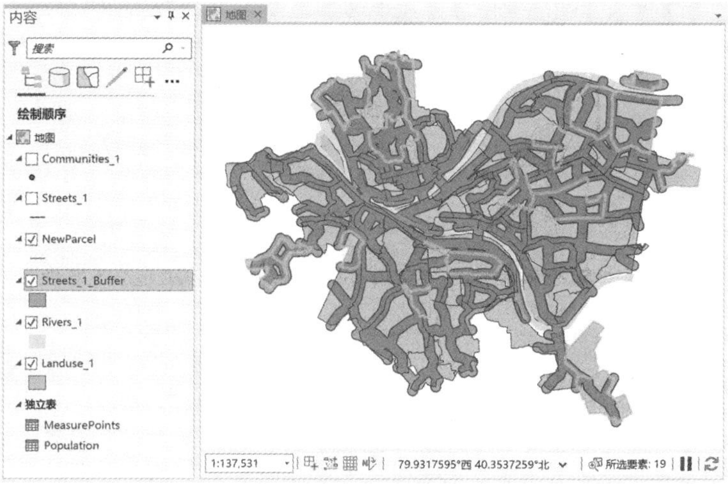

图 11.4.19　道路缓冲区

Step4：创建河流 300 米缓冲区，新要素类命名为 **Rivers_1_Buffer**，工具设置和结果如图 11.4.20 和图 11.4.21 所示。

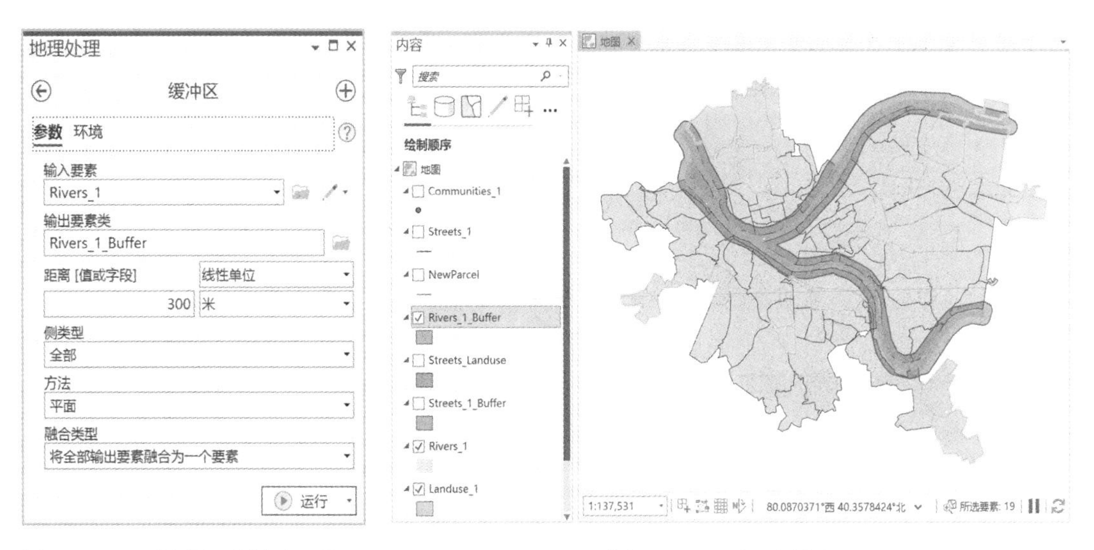

图 11.4.20　创建河流缓冲区设置　　　　图 11.4.21　河流缓冲区

Step5：在【地理处理】窗格中单击【工具箱】—【分析工具】—【叠加】—【相交】，打开【相交】窗格。

Step6：在窗格中，将【输入要素】设置为 **Streets_1_Buffer** 和 **Landuse_1**，将【输出要素类】命名为 **Streets_Landuse**，其它保持默认设置，如图 11.4.22 所示。

Step7：单击【运行】，完成相交操作，结果为道路 200 米范围内的未分配用地，相交结果如图 11.4.23 所示。

图 11.4.22　道路缓冲区和未分配用地相交设置

图 11.4.23　道路 200 米范围内的未分配用地

Step8：在【地理处理】窗格中单击【工具箱】—【分析工具】—【叠加】—【擦除】，打开【擦除】窗格。

Step9：在窗格中，将【输入要素】设置为 **Streets_Landuse**，将【擦除要素】设置为 **Rivers_1_Buffer**，将【输出要素类】命名为 **Streets_Landuse_Rivers**，其它保持默认设置，如图 11.4.24 所示。

Step10：单击【运行】，完成擦除操作，得到满足道路、河流、用地类型条件的候选区域，如图 11.4.25 所示。

图 11.4.24　擦除河流缓冲区设置

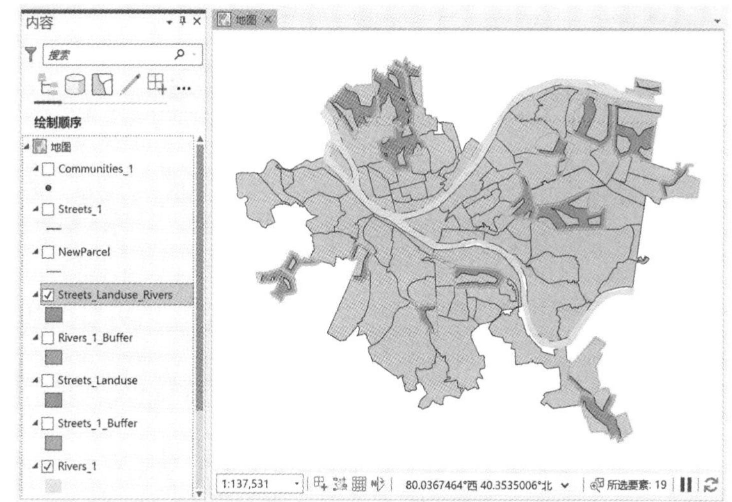

图 11.4.25　满足道路、河流、用地类型条件的候选区域

由于在 Streets_Landuse_Rivers 要素类中有分离的多边形为多部件要素，需要将多部件分解为单部件。

Step11：在【地理处理】窗格中单击【工具箱】—【数据管理工具】—【要素】—【多部件至单部件】，打开【多部件至单部件】窗格。

Step12：在窗格中，将【输入要素】设置为 **Streets_Landuse_Rivers**，将【输出要素类】命名为 **Streets_Landuse_Rivers_Single**，如图 11.4.26 所示。

Step13：单击【运行】，完成多部件至单部件。

该工具运行完成后，图形不发生变化，要素数量发生变化，属性表中的记录数发生变化，一般情况下记录数会增多。

由于在 Streets_Landuse_Rivers_Single 要素类中有些多边形要素是相邻的，在选址时可以认为是一个地块，因此需要对相邻地块进行合并。

Step14：在【地理处理】窗格中单击【工具箱】—【制图工具】—【制图综合】—【聚合面】，打开【聚合面】窗格。

Step15：在窗格中，将【输入要素】设置为 **Streets_Landuse_Rivers_Single**，将【输出要

素类】命名为**SLR**，将【聚合距离】设置为**0.1 米**，其它保持默认设置，如图 11.4.27 所示。

图 11.4.26 多部件到单部件设置

图 11.4.27 合并相邻多边形设置

Tips：操作目标是合并相邻的多边形，但聚合面工具不允许聚合距离设置为 0，因此设置为一个很小的大于零的距离。

Step16：单击【运行】，完成相邻多边形的合并，合并结果如图 11.4.28 所示。

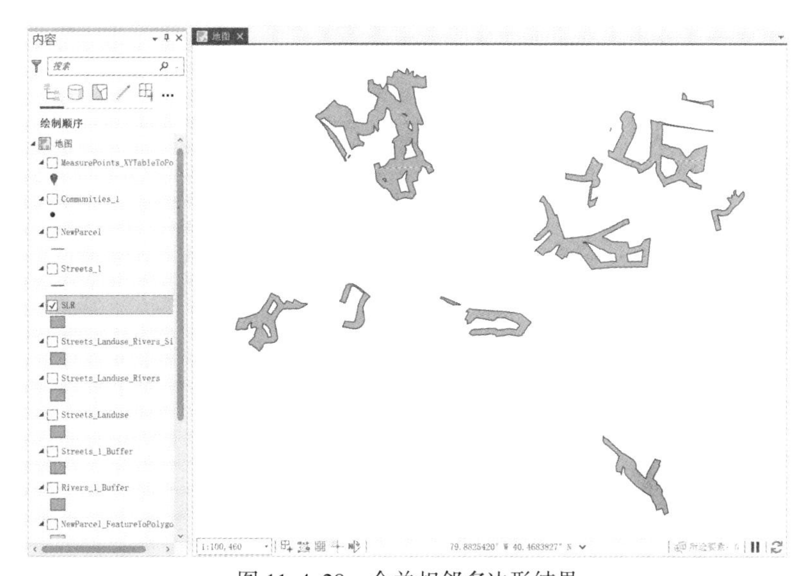

图 11.4.28 合并相邻多边形结果

合并前后的图形形状没有发生变化，但合并前 Streets_Landuse_Rivers_Single 要素类有 24 个面要素，而合并后的 SLR 要素类只有 14 个面要素。

变电站对于建设面积的要求是大于 50 万平方米，需要对 SLR 要素类中地块根据面积进行筛选。

Step17：在功能区上单击【地图】选项卡【选择】组的【按属性选择】，打开【按属性选择图层】对话框。

Step18：在对话框中，将【输入图层】设置为 **SLR**，【选择类型】设置为**新建选择内容**，设置【表达式】**Shape_Area 大于 500000**，其它保持默认设置，如图 11.4.29 所示。

图 11.4.29　筛选满足面积要求的地块设置

Step19：单击【应用】，8 个满足面积要求的候选地块被高亮显示，结果如图 11.4.30 所示。

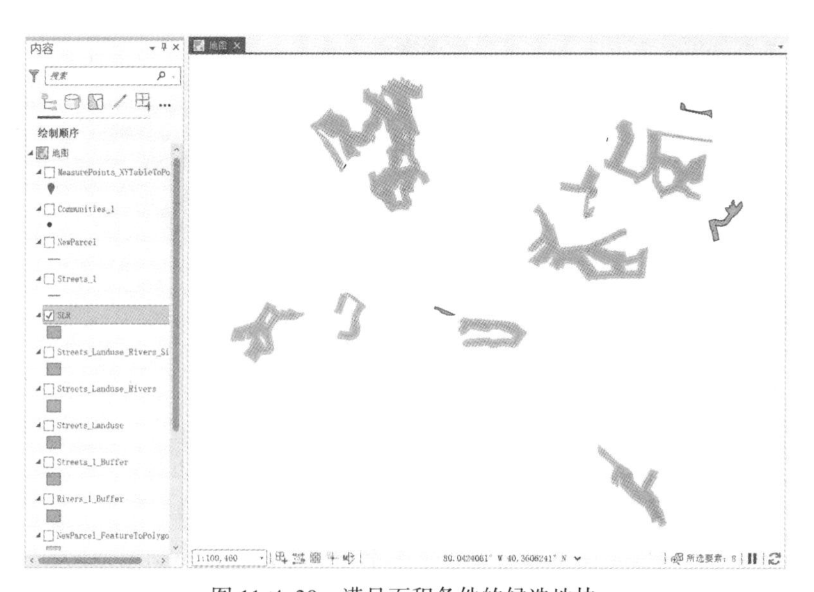

图 11.4.30　满足面积条件的候选地块

题目要求候选变电站 1000 米范围内人口尽可能少，需要计算变电站候选地块 1000 米范围内的人口数。

Step20：在【地理处理】窗格中单击【工具箱】—【分析工具】—【叠加】—【空间连接】，打开【空间连接】窗格。

Step21：在窗格中，将【目标要素】设置为 **SLR**，【连接要素】设置为 **Communities_1**，【输出要素类】命名为 **SLR_Population**，【连接操作】设置为**一对一连接**，**勾选**【保留所有目标要素】，【匹配选项】设置为**在某一距离范围内**，【搜索半径】设置为 **1000 米**，仅保留 **population** 作为【输出字段】，【合并规则】设置为**总和**，【源】设置为 Communities_1 图层的 **population** 字段，其它保持默认设置，如图 11.4.31 所示。

Step22：单击【运行】，完成空间连接，生成的 SLR_Population 要素类及属性表如图 11.4.32 所示。

空间连接后的要素类 SLR_Population 仅保留了 8 个满足面积要求的要素，通过空间连接，为每个要素添加了人口数量(population)属性，人口数量为与候选地块 1000 米范围内所有社区点人口数量总和。

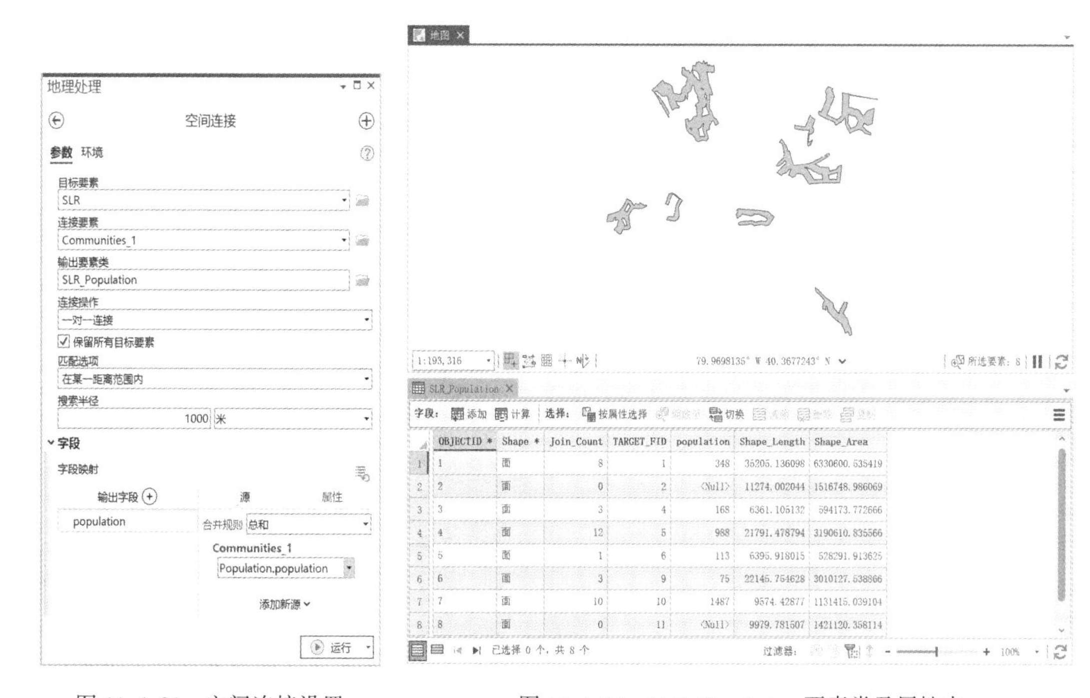

图 11.4.31　空间连接设置　　　　图 11.4.32　SLR_Population 要素类及属性表

从属性表中可以看到，原始编号(ORIG_FID)为 2 和 11 的两块候选地块周围 1000 米范围内的居民数为 Null，即这两块候选地块 1000 米范围内没有居民点。在最终确定变电站选址时，可以对这两块候选地块的其他条件进行比较和权衡，如地价、地势等，最终确定最为合适的地块。

11.5 住宅小区视野开阔度分析

现有住宅小区及小区内建筑物轮廓数据，通过对住宅小区中心点的视野开阔度进行分析，可用于住宅小区居住适宜度评价指标之一，然后绘制住宅小区视野开阔度专题图。

11.5.1 数据和问题分析

已有数据及其说明见表11.5.1。

表11.5.1 视野开阔度分析数据说明

图层名称	空间参考	说明
Communities	WGS 1984 UTM Zone 11N	住宅小区多边形
Buildings	WGS 1984 UTM Zone 11N	建筑物轮廓多边形
Communities_ViewPoint	WGS 1984 UTM Zone 11N	小区内的观察点

其中观察点要素的编号和住宅小区多边形的编号是一致的。数据见图11.5.1。

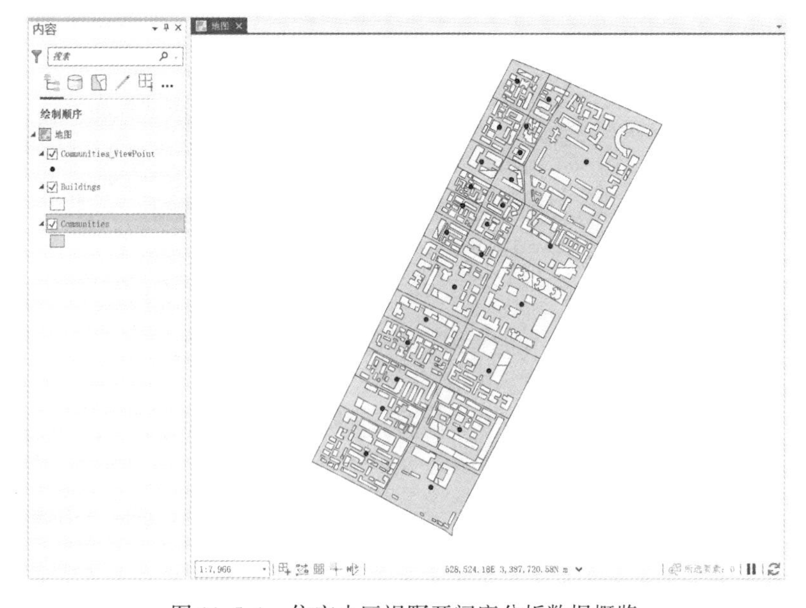

图11.5.1 住宅小区视野开阔度分析数据概览

以住宅小区中心点为视点进行视野开阔度分析，首先要明确怎么定义视野开阔度。在本例中使用住宅小区的视域和天际线表示视野开阔度。在分析中需要用到三维分析工具箱的相关工具。

本例假设分析区域地势平坦。用每个住宅小区的视域和从小区中心作为观察点得到的200米范围内天际线长度等权求和来评价住宅小区的视野开阔度并绘制专题地图。

11.5.2 观察点转3D点

在进行天际线分析时要求观察点必须为3D要素，故需要先将观察点转为3D点要素。假设观察点高度为170cm。

Step1：双击本节文件夹下的Exe11_5.aprx文件，打开工程。

Step2：为Communities_ViewPoint要素类添加一个名称为Height的字段，并为所有观察点的Height字段赋值1.7，添加后属性表如图11.5.2所示。

Step3：在【地理处理】窗格中单击【工具箱】—【三维分析工具】—【3D要素】—【转换】—【依据属性实现要素转3D】，打开【依据属性实现要素转3D】窗格。

Step4：在窗格中，将【输入要素】设置为**Communities_ViewPoint**，【输出要素类】命名为**Communities_ ViewPoint _3D**，【高度字段】设置为**Height**，其它保持默认设置，如图11.5.3所示。

Step5：单击【运行】，完成2D要素转为3D要素，在图形上2D要素类和3D要素类没有区别，属性表的Shape *字段对二者进行了区分。

Communities_ViewPoint

	OBJECTID *	Shape *	Height
1	1	点	1.7
2	2	点	1.7
3	3	点	1.7
4	4	点	1.7
5	5	点	1.7
6	6	点	1.7
7	7	点	1.7
8	8	点	1.7

已选择 0 个，共 25 个　过滤器：

图11.5.2　添加Height字段的属性表(部分)

图11.5.3　要素转3D设置

11.5.3 生成建筑物DEM

因视域分析只能对栅格数据完成，故需要将建筑物轮廓数据转为表面栅格。Buildings

要素类属性表中保存了建筑物的层数，按照 3 米层高估算建筑物的高度。

Step1：为 Buildings 要素类添加 Height 字段，并计算 Height 字段值，添加字段和计算字段设置见图 11.5.4，添加和计算结果见图 11.5.5。

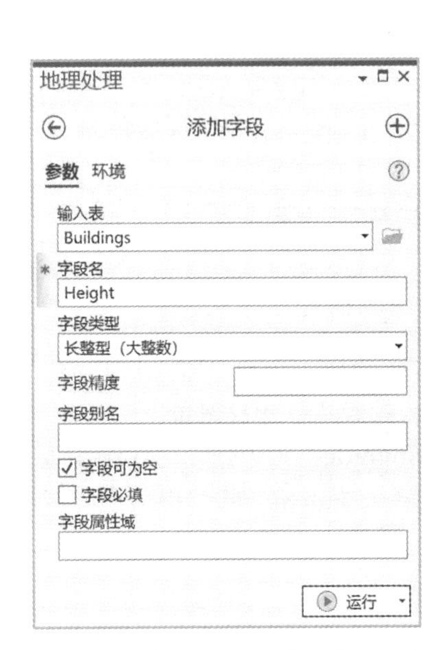

(a)添加 Height 字段设置

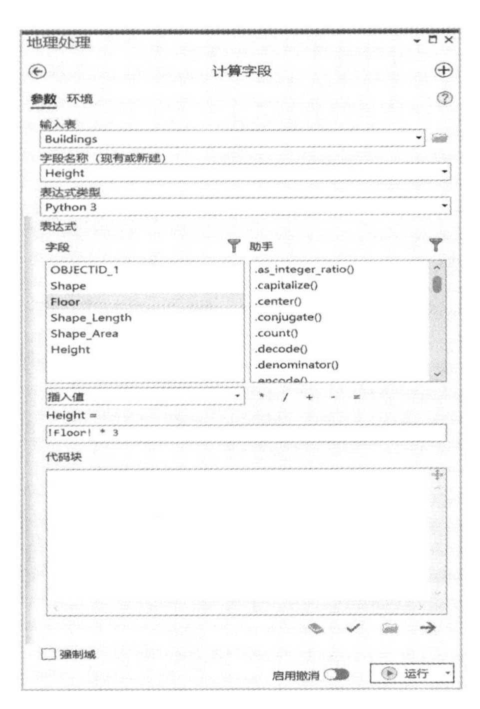

(b)计算 Height 字段值设置

图 11.5.4 为 Buildings 要素类添加高程值设置

Buildings

字段: 添加 计算 选择: 缩放至 切换 清除 删除

OBJECTID_1	Shape	Floor	Shape_Length	Shape_Area	Height
1	面	2	15.390627	9.463808	6
2	面	2	188.547618	1540.480372	6
3	面	2	46.863083	113.568712	6
4	面	2	22.091819	24.186264	6
5	面	2	32.176807	57.835004	6
6	面	2	31.262271	55.73258	6
7	面	2	70.505959	226.607138	6
8	面	2	52.153974	109.885997	6
9	面	2	127.029811	881.178806	6

图 11.5.5 添加高程值的 Buildings 要素类属性表(部分)

Step2：在【地理处理】窗格中单击【工具箱】—【转换工具】—【转为栅格】—【面转栅格】工具，打开【面转栅格】窗格。

Step3：在窗格中，将【输入要素】设置为 **Buildings**，【值字段】设置为 **Height**，【输出栅格数据集】命名为 **Buildings_Raster**，其它保持默认设置，如图 11.5.6(a)所示，在【环境】页面中将【处理范围】设置为与 **Communities** 相同，如图 11.5.6(b)所示。

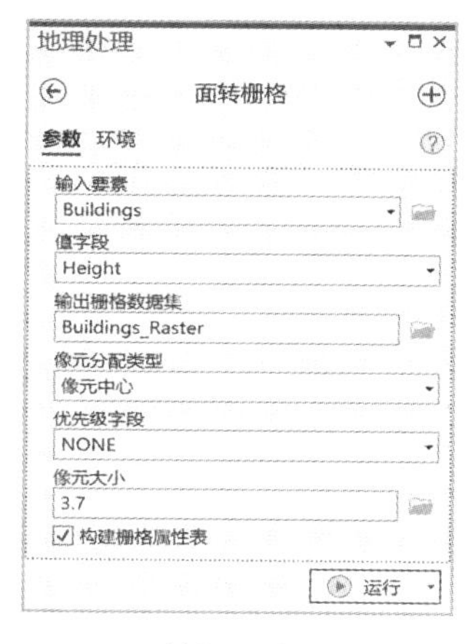

(a)面转栅格参数设置

(b)面转栅格环境设置

图 11.5.6 将 Buildings 要素类转为栅格

Tips：面转栅格工具中，【像元大小】默认通过数据范围的高度或宽度中较小的值除以 250 来计算。本例中计算得到 3.7 米。通过观察 Buildings 要素类，单体建筑物的最小长度或宽度约为 5 米。因此，系统按默认方法计算的像元大小能够真实表达建筑物覆盖区域。

Step4：单击【运行】，完成 Buildings 要素类向栅格数据集的转换，结果如图 11.5.7 所示。

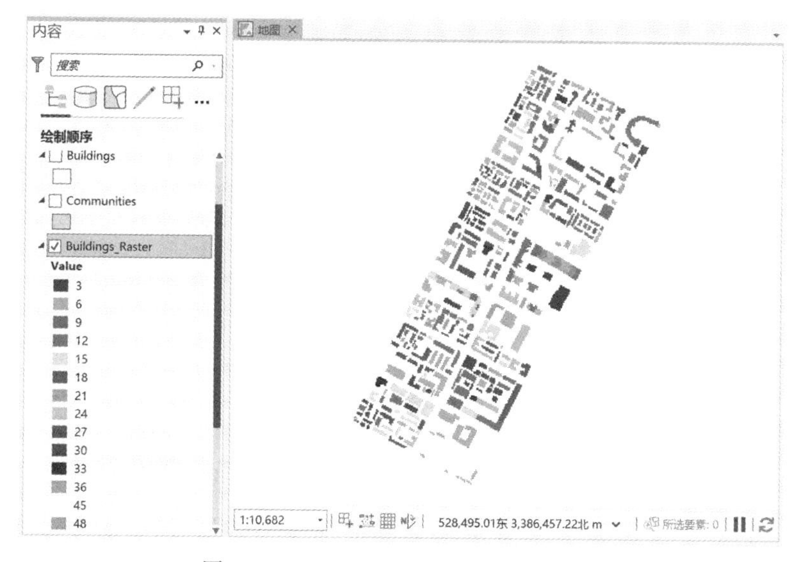

图 11.5.7 Buildings_Raster 栅格数据集

Tips：Buildings要素类生成栅格数据集还可以利用【要素转栅格】工具或【插值】工具箱中的栅格插值工具完成。

思 考

11-15：用【要素转栅格】工具或【插值】工具箱中的栅格插值工具根据Buildings要素类生成栅格数据集应该怎样设置参数？

由于目前分析区域中未被建筑物覆盖的区域像元值为Nodata，无法正确完成视域分析。题目假设分析区域为平地，因此需要将未被建筑物覆盖的区域像元赋值为0。

Step5：在【地理处理】窗格中单击【工具箱】—【空间分析工具】—【地图代数】—【栅格计算器】工具，打开【栅格计算器】窗格。

Step6：在窗格中输入表达式：**Con(IsNull("Buildings_Raster"), 0, "Buildings_Raster")**，将【输出栅格】命名为**AnaZone_Raster**，如图11.5.8所示。

表达式中使用了两个函数，Con()函数为条件函数，针对输入栅格的每个像元执行if/else条件判断，第一个参数为判断条件，若判断结果为真，则将该像元赋值为第二个参数；若为假，则将该像元赋值为第三个参数，读者可参考4.1.2节。IsNull()函数用于判断像元是否为NoData，如果为NoData，则返回真；如果不为NoData，则返回假。

图11.5.8中表达式的意义：对于Buildings_Raster栅格数据集进行逐像元判断是否为NoData，如果是NoData，则输出栅格对应位置像元赋0；如果不是NoData，则输出栅格对应位置像元仍采用Buildings_Raster中的原值。

Tips：由于栅格计算器中的表达式将在Python中执行，而Python对大小写敏感，在表达式构建时注意确保输入的正确性。

Step7：单击【运行】，生成分析区域的完整高程栅格，如图11.5.9所示。

只对住宅小区覆盖的范围进行分析。需要利用住宅小区覆盖范围提取高程栅格。

Step8：在【地理处理】窗格中单击【工具箱】—【空间分析工具】—【提取分析】—【按掩膜提取】，打开【按掩膜提取】窗格。

Step9：在窗格中，将【输入栅格】设置为**AnaZone_Raster**，【输入栅格数据或要素掩膜数据】设置为**Communities**，【输出栅格】命名为**Extract_AnaZone**，如图11.5.10所示。

Step10：单击【运行】，完成高程栅格的提取，结果如图11.5.11所示。

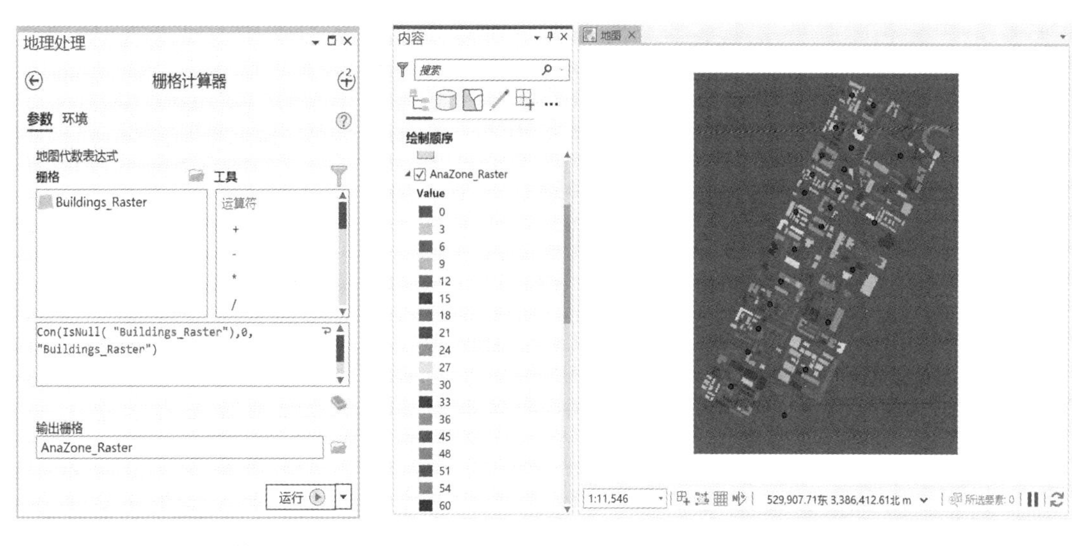

图 11.5.8　将 NoData 像元赋值为 0　　　　图 11.5.9　AnaZone_Raster 栅格数据集

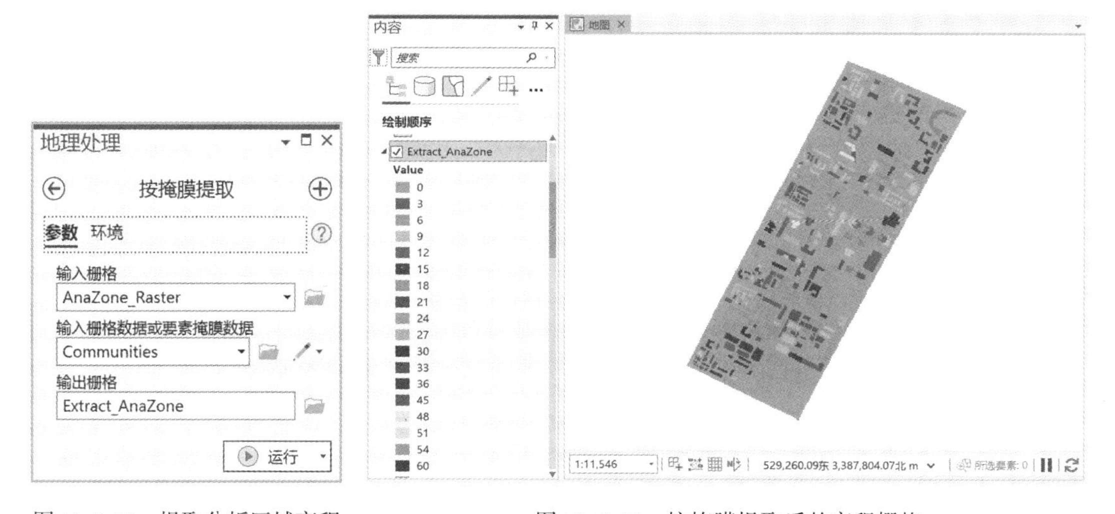

图 11.5.10　提取分析区域高程栅格设置　　　　图 11.5.11　按掩膜提取后的高程栅格

11.5.4　求小区视域

Step1：在【地理处理】窗格中单击【工具箱】—【三维分析工具】—【可见性】—【视域】，打开【视域】窗格。

Step2：在窗格中，将【输入栅格】设置为 **Extract_AnaZone**，【输入观察点或观察折线要素】设置为 **Communities_ViewPoint_3D**，【输出栅格】命名为 **Viewshed**，其它保持默认设置，如图 11.5.12 所示。

Step3：单击【运行】，完成视域分析，结果如图 11.5.13 所示。

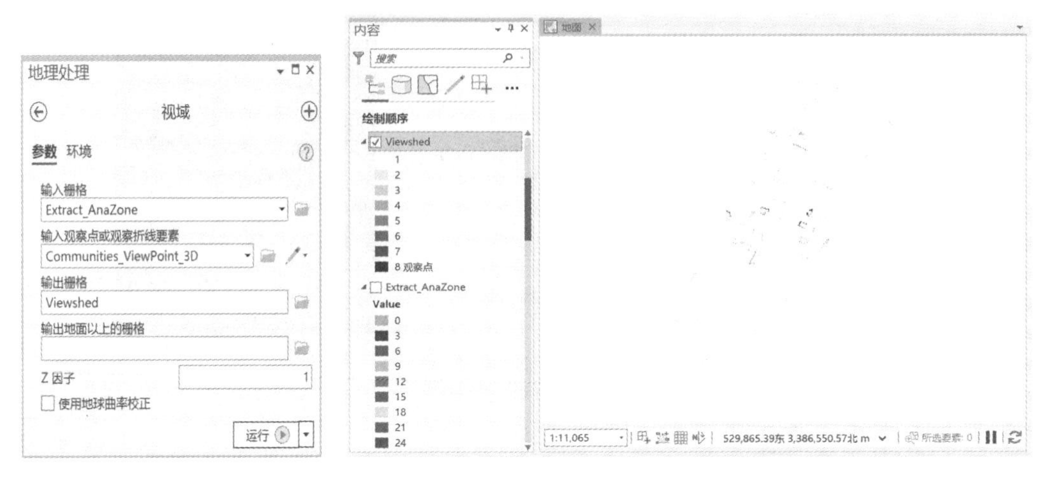

图 11.5.12　生成视域设置　　　　图 11.5.13　住宅小区视域

Viewshed 栅格中的像元值表示该像元对几个观察点可见。本例使用小区内所有像元被观测到的次数总和表示小区的视域开阔度。

Step4：在【地理处理】窗格中单击【工具箱】—【空间分析工具】—【区域分析】—【分区统计】，打开【分区统计】窗格。

Step5：在窗格中，将【输入栅格数据或要素区域数据】设置为 **Communities**，【区域字段】设置为 **OBJECTID**，【输入赋值栅格】设置为 **Viewshed**，【输出栅格】命名为 **Communities_Viewshed**，【统计类型】设置为**总和**，其它保持默认设置，如图 11.5.14 所示。

Step6：单击【运行】，完成小区内视域开阔度的统计，结果如图 11.5.15 所示。

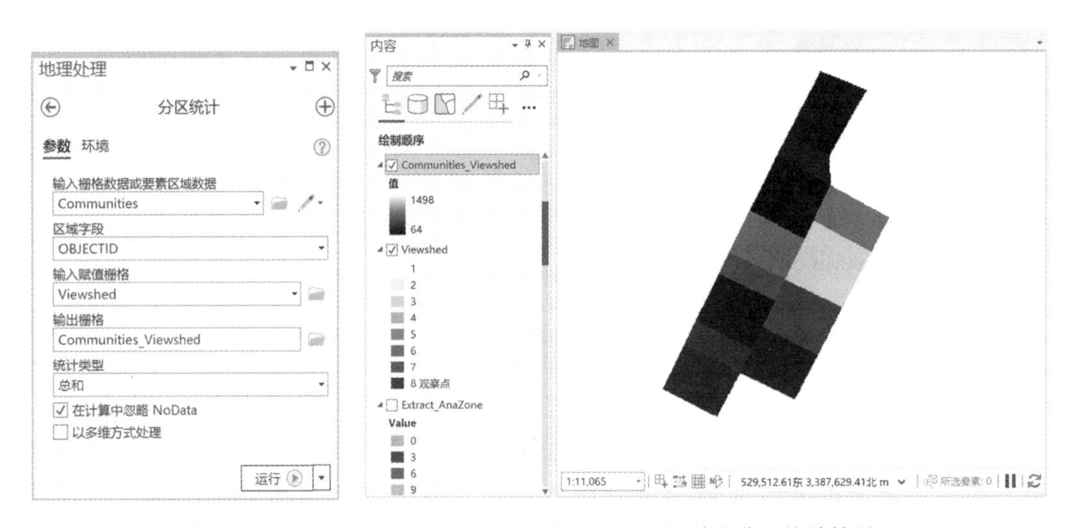

图 11.5.14　分区统计设置　　　　图 11.5.15　视域的分区统计结果

11.5.5　求小区天际线

Step1：在【地理处理】窗格中单击【工具箱】—【三维分析工具】—【可见性】—【天际线】，打开【天际线】窗格。

Step2：在窗格中，将【输入观察点要素】设置为 **Communities_ViewPoint_3D**，【输入表面】设置为 **Extract_AnaZone**，【输出要素类】命名为 **Communities_Skyline**，【最大可视半径】设置为 **200 米**，其它保持默认设置，如图 11.5.16 所示。

Tips：在天际线工具中，若已设置了【输入表面】，即使设置了【虚拟表面半径】及【虚拟表面高程】等参数，它们也是不参与分析的。

Step3：单击【运行】，完成住宅小区天际线分析，得到的天际线如图 11.5.17 所示。

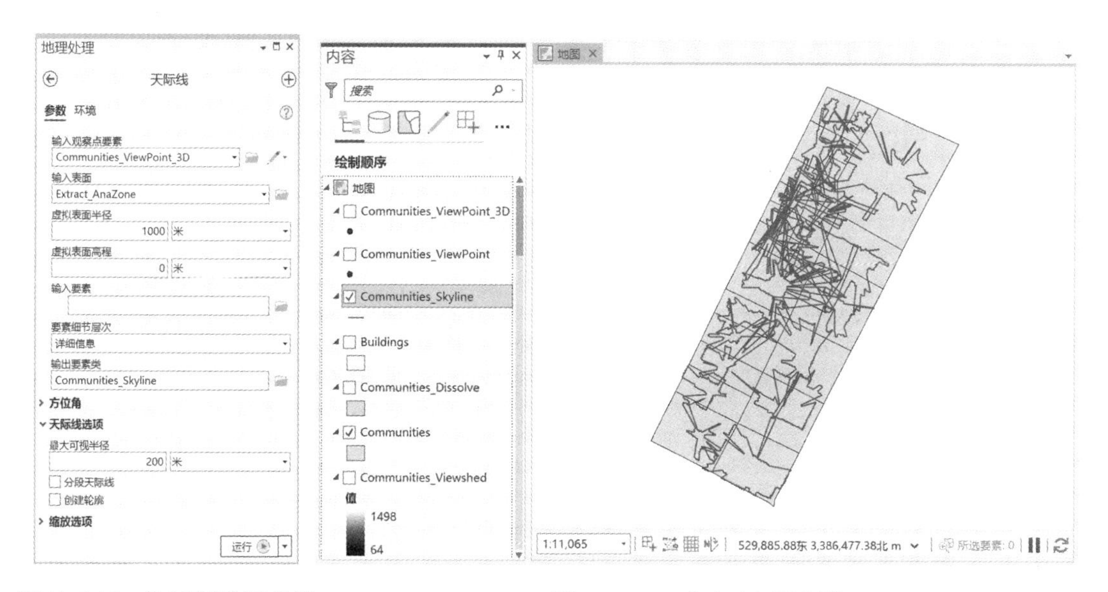

图 11.5.16　求小区天际线设置　　　　图 11.5.17　住宅小区天际线

Communities_Skyline 要素类的属性表中保存了每条天际线的长度。

11.5.6　视野开阔度评价

利用视域和天际线对住宅小区视野开阔度进行计算和评价，需要将这 2 个值赋予住宅小区。可以利用提取工具、属性连接、计算属性等工具完成评价。

Step1：在【地理处理】窗格中单击【工具】—【空间分析工具】—【提取分析】—【值提取至点】，打开【值提取至点】窗格。

Step2：在窗格中，将【输入点要素】设置为 **Communities_ViewPoint**，【输入栅格】设置为 **Communities_Viewshed**，【输出点要素】命名为 **ViewPoint_Viewshed**，其它保持默认设置，如图 11.5.18 所示。

Step3：单击【运行】，完成将住宅小区视域值赋给住宅小区点要素类 ViewPoint_Viewshed。其属性表中的 RASTERVALU 字段即为住宅小区的视域值，如图 11.5.19 所示。

图 11.5.18 将视域值赋给小区点

ViewPoint_Viewshed

字段: 添加 计算 选择: 缩放至 切换

OBJECTID	Shape	OFFSETA	RASTERVALU
1	点	1.7	1362
2	点	1.7	298
3	点	1.7	263
4	点	1.7	375
5	点	1.7	221
6	点	1.7	488
7	点	1.7	180

图 11.5.19 ViewPoint_Viewshed 属性表(部分)

Step4：以 OBJECTID 为连接字段，为 Communities 要素类连接 ViewPoint_Viewshed 要素类和 Communities_Skyline 要素类的属性，详细操作方法可参考 2.2.3 节，相关设置见图 11.5.20。

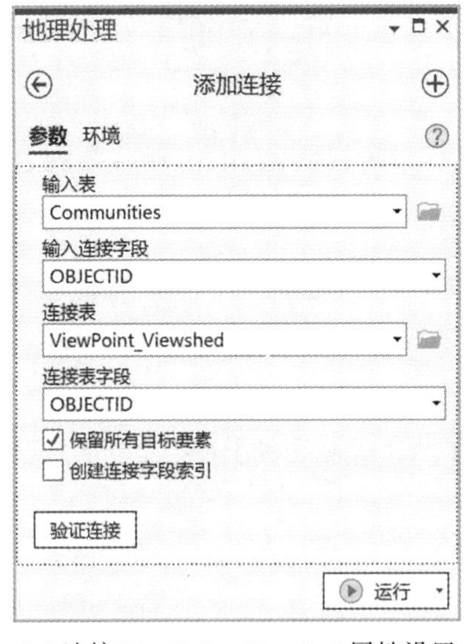

(a)连接 ViewPoint_Viewshed 属性设置

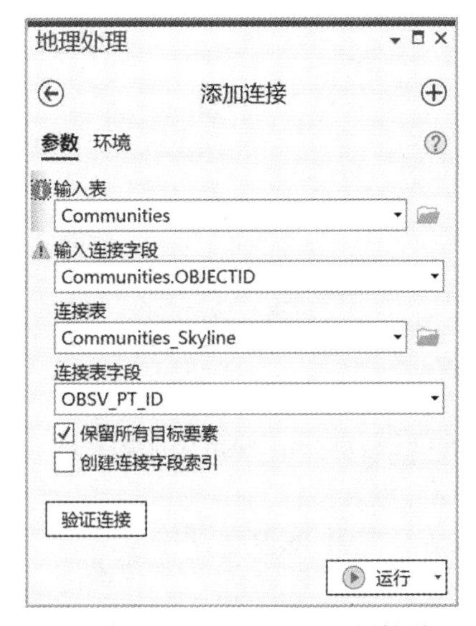

(b)连接 Communities_Skyline 属性设置

图 11.5.20 为 Communities 要素类连接属性设置

Step5：为 Communities 要素类属性表添加一个名为 OpenView 的字段，字段类型为浮点型，该字段用于存储住宅小区视野开阔度指标。

Step6：在【地理处理】窗格中单击【工具箱】—【数据管理工具】—【字段】—【计算字段】，打开【计算字段】窗格。

Step7：在窗格中将【输入表】设置为 **Communities**，【字段名称】设置为 **Communities.OpenView**，表达式设置为：**0.5 ＊! ViewPoint _ Viewshed. RASTERVALU! + 0.5 ＊! Communities_Skyline. Shape_Length!**，如图 11.5.21 所示。

Step8：单击【运行】，完成视野开阔度计算，计算得到的 OpenView 字段值见图 11.5.22。

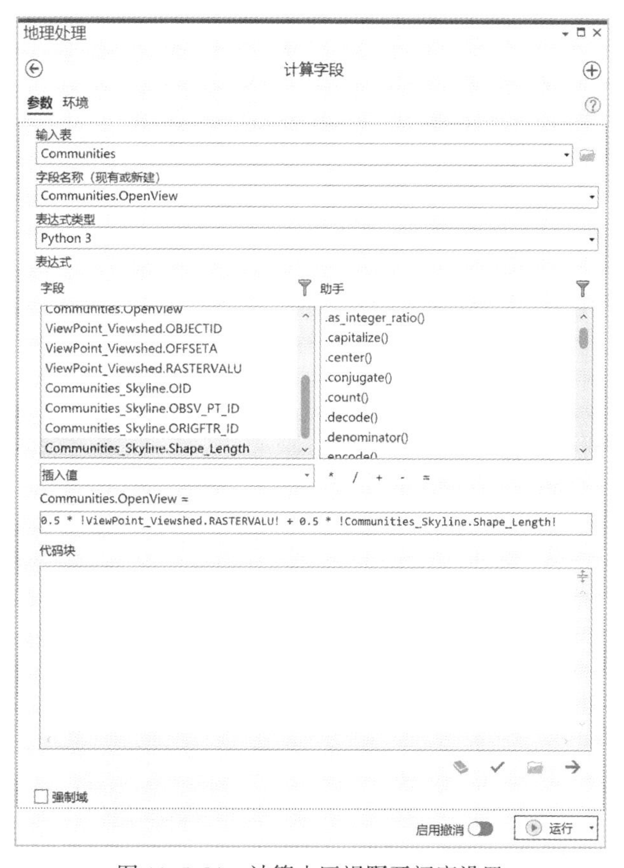

图 11.5.21　计算小区视野开阔度设置

11.5.7　制作专题图

Step1：在【内容】窗格中单击 Communities 图层名以激活该图层，在功能区单击【要素图层】选项卡的【外观】子选项卡【绘制】组的【符号系统】工具，选择【分级色彩】，打开【符号系统】窗格。

	OBJECTID	Shape *	Shape_Length	Shape_Area	ResearArea	OpenView	OBJECTID	OFFSETA	RASTERVALU	OID
1	1	面	783.945078	36780.087696	1	1464.801	1	1.7	1362	
2	2	面	772.962095	36801.239147	1	612.8916	2	1.7	298	
3	3	面	772.236443	36813.4786	1	950.3522	3	1.7	263	
4	4	面	622.027811	20060.74073	1	630.1134	4	1.7	375	
5	5	面	604.550267	18225.789644	1	758.4189	5	1.7	221	
6	6	面	800.197323	39651.06585	1	1143.165	6	1.7	488	
7	7	面	630.635333	21191.950584	1	615.9711	7	1.7	180	
8	8	面	595.409529	17470.381617	1	657.1768	8	1.7	572	
9	9	面	887.726179	49221.549117	1	1377.671	9	1.7	1170	
10	10	面	746.869309	33997.063567	1	1735.623	10	1.7	744	
11	11	面	354.80854	7556.511382	1	687.8231	11	1.7	206	
12	12	面	360.283646	7773.530875	1	1432.914	12	1.7	72	
13	13	面	350.586396	7338.536843	1	464.9148	13	1.7	234	
14	14	面	727.113033	30685.460709	1	1348.418	14	1.7	768	
15	15	面	358.825991	7695.961228	1	792.3461	15	1.7	85	

已选择 0 个，共 25 个

图 11.5.22 计算得到的 OpenView 值(部分)

Step2：在窗格中，将【字段】设置为 **OpenView**，其它采用默认设置，如图 11.5.23 所示。结果如图 11.5.24 所示。

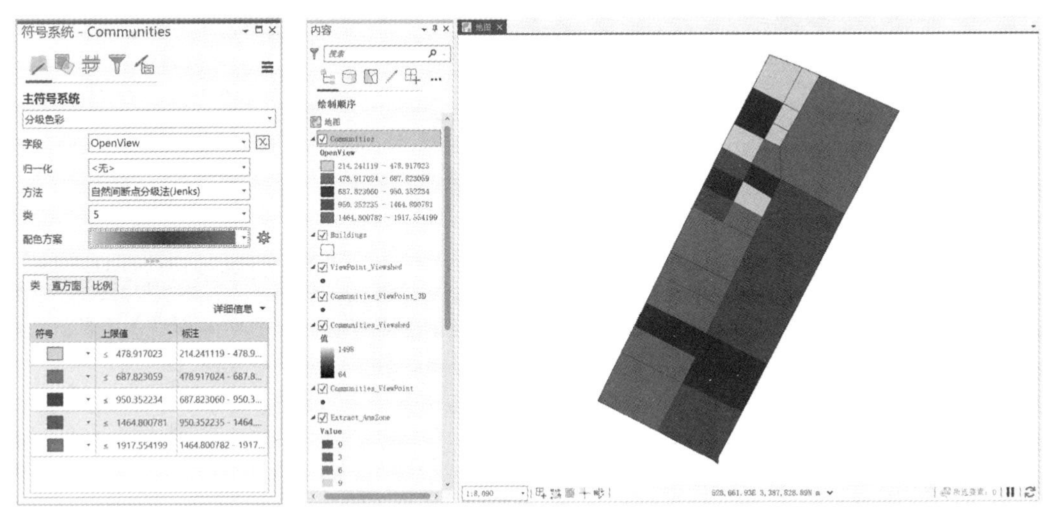

图 11.5.23 分级色彩设置　　图 11.5.24 小区视野开阔度分级色彩制图

Step3：在功能区单击【插入】选项卡的【新建布局】工具，单击纵向 A4 纸，如图 11.5.25 所示，系统将新建一个 A4 纸大小的空白布局视图。

Step4：在功能区单击【插入】选项卡【地图框】—【地图】，将当前地图框放置在布局的合适位置。

图 11.5.25 选择布局尺寸

Step5：为专题图添加图名、比例尺、图例、指北针等地图要素，方法参考 10.5.2 节，制作的专题图如图 11.5.26 所示。

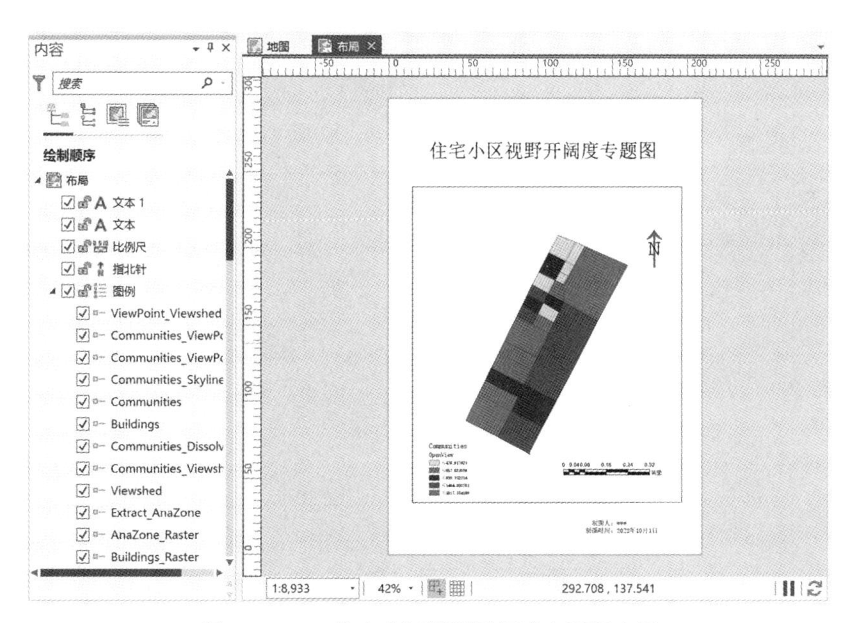

图 11.5.26 住宅小区视野开阔度专题图布局

Step6：在功能区单击【共享】选项卡【输出】组的【导出布局】，打开【导出布局】对话框。

Step7：在对话框中，将【文件类型】设置为 **PDF**，【名称】命名为**住宅小区视野开阔度专题图.pdf**，其它保持默认设置，如图 11.5.27 所示。

Step8：单击【导出】，完成 PDF 格式的住宅小区视野开阔度专题图导出。

Tips：除了 PDF 文档外，GeoScene Pro 还支持导出 GIF、EPS、SVG、TIFF 等多种格式的文件。

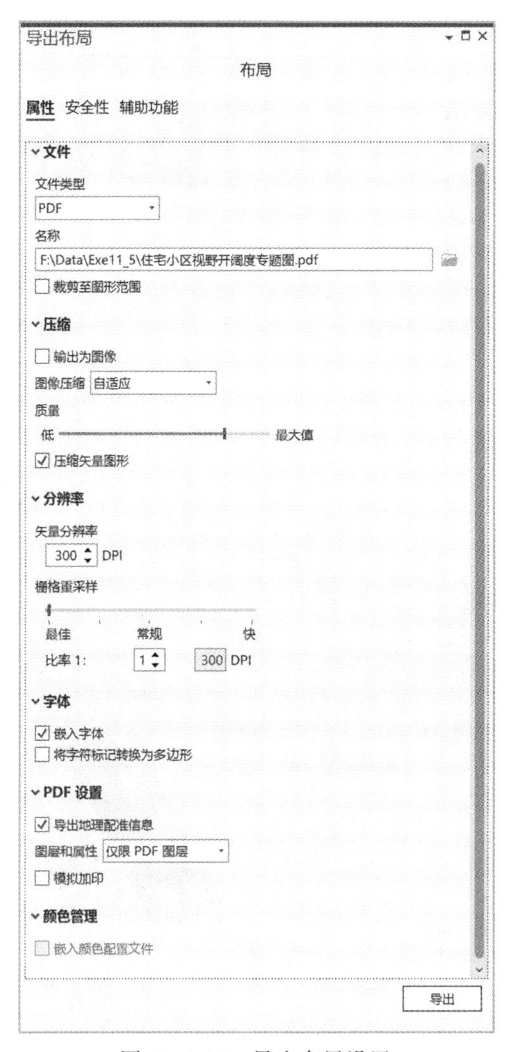

图 11.5.27　导出布局设置

第 12 章 空间分析建模

当我们面对具体问题时，可以利用 GeoScene Pro 的工具一步一步操作来解决问题，但对于有些应用，尤其是生产单位流程化的重复操作，如对每一张地图进行校正和拓扑差错等操作，如果有几千张地图，那么每一个操作都要重复上千次，显然工作效率不高。GeoScene Pro 提供的模型构建器(ModelBuilder)是解决以上问题的利器。本章将先简单介绍模型构建器，然后通过案例来示范如何应用模型构建器解决问题。

12.1 模型构建器简介

模型构建器是一种可视化编程语言，采用可视化的方式构建地理处理工作流程。用户可以创建并修改模型构建器中的地理处理模型，模型以串联在一起的地理处理工具流程示意图来表示。可将一个流程的输出用作另一个流程的输入，实现多任务批处理。通过模型构建器创建的工具可以集成到 GeoScene Pro 的现有工具箱中，与现有工具一样使用。

模型构建器用逻辑示意图来可视化工作流程。逻辑示意图中包括工具和变量的布局及连接。模型元素是模型的基本构建单元，逻辑示意图包含四类模型元素：变量、地理处理工具、连接符和组，如图 12.1.1 所示。

变量是模型中用于保存值或者对数据进行引用的元素。有两种类型的变量：数据变量和值变量。在模型构建器中，用椭圆形代表变量，不同颜色椭圆表示不同类型变量，深蓝色代表输入图层变量，绿色代表派生或输入/输出变量，湖蓝色代表输入值变量，浅蓝色代表派生值变量。

工具指添加到模型的地理处理工具，包括系统工具箱中的工具、逻辑工具和迭代器。在模型构建器中分别用四边形、菱形、六边形、八边形代表实用工具、If 逻辑工具、迭代器和逻辑工具。当工具添加到模型中后，就转化成模型元素。在模型中可以通过工具对话框设置工具的输入和输出参数。

连接符用于将数据和工具连接起来，连接符的箭头指示了地理处理的执行方向。共有 4 种类型的连接符：数据连接符，用于设置工具的输入或输出；环境连接符，用于设置工具运行的环境条件；前提条件连接符，用于显式控制运算顺序；反馈连接符，一个流程的

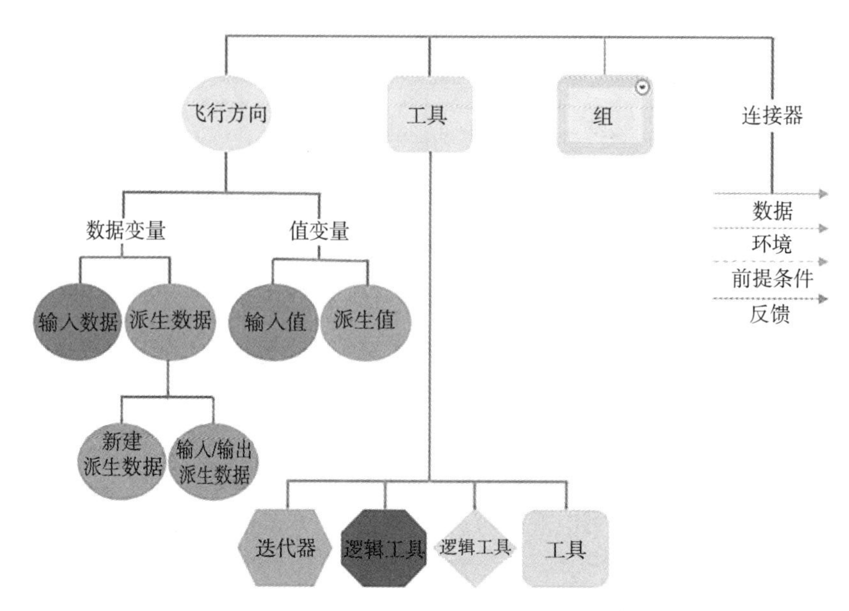

图 12.1.1　组成逻辑示意图的元素(来自 GeoScene Pro 帮助文档)

输出用作上一个流程的输入时称为反馈。

组是用于将相关工具分在一起的可视元素。组可以折叠或展开以隐藏或显示工具，从而提供更多的可视空间以供使用。

12.2　工厂选址

此处以 11.2 节中的工厂选址矢量分析方法为例，在 11.2 节中使用 GeoScene Pro 地理处理工具箱中的工具完成了某地的工厂选址，但如果是一个连锁工厂，在进行厂房布局时，希望在多个地区以相同标准进行厂房选址时，重复进行相同的操作就比较费时。利用模型构建器创建一个流程化的选址工具，会大大提高工作效率。

让我们再来看一下连锁工厂的选址要求：

①工厂所在地坡度不小于 3 度，并且不大于 18 度；

②工厂应位于阳坡上；

③用地类型选择林地或湿地的区域；

④工厂应位于 ST 类型道路 1500m 范围内；

⑤工厂应位于市场 1500m 范围内；

⑥工厂应位于学校 5000m 范围之外。

此节使用的数据已经完成了坐标系的统一，因此模型构建器将从 11.2.2 节的第二阶段工作开始。

12.2.1 构建模型

1. 提取满足坡度条件区域

提取坡度大于等于 3 度并且小于等于 18 度的像元。

Step1：双击本节数据文件夹下的 Exe12_2. aprx 工程文件，打开工程。

Step2：在功能区单击【分析】选项卡【地理处理】组中的【模型构建器】，打开【模型】视图，同时显示【模型构建器】选项卡，如图 12. 2. 1 所示。

图 12. 2. 1　打开模型构建器视图

Step3：从【内容】窗格中将 Elevation_ProjectRaster 图层拖入模型视图，其为输入图层变量，以深蓝色椭圆形表示。

Step4：在【地理处理】窗格中单击【空间分析工具】—【表面分析】，将【坡度】工具拖入【模型】视图，如图 12. 2. 2 所示。

视图中有一个表示地理处理工具元素【坡度】的矩形，一个表示输出栅格派生变量元素的椭圆形。因为还没有为这两个元素设置参数，此时它们还是灰的。

图 12.2.2　添加坡度工具

Tips：若搜索坡度工具，会搜到 2 个坡度工具，一个在空间分析工具箱中，一个在三维分析工具箱中，这两个工具是一样的，可以使用任意一个。

Step5：鼠标单击【Elevation_ProjectRaster】输入变量元素，当鼠标变为手的形状时，单击并拖动鼠标连线至【坡度】工具元素上，在弹出菜单中单击【输入栅格】，将 Elevation_ProjectRaster 作为坡度工具的输入，设定后所有的要素都会变为彩色，如图 12.2.3 所示。

图 12.2.3　设置好输入栅格后的模型

只有当所有必需数据或参数都设置成功后，才会显示彩色的模型逻辑图。在坡度工具中，除了输入栅格，其他参数，包括输出栅格的路径和命名都会采用默认值。

Step6：右键单击【输出栅格】变量元素，在弹出菜单中单击【打开】，在打开的【输出栅格】对话框中将输出栅格命名为 **Slope_Elevat**，如图 12.2.4 所示。

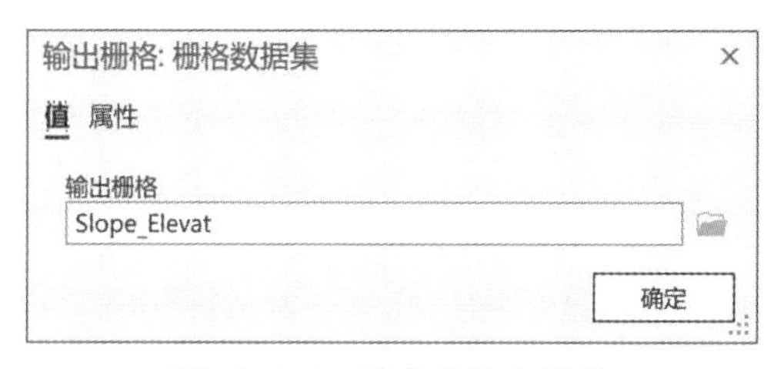

图 12.2.4　重命名输出栅格

Step7：单击【确定】，完成输出栅格重命名，模型视图中绿色椭圆上显示栅格名 Slope_Elevat，如图 12.2.5 所示。

图 12.2.5　重命名输出栅格后的模型

Step8：在【地理处理】窗格中搜索【重分类】工具，将该工具拖到模型视图中。

在 11.2 节中，使用的栅格计算器和重分类工具，为了减少模型设置，本节使用重分类工具，不影响最终结果。

Step9：将输出栅格【Slope_Elevat】连接到【重分类】工具，在弹出菜单中单击【输入栅格】。

Step10：右键单击【重分类】工具要素，在弹出菜单中单击【打开】，打开【重分类】工具设置对话框，设置新旧对应值，将【输出栅格】命名为 **Last_Slope**，如图 12.2.6 所示。

图 12.2.6 坡度重分类参数设置

Step11：单击【确定】，完成重分类工具设置，此时，提取合适坡度区域的模型构建完毕，如图 12.2.7 所示。

图 12.2.7 提取合适坡度地区模型

Tips：当元素在视图中排列不太美观时，单击【模型构建器】选项卡【视图】组中的【自动布局】进行自动排列调整。

2. 提取满足坡向条件区域

提取坡向为东南、南和西南的像元。

Step12：在【地理处理】窗格中搜索【坡向】工具，将该工具拖到模型视图中。

Step13：右键单击【坡向】元素，在弹出菜单中单击【创建变量】—【从参数】—【输入栅格】，将为【坡向】元素添加一个输入栅格变量元素，如图 12.2.8 所示。

图 12.2.8　为坡向创建变量

Step14：右键单击【输入栅格】元素，在弹出菜单中单击【打开】，在对话框中将【输入栅格】设置为 **Elevation_ProjectRaster**，如图 12.2.9 所示。

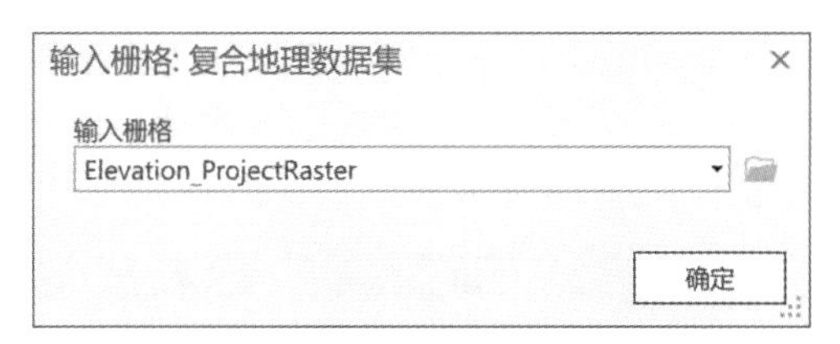

图 12.2.9　为坡向工具设置输入栅格

Step15：单击【确定】，完成输入栅格设置。用同样的方法将【输出栅格】命名为 **Aspect_Elevat**，设置后如图 12.2.10 所示。

图 12.2.10　为坡向工具设置输入栅格

Tips：将 Elevation_ProjectRaster 图层拖入模型视图，然后再连接 Elevation_ProjectRaster 变量要素和坡向工具要素同样可以完成上述任务。

Step16：在【地理处理】窗格中搜索【重分类】工具，将该工具拖到模型视图中，系统自动将其命名为重分类(2)。

Tips：因第一阶段已经使用过一次重分类工具，所以本次加入模型视图的重分类工具被自动命名为重分类(2)，后续再次使用重分类工具时会顺序编号。

Step17：将变量元素【Aspect_Elevat】连接到【重分类(2)】工具上，在弹出菜单中单击【输入栅格】，将 Aspect_Elevat 设置为重分类(2)工具的输入。

Step18：右键单击【重分类(2)】工具元素，在弹出菜单中单击【打开】，打开【重分类】工具设置对话框，根据题目要求，将东南、南、西南坡向的像元重分类为 1，其它坡向以及 NODATA 均重分类为 NODATA，将【输出栅格】命名为 **Last_Aspect**，如图 12.2.11 所示。

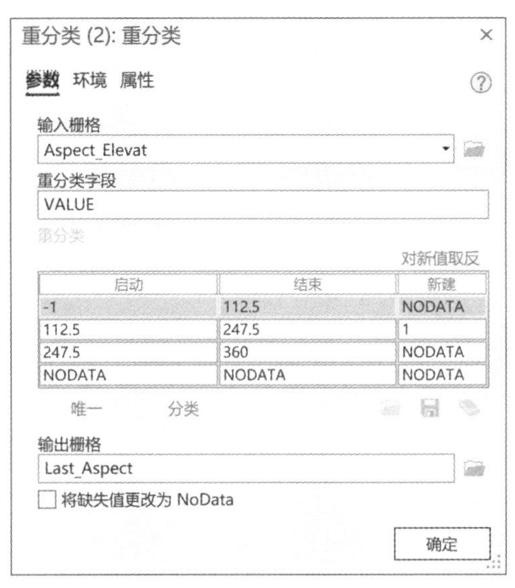

图 12.2.11　坡向重分类参数设置

Step19：单击【确定】，完成重分类工具的参数设置，自动布局后的模型如图 12.2.12 所示。

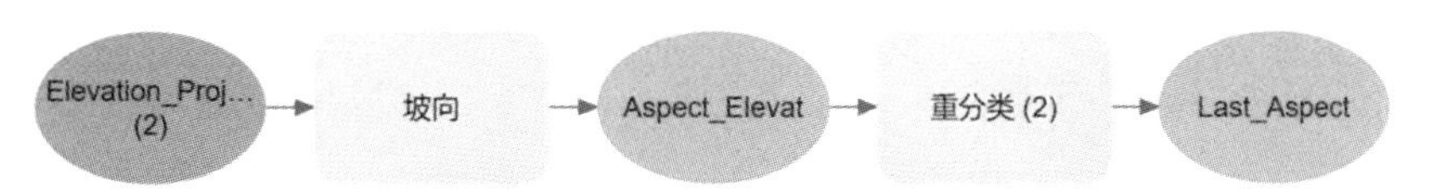

图 12.2.12　提取合适坡向地区模型

3. 提取满足用地类型条件区域

提取代码为 6 的林地像元和代码为 7 的湿地像元。

Step20：从【内容】窗格中将 landuse 图层拖入模型视图。

Step21：在【地理处理】窗格中搜索【重分类】工具，将该工具拖到模型视图中，系统将其自动命名为重分类(3)。

Step22：将输入栅格【landuse】连接到【重分类(3)】工具，在弹出菜单中单击【输入栅格】。

Step23：右键单击【重分类(3)】工具元素，在弹出菜单中单击【打开】，打开【重分类】工具设置对话框，根据题目要求，将旧值为 6 和 7 的像元重分类为 **1**，其它值像元以及 NODATA 均重分类为 **NODATA**，将【输出栅格】命名为 **Last_Landuse**，如图 12.2.13 所示。

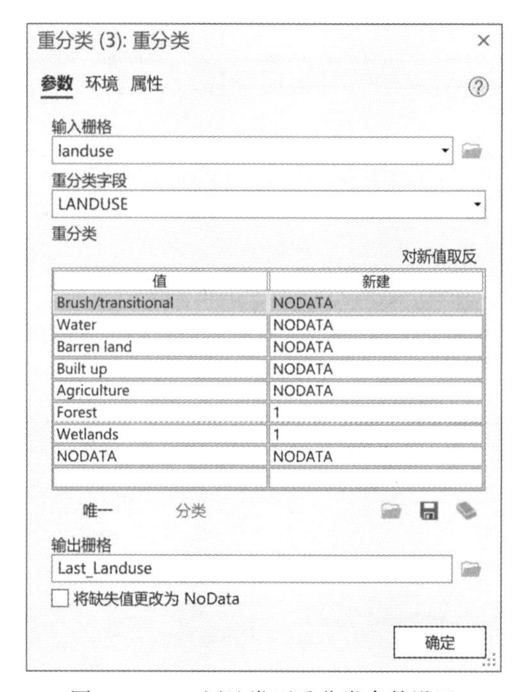

图 12.2.13　用地类型重分类参数设置

Step24：单击【确定】，完成用地类型重分类工具的参数设置，模型如图 12.2.14 所示。

图 12.2.14　提取合适用地类型模型

4. 提取满足道路条件区域

提取类型为 ST 的道路周围 1500m 范围的区域。

Step25：从【内容】窗格中将 Roads 图层拖入模型视图。

Step26：在【地理处理】窗格中搜索【选择】工具，将该工具拖到模型视图中。

Step27：将输入数据【Roads】连接到【选择】工具，在弹出菜单中单击【输入要素】。

Step28：右键单击【选择】工具元素，在弹出菜单中单击【打开】，打开选择工具参数设置对话框，将【输出要素类】命名为 **Roads_Select**，将【表达式】设置为 **STREET_TYP 等于 ST**，如图 12.2.15 所示。

Step29：单击【确定】，完成选择工具的参数设置，模型如图 12.2.16 所示。

Step30：在【地理处理】窗格中搜索【缓冲区】工具，将该工具拖到模型视图中。

图 12.2.15　道路选择工具参数设置

图 12.2.16　选择合适道路模型

Step31：将数据变量【Roads_Select】连接到【缓冲区】工具，在弹出菜单中单击【输入要素】。

Step32：右键单击【缓冲区】工具元素，在弹出菜单中单击【打开】，打开【缓冲区】工具参数设置对话框，将【输出要素类】命名为 **Roads_Select_Buffer**，【距离】设置为 **1500 米**，【融合类型】设置为**将全部输出要素融合为一个要素**，如图 12.2.17 所示。

缓冲区
参数 环境 属性
输入要素
Roads_Select
输出要素类
Roads_Select_Buffer
距离 [值或字段] 线性单位
1500 米
侧类型
全部
末端类型
圆形
方法
平面
融合类型
将全部输出要素融合为一个要素
确定

图 12.2.17　道路缓冲区工具参数设置

Step33：单击【确定】，完成缓冲区工具的参数设置，模型如图 12. 2. 18 所示。

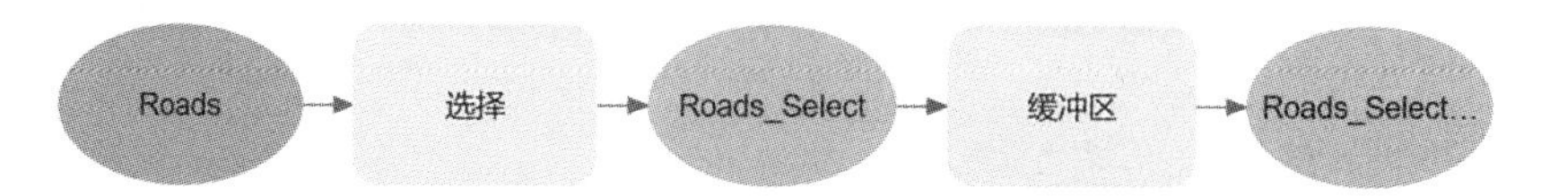

图 12. 2. 18　生成特定道路缓冲区模型

5. 提取满足市场条件区域

Step34：提取市场周围 1500 米范围的区域。

在操作中，除了参数设置外，其它与第 4 阶段创建道路缓冲区相同，此处不再赘述，仅给出缓冲区参数设置(图 12. 2. 19)和建模结果(图 12. 2. 20)。

图 12. 2. 19　市场缓冲区工具参数设置

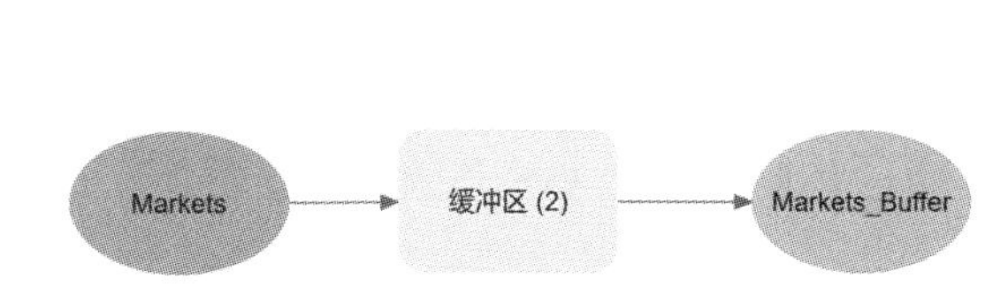

图 12. 2. 20　生成市场缓冲区模型

6. 提取满足学校条件区域

Step35：选址要求在学校 5000 米范围之外，用缓冲区工具先获得学校 5000 米范围的区域，后续利用其它工具获得满足条件的区域。操作过程同第 4 阶段。图 12. 2. 21 为参数设置，图 12. 2. 22 为建模结果。

7. 栅格数据转换为矢量数据

将 Last_Slope、Last_Aspect、Last_Landuse 三个栅格图层转换为矢量形式。

Step36：在【地理处理】窗格中搜索【栅格转面】工具，将该工具拖到模型视图中。

Step37：将数据变量【Last_Slope】连接到【栅格转面】工具，在弹出菜单中单击【输入栅格】。

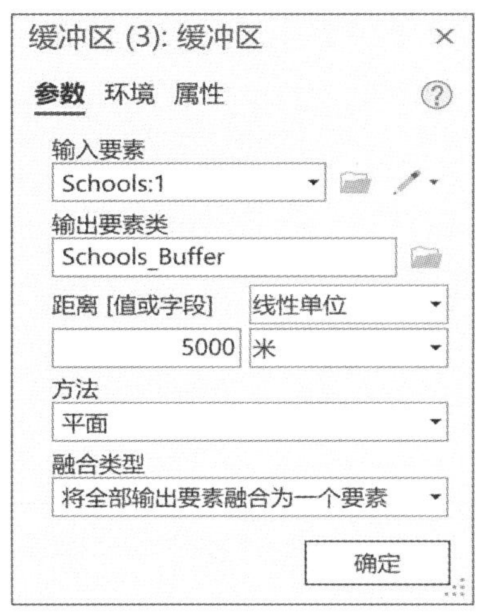

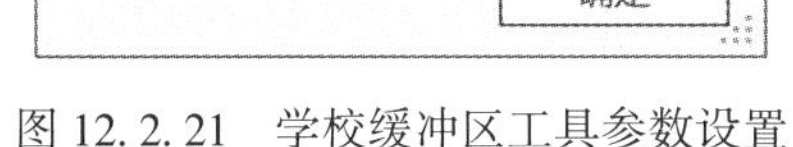

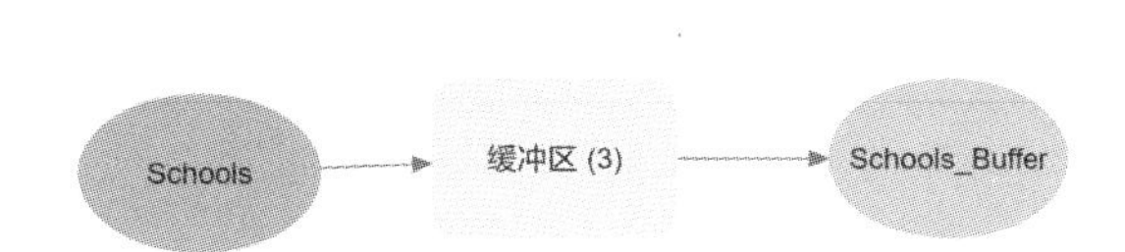

图 12.2.21　学校缓冲区工具参数设置　　　　图 12.2.22　生成学校缓冲区模型

Step38：右键单击【栅格转面】工具元素，在弹出菜单中单击【打开】，打开【栅格转面】工具参数设置对话框，将【输出面要素】命名为 **Last_Slope_Vector**，其他保持默认设置，如图 12.2.23 所示。

图 12.2.23　坡度栅格转面参数设置

Step39：按照上述步骤，分别完成 Last_Aspect 和 Last_Landuse 与【栅格转面】工具的连接，以及栅格转面工具的设置，参数设置如图 12.2.24 和图 12.2.25 所示。

8. 提取满足综合条件区域

Step40：在【地理处理】窗格中搜索【相交】工具，将该工具拖到模型视图中。

Step41：将数据变量【Last_Slope_Vector】、【Last_Aspect_Vector】、【Last_Landuse_Vector】、【Roads_Select_Buffer】和【Markets_Buffer】连接到【相交】工具要素，连接时单击弹出菜单的【输入要素】。

图 12. 2. 24　坡向栅格转面参数设置

图 12. 2. 25　土地利用栅格转面参数设置

Step42：右键单击【相交】工具要素，在弹出菜单中单击【打开】，打开【相交】工具参数设置对话框，将【输出要素类】命名为 **Last_SALRM_Intersect**，其它保持默认设置，如图 12. 2. 26 所示。

Step43：单击【确定】，完成相交工具的参数设置。

Step44：在【地理处理】窗格中搜索【擦除】工具，将该工具拖到模型视图中。

Step45：将数据变量【Last_SALRM_Intersect】连接到【擦除】工具，单击弹出菜单的【输入要素】。

Step46：将数据变量【Schools_Buffer】连接到【擦除】工具，单击弹出菜单的【擦除要素】。

Step47：右键单击【擦除】工具要素，在弹出菜单中单击【打开】，打开【擦除】工具参数设置对话框，将【输出要素类】命名为 **Last_SALRM_Intersect_Erase**，其它保持默认设置，如图 12. 2. 27 所示。

Step48：单击【确定】，完成擦除工具的参数设置。

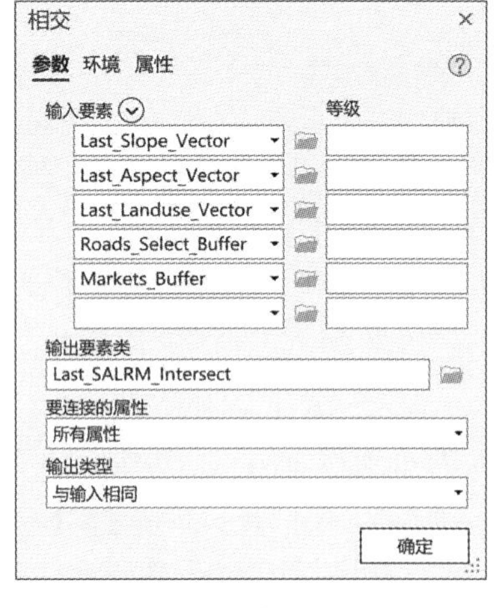

图 12. 2. 26　相交工具参数设置

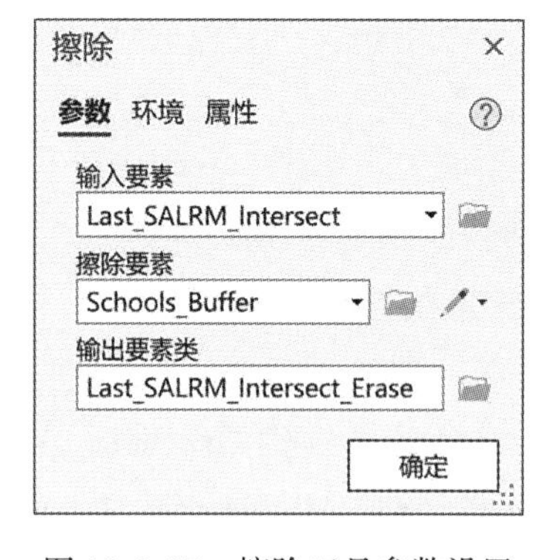

图 12. 2. 27　擦除工具参数设置

Step49：单击【模型构建器】选项卡【视图】组中的【自动布局】进行自动排列调整，调整排列后的模型布局如图 12.2.28 所示。

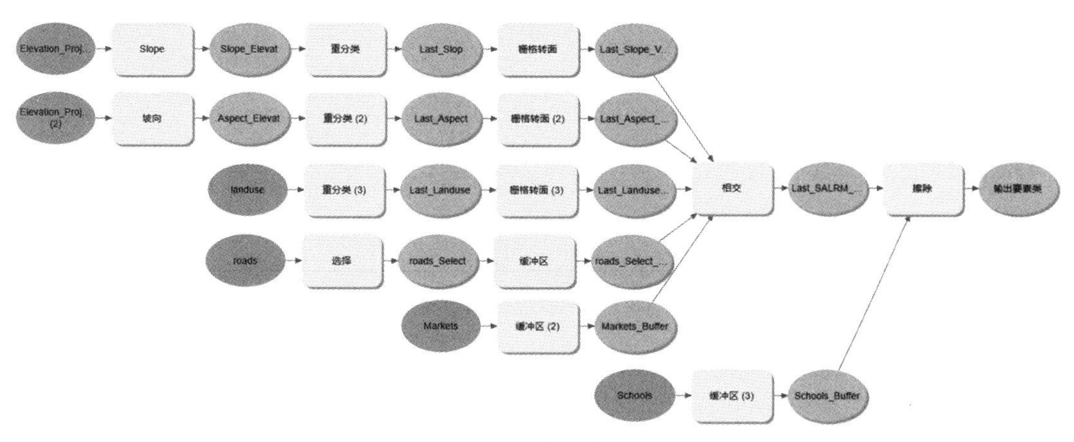

图 12.2.28　模型完整布局

9. 优化布局模型逻辑图

为了使模型看起来层次更加清晰，可使用【组】工具对模型排列进行重新布局。

Step50：拉框选中对坡度数据进行处理的全部变量要素和工具要素，然后单击鼠标右键，在弹出菜单中单击【组】，生成组框，将这些要素归为一组，如图 12.2.29 所示。

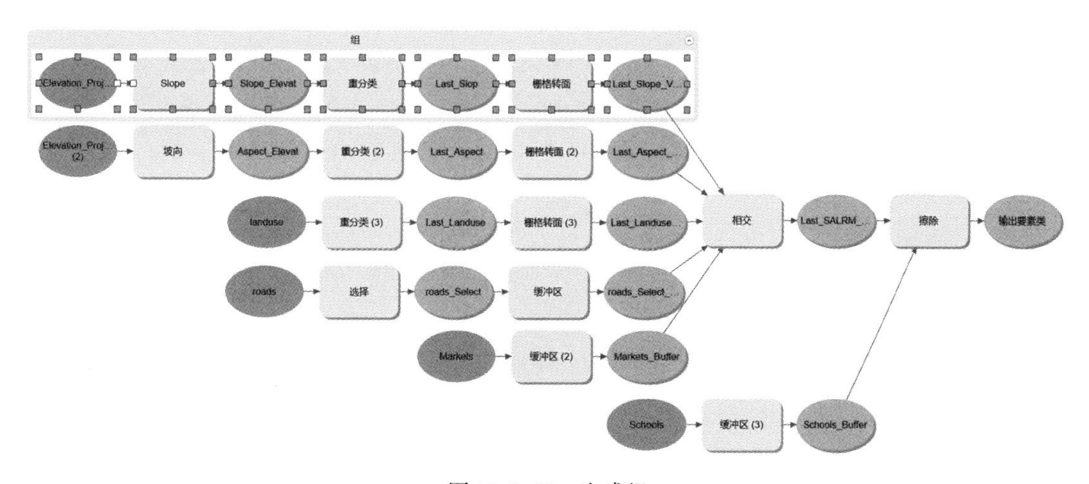

图 12.2.29　生成组

Step51：在组框上单击右键，在弹出菜单中单击【重命名】，将该组命名为**坡度**，命名后的组如图 12.2.30 所示。

Step52，重复上述分组的操作，再分别创建**坡向**、**土地利用**、**道路**、**市场**、**学校**五个组，全部创建后的模型逻辑图如图 12.2.31 所示。

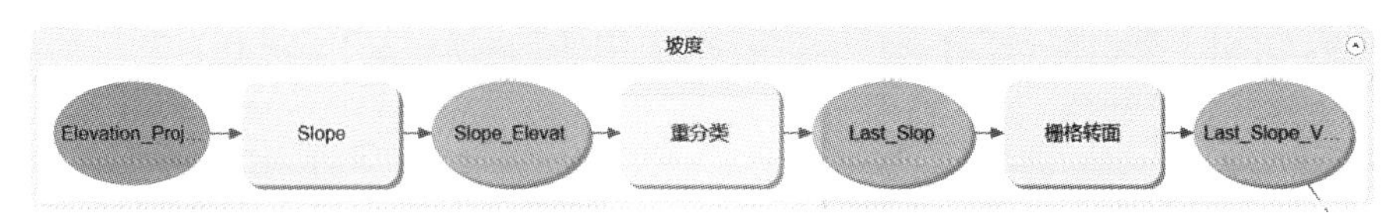

图 12.2.30　坡度组

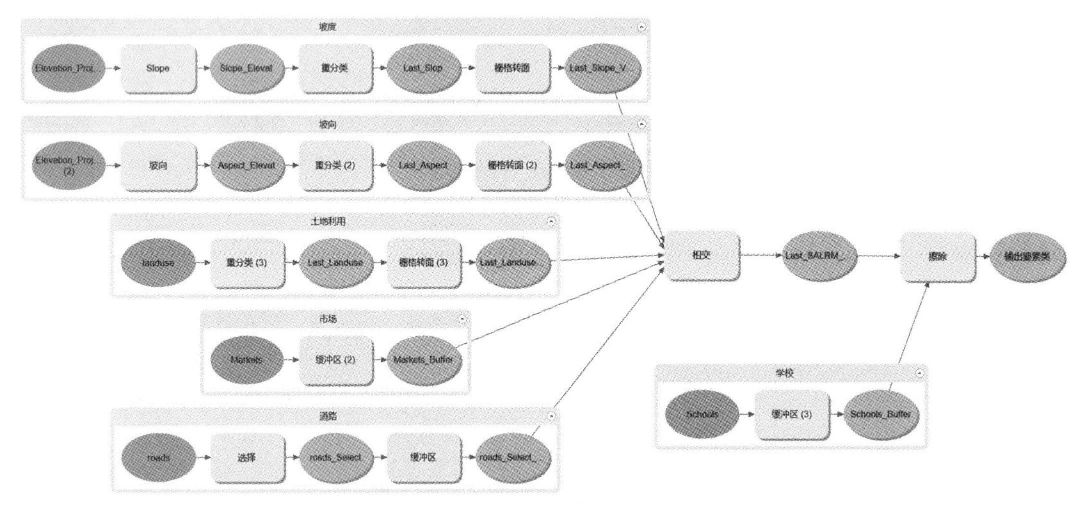

图 12.2.31　全部分组后的模型逻辑图

10. 运行模型

Step53：在功能区单击【模型构建器】选项卡【运行】组中的【运行】，运行创建的模型，将生成的最终结果图层 Last_SALRM_Intersect_Erase 加入地图视图，如图 12.2.32 所示。

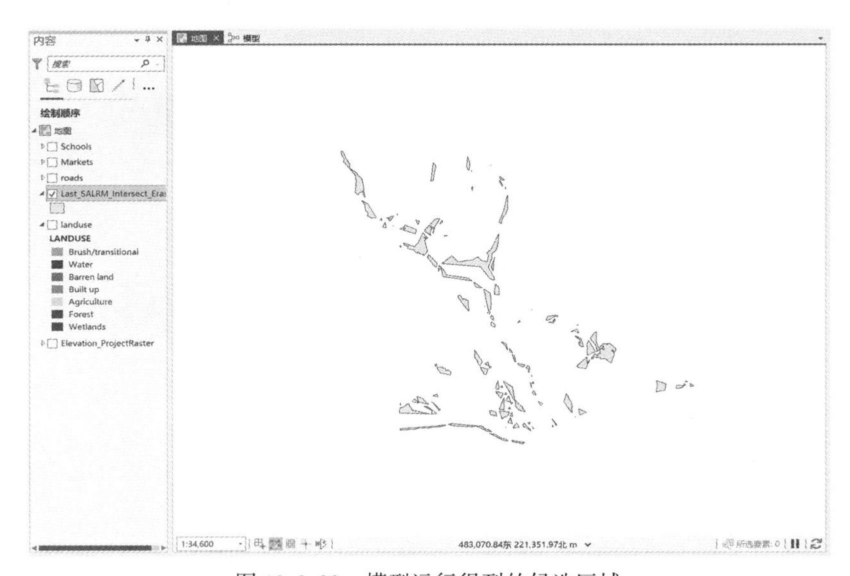

图 12.2.32　模型运行得到的候选区域

Tips：如果模型在运行时某一步出错，模型将无法顺利完成运行，出错的元素会被标为红色。如果模型顺利完成运行，则除输入数据外的其它元素模块都会添加阴影。

将模型构建器一键生成的结果与图 11.2.33 进行对比，二者是相同的。

12.2.2 构建保存和重用

模型建好后可保存或共享以供重用。

Step1：在功能区单击【模型构建器】选项卡【模型】组中的【保存】，将模型保存在本节工程的工具箱里，如图 12.2.33 所示。

如果构建多个模型，需要为模型重新命名一个容易识别的名称。

Step2：更改模型名。在【目录】窗格中右键单击【工具箱】—【Exe12_2.tbx】—【模型】，在弹出菜单中单击【属性】，打开【工具属性】对话框。

Step3：在对话框中将【标注】改为**工厂选址**，如图 12.2.34 所示。

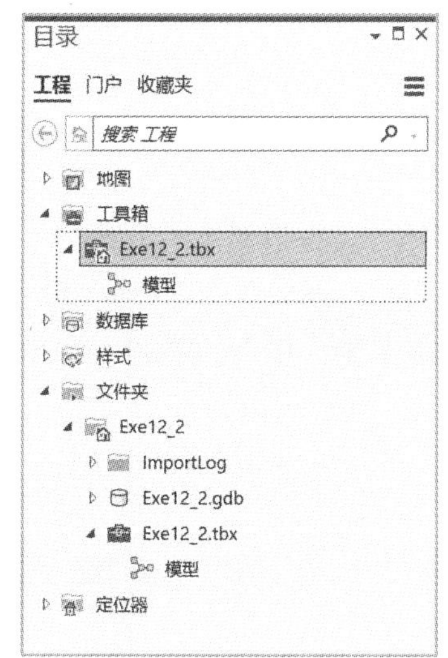

图 12.2.33　保存模型

图 12.2.34　更改模型标注

Tips：模型名称是运行 Python 工具时使用的名称，为了便于在代码中使用，通常保持英文名称。标注是在模型逻辑图、地理处理窗格及目录窗格中显示的标签，一般采用容易识别的标注文本。

Step4：单击【确定】，完成模型标注的更改。

Step5：在功能区单击【模型构建器】选项卡中的【保存】工具，此时【目录】窗格中的模型显示为【工厂选址】。

Step6：执行【工厂选址】工具。双击【目录】窗格中的【工厂选址】模型工具，打开【工厂选址】窗格，如图 12.2.35 所示。

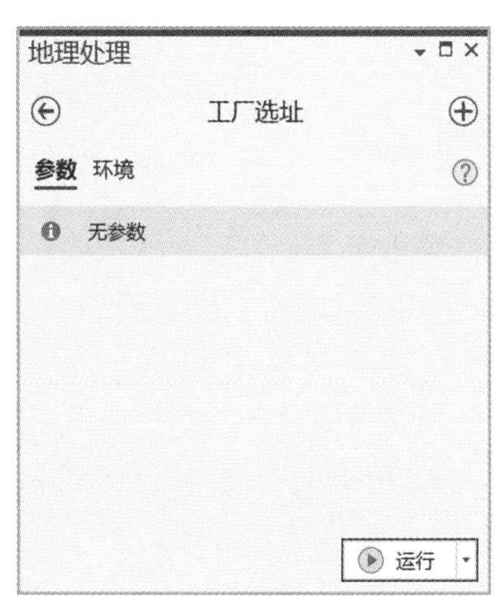

图 12.2.35　工厂选址模型运行界面

因未对工厂选址模型设定任何动态输入数据，模型工具界面显示无参数。若需要在运行模型时动态设定参数，则需要对工具做进一步的参数设置。下面就以市场组的模型为例示范模型动态参数设置。

Step7：右键单击【市场】组，在弹出菜单中单击【另存为模型】，将市场组另存为一个名为【Markets】的模型。

Step8：在【目录】窗格中右键单击【Markets】模型名，在弹出菜单中单击【编辑】，打开一个名为【Markets】的模型视图。

Step9：右键单击表示输入图层变量的【Markets】输入变量要素，在弹出菜单中单击【参数】将输入设置为**参数**，同时将该工具【重命名】为**输入要素类**。

这时，【Markets】深蓝色椭圆的右上角出现字母【P】，如图 12.2.36 所示。表示该变量以参数形式输入，若没有设置参数的话，则默认输入为 Markets 要素类。

图 12.2.36　为输入图层设置参数

Step10：在功能区单击【模型构建器】选项卡中的【保存】工具，保存 Market 模型。

Step11：在【目录】窗格中双击【Markets】模型工具，打开 Markets 工具窗格，可见【输入要素类】编辑框，如图 12.2.37 所示。

图 12.2.37 Market 模型运行界面

若需动态设置缓冲区半径，需要对缓冲区工具要素进行设置。

Step12：右键单击【缓冲区(2)】工具要素，在弹出菜单中单击【创建变量】—【从参数】—【距离[值或字段]】，如图 12.2.38 所示。

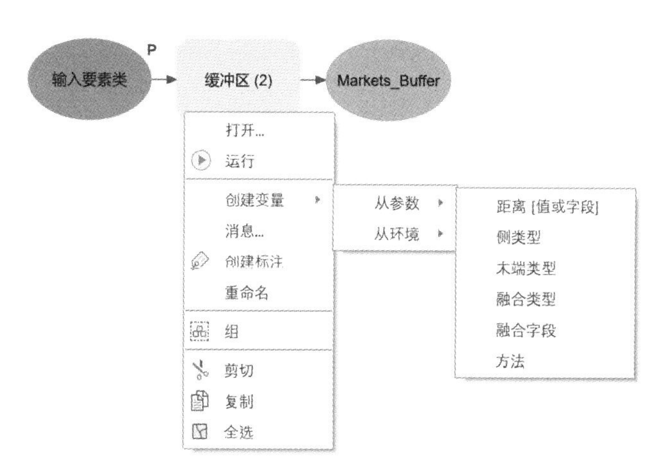

图 12.2.38 设置缓冲区工具参数

Step13：在【Markets】模型视图中会出现一个与缓冲区工具连接的表示值变量要素的湖蓝色椭圆形，标识为【距离[值或字段]】，如图 12.2.39 所示。

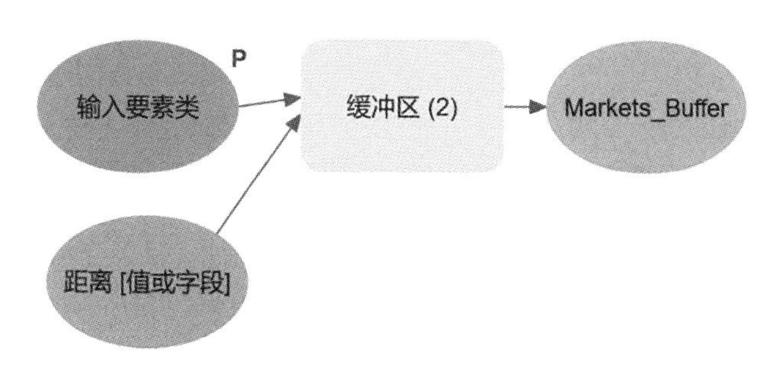

图 12.2.39 为缓冲区添加的值变量

Step14：右键单击【距离[值或字段]】值变量要素，在弹出菜单中单击【参数】，将缓冲区距离设置为**参数**。

Step15：在功能区单击【模型构建器】选项卡中的【保存】工具，保存模型。

Step16：在【目录】窗格中双击【Markets】模型工具，打开 Markets 工具窗格，如图 12.2.40 所示。

图 12.2.40　添加距离参数的 Markets 模型

思 考

12-1：如果还希望可以灵活设置侧类型、末端类型等参数，应该怎样设置？

12-2：如果想自定义输出文件路径和名称，应该怎样设置？

参 考 文 献

[1]晁怡，郑贵洲，杨乃 . ArcGIS 地理信息系统分析与应用[M]. 北京：电子工业出版社，2018.

[2]汤国安，杨昕，张海平，等 . ArcGIS 地理信息系统空间分析实验教程[M]. 3 版. 北京：科学出版社，2021.

[3]牟乃夏，刘文宝，王海银，等 . ArcGIS 10 地理信息系统教程——从初学到精通[M]. 北京：测绘出版社，2015.

[4]郑贵洲，晁怡 . 地理信息系统分析与应用[M]. 北京：电子工业出版社，2010.

[5]郑贵洲，胡家斌，晁怡，等 . 地理信息系统分析与实践教程[M]. 北京：电子工业出版社，2012.

[6]汤国安，钱柯健，熊礼阳，等 . 地理信息系统基础实验操作 100 例[M]. 北京：科学出版社，2021.

[7]易智瑞信息技术有限公司 . GeoScene 地理信息平台：架构 · 技术 · 应用[M]. 北京：科学出版社，2022.

[8]吴信才，吴亮，万波 . 地理信息系统原理与方法[M]. 4 版. 北京：电子工业出版社，2018.

[9]ArcGIS Pro 深度学习从入门到精通[EB/OL].(2023-02-02)[2023-06-26]. https://www.bilibili.com/video/BV1jR4y15755/? spm_id_from = 333.999.0.0&vd_source = cbce8e9bda0d58143655b5758ccbaa2c.

[10]深度学习工作流之深度学习环境配置[EB/OL].(2021-06-24)[2023-06-26]. https://www.geosceneonline.cn/learn/lesson/a080b0b0fbe047b0ac6fc14b3724016f.